新能源汽车研究与开发丛书

锂离子电池材料解析

第 2 版

徐国栋　编著

机 械 工 业 出 版 社

随着新能源汽车保有量的快速增长，作为电动汽车的核心部件——电池成为各大车企有效占领市场的关键。本书开篇介绍"双碳"目标下车用动力电池的发展现状和前景，系统地介绍了正极材料（插层型、转化型）、负极材料（插层型、合金型、转换型）、电解质材料（非水系电解质、水系电解质）和隔膜，分析了各类材料的优缺点，阐明了各类材料在市场中的应用现状和前景，特别是目前研究的热点内容，例如高镍三元层状正极材料、富锂正极材料、金属锂负极材料、固态电解质材料、水系电解质材料等。此外，本书专门增设了锂离子电池的安全性问题、解决策略和测试标准一章，让读者进一步了解电池在实际应用中存在问题的原因以及采用的解决方法，加深对锂离子电池技术的理解。

　　本书可用作研究机构、企业及高等院校从事锂离子电池相关研发的工作人员及相关专业师生的参考书。

图书在版编目（CIP）数据

锂离子电池材料解析/徐国栋编著 . —2 版 . —北京：机械工业出版社，2024.4
（新能源汽车研究与开发丛书）
ISBN 978-7-111-75611-8

Ⅰ.①锂… Ⅱ.①徐… Ⅲ.①锂离子电池－材料－研究
Ⅳ.①TM912

中国国家版本馆 CIP 数据核字（2024）第 075749 号

机械工业出版社（北京市百万庄大街22号　邮政编码100037）
策划编辑：何士娟　　　　　　责任编辑：何士娟　舒　恬
责任校对：梁　园　王　延　　封面设计：严娅萍
责任印制：常天培
北京机工印刷厂有限公司印刷
2024 年 6 月第 2 版第 1 次印刷
169mm×239mm · 18.75 印张 · 364 千字
标准书号：ISBN 978 - 7 -111 -75611-8
定价：129.00 元

电话服务　　　　　　　　　网络服务
客服电话：010-88361066　机　工　官　网：www.cmpbook.com
　　　　　010-88379833　机　工　官　博：weibo.com/cmp1952
　　　　　010-68326294　金　　书　　网：www.golden-book.com
封底无防伪标均为盗版　机工教育服务网：www.cmpedu.com

前　　言

自从锂离子电池出现以来，因为其具有能量密度高、输出电压高、循环寿命长、自放电慢等优点，从而广泛应用于小型可移动电子设备，例如手机、便捷式计算机、数码相机等。这些可移动电子设备的应用已经大幅度改变了人们传统的生活和工作方式。在当今的社会发展过程中，随着对电池能量密度要求的不断提高，电池技术也不断发生革新，从开始的基于液体电解质的锂离子电池，到目前使用的基于聚合物电解质的锂离子电池，再到未来理想化的全固态锂离子电池。

随着"双碳"目标的确立，人们赋予了锂离子电池在新时代的新的使命——作为汽车的能源以及电网储能的储电介质。由于电池技术的不断革新，目前多家汽车公司均已推出了纯电动汽车，例如比亚迪、北汽新能源、特斯拉等。这些电动汽车已经可以基本满足人们的日常出行需求。

目前世界各国都从政策上和资金上大力支持当地电动汽车的发展。在我国，政府在提供资金支持的同时，还采取相应的鼓励政策，激励高等院校与研究机构、企业共同研发新一代锂离子电池，争取早日突破技术瓶颈，达到世界领先水平。

与此同时，为了提升太阳能、风能等可再生资源的利用率以及对电网进行"削峰填谷"，与电网配套的储能系统也在如火如荼地发展中。

基于锂离子电池在当今社会中的重要作用，总结电池各个组成部分的发展过程、了解最新技术革新、把握电池技术的核心问题显得尤为重要。本书正是基于这个需求，总结了过去几十年锂离子电池的技术发展轨迹，并介绍了目前的发展状况与未来的技术方向。

本书主要可以分为三部分：正极材料（插层型、转化型）（第2章）；负极材料（插层型、合金型、转换型）（第3章）；电解质（非水系电解质、水系电解质）（第4~8章）。此外还包括锂电池概论（第1章）、锂离子电池中的隔膜和黏结剂（第9章）以及锂离子电池的安全性问题、解决策略和测试标准（第10章）。其中值得一提的是电解质的发展，因为电解质相比于电极材料发展较为缓慢，目前已经成为制约锂电池（锂离子电池）发展的重要因素。因此本书着重分类介绍了锂离子电解质的发展过程，从非水系液体电解质（第4章）、聚合物电解质（第5章）、单离子导体电解质（第6章）到无机陶瓷电解质（第7章）。希望本书可以帮助读者了解目前锂离子电池电解质发展的现状以及未来的趋势。

本书能够得以出版，首先要特别感谢我的合作导师程寒松教授和孙玉宝教授给予的支持与帮助，感谢他们支持我全身心地投入写作。其次我的夫人也在本书的撰写过程中帮忙搜集资料并默默支持，在此向她表示真诚的感谢。此外，本书参考了大量的国内外期刊文献以及专利等，在此向所有文献作者和专利发明者表示感谢。

由于本人学术水平有限，书中难免存在一些遗漏和错误，敬请广大读者批评指正。

盐城师范学院

徐国栋

2023 年 5 月

目　　录

VII

第1章　锂电池概论

1.1　"双碳"目标下锂电池的使命和发展前景

2020 年 9 月，习近平主席在第 75 届联合国大会一般性辩论上向全世界宣布，中国二氧化碳排放力争于 2030 年前达到峰值，努力争取 2060 年前实现碳中和。2021 年 9 月，习近平再次强调"双碳"目标。同年 10 月 24 日，中共中央、国务院印发了《关于完整准确全面贯彻新发展理念做好碳达峰碳中和工作的意见》，提出建设碳达峰、碳中和人才体系，鼓励高等学校增设碳达峰、碳中和相关学科专业；加快电化学、压缩空气等新型储能技术攻关、示范和产业化应用，加强氢能生产、储存、应用关键技术研发、示范和规模化应用。

为了响应国家的战略需求，2021 年 7 月，教育部印发《高等学校碳中和科技创新行动计划》，提出加快电化学储能技术等碳零排关键技术攻关。2022 年 5 月，教育部印发《加强碳达峰碳中和高等教育人才培养体系建设工作方案》，明确支持碳达峰碳中和领域新学院、新学科和新专业的建设，加快储能与氢能相关学科专业建设。2020 年 1 月，教育部、国家发展改革委、国家能源局联合印发了《储能技术专业学科发展行动计划（2020—2024 年)》，明确布局建设储能技术相关专业，支持长三角等地区有关高校围绕产业需求、结合办学定位、整合办学优势，布局建设储能技术、储能材料等新专业，改造升级材料化学等已有专业。2022 年 1 月，国家发展改革委、国家能源局印发《"十四五"新型储能发展实施方案》，明确支持产学研用体系和平台建设；加强学科建设和人才培养，落实《储能技术专业学科发展行动计划（2020—2024 年)》要求，完善新型储能技术人才培养专业学科体系，深化新型储能专业人才和复合人才培养。

储能是实现风能、太阳能等可再生资源大规模接入、多能互补耦合利用、终端用能深度电气化、智慧能源网络建设等重大战略问题的基础。在发电侧、输配电侧和用电侧实现能源的可控调度，保障可再生能源大规模应用，提高常规电力系统和区域能源系统效率，驱动电动汽车等终端用电技术发展，建立"安全、经济、高效、低碳、共享"的能源体系，是实现碳中和必不可少的一环。

在"双碳"目标下，多个储能行业的重磅文件公布。2021 年 7 月，国家发展改革委、国家能源局出台《关于加快推动新型储能发展的指导意见》，指出大力推进电源侧储能项目建设，布局一批配置储能的系统友好型新能源电站项目，通过储能协同优化运行保障新能源高效消纳利用，为电力系统提供容量支撑及一定调峰能力；推动电网侧储能合理化布局，提升大规模高比例新能源接入后系统灵活调节能力和安全稳定水平；支持用户侧储能多元发展，鼓励聚合利用电动汽车、用户侧储能等分散式储能设施，探索合理商业模式。同月，国家发展改革委出台《关于鼓励可再生能源发电企业自建或购买调峰能力增加并网规模的通知》，多渠道增加可再生能源并网消纳能力，鼓励发电企业自建储能或调峰能力增加并网规模，允许发电企业购买储能或调峰能力增加并网规模。此外，绝大多数省份对风电、光伏发电相关储能设施建设提出强制建设10%～20%功率、时间2小时的储能要求。2021年10月，国务院印发《2030年前碳达峰行动方案》，提出大力发展新能源，加快建设风电和光伏发电基底；提出交通绿色低碳行动，到2030年实现清洁能源动力的交通工具占比达到40%。2022年1月，国家发展改革委、国家能源局印发《"十四五"新型储能发展实施方案》，再次提出加大力度发展电源侧新型储能，因地制宜发展电网侧新型储能，灵活多样发展用户侧新型储能。其中在用户侧储能方面提出探索电动汽车在分布式供能系统中应用，提升用户灵活调节能力，降低用能成本。

在多重政策的激励下，储能市场繁荣发展。电化学储能由于不受地理地形环境的限制，在新型储能体系中占据主导地位，发展潜力巨大。目前全球电化学储能电池已经形成中、日、韩三足鼎立的格局，其中排名前十的龙头企业占据了整个电化学储能市场92%的份额。全球排名前十的企业，中国占据6个席位，合计市场份额41%。

锂离子电池自从1991年成功商业化以来，已经广泛地应用于手机、数码相机和笔记本电脑等便携式电子产品，并且极大地改变了我们的通信方式，如图1-1所示。锂离子电池由于能量密度高、循环寿命长、记忆效应不明显、技术

图1-1　锂离子电池的应用场景

成熟，已经成为新能源汽车的主流动力来源。此外，还可以与可再生能源（例如风能、太阳能）发电体系耦合、多能互用，提升终端用能电气化。在发电侧、输配电侧和用电侧实现能源的可控调度，保障可再生能源大规模应用，提高常规电力系统和区域能源系统效率，任重而道远。

1.2　锂电池发展简介

最早的可充电电池以二硫化钛为正极，金属锂为负极，使用有机溶剂为支持电解质。在放电过程中，锂离子从负极金属锂表面脱出，迁移到正极，嵌入层状二硫化钛中，占据八面体的一个空位，同时正四价的钛离子被还原成正三价。充电是一个与之相反的过程，锂离子从层状的正极中脱嵌，往负极迁移并沉积在金属锂表面。在充放电循环中，锂离子的嵌入与脱嵌并不会影响正极的层状结构，因此这类层状的正极材料拥有很好的循环稳定性。紧接着，一系列拥有高容量的金属硫化物电极开始被报道。但是这类材料组装的锂电池（直接使用金属锂为负极）的工作电压比较低，一般小于 2.5V。这是因为这类过渡金属硫化物中，金属离子的 d 轨道（通常为 3d 轨道）与硫的 3p 轨道有一定的重合，电子很容易从硫离子的 3p 轨道转移到金属离子的 3d 轨道中，金属离子很难达到高价氧化态。所以这类材料的电压通常小于 2.5V。在认识到硫化物的这个问题之后，Goodenough 课题组开始着手研究氧化物电极。因为氧的电负性比硫大，同时氧的最外层是 2p 轨道，所以氧化物中高价的金属离子可以相对稳定地存在。比如 $LiCoO_2$ 和 $LiMn_2O_4$ 都是很好的正极材料，它们可以提供较高的工作电压（约 4V，相对于金属锂负极）并保持很好的循环稳定性。但是金属锂负极在循环中容易产生锂枝晶，可能刺穿隔膜导致短路，存在一些安全隐患，因此科学家开始寻找合适的负极材料。1990 年索尼公司首先实现了以 $LiCoO_2$ 为正极、石墨碳为负极的锂电子电池的商业化。

1.3　锂离子电池的基本构成

锂离子电池的基本构成如图 1-2 所示。

电池就是将化学能通过氧化还原反应转化成电能的装置。如图 1-2 所示，电池通常由正极、负极和电解质构成。当电池外电路有负载时，负极会自发地失去电子，接着电子会通过外电路流向正极，负极被氧化，正极被还原。同时电池内部离子也会定向运动保证电荷平衡。通过这种方式，电池中储存的化学能转换成电能。这个过程叫作放电。充电则是正好与此相反的过程，电能又重新转换成化学能。电池一般可以通过是否能够充电划分为一次电池和二次电池。通常来讲，

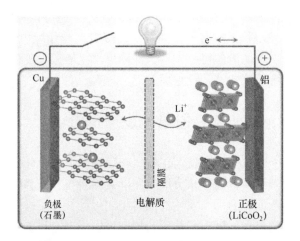

图1-2 第一代商业化锂离子电池结构示意图（石墨｜液体电解质｜LiCoO₂）

二次电池的能量密度比对应的一次电池的能量密度要小一些，但是因为二次电池可以多次充放电，所以比一次电池拥有更广泛的应用空间。表1-1所列为一些常见的二次电池的基本参数。

4

表1-1 常见的二次电池的基本参数

电池类别		铅酸电池	镍镉电池	镍氢电池	锂离子电池	聚合物锂离子电池
电压/V		2.1	1.2	1.2	3.6	3.7
能量密度	MJ/kg	0.11~0.14	0.14~0.22	0.11~0.29	0.58	0.47~0.72
	W·h/kg	30~40	40~60	30~80	150~250	130~200
	W·h/L	60~75	50~150	140~300	250~360	300
功率密度/(W/kg)		180	150	250~1000	1800	>3000
月自放电率		3%~4%	20%	30%	5%~10%	5%
循环寿命/次		500~800	1500	500~1000	400~1200	500~1000

1.4 表征电池性能的重要参数

1.4.1 电池的电动势（E）

在等温等压条件下，当体系发生变化时，体系减小的吉布斯自由能小于等于对外所做的最大非膨胀功，如果非膨胀功只有电功，则

$$\Delta G_{T,P} = -nFE$$

同时，电池的标准电动势等于正极标准电极电势减去负极的标准电极电势，即

$$E^{\theta}_{电池} = E^{\theta}_{正极} - E^{\theta}_{负极}$$

考虑到电极反应并不是在标准条件下发生的电化学反应，根据 Nernst 方程，电池的电动势可以表达为

$$E_{电池} = E^{\theta}_{电池} - \frac{RT}{zF}\ln Q_{r}$$

式中，R 是通用气体常数，也叫理想气体常数；T 是绝对温度，也叫热力学温度；F 是法拉第常数；z 是电池电化学反应中得失的电子数；Q_r 为反应商。电池在实际工作条件下存在各种极化会产生过电位，导致实际电动势要比理论电动势小一些，其中包括：

　　1）电极与电解液界面处的电荷转移极化，其大小与电极反应动力学直接相关。

　　2）由于电池存在内阻导致的电压降。

　　3）由于活性物质传质产生浓度梯度导致浓差极化。因此，最终电池的输出电压可表示为

$$E = E^{\theta}_{电池} - \frac{RT}{zF}\ln Q_{r} - (\eta_{正极} + \eta_{负极})_{电荷转移} - (\eta_{正极} + \eta_{负极})_{浓差极化} - IR$$

其中，在小电流时，电池的过电势主要为电荷转移过电势；当电流增加到中等级别时，由于电池内阻产生的电压降快速增加并成为重要组成部分；当电流继续增加时，传质过程产生的浓差极化过电势也成为不可忽视的一部分。

1.4.2　电池的理论容量（Q）

　　电池的理论容量可以根据电池中含有的活性物质的量来计算：

$$Q = \frac{nF}{M}$$

式中，n 是摩尔反应中得失的电子数；F 是法拉第常数；M 是电极材料的摩尔质量。不过电池的实际容量要比电池的理论容量要低，可以通过以下方程计算：

$$Q = \int I dt$$

式中，I 是电池放电（或充电）时的电流。

1.4.3　电池的能量

　　电池在特定条件下对外界所做的电功叫作电池的能量，可以通过以下方程式计算：

$$Energy = \int V dq$$

5

式中，能量密度 V 又可以分为体积能量密度（W·h/L）和质量能量密度（W·h/kg）。

谈到电池的容量和能量时，必须指出放电电流的大小或者放电条件。通常放电条件可以分为恒电流放电和倍率放电两种。恒电流放电，顾名思义就是以恒定的电流进行放电。倍率放电是指电池在规定时间内放出其额定容量的电流值，数值等于额定容量的倍数。

$$\frac{C}{n} = \frac{电池的容量}{小时数} = 电流值$$

例如在 $2C$ 下放电，则 $n = 0.5$，即在 $0.5h$ 内将全部容量放完。

1.4.4　电池的功率

电池的功率是指特定条件下单位时间内的电池对外所做的电功，可以通过以下方程式计算：

$$Power = \int V \mathrm{d}I$$

式中，电池的功率密度 V 可以分为单位质量的输出功率（W/kg）和单位体积的输出功率（W/L）。

1.4.5　库仑效率（电流效率）

电池的库仑效率（CE）等于电池的放电容量除以电池的充电容量，即

$$CE = \frac{Q_{放电}}{Q_{充电}}$$

1.4.6　电池的寿命以及自放电与储存性能

二次电池的寿命是指在一定的充放电循环之后，电池的容量下降到其初始容量的80%以下，该循环次数称为电池的寿命。其中造成电池容量下降的主要因素包括：充放电过程中，活性物质颗粒增大，比表面积减小，导致电流密度上升，极化增大；活性材料与集流体接触不好甚至脱落，导致实际可利用的活性物质减少；电极上发生副反应。

除了充放电循环会导致电池容量的下降，在开路条件下电池容量也会因为正极的自放电与负极腐蚀而下降。通常来讲，镍镉电池和镍氢电池的自放电比较明显，而铅酸电池和锂离子电池的自放电则相对缓慢。

第2章 正 极 材 料

石墨由于其导电性好、理论容量较高、锂化电位低且嵌入与脱嵌循环稳定性优异，是目前最主流的锂电池负极材料，所以锂离子电池的工作电压和能量密度很大程度上取决于正极材料。因此，开发拥有高能量密度、高输出电压、长循环寿命、容易合成的正极材料非常重要。满足以上特点的材料应满足以下基本要求：

1）拥有较高的氧化还原电位，保证电池的高输出电压。

2）可以容纳尽可能多的锂离子，保证电池有高的容量。

3）在锂离子的嵌入与脱嵌过程中，正极材料保持结构完整，保证电极的长循环寿命。

4）同时是良好的电子导体和离子导体，减少极化导致的能量消耗，保证电池可以快速充放电。

5）对应电池的工作电压范围应该位于电解质的电化学窗口中，尽量减少电极与电解质的反应。

6）成本低，易合成，对环境友好，同时拥有良好的电化学稳定性和热稳定性。

目前已有的正极材料主要可以分为插层型正极材料、转化型正极材料和有机正极材料三大类。其中，插层型正极材料包括层状结构正极，例如 $LiCoO_2$、$LiNi_xMn_{1-x}O_2$、$LiNi_xCo_yMn_{1-x-y}O_2$（NCM）、$LiNi_xCo_yAl_{1-x-y}O_2$（NCA）和富锂正极，尖晶石结构正极，例如 $LiMn_2O_4$，聚阴离子型正极材料，例如 $LiFeO_4$；转化型正极材料包括卤化物，例如氟化物和氯化物，硫、硒和碘等单质；有机正极材料包括共轭羰基化合物、自由基聚合物、导电聚合物和有机硫正极。本章从结构、电化学性能、稳定性以及合成工艺和成本等方面对各类材料进行详细的介绍。

锂离子电池正极材料一览表见表2-1。

表2-1 锂离子电池正极材料一览表

类别		典型代表	放电容量/$(mA \cdot h/g)$	放电平台/V
插层型正极	层状结构正极	$LiCoO_2$	145	3.8
		$LiNi_{0.5}Mn_{0.5}O_2$	180	3.8
		$LiNi_{1/3}Co_{1/3}Mn_{1/3}O_2$	200	3.7
		$LiNi_{0.8}Co_{0.15}Al_{0.05}O_2$	200	3.7
		$xLi_2MnO_3 \cdot (1-x)LiMnO_2$	>200	3.5

（续）

类别		典型代表	放电容量/（mA·h/g）	放电平台/V
插层型正极	尖晶石结构正极	LiMn$_2$O$_4$	120	4.1
	聚阴离子型正极	LiFeO$_4$	165	3.4
转化型正极	卤化物	FeF$_3$	600	2.7
	硫	S$_8$	800～1200	2.1
	硒	Se	400～500	2.0
	碘	I$_2$	300～400	2.9
有机正极	共轭羰基化合物	对苯醌	496	3.0
	自由基聚合物	TMEPO	50～100	3.5
	导电聚合物	聚吡咯	80～150	3.5
	有机硫正极	DMcT	100～400	3.0

2.1 插层型正极材料

2.1.1 层状结构正极（LiMO$_2$）

在理想的层状 LiMO$_2$ 结构中，氧离子按照 ABC 立方紧密堆积排列，氧的八面体间隙被锂离子和过渡金属离子占据，同时每个晶胞中含有 3 个 MO$_2$ 层，如图 2-1 所示。这种 MO$_2$ 层不仅可以允许锂离子可逆地嵌入与脱嵌，同时也为锂离子的扩散提供了二维通道。因此该类正极材料表现出优异的电化学性能，主要包括 LiCoO$_2$、LiNiO$_2$ 和 LiMnO$_2$ 等。

1. LiCoO$_2$

LiCoO$_2$ 是商业化锂离子电池中最常用的正极材料，具有输出电压高（可达 4V）、合成步骤简单、比容量高、循环寿命长、可以快速充放电等优点。LiCoO$_2$ 的合成可以简单地分为高温固相合成法和低温合成法。高温固相合成法就是将 Li$_2$CO$_3$ 和 Co$_3$O$_4$ 或者 Co$_2$O$_3$ 固体混合均匀，在空气中高

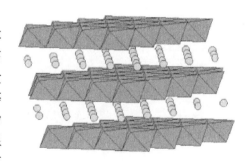

图 2-1 层状晶型示意图

温（800～850℃）焙烧。得到的 HT-LiCoO$_2$ 属于 α-NaFeO$_2$ 层状结构，氧离子按照立方紧密堆积排列形成骨架，锂离子和过渡金属在（111）面与氧离子层形成有序的交叉排列层，氧的八面体间隙被阳离子占据。在 Li$_{1-x}$CoO$_2$ 中，当 $0 < x <$

0.25 时，该层状结构表现为六方晶系和单斜晶系共存；当 $0.25 < x < 0.5$ 时，该层状结构转化为单一相的六方晶系；当量 $0.75 < x < 1.0$ 时，该层状结构又是六方晶系和单斜晶系两相共存。低温固相合成法类似，只是在低温（约 400℃）焙烧得到 LT-$LiCoO_2$，其中锂离子和过渡金属离子并没有完全有序的交叉排列，形成尖晶石结构。LT-$LiCoO_2$ 对应的电池初始容量比较高，但是其工作电压相对较低，且容量保持率较差。

（1）$LiCoO_2$ 的合成

1）高温固相法。将锂盐和含钴的氧化物或者氢氧化物按照一定的化学计量比混合均匀，然后在适合的温度煅烧一定时间，最后冷却粉碎、筛分获得样品。制备 $LiCoO_2$ 的常用原料锂盐包括 $LiOH$ 和 Li_2CO_3，钴化合物包括 $CoCO_3$、Co_3O_4、Co_2O_3、CoO 和 $Co(OH)_2$ 等。具体制备流程见下述示例。

【示例 1】 将 Co_3O_4 和 Li_2CO_3 按照 Co：Li = 1:1（物质的量之比）混合，加入一定量的无水乙醇搅拌分散，分散均匀之后球磨 2h，然后除去溶剂干燥、研磨，在空气中进行高温（800～850℃）煅烧 12～24h，其中控制升温速率为 2℃/min，然后以 1℃/min 的速率进行降温至 50℃，即可得到层状结构的 $LiCoO_2$。制备主要涉及的化学反应为

$$4Co_3O_4 + 6Li_2CO_3 + O_2 = 12LiCoO_2 + 6CO_2$$

也可以使用 Co_2O_3 替代 Co_3O_4 作为原料与 Li_2CO_3 制备 $LiCoO_2$，热稳定性没有明显差别。另外研究发现，Li_2CO_3 在 724℃ 熔融，这样接触更加充分，有利于反应的发生。

【示例 2】 使用 $CoCO_3$ 和 $Co(OH)_2$ 与 Li_2CO_3 以 Li：Co = 1:1 的物质的量之比混合，在高温（700～900℃）时煅烧 5h，涉及的主要化学反应为

$$2CoCO_3 + 3Co(OH)_2 \cdot 3H_2O + \frac{5}{2}Li_2CO_3 = 5LiCoO_2 + \frac{5}{2}CO + 2CO_2 + 6H_2O$$

【示例 3】 将 Li_2CO_3 和 $CoCO_3$ 混合均匀之后，先在低温（350～450℃）进行预处理，然后在高温（700～850℃）空气中焙烧。这样得到的样品的可逆容量可以达到 $150mA \cdot h/g$。

合成 $LiCoO_2$ 的温度直接影响了样品的结构，进而影响其电化学性能。以使用碳酸盐为原料制备 $LiCoO_2$ 为例，先在低温下预处理，然后在高温下煅烧生产 $LiCoO_2$。在低温处理时，形成的 $LiCoO_2$ 是无序结构，Co 和 Li 的分布不规则，有错位现象。如果使用酸处理该样品，则可以得到类似尖晶石结构的 $Li_{0.5}CoO_2$。高温煅烧过程之后 Co 与 Li 的错位现象消失，形成有序的层状结构。

除了温度，使用的钴盐和锂盐对于得到的样品的性能也有影响。比如使用不同的钴盐包括 $Co(CH_3COO)_2 \cdot 4H_2O$、$CoCO_3$ 和 $Co(OH)_2$ 络合物，和 $Co(NO_3)_2 \cdot 6H_2O$ 与 Li_2CO_3 反应。首先将钴盐和锂盐在无水乙醇或者丙酮中按照 Li：Co =

1:1 的物质的量之比研磨均匀，然后在 600℃ 时进行预加热 6h，接着在 6 ~ 10MPa 下进行压片处理，让样品接触更加紧密，最后在高温 900℃ 的空气中煅烧 24h，冷却、粉碎即可。通过 XRD 分析发现，使用不同钴盐制备的 $LiCoO_2$ 的结构基本相同，电化学性能有少许的差别，其中使用 $CoCO_3$ 和 $Co(OH)_2$ 的络合物的 $LiCoO_2$ 可逆容量最高，循环稳定性高。

2）溶胶-凝胶法。先将一定量的聚丙烯酸溶于去离子水中，然后加入适量醋酸盐（包括醋酸锂和醋酸钴），搅拌形成均一溶液后加热至 95℃ 得到凝胶。然后将凝胶置于空气中 500℃ 煅烧得到粉末，研磨之后进行二次空气煅烧（700℃），得到最终样品 $LiCoO_2$。

（2）$LiCoO_2$ 的热稳定性

氧化钴锂 $Li_xCoO_2(x<1)$ 在充电状态下通常是介稳状态的，当周围的温度达到 200℃ 时，将发生分解，释放氧气，反应方程式为

$$Li_{0.5}CoO_2 \rightarrow 0.5LiCoO_2 + \frac{1}{6}Co_3O_4 + \frac{1}{6}O_2$$

此外，$Li_{0.5}CoO_2$ 尺寸的大小还会影响自放热反应开始的温度。粒子尺寸越小，自放热反应的开始温度就越低。举个例子：当粒子直径为 $0.8\mu m$ 时，在 EC/DEC 溶剂中的开始自放热的温度是 110℃；但当粒子直径增加到 $5\mu m$ 时，它在 EC/DEC 溶剂中自放热反应开始的温度将增加到 150℃。同时，溶剂量的多少也影响着放热温度的高低。如果起还原剂作用的溶剂量增加，则 $Li_{0.5}CoO_2$ 不仅可以按以上方程式反应还原成 Co_3O_4，还可以继续被还原生成 CoO，有时候还可以还原成单质 Co，反应式为

$$2Li_{0.5}CoO_2 \rightarrow LiCoO_2 + Co + O_2\uparrow$$

在每一步反应中的焓变依次是 550J/g、270J/g 和 540J/g。如果把锂盐加到溶剂中去，那么 $Li_{0.5}CoO_2$ 的活性会明显减少。也就是说，锂盐浓度的高低影响着 $Li_{0.5}CoO_2$ 反应的活性。举个例子，$Li_{0.5}CoO_2$ 在 0.8mol/L LiBOB/EC/DEC 电解液中的反应活性明显高于它在 1mol/L $LiPF_6$/EC/DEC 电解液中的反应活性。

关于 $Li_{0.49}CoO_2$ 的化学脱锂过程，当温度达到 190℃ 时，它就会开始发生放热反应。它所对应的是从层状结构到尖晶石结构的改变，而不是分解释放氧气。$Li_{0.49}CoO_2$ 在 1mol/L $LiPF_6$/EC/DEC 电解液中明显存在两个放热高峰：其中一个位于 190℃，对应于溶剂分子在活性正极表面氧化分解；另一个开始于 230℃，对应于电极材料 $Li_{0.49}CoO_2$ 的分解反应，释放出 O_2。

当温度较高时，电极材料的热稳定性也影响自放电的过程，尤其是涉及物质结构转变的过程。比如说，属于层状结构的 $LiCoO_2$ 可能会转变成为属于六方尖晶石结构的 $LiCoO_2$，它的活化能是 81.2kJ/mol，温度升高有利于这样的结构转变。因为结构的转变会导致内部应变的增加，使锂离子沿 c 轴迁移的距离减少。

在比较高的温度中放置一段时间以后，带电正极材料容易发生自放电而导致容量衰减，不过这部分衰减的容量是可逆的。在发生自放电过程的同时，晶体结构也会相应地改变，转变为尖晶石结构，其003晶面对应的衍射峰所处的位置也相应变化，这或许是造成不可逆容量最主要的原因之一。此外，不同的锂盐对应的热稳定性也存在一定差异。比如在 $LiAsF_6$、$LiClO_4$ 和 $LiPF_6$ 这3种锂盐中，热稳定性最高的是 $LiPF_6$，它在高温下相对不容易发生分解，电池的容量受到的影响也最小。

（3）$LiCoO_2$ 的改性

尽管相比于其他金属氧化物正极，$LiCoO_2$ 的循环稳定性比较出众，但是在长期循环过程中还是存在明显的容量衰减。此外，研究发现循环过程中还存在相变，从层状结构往尖晶石结构的转变。为了提高正极结构的稳定性，提升容量保持率，尤其是在提高温度时延长循环寿命，研究者采取了一系列的方法，其中最重要的方法是掺杂与包覆。

1）掺杂。掺杂元素可以是金属元素，例如 Li、Mg、Al、Ti、Cr、Ni、Fe、Mn 和 Zr 等，也可以是非金属元素 B。其中富锂也可以认为是掺杂，特别是当 Li:Co = 1:1 时，对应电极的可逆容量最大，达到 $140mA \cdot h/g$，接近理论容量的一半。当锂的含量进一步增加时，Co 的含量则相对下降，电极的容量开始相应地减小。研究发现，过量的锂离子并没有导致 Co^{3+} 的还原，而是生成了新价态的氧离子，结合能力更强，导致处于氧八面体间隙中的锂离子被固定。

掺杂镁离子不仅不会影响锂离子的可逆性，而且会使锂离子依然表现出很好的循环效果。其主要原因是掺杂镁离子所形成的并不是多相的结构，而是一种固溶体。掺杂镁离子的量（$LiCo_{1-x}Mg_xO_2B$）即使达到 $x = 0.2$ 时也可以保持均匀的固溶体状态，而不会出现相分离。运用 Li MAS-NMR 联合的方式，可以发现掺杂镁离子之后的相结构有了明显的缺陷，出现氧空位以及中间相 Co^{3+}。当电压达到 4.5V 时，容量就会高于 $160mA \cdot h/g$，而且不会影响它的循环性能。这里最主要的原因也许在于：锂离子的半径和镁离子的半径相差不大，当发生掺杂时，处于 CoO_2 层结构中的锂离子发生脱嵌之后，镁离子就会代替锂离子的"顶柱"作用，保证结构的稳定性，不会影响锂嵌入和脱嵌过程中的传输通道，从而防止锂离子的无序化迁移以及晶体发生形变。除此以外，掺杂之后结构依旧保持稳定的特性也可以从锂离子可逆的插入与脱去过程得到反映。

掺杂铝的过程主要考虑以下4个方面：

① 铝密度小、价格便宜、毒性低。

② $LiCoO_2$ 与 $\alpha\text{-}LiAlO_2$ 的结构非常相似，并且 Co^{3+} 与 Al^{3+} 离子的半径大体上相近，可使得 $LiAl_yCo_{1-y}O_2$ 固溶体形成的范围较大。

③ 掺杂一些铝可以让电压有一定的提高。

④ 掺杂铝以后能让结构更稳定，容量得到提高，还能让循环性能得到改善。这

种稳定晶格的作用和掺杂镁离子的效果是类似的，也能反映在掺杂以后电极发生化学脱锂反应时对应的结构变化。当掺杂的量变大时，锂的脱嵌不会影响到这种晶相结构。这时，可以采取以丙烯酸为载体，利用溶胶-凝胶法来制备出掺杂的 $LiAl_yCo_{1-y}O_2$。但是，对应的电化学性能会明显地受到热处理的温度和掺杂的量的多少的影响。

掺杂钛的方法虽然会在一定程度上提高电化学的性能，但是其具体原因还需进一步的研究。

$LiNiO_2$ 与 $LiCoO_2$ 结构相同，只是 Ni 占据 Co 的位点，Co 和 Ni 可以以任意比例混合后形成均一固溶体。这两个物质混合后只会发生少量正熔变。

可以用软化学法将镍掺杂的 $LiCo_{1-x}Ni_xO_2$ 制成纳米级的粒子，或者利用溶胶-凝胶法对 $LiCoO_2$ 进行镍掺杂。比如：利用纤维素和三乙醇胺为载体，制成粒子半径为 300 ~ 350nm 的 $LiNi_{0.5}Co_{0.5}O_2$。在这个反应中纤维素起到双重作用：首先，它可以作为促进反应进行的燃料；其次，它会在这个反应中生成介孔碳，防止粒子进一步增大。因此，$LiNi_{0.5}Co_{0.5}O_2$ 的容量直接受到两者添加量的影响。

除了单一离子的掺杂，还有双掺杂或者多掺杂，例如在 Ni 掺杂的基础上，再进一步掺入第二组分 Al，得到 Ni 和 Al 双掺杂的产物，例如 $LiNi_{0.5-y}Al_yCo_{0.5}O_2$ $(0<y<0.3)$。其中 Al 的掺杂可以稳定层状结构，促进锂离子的迁移。此外 Ni、Mn 的双掺杂得到的层状化合物 $Li[Ni_xCo_{1-2x}Mn_x]O_2$ 与电解质溶液的反应性明显下降，热稳定性有了显著提高。不过因为得到的层状化合物是多孔结构，所以电极的振实密度相比于母体 $LiCoO_2$ 有所降低。当然振实密度可以通过改变合成方法得到一定的弥补。例如在 900℃ 高温下，以 LiF 为烧结剂可以有效地减小电极的比表面积，提高振实密度，而且不会明显影响电极的电化学性能。研究表明，最优的掺杂量 x 为 0.075 ~ 0.4。

Fe 掺杂不利于 $LiCoO_2$ 的电化学性能的优化，尤其是循环性能。因为 Fe 对于锂离子也有电化学活性，在首次放、充电之后，Fe 的位置从有序变成了无序，部分占据锂离子的传输通道，抑制了锂离子的高速扩散，导致可利用容量降低，循环性能下降。

Mn 掺杂容易导致相结构发生转变，所以掺杂量非常关键。当掺杂量小于 0.3 时，Mn 掺杂的 $LiCoO_2$ 仍然保持层状结构，同时阳离子的有序性增加。而当掺杂量大于 0.3 时，则得到了尖晶石结构，不利于循环性能的稳定。通常保持掺杂量低于 0.3，例如掺杂量为 0.2 时，电极对应的容量为 138mA·h/g；当掺杂量进一步增加时，容量开始下降。这是因为掺杂量在 0.2 时，层状结构较为稳定，锂离子扩散通道保持畅通，扩散电阻最小，极化过程不明显。

Zr 的掺杂对于 $LiCoO_2$ 的循环稳定性有所帮助，可能是因为 Zr^{4+} 的半径与 Li^+ 的相近。在锂离子发生脱嵌时，Zr^+ 可以部分占据 Li^+ 在二维层状 CoO_2 中的位置，有利于结构的保持，防止晶体发生形变，稳定锂离子的扩散通道，减少极化。

2）包覆。$LiCoO_2$ 的包覆材料有很多，可以大致分为无机氧化物和导电碳材料两类。其中，无机氧化物主要有 Al_2O_3、SiO_2、MgO、$AlPO_4$、Li_2CO_3 和 ZrO_2；导电碳材料主要有导电碳和导电聚合物等。

无机氧化物包覆方法相对多样。例如可以通过气体喷雾法在 $LiCoO_2$ 表面包覆一层 Al_2O_3。因为 Al_2O_3 含量很低，不影响 $LiCoO_2$ 的层状结构。氧化铝由于惰性，不与电解液反应，可以有效地减少电极材料与电解液的副反应，减少活性物质损失，提升电极的循环稳定性。此外，Al_2O_3 的包覆还可以一定程度上提升 $LiCoO_2$ 的热稳定性，扩展电池的工作区间。而且还有报道发现，Al_2O_3 可以提升电极的耐过充能力。但是值得注意的是，因为 Al_2O_3 是惰性的，含量过高必然影响电极活性位点与外界的接触，降低电化学性能，所以必须严格控制 Al_2O_3 的量。通常来讲，包覆 0.2% Al_2O_3 得到的 $LiCoO_2$ 综合电化学性能最优。

包覆 $AlPO_4$ 也可以明显提升 $LiCoO_2$ 的电化学性能。因为 $AlPO_4$ 与 Al_2O_3 类似，对电解液惰性，所以可以抑制活性物质与电解质的副反应，减少不可逆容量，提升电极的容量保持率。例如使用 1%（wt）的 $AlPO_4$ 包覆的 $LiCoO_2$，在 $1C$ 倍率下充放电 50 次后，容量仍然保持在 $149mA \cdot h/g$，几乎没有衰减，表现出优异的循环稳定性；而没有包覆的电极材料的可逆容量在 50 次循环后接近 0。此外，$AlPO_4$ 也可以提升电极的耐过充性能，且提升程度与包覆的量成单调关系。例如：当 $AlPO_4$ 包覆厚度达到 $300nm \sim 1\mu m$ 时，电池充电电压即使超过 12V 也只是发生热膨胀而不会爆炸。但是 $AlPO_4$ 具有电化学惰性，如果使用过多的 $AlPO_4$，则必然要牺牲一定的电化学性能。因此决定 $AlPO_4$ 的最优的含量需要综合考虑放电容量和安全性能两个方面。

SiO_2 也可以作为 $LiCoO_2$ 的包覆材料，而且合成方法相对简单。例如，只需将 $LiCoO_2$ 加入到 SiO_2 分散的乙醇溶液中，然后慢慢干燥和热处理即可。与其他金属氧化物包覆类似，SiO_2 的包覆可以显著提升电极的循环稳定性，其中最优的含量为 1%（wt），对应的循环稳定性提升最高，可以达到 $3 \sim 9$ 倍。但是与其他氧化物不同的是，SiO_2 也可以与 $LiCoO_2$ 发生反应，形成 Si 掺杂复合氧化物 $LiSi_yCo_{1-y}O_{2+0.5y}$。

使用 MgO 的包覆可以明显地提高 $LiCoO_2$ 层状结构的稳定性。例如当充放电电压从 4.3V 提升至 4.5V 和 4.7V 时，对应的可逆容量从 $145mA \cdot h/g$ 提升至 $175mA \cdot h/g$ 和 $210mA \cdot h/g$。除了可以支持高压充放电提升容量以外，MgO 的包覆还可以显著提升电极的热稳定性和大电流下的循环性能。但是当 MgO 掺杂量过高时，Mg^{2+} 容易进入 CoO_2 的二维层状结构中，占据锂离子的位点，抑制锂离子的扩散，增大极化。因此，MgO 包覆的最优量通常为 1%（wt）。

Li_2CO_3 的包覆通常是使用 $LiOH$ 和 $LiNO_3$ 前体然后在 CO_2 氛围中煅烧（250℃）制备。包覆之后的电极材料在 3.6V 时容量有了一定的提升，可能的原

因是 Li_2CO_3 的包覆促进了锂离子的扩散。

还可以通过包覆 $LiMn_2O_4$ 提升 $LiCoO_2$ 的热稳定性，分解温度可以从 185℃ 提升至 225℃。但是因为 $LiMn_2O_4$ 本身与电解液有缓慢的反应，会缓慢溶解，所以循环稳定性的提高相对有限。

ZrO_2 也是一种有效的包覆剂，可以显著地提升电极的循环稳定性。包覆之后的电极在 $0.5C$ 充放电 70 次后，容量几乎没有衰减。

但是也有研究表明，氧化物包覆实际上对于电极的电化学稳定性并无明显作用。而真正提高电极性能的是包覆过程中的热处理。有报道表明，使用包覆氧化物同样的条件对 $LiCoO_2$ 进行热处理也可以得到类似的电化学性能。但是这样的结果只是针对电化学性能，没有从结构角度去分析，所以氧化物包覆的影响机理还需要进一步的研究证实。

此外，碳材料也是一种优秀的包覆材料。因为碳材料的电化学稳定性和化学稳定性以及优异的电子导电性，不仅可以像无机氧化物一样稳定结构，减少电极与电解液的反应，而且其本身优异的电子导电性还可以提升电极的倍率性能。常用的碳材料的前体有柠檬酸、聚乙二醇和纤维素等，与 $LiCoO_2$ 按照一定比例混合，然后在惰性气体中煅烧得到碳包覆的 $LiCoO_2$。这样制备的碳包覆材料的电化学性能（包括放电容量和循环稳定性）有明显的提升。值得一提的是，碳包覆与添加导电炭黑的作用大不相同。添加导电炭黑并不会增加电极的容量，而碳包覆可以显著地提升电极的可逆容量，尤其是大倍率下的放电容量。此外，由于碳材料包覆相对简单且成本更低，受到越来越多研究者们的喜爱。

2. $LiNiO_2$

$LiNiO_2$ 的结构与 $LiCoO_2$ 相似，也属于 $\alpha\text{-}NaFeO_2$ 结构，其输出电压约为 3.8V，比 $LiCoO_2$ 略低。$LiNiO_2$ 的理论容量为 $274mA \cdot h/g$，其实际容量可以达到 $190 \sim 210mA \cdot h/g$，比 $LiCoO_2$ 高。同时 Ni 的成本和毒性都要比 Co 小。但是 $LiNiO_2$ 的合成困难，一般需要在氧气氛围中焙烧，且过程中需要控制环境的水分。合成 $LiNiO_2$ 一般使用 LiOH 和 $Ni(OH)_2$ 在高温焙烧制备，$Ni(OH)_2$ 先分解成 NiO，再氧化成高价的 Ni_2O_3。但是 Ni_2O_3 在超过 600℃ 时不稳定，容易分解为 NiO，不利于反应的进行，因此需要在氧气中进行，以抑制 Ni_2O_3 的分解。此外，由于 Ni^{2+} 的电荷数相比 Co^{3+} 要低［起始合成原料分别为 $Ni(OH)_2$ 和 Co_2O_3］，减弱了与 Li^+ 之间的排斥作用。Ni^{2+} 的半径与 Li^+ 非常接近，在锂盐挥发之后，Ni^{2+} 容易进入空位，生成非化学计量比的 $Li_{1-x}Ni_{1+x}O_2$。过多的镍可能会阻碍锂离子在二维通道里的扩散，导致电极放电容量降低。另外因为 Ni^{4+} 比 Co^{4+} 更容易被还原，所以部分脱嵌锂离子之后的 $Li_{1-x}NiO_2$ 的热稳定性不如对应的 $Li_{1-x}CoO_2$。更重要的是，$LiNiO_2$ 晶型在充放电过程中一直在发生变化，不利于形成稳定的锂离子扩散通道。这是因为占据八面体位置的低自旋的 Ni^{3+} $(3d^7 = t_{2g}^6 e_g^1)$，其 e_g 二重简并轨道只有一个电子，即有两种能量最低的电子结构。根据姜-泰勒效应，为了消除这种结构的不稳定性，晶系会自发向着晶体对称性下降的方向自行变化 NiO_6 八面体结构，从而消除 e_g 的二重简并轨道，实现唯一的能量最低结构。$LiNiO_2$ 的热稳定性和晶体结构的稳定性，可以通过掺杂来改性。常用的元素包括 Co、Mn、Al、Mg、Ca、B 和 Sn 等。因为 Co 不存在姜-泰勒变形，所以 Co 的掺杂不仅可以抑制 $LiNiO_2$ 的姜-泰勒变形，而且可以减少插入到 Li 层空位中的 Ni，得到有序二维层状结构，改善 $LiNiO_2$ 的循环性能。例如 $LiNi_{0.85}Co_{0.15}O_2$，就表现出很好的循环稳定性，可逆容量可以达到 $180mA \cdot h/g$。Mn 的引入也可以有效地改善 $LiNiO_2$ 的热稳定性，因为 Mn^{4+} 比 Ni^{3+} 更稳定，典型的例子是 $LiNi_{0.5}Mn_{0.5}O_2$，即表现出不错的热稳定性和较高的放电容量（高达 $200mA \cdot h/g$）。另外 Al^{3+} 与 Ni^{3+} 粒径相当，价态稳定，引入约25%的 Al^{3+} 可以有效地提高在高电压下的稳定性，提高循环次数与抗过充能力。

（1）$LiNiO_2$ 的制备

【示例1】 以氢氧化物[LiOH 和 $Ni(OH)_2$]为原料，按照 Ni:Li = 1:1.5～1:1.1 的物质的量之比混合，在温度 600～750℃氧气氛围中煅烧 5～16h。而且在氧气中煅烧的温度越高，时间越久，得到的 $LiNiO_2$ 的晶型越完整。

【示例2】 使用 Li_2O_2（过氧化锂）和 NiO（氧化亚镍）作为原料合成 $LiNiO_2$。研究发现煅烧温度对于产品结构的影响很大，其中在 700℃得到的样品 $Li_{0.996}Ni_{1.006}O_2$ 与理论结构最为接近。当温度低于700℃时，由于锂离子的扩散速度较慢，导致生成的样品中缺少锂，留下空位，这时过量的 Ni 会迁移到锂层中，导致锂离子的扩散通道受到影响，使锂离子利用率降低，可逆容量下降。

使用不同的原料和合成条件对于得到的 $LiNiO_2$ 的晶型有直接的影响。一些常见的原料和反应条件对应的晶体参数见表2-2，其中5号和6号的可逆容量高于 $150mA \cdot h/g$。

表2-2 不同原料和不同条件下制备的 $LiNiO_2$

序号	原料	氛围	温度/℃	晶胞参数 a/nm	晶胞参数 c/nm
1	LiOH，Ni	氧气	900	0.289	1.419
2	$LiOH,Ni(OH)_2$	空气	800	0.288	1.419
3	$LiNO_3,Ni(OH)_2$	空气	800	0.288	1.418
4	$LiNO_3,Ni(OH)_2$	氧气	750	0.288	1.418
5	$LiNO_3,Ni(OH)_2$	空气	750	0.288	1.419
6	$LiNO_3,NiCO_3$	氧气	750	0.288	1.418
7	LiOH,NiOOH	氧气	750	0.289	1.420
8	LiOH,NiOOH	空气	850	0.411	立方相
9	$Li_2CO_3,NiCO_3$	氧气	750	0.290	1.424
10	$LiOH,NiCO_3$	氧气	750	0.413	立方相

（2）LiNiO$_2$ 的电化学性能

在制备的 Li$_{1-x}$NiO$_2$ 中，当 $x<0.5$ 时，电极材料在充放电过程中可以保持层状结构的稳定性。但是当 $x>0.5$ 时，LiNiO$_2$ 会随着循环发生持续的相变，从之前的六方晶系变成单斜晶系，再转变为新的六方晶系。这种相变会严重破坏二维层状结构的稳定性，阻碍锂离子的扩散。LiNiO$_2$ 与 LiCoO$_2$ 在这方面类似，不能深度放电。

此外，当 $x>0.5$ 时，高价的 Ni^{4+} 更容易与电解质发生反应被还原。一个简单的现象可以证明，LiNiO$_2$ 在 4.2V 时明显产生气体，而 LiCoO$_2$ 电极在 4.8V 以上时才有明显的气体生成。

在层状结构的 LiNiO$_2$ 中，锂层中通常含有少量的镍，容易阻碍锂离子的扩散。在 LiNiO$_2$ 放电过程中，Li$^+$ 空位容易发生重排导致相变。之前提到的电极在循环过程中会由最初的六方相向单斜相转变，这很可能就是由于锂空位重排形成的超晶格导致的。循环过程中的相变会导致晶体结构的变化，特别是保持锂离子通道的二维层状结构的变化，导致容量减小。当然也有人认为是 Ni^{3+} 的姜-泰勒效应导致的相变。

LiNiO$_2$ 在循环过程中的持续相变，严重影响了其电化学性能和循环寿命。需要注意的是，当脱嵌锂的含量达到 0.75 时，相变导致的结构破坏已经不能满足锂离子的可逆插入与脱出的要求。因此充电截止电压需要低于 4.1V，对应的 LiNiO$_2$ 的放电容量小于 200mA·h/g。当电池中的电解质可以在正极表面形成稳定的钝化层时，LiNiO$_2$ 也可以达到完全的充电状态。固态 ^{7}Li NMR 研究发现，钝化层中的主要成分不是 Li$_2$CO$_3$，主要是有机溶剂分解产生的烷基碳酸锂，这在之后的章节会有详细的介绍。

（3）LiNiO$_2$ 的改性

通常来讲，LiNiO$_2$ 是通过固相反应法制备，但是由于高价的 Ni^{3+} 并不稳定，制备相对困难，需在高温氧气氛围内煅烧。但是高温又容易导致锂的挥发形成缺锂化合物，很难大规模地合成理想的二维层状结构。此外，LiNiO$_2$ 在循环过程中存在严重的相变，影响循环稳定性。因此，研究者们提出了一系列改进方法，例如改用溶胶-凝胶法，对 LiNiO$_2$ 进行掺杂或包覆。

1）溶胶-凝胶法。溶胶-凝胶法合成 LiNiO$_2$ 与制备 LiCoO$_2$ 的方法和流程基本一致。其中使用一些小分子有机物例如柠檬酸，或者聚合物例如聚乙二醇作为凝胶的载体。这样制备的球形 Ni$_{1-x}$Co$_x$(OH)$_2$ 比通过固相混合制备的结构更加均匀，更加有序，因此表现出的电化学性能也更加稳定。此外，溶胶-凝胶法中反应的控制步骤变成了 NiO 与 Li$_2$CO$_3$ 生成 LiNiO$_2$ 的反应，可以通过有效地控制反应温度和时间来得到 LiNiO$_2$ 的纯度。这样制备的 LiNiO$_2$ 热稳定性可以到

400℃，起始容量达到 150mA·h/g。

2）掺杂。引入其他元素的主要目的是抑制层状 LiNiO₂ 在充电过程中的相变，提升循环稳定性。常用的掺杂元素有 Al、Ti、Mn、Co、Li 和 F 等。

Al 的掺杂可以极大地提升 $LiAl_xNi_{1-x}O_2$ 的稳定性。Al 的掺杂可以通过在氧气氛围中高温静电喷雾沉积法制备。当 $x=0.25$ 时，掺杂的电极的热稳定性高达 750℃。因为 Al 对锂离子没有电化学活性，在充放电过程中 Al 的引入可以有效地保持结构的稳定性，保证锂离子扩散通道的顺畅，降低锂离了的扩散电阻。特别值得提出的是，Al 的掺杂还可以提高电极的耐过充能力。另外，Al 的引入还可以减少电极与电解液之间的副反应，减少活性物质的流失。

同样也可将 Ti 掺杂到 LiNiO₂ 中，形成有序层状结构的 $LiNi_{1-x}Ti_xO_2$，c 与 a 的比值基本不变。Ti 的引入可以保持层状结构的稳定性，减小循环过程中 Ni 的错位。不过钛在结构中的价态存在争议，+3 价或 +4 价。不过总体来说，电极的稳定性得到了明显提升。在 2.8~4.3V、0.5C 倍率下，电极的可逆容量达到 240mA·h/g，且有良好的循环稳定性。在进行混合动力脉冲试验时，发现单位面积的电阻为 22Ω/cm²，非常适合大功率放电，有作为动力电池的可能。然后对电极进行耐久性试验，发现电阻基本保持不变，说明循环寿命长。

将 Mn 引入到 LiNiO₂ 取代部分 Ni 得到 $LiMn_xNi_{1-x}O_2$，该结构比 LiNiO₂ 有更高的稳定性，尤其是在充放电过程中，可以抑制六方晶系到单斜晶系再到新的六方晶系的转变。当 x 较大时，例如 $x=0.5$，形成的 $LiMn_{0.5}Ni_{0.5}O_2$ 在循环过程中的层状结构不会发生改变，锂的嵌入与脱出的可逆性明显提升，容量保持率优异。此外 Mn 的掺杂还提升了电极的热稳定性。不过掺杂之后的可逆容量相比于母体 LiNiO₂ 有所下降。

通过密度泛函理论计算可知，增加 $LiMn_{0.5}Ni_{0.5}O_2$ 层状之间的间距可以降低锂离子扩散的活化能，从而提升电极的倍率性能。

为了提高 LiNiO₂ 的稳定性，可通过掺杂 Co 来实现。因为 Co 与 Ni 是相邻的元素，离子半径大小相近，电子分布相似，而且 LiCoO₂ 和 LiNiO₂ 都属于 α-NaFeO₂ 层状岩盐结构，任意比例的掺杂均可以形成均相、稳定的结构。Li_xNiO_2 中 Ni-O 和 Ni-Ni 键之间的距离随着锂含量的增加而减小，NiO₆ 八面体结构的局部相变随着 Co 的掺杂而受到抑制，保持了结构的稳定性。尤其是 Co 的掺杂使充放电过程中的 Li 的无序化减少，同时有效地抑制 Ni 扩散。在掺杂的 $LiCo_yNi_{1-y}O_2$ 中，层间距主要由锂离子决定，因为 Li⁺ 半径最大（0.076nm），其次是 Co³⁺（0.053nm），再其次是 Ni²⁺（0.056nm）。Co 的掺杂极大地减小了 LiNiO₂ 的非化学计量比，提高了层状结构在循环过程中的稳定性，改善了电极的电化学性能。

掺杂的 $LiCo_yNi_{1-y}O_2$ 首先是在固相反应中制备的。当固相反应温度低于

800℃时，合成中还需要助溶剂和氧气氛围，其中氧气氛围非常关键。因为如果没有氧气氛围，当煅烧温度高于800℃时，体系中会有氧化锂的析出。当Co为主时，煅烧温度还需要进一步提高至1000℃，所以通常控制Co含量较低，即$y < 0.3$。但是当Co含量较低即$y < 0.2$时，体系中又容易出现无序的Ni^{2+}，产生缺锂产物；当$y \geq 0.3$时，可以制备纯相的二维结构的固溶体。

如果采用$Ni_{1-y}Co_y(OH)_2$共沉淀与锂源一同煅烧，则在高温800℃时仅需要2~5h即可以得到较为纯相的层状结构，样品结晶性好。更重要的是放电容量高，可逆性好，综合电化学活性高于纯相的$LiNiO_2$和$LiCoO_2$。如果使用$LiNO_3$为锂源，则由于$LiNO_3$高温下容易形成液析，导致煅烧过程中Li不均匀，容易产生缺锂现象。为了解决这个问题，可以先将$Ni_{1-y}Co(OH)_2$用过硫酸钾$K_2S_2O_8$氧化成β-$Ni_{1-y}Co_yOOH$，因为Ni已经被氧化成三价，所以只需与$LiNO_3$在低温（400℃）时反应即可得到结晶性好的样品。

而如果采用醋酸盐，则可以在高温时形成熔融盐，流程更加简单，且生产成本也较低。高温时主要发生的化学反应为

$$LiCH_3CO_2 \cdot 2H_2O + 0.7Ni(CH_3CO_2)_2 \cdot 4H_2O +$$
$$0.3Co(CH_3CO_2)_2 \cdot 4H_2O \rightarrow LiNi_{0.7}Co_{0.3}(CH_3CO_2)_3 + 6H_2O$$
$$LiNi_{0.7}Co_{0.3}(CH_3CO_2)_3 + 6.25O_2 \rightarrow LiNi_{0.7}Co_{0.3}O_2 + 4.5H_2O + 6CO_2$$

使用醋酸盐为前体制备的$LiNi_{0.7}Co_{0.3}O_2$结晶度高，起始容量达到172.8mA·h/g，充放电20次后，容量保持率达到98.7%。

在$LiNi_xCo_{1-x}O_2$中，Co通常是以尖晶石结构存在，抑制$Li_{1-x}NiO_2$的分解。当$x = 0.25$时，对应的$LiNi_{0.25}Co_{0.75}O_2$的初始容量为205~210mA·h/g。当以较大倍率0.5C充放电时，对应的可逆容量可达157mA·h/g，与$LiCoO_2$相当。合成过程中使用$Ni_{1-y}Co_y(OH)_2$共沉淀作为原料比$Ni(OH)_2$与$Co(OH)_2$混合物制备的$LiNi_{1-y}Co_yO_2$有序度更高，结构更稳定，循环寿命更长。

当然，Co的引入可以通过溶胶-凝胶法获得。例如使用聚乙二醇（PEG）或马来酸为载体制备$LiNi_{1-y}Co_yO_2$也具有良好的结晶性。用不同的方法制备样品时，Co的含量对于电极电化学性能的影响不同，通常来讲x值为0.2~0.3最优。

在使用溶胶-凝胶法合成$LiNi_{0.8}Co_{0.2}O_2$的过程中，溶剂、有机载体、锂源以及煅烧温度和溶剂都对样品有直接的影响。例如将碳酸锂、碳酸镍、碳酸钴、氢氧化物溶解在丙烯酸的溶液中，因为金属离子可以与丙烯酸中的羧基形成配位，所以可以将金属离子均匀地分散在载体中，然后干燥制备干溶胶，最后进行热处理，即可得到稳定的层状结构的$LiNi_{0.8}Co_{0.2}O_2$。该电极在3.0~4.2V区间循环50次后，容量保持率高达98.6%。

如果采用球状的$Ni_{0.75}Co_{0.25}(OH)_2$与$LiOH \cdot H_2O$共同煅烧，则可以制备球

形结构的 $LiNi_{0.75}Co_{0.25}O_2$。球形结构中的层状结构比块状的层状结构更加有序，有利于锂离子可逆地嵌入与脱嵌，其初始放电容量达到 $167mA \cdot h/g$。

除了上述的单一元素掺杂，还可以进行多个元素的掺杂，扬长补短，提高材料的综合电化学性能。例如 Co 和 Al 的共掺杂，对应的最佳组分为 $Li(Ni_{0.84}Co_{0.16})_{0.97}Al_{0.03}O_2$，其可逆容量达到 $185mA \cdot h/g$，并且有良好的循环稳定性。Al 的引入可以显著地提高材料的结构稳定性，防止在充放电过程中发生相变，提升电极的循环性能。而 Co 主要是提高了材料的热稳定性。在掺杂的电极中，Al 含量不能太大。当 Al 含量超过 5% (wt) 时，电极将无法继续保持层状结构。

对循环稳定性较好的 $LiMn_{0.5}Ni_{0.5}O_2$ 进一步使用 Co、Mg、Al 和 Ti 等的掺杂，可以进一步优化其电化学性能。例如在 $LiMn_{0.5}Ni_{0.5}O_2$ 的基础上使用 Al 或 Ti 进行二次掺杂，可以有效地增加锂层中阳离子的有序性，减少不可逆容量。当使用 F 进行二次掺杂时，随着 F 含量的增加，晶胞体积变大，其中主要 a 轴和 c 轴增加，对应的初始放电容量先增后减。当 F 的含量达到 0.02 时，对应电极放电容量达到最高值。

当使用 Ti 对 $LiNi_{0.8}Co_{0.2}O_2$ 进行二次掺杂时，若 $LiNi_{0.8-y}Ti_yCo_{0.2}O_2$ 中 $y < 0.1$，则可以形成均匀的固溶体。因为 Ti 对于锂离子没有电化学活性。在引入 Ti 之后，可以稳定结构，抑制充放电过程中的相变，有利于提高电极的循环寿命。此外 Ti 的引入也可以提高电极的热稳定性。

在 Co、Ti 共掺杂的基础上还可以进行第三次掺杂，其中引入 Mg 的效果最好，在充放电过程中不存在相变，循环性能优异，容量保持率高。

3）包覆。对于 $LiNiO_2$，除了可以通过掺杂来改进其电化学性能外，还可以通过包覆。包覆材料主要为无机氧化物，如 SiO_2、MgO、TiO_2、CeO_2 和 $AlPO_4$ 等。

SiO_2 的包覆通常采用溶胶-凝胶法制备，流程非常简单，具体与包覆 $LiCoO_2$ 的方法一致。SiO_2 的惰性可以防止电解液与活性材料的接触，减小电极与电解质的副反应。此外，SiO_2 还可以与电池中生成的有害物质 HF 反应，减少它对活性电极材料的腐蚀，有利于提升电极的循环性能。但是由于 SiO_2 是电子绝缘体，电池需要进行短期的活化（例如 3 个循环）才能得到不错的放电容量。为了避免这个问题，可以采用化学气相沉积的方法，因为这样制备的 SiO_2 层很薄，只有 $3 \sim 5nm$，起始容量几乎不受影响。但是其缺点是不能有效地保持结构的稳定性，循环性能相对于厚 SiO_2 包覆层有所下降。

也可以使用 TiO_2 对 $LiNi_{0.8}Co_{0.2}O_2$ 进行包覆，从电化学阻抗谱中（EIS）可以发现，包覆之后的电阻随着循环变化不明显，表现出优异的稳定性，延长了电极的使用寿命。此外还发现，包覆的电极在 $1mol/L$ $LiPF_6$/EC/DMC 电解液中循环之后，SEI 的主要成分也相应发生了变化。包覆之前，SEI 包含甲酸酯、异丁酸酯和分解的乙酸酯和丙酸酯；而包覆之后，SEI 中只含有甲酸酯和异丁酸酯。

此外，CeO_2 的包覆也可以提升电极的循环性能、倍率性能以及安全性能。当然包覆的量直接影响电化学性能，其中最优的比例为 2%。

3. $LiMnO_2$

因为与 Co 和 Ni 相比，Mn 成本更低，且环境友好，所以 $LiMnO_2$ 也是一种潜在的正极材料。但是直接高温固相法合成的 $LiMnO_2$ 往往是正交晶系，而不是层状结构，不利于锂离子的嵌入与脱嵌。层状的 $LiMnO_2$ 可以通过离子交换法制得，用 Li^+ 置换 α-$NaMnO_2$ 中的钠离子。但是，该层状的 $LiMnO_2$ 的充放电循环稳定性不好。因为在循环过程中，层状的 $Li_{1-x}MnO_2$ 容易转换成尖晶石的 $LiMn_2O_4$ 结构。

（1）$LiMnO_2$ 的制备

1）高温固相合成法。将碳酸锂和 β-MnO_2 按照一定的化学计量比进行混合，先在 600～650℃ 热处理释放出 CO_2，然后在高温下（800～1000℃）氩气氛围中煅烧 1～3 天。

2）低温合成法。使用氢氧化物（LiOH 和 γ-MnOOH）按照 1:1 的化学计量比进行研磨混合、压片，然后在低温（300～450℃）下氩气氛围中热处理 18h 即可。或者使用 Mn_2O_3 为锰源与 LiOH 按照 1:2 的化学计量比研磨混合，然后在氩气氛围（300～700℃）中加热 4h 即可。这样制备的 $LiMnO_2$ 的可逆容量可以达到 190mA·h/g，且循环稳定性好。

3）离子交换法。首先将 γ-MnOOH 置于沸腾的 4mol/L LiOH 浓溶液中，加热 6h 之后离心得到沉淀物，然后在氩气氛围中（200℃）下热处理干燥，即可以得到 $LiMnO_2$。或者可以使用碳酸钠和碳酸锰在氮气氛围中高温（700℃）下加热制备 $NaMnO_2$。将得到的 $NaMnO_2$ 进行研磨、粉碎，然后加入 LiBr 的正己醇浓溶液中，加热至 150℃ 左右进行离子交换 8～24h，最后过滤洗涤，即可得到 $LiMnO_2$ 样品。

（2）$LiMnO_2$ 的电化学性能

在 3.0～4.5V 区间内，正交晶系的 $LiMnO_2$ 有较高的放电容量，可以达到 200mA·h/g。但是脱锂之后容易产生相变，从正交晶系转变为尖晶石结构。因此在锂离子的嵌入与脱嵌过程中，晶体相应地发生相变，导致结构被破坏，所以循环稳定性较差。不过也有报道指出，正交晶系在充放电过程中的转变的尖晶石结构是长程无序、短程有序的结构，因为姜-泰勒效应引起的相变对其结构的影响不是很明显。或者是因为合成条件不同，得到的正交晶系的 $LiMnO_2$ 结构有所区别。

研究发现，合成条件的确影响层状 $LiMnO_2$ 的电化学性能以及其循环过程中的相变，即从正交晶系的层状结构转变为尖晶石结构。这种相变是在两相之间发生。当循环次数少时,容量的保持率可以通过球磨来提升。因为球磨之后的样品颗粒更小,相转变速度更快,结构不容易破碎;但是当循环次数持续增大时,容量的快速衰减还是不可避免。

另外,采用水热法制备的纳米层状 $LiMnO_2$ 在 $2.0 \sim 4.3V$ 区间充放电时,首先放电容量可以达到 $225mA \cdot h/g$,库仑效率高达 95%,不可逆容量小,且循环性能不错。可能的原因有两个:第一,与球磨的作用机理类似,只是比球磨得到的样品颗粒更小,反应更充分,相变对结构完整性的影响更小;第二,水热法制备的样品结构更加稳定、均一。

为了研究锂离子在 $LiNi_{0.5}Mn_{0.5}O_2$ 中的动力学行为,研究者使用了恒电流间歇式滴定法。研究表明,锂离子的扩散系数与施加的电位有关,在 $3.8V$ 时最小,在 $3.8 \sim 4.3V$ 之间基本保持恒定,为 $(3.0 \pm 0.5) \times 10^{-10} cm^2/s$。在不同电位下多次滴定之后,主体电阻基本保持不变,但是电荷转移电阻明显增加,即电极表面的反应动力学变慢,这可能是因为电极的结构受到一定影响,与产生不可逆容量的原因类似。

(3) $LiMnO_2$ 的改性

因为正交晶系的层状 $LiMnO_2$ 在充放电循环构成中会发生相变,转变为尖晶石结构,容易导致结构不完整,损害循环性能,所以该电极需要进一步改性,主要的方法包括掺杂、形成复合材料以及包覆等。

1) 掺杂。掺杂被证明是提升 $LiMnO_2$ 循环性能的有效方法之一,常用的掺杂元素包括金属元素 Li、Co、Cr、Ni、Al 以及非金属元素 S 等。

过量的锂也被认为是掺杂,形成层状结构例如 $Li[Li_{1/3}Mn_{2/3}]O_2$。锂离子部分进入了 Mn 层,提升了 Mn 的平均价态,增强了结构的稳定性,因此拥有良好的循环稳定性,不过在首次充电时出现明显的不可逆容量。该材料的脱锂过程主要分为两个阶段:第一阶段,Mn 逐渐被氧化为 Mn^{4+};第二阶段,当 Mn 全部以 $+4$ 价的方式存在时,还有两种副反应。其一是氧离子发生氧化,失去电子,造成氧的流失;其二是电解质被氧化生成 H^+ 与 Li^+ 进行离子交换。这两种副反应在室温和提高温度(例如 55℃)时均存在,其中氧离子被氧化的比例更多。锂离子掺杂后,Li 的引入可能提升了 Mn 的平均价态,减小了姜-泰勒效应对于结构的影响。不过具体的机理还有待进一步的研究。

在 Li 掺杂的基础上还可以进一步引入 O,层状结构不变,仍属于 $\alpha-NaFeO_2$ 层状岩盐结构,只是其中 a 和 c 的值有一定的减小,不过 c 与 a 的比值基本没变。氧的掺杂提升了结构稳定性,电极的可逆容量达到 $175mA \cdot h/g$。

在 Li 掺杂的基础上进一步掺杂少量的 Co,可以得到层状的 $Li_{0.57}[Li_{0.025}Co_{0.023}Mn_{0.88}]O_2$,相比于母体 $LiMnO_2$,放电容量有了一定的提升,但是循环稳定性没有明显的提高。

21

Cr 也可以作为掺杂元素引入到层状的 $LiMnO_2$ 中形成 $Li[Cr_xMn_{1-x}]O_2$，其充放电平台只有一个在（4V）。但是随着循环的晶型，逐渐出现了两个平台（分别为 3V 和 4V），说明正交晶系的 $Li[Cr_xMn_{1-x}]O_2$ 在循环过程中逐渐转变为尖晶石结构。不过该尖晶石结构仍有较高的可逆的容量，在 $0.2C$ 时，可逆容量大于 $160mA \cdot h/g$。此外还发现循环容量的保持率与 Cr 的掺杂量有关。在一定范围内，Cr 的含量越高，容量的保持率也越高。可能的原因是 Cr—O 键的键能大于 Mn—O 的键能，Cr 的引入可以帮助稳定 MnO_2 层，提高结构的稳定性。此外研究发现，锂离子在 $LiCr_xMn_{1-x}O_2$ 的扩散系数要高于在 $LiAl_xMn_{2-x}O_2$ 或者 $LiAl_xCo_{1-x}O_2$ 电极中的扩散系数。在 $3.7 \sim 4.3V$ 区间内，$LiCr_xMn_{1-x}O_2$ 的可逆容量为 $140mA \cdot h/g$，其中 Mn 和 Cr 都掺杂了氧化还原反应（对应 Mn^{3+}/Mn^{4+} 和 Cr^{3+}/Cr^{6+} 两对氧化还原电对）。将 LiOH 与 $Cr(OH)_3$、$Mn(OH)_2$ 一起进行高温固相反应，可以制备 Li—Cr—Mn—O 层状化合物。不过与 $LiMnO_2$ 不同的是不再是正交晶系，而是六方晶系和单斜晶系的固溶体。在 $2.5 \sim 4.5V$ 区间内进行循环，其可逆容量可以达到 $204mA \cdot h/g$，且循环稳定性良好。

Li 和 Cr 也可以对 $LiMnO_2$ 进行共掺杂得到层状结构，其中 Li 和 Cr 的含量直接影响了电极的电化学性能。例如，在高温 900℃ 时煅烧得到的 $Li_{1.27}Cr_{0.2}Mn_{0.53}O_2$，其放电容量可以达到 $260mA \cdot h/g$。在充电过程中，过渡金属离子会逐渐累积在锂层的四面体间隙中，最终转化成单斜相。因为单斜相相比正交相中锂离子位点增加，所以随着循环的进行，电极的放电容量有一定的提升，此外还表现出良好的倍率性能和循环稳定性。对于 $Li[Li_{0.3}Cr_{0.1}Mn_{0.6}]O_2$ 来说，在循环过程中，电极的层状结构和六方对称性不会因为正交晶系 H1 和单斜晶系 H2 之间的转化而受到影响，因此可以保持结构的完整性。在对应的循环伏安测试法中一直只存在一组氧化还原峰。在 $2.0 \sim 4.5V$ 之间循环时，晶胞体积变化小于 $LiNiO_2$。当充电截止电压为 5.1V 时，生成 H3 结构；而 $LiNiO_2$ 在更低的电位 4.3V 时即产生 H3 结构，表明 Li 和 Cr 的共掺杂的确可以提高结构的稳定性。

Ni 掺杂的化合物更多，典型的代表包括 $LiNi_{0.5}Mn_{0.5}O_2$ 和 $Li_{10/9}Ni_{3/9}Mn_{5/9}O_2$ 等。$LiNi_{0.5}Mn_{0.5}O_2$ 保持了母体的层状结构，但是也有了一定的变化，其中 Ni 为 +2 价，Mn 为 +4 价。结构是氧原子紧密堆积形成骨架，然后锂离子层和过渡金属离子层依次交替，与其他层状电极结构类似，但是有部分 Ni 进入了锂层（这是由于 Ni^{2+} 粒子半径与 Li^+ 半径接近）。其中锂离子位于八面体位点，Li 的周围是 Mn 的六面体，而 Mn 的周围是 Ni 的六面体。当充电过程开始时，首先发生脱嵌的锂离子是在过渡金属离子层中的八面体位点。当锂离子脱嵌留下较多空位时，锂离子的稳定性下降，容易迁移到锂层的四面体位点，而四面位点的锂离子的脱嵌电位更高。在放电过程中，锂离子可以重新嵌入金属离子层中的八面体位点。而在四面体位点的锂离子在较低电位下不会发生脱嵌，限制了电极的容量。此外，还发现镍进入锂层的含量在一定程度上影响了电极的可逆容量。

$LiNi_{0.5}Mn_{0.5}O_2$ 的制备方法对其电化学性能也有一定的影响。常用的制备方法主要有高温固相合成法、共沉淀法、溶胶-凝胶法和冷冻干燥法等。例如：以甘氨酸为载体使用溶胶-凝胶法可以合成纯相的 $LiNi_{0.5}Mn_{0.5}O_2$ 层状结构，与高温固相合成法相比，溶胶-凝胶法制备的样品的循环性能更好。此外共沉淀法，例如使用 $LiOH$ 为锂源和沉淀剂加入到硝酸镍和硝酸锰的溶液，可以得到共沉淀产物，经过一系列的热处理也可以得到纯相的 $LiNi_{0.5}Mn_{0.5}O_2$。该电极在 3 ~ 4.3V 区间内的放电容量可以达到 $150mA \cdot h/g$（对应 0.1C 倍率）；当倍率提升至 2C 时，放电容量保持在 $120mA \cdot h/g$，表现出优异的倍率性能。冷冻干燥法是将含有一定 Li、Ni、Mn 比例的溶液通过喷雾的方式喷到液氮表面进行超低温干燥，对得到的固体再进行热处理。最终产品的电化学性能与热处理温度直接相关，其中通过两步热处理得到的样品的电化学性能较优。在 2.5 ~ 4.6V 区间内，通过冷冻干燥法得到的样品的可逆容量达到 $190mA \cdot h/g$。使用简单燃烧法也可以制备 $LiNi_{0.5}Mn_{0.5}O_2$，其初始放电容量可以达到 $200mA \cdot h/g$，但是由于结构有序程度不是很高，容量随着循环衰减得很快。

$LiNi_{0.5}Mn_{0.5}O_2$ 也可以先合成同结构的 $NaNi_{0.5}Mn_{0.5}O_2$，再使用 LiBr 进行离子交换得到相应的锂的取代物。不过得到的层状结构在循环过程中很容易转化成尖晶石结构。

此外，在镍的基础上还可以进一步掺杂锂，其中有代表性的化合物有 $Li[Li_{0.2}Ni_{0.2}Mn_{0.6}]_{0.2}$ 和 $Li[Li_{0.12}Ni_{0.32}Mn_{0.56}]O_2$。前者的起始容量只有 $155mA \cdot h/g$，不过随着在 2.0 ~ 4.6V 区间内充放电的进行，容量逐渐增加，在 10 次循环之后，容量达到 $205mA \cdot h/g$。如果进一步提高充电截止电压至 4.8V，则循环之后的最大容量可以达到 $288mA \cdot h/g$，而倍率相比于母体也有明显的提升。此外该电极在充电过程中的放热反应要低于 $LiNiO_2$ 和 $LiMn_2O_4$，安全性能好。如果以丙烯酸为载体使用溶胶-凝胶法制备纳米级的 $Li[Li_{0.2}Ni_{0.32}Mn_{0.56}]O_2$，则在 900℃ 热处理的样品有良好的倍率性能。

简单燃烧法也可以制备一系列的 Li、Ni 共掺杂的 $LiMnO_2$，形成 $Li[Li_{1/3-x/3}Ni_xMn_{2/3-x/3}]O_2$（x = 0.17，0.25，0.33，0.5）。当 x 较大时，即镍的含量较高时，存在两种层状化合物，富镍相和缺镍相；当 x 较小时，即镍的含量较低时，可以形成纯相的层状结构。随着镍含量的增加，电极的起始容量和不可逆容量都有一定增加。其中 $Li[Li_{0.22}Ni_{0.17}Mn_{0.61}]O_2$ 和 $Li[Li_{0.17}Ni_{0.25}Mn_{0.58}]O_2$ 的起始放电容量都大于 $254mA \cdot h/g$，并且表现出不错的容量保持率。

在掺杂 Li 和 Ni 的基础上还可以再掺杂 Mg，得到层状的 $Li[Li_{0.12}Ni_xMg_{0.32-x}Mn_{0.56}]O_2$，掺杂之后结构的稳定性提高，循环过程中不再转变为尖晶石结构，有优异的循环稳定性。在 2.7 ~ 4.6V 的区间内，电极在室温的可逆容量可以达到190mA·h/g，提高温度至55℃，可逆容量提升至236mA·h/g。此外，当电极处于完全充电状态下，自放热导致的最高温度达到275℃，相比于 $LiNi_{0.8}Co_{0.2}O_2$ 有较好的热稳定性。

2）形成复合材料。$LiNi_{0.5}Mn_{0.5}O_2$ 可以与其他层状电极如 $LiCoO_2$ 和 $Li[Li_{1/3}Mn_{2/3}]O_2$ 形成复合物 $(1-x-y)LiNi_{0.5}Mn_{0.5}O_2 \cdot xLi[Li_{1/3}Mn_{2/3}]O_2 \cdot yLiCoO_2$。当 $0 \leq x=y \leq 0.3$ 或者 $x+y=0.5$ 时，复合物为层状结构，且 $LiCoO_2$ 和 $Li[Li_{1/3}Mn_{2/3}]O_2$ 的量直接影响复合物的结构和电化学活性。例如，当 $0 \leq x=y \leq 0.3$ 时，晶胞参数 a 值和 c 值以及晶胞体积都随着 x 的增加单调递减，可逆容量和不可逆容量都随着 x 的增加而变大，不过可逆容量增加得更快。当 $0.3 \leq x=y \leq 0.6$ 时，电极的可逆容量可以达到 $180 \sim 200$mA·h/g；而当 $x+y=0.5$ 时，$x>0.25$ 对应的电极的循环稳定性较好。

复合物 $xLi_2MnO_3 \cdot (1-x)LiMn_{0.5}Ni_{0.5}O_2$ 的充电过程可以分为两步：第一步对应 Ni^{2+} 被氧化为 Ni^{4+}，锂离子从结构中发生脱嵌；第二步 Li_2O 发生脱嵌（高电位下，如5V），最终形成 $Mn_{0.65}Ni_{0.35}O_2$。其对应的可逆容量超过250mA·h/g。因为结构中的 Mn^{4+} 不参与反应，没有姜-泰勒效应，同时可以稳定层状结构，所以电极的循环稳定新好。此外，如果用酸处理，电极还可以减少充放电过程中的不可逆容量。

3）包覆。尖晶石结构的 $LiMn_2O_4$ 在高温时容易发生溶解，层状的 $LiMnO_2$ 在高温时也容易发生溶解，而且层状的 $LiMnO_2$ 在循环过程中还有可能转变成尖晶石结构，加速溶解的过程。由于溶解会导致电化学性能衰减，可以通过在表面包覆保护层，例如惰性的无机氧化物或导电炭黑材料。常用无机氧化物包括 Al_2O_3 和 CoO，包覆之后的电极在提高温度下的循环性能显著提升，而且热稳定性也有一定提高。此外包覆的方式以及热处理的条件都直接影响其电化学性能。例如使用气相沉积法包覆 Al_2O_3，沉积的 Al_2O_3 非常少，电池的可逆容量基本不受影响，但是循环稳定性明显提高。此外还可以将 Al_2O_3 涂覆在电极表面，结果表明，后处理温度在400℃时得到的样品的电化学性能最佳。

4. $LiNi_xMn_{1-x}O_2$

Co价格相对较贵且在地球上的储量有限，而且以 $LiCoO_2$ 为正极材料的锂离子电池的生产需要消耗大量的 Co，而 Ni 和 Mn 的价格要低于 Co，因此科学界和工业界都比较关注拥有稳定层状结构的 $LiNi_{0.5}Mn_{0.5}O_2$。因为该电极比单独的 $LiNiO_2$ 和 $LiMnO_2$ 性能更优异，可逆容量高，结构更稳定，循环性能更好。当然，$LiNi_{0.5}Mn_{0.5}O_2$ 还存在许多问题，例如由传统的高温固相法较难得到纯相的层状结构，常常伴随着一些其他结构的产生（例如 Li_2MnO_3 和 NiO），不利于结构的稳定性。此外，由于 $LiNi_{0.5}Mn_{0.5}O_2$ 的电子电导率较差，倍率性能欠佳，当电流增加时，可逆容量明显减小。而同样层状结构的 $LiCoO_2$ 表现出良好的电子导电性，所以期望引入 Co 可以提升电极的电子电导率。而且研究发现，Co 的引入还能优化其合成条件，一举多得。因此，三元复合材料开始登上舞台，其中比较有代表性的是 $LiNi_{1/3}Co_{1/3}Mn_{1/3}O_2$。这种三元材料在电化学性能方面（包括容量和倍率性能）与 $LiCoO_2$ 相当，但是拥有更好的热稳定性和安全性能，在大功率应用方面具有潜在的优势，尤其可以适用在电动汽车和混合动力汽车上。

5. $LiNi_xCo_yMn_{1-x-y}O_2$（NCM）

镍钴锰三元正极中比较有代表性的是 $LiNi_{1/3}Co_{1/3}Mn_{1/3}O_2$（NCM111），此外还有 NCM532、NCM622 和 NCM811 等。此处以 NCM111 为例，其放电容量、倍率性能、循环性能与 $LiCo_2O_2$ 相当，但是相比于 $LiCoO_2$ 热稳定性和安全性进一步提升，在大功率应用方面具有潜在优势，尤其是在电动汽车和混动汽车方面，目前已成为乘用车动力电池市场的主流。

$LiNi_{1/3}Co_{1/3}Mn_{1/3}O_2$ 和其他层状结构正极一样，属于 α-$NaFeO_2$ 型的层状岩盐结构。通过氧离子按照立方紧密堆积排列形成骨架，锂离子和过渡金属在（111）面与氧离子层形成有序的交叉排列层，氧的八面体晶系被阳离子占据。其中有趣的是该结构中金属离子的价态 Ni^{2+}、Co^{3+}、Mn^{4+} 与对应的单一过渡金属的层状正极有所不同。只有 Co^{3+} 在两者之间是一致的，Ni 和 Mn 均不相同。这说明三元复合材料与 $LiCoO_2$ 的结构更加接近。而更令人感兴趣的是，该三元正极在放电过程中，Mn^{4+} 不参与氧化还原反应，即没有 Mn^{3+} 的形成，没有姜-泰勒效应导致的结构变化；Mn^{4+} 在电极中仅用来稳定层状结构。在 $Li_{1-x}Ni_{1/3}Co_{1/3}Mn_{1/3}O_2$ 充电过程中，当 $0 \leqslant x \leqslant 1/3$ 时，对应的是 Ni^{2+} 到 Ni^{3+} 的氧化过程；当进一步充电，$1/3 \leqslant x \leqslant 2/3$ 时，对应的是 Ni^{3+} 到 Ni^{4+} 的氧化过程；当 $2/3 \leqslant x \leqslant 1$ 时，对应的是 Co^{3+} 到 Co^{4+} 的氧化过程。在整个过程中，Mn^{4+} 不参与电化学反应，电子的得失发生在氧离子上。放电过程正好对应还原过程。

在实际制备的 $LiNi_{1/3}Co_{1/3}Mn_{1/3}O_2$ 中，过渡金属离子在 3a 位点的分布是随机的，存在部分的无序性，而且锂离子也会嵌入 $Ni_{1/3}Co_{1/3}Mn_{1/3}O_2$ 的层状结构中去。而 Ni 容易进入 Li 层中，这与在 $LiNiO_2$ 中的现象类似。而 Co 和 Mn 则不会进入锂层。例如在 950℃进行高温固相合成时，有将近 5.9% 的 Ni 进入锂层。当反应温度降低到 800℃时，这种 Ni 的错位比例下降了 2%，但是剩余 3.9% 的 Ni 的错位仍然会导致锂离子的扩散受阻。为了减少 Ni 的这种错位，通常需要使用氧气氛围。当电极处于完全充电时，除了锂层中的锂，制备过程中嵌入 $Ni_{1/3}Co_{1/3}Mn_{1/3}O_2$ 层状结构中的 Li 也可以进行脱嵌。

值得注意的是，在 $LiNi_{1/3}Co_{1/3}Mn_{1/3}O_2$ 中，在得失电子的过程中，Co 和 Ni 的核外电子排布会发生一定的变化，相应的离子半径也会变化。Co^{3+}/Co^{4+} 最外层电子排布为 $t_{2g}^6e_g^0/t_{2g}^5e_g^0$，$Ni^{2+}/Ni^{3+}/Ni^{4+}$ 最外层电子排布为 $t_{2g}^6e_g^2/t_{2g}^6e_g^1/$

$t_{2g}^6 e_g^0$，所以在对应 Co^{3+}/Co^{4+} 的氧化还原过程中，电子是在 t_{2g} 轨道上发生重排，能量变化较小，同时对应的离子半径变化也较小（$r_{Co^{3+}} = 0.0545nm$，$r_{Co^{4+}} = 0.053nm$）。而 Ni^{3+}（或者 Ni^{2+}）$/Ni^{4+}$ 的氧化还原反应则与能量较高的 e_g 轨道相关，能量变化大，对应的离子半径差别明显（$r_{Ni^{2+}} = 0.069nm$，$r_{Ni^{3+}} = 0.056nm$，$r_{Ni^{4+}} = 0.048nm$）。

（1）$LiNi_{1/3}Co_{1/3}Mn_{1/3}O_2$ 的制备

三元复合电极的制备通常可以采用固相法、溶胶-凝胶法、共沉淀法、燃烧法或者喷雾热解法。因为其结构与其他层状化合物一样，合成的方法也类似。目前三元正极材料正处于快速商业化过程中。

（2）$LiNi_{1/3}Co_{1/3}Mn_{1/3}O_2$ 的电化学性能

三元正极材料 $LiNi_{1/3}Co_{1/3}Mn_{1/3}O_2$ 的充电曲线有明显的特征：在 3.75 ~ 4.54V 之间存在两个充电平台，总容量可以达到 $250mA \cdot h/g$，是理论值的 91%。使用 XANES 和 EXAFS 测试分析发现，Ni^{2+}/Ni^{3+} 对应的氧化电位在 3.9V 左右，Ni^{3+}/Ni^{4+} 对应的氧化电位为 3.9 ~ 4.1V。当电位高于 4.1V 时，高价的 Ni^{4+} 不再参与电化学反应。Co^{3+}/Co^{4+} 对应的氧化电位较为复杂，与两个平台都相关。当达到充电截止电压 4.7V 时，Mn^{4+} 仍然不发生电化学反应，可以有效地稳定电极的结构。但是电子的得失需要从氧上进行，这样容易导致氧在充电过程中的流失，尤其当电位高于 4.2V 时。氧的流失同样容易导致结构不稳定、可逆容量下降、循环性能受损。为了进一步探讨氧化过程中可能的氧化还原反应，对该电极在 3.0 ~ 4.5V 间进行循环伏安测试，结果发现 $LiNi_{1/3}Co_{1/3}Mn_{1/3}O_2$ 首次充放电循环中在 4.289V 处存在一个不可逆的阳极氧化峰，对应首次充放电循环的不可逆容量。此外在 3.825V 和 3.675V 存在一对氧化还原峰，这对氧化还原峰在后续多次扫描过程中电位和强度都保持不变，拥有良好的可逆性。$LiNiO_2$ 在 3.0 ~ 4.3V 之间存在三对可逆的氧化还原峰，对应其不同相中的 Ni^{3+}/Ni^{4+} 的氧化还原峰。而 $LiNi_{1/3}Co_{1/3}Mn_{1/3}O_2$ 在 3.0 ~ 4.5V 区间只有一对氧化还原峰，说明三元电极并没有像 $LiNiO_2$ 那样在充电过程中发生明显的相变，说明三元材料具有较好的结构稳定性。

使用 XRD 表征以乙酸盐为原料制备的 $LiNi_{1/3}Co_{1/3}Mn_{1/3}O_2$，结果发现该材料的结构在充放电过程中发生了变化。在锂离子的脱嵌过程中，（003）和（006）对应的衍射峰移向小角度方向，而（100）和（101）对应的衍射峰移向大角度方向，说明锂离子的脱嵌使晶体在 ab 方向上收缩，在 c 方向上伸张。在 $Li_{1-x}Ni_{1/3}Co_{1/3}Mn_{1/3}O_2$ 的充电过程中，当 $x \leqslant 0.6$ 时，a 的值随着 x 的增加成单调递减趋势，同时 c 随 x 的增加成单调递增趋势。不过当 x 接近 0.6 时，c 值不再明显增加；当 $0.6 \leqslant x \leqslant 0.78$ 时，a 值不受锂离子脱嵌的影响，为 0.282nm。这种变化趋势在层状氧化物正极中很常见，可以通过过渡金属离子被氧化之后离子半径明显减小来解释，也可以通过临近两层氧原子之间增加的相互排斥力（由于没有带正电荷的锂层存在）来解释。$LiNi_{1/3}Co_{1/3}Mn_{1/3}O_2$ 的晶胞体积 V：当 $x = 0$ 时，$V = 0.101 nm^3$；当充电至 $x = 0.78$ 时，$V = 0.099 nm^3$。体积减小了 2%，主要因为锂离子的脱嵌使 a 值减小造成的。不过从另一个角度来讲，充电前后晶胞体积只改变了 2%，说明该材料拥有优秀的结构稳定性，循环性能优异。此外，因为三元材料正极拥有较高的热稳定性，在温度升高时（50℃），电化学性能包括可逆容量和循环性能（相比了室温）都有一定的提升。

为了计算锂离子在三元材料中的扩散系数，研究人员采用了不同的方法，发现锂离子的计算结果与测量方法有关。当在 3.8 ~ 4.4V 区间使用恒电流间歇性滴定时，测得锂离子扩散系数为 $3 \times 10^{-10} cm^2/s$，且与电位无关。而在电化学阻抗测试中，锂离子的扩散系数为 $10^{-9} cm^2/s$，比恒电流间歇性滴定测的数值高一个数量级。此外发现在 3.7V 时锂离子的扩散系数最小，表明电极在不同电位时结构还存在一定的变化。不过在循环过程中，电池的阻抗没有明显变化，即电极的电阻与表面的惰性膜可以保持稳定。

此外研究还发现，在温度升高时，电极的放电容量也有一定的增加。例如在 2.5 ~ 4.6V 区间内，30℃时电极的放电容量为 $205 mA \cdot h/g$；55℃时电极的放电容量增加到 $210 mA \cdot h/g$；75℃电极的放电容量进一步增加到 $225 mA \cdot h/g$，同时温度升高还利于倍率性能的提升。例如在 55℃时，在 4A/g 电流下，电极的可逆容量保持在 $160 mA \cdot h/g$。此外，因为 $LiNi_{1/3}Co_{1/3}Mn_{1/3}$ 具有良好的安全稳定性，所以是替代 $LiCoO_2$ 的有力竞争者。

（3）$LiNi_{1/3}Co_{1/3}Mn_{1/3}O_2$ 的改性

三元材料的改性主要是通过掺杂来提高，常见的掺杂元素有 Li、Al、F、Si 和 Fe 等。

和其他层状结构正极类似，过量的锂也可以作为掺杂元素，得到 $Li_{1+x}[Ni_{1/3}Co_{1/3}Mn_{1/3}]_{1-x}O_2$。在放电过程中，晶胞参数 a 和 c 的值随着锂离子的嵌入而减小，不过总的体积变化不大，只有 1.5%，相比 $LiNi_{1/3}Co_{1/3}Mn_{1/3}O_2$ 的 2% 的体积变化进一步减小，体积变化过程导致的不可逆容量进一步减小，所以电极的可逆容量和循环性能有了一定提升。当 Li/M（过渡金属离子）的值在 1 ~ 1.15 之间时，电极的循环性能随着锂离子的含量增加而提升，其中最优的比例是 Li/M = 1.10。此外在过渡金属离子 Ni/(Mn + Co) 一定的情况下，掺杂锂离子还会改变离子之间的距离，调节结构的稳定性，其中 $Li[Li_{1/10}Ni_{2/10}Co_{3/1}Mn_{4/10}]O_2$ 的循环稳定性最好。当进一步提高锂掺杂的量时，可以取代 Ni 得到 $Li[Co_x Li_{(1/3-x/3)}Mn_{(2/3-2x/3)}]O_2$，其中 x 可以取值为 0.1、0.17、0.20、0.25、0.33 和 0.5，Co 和 Mn 的价态与未取代的三元材料一致。当电极中 Co 的含量增加时，即 x 数值变大，晶胞参数 a 与 c 均减小，但是 a 减小得更快，因此 c/a 的值在增加。随着 Co 含量的持续增加，电极的放电容量从 150mA·h/g 提高至 265mA·h/g，同时 Mn^{4+} 的存在可以有效地稳定结构，抑制相变，因此循环性能优异。值得注意的是，放电曲线中出现了两个平稳的放电平台。

Li 和 Mn 的共同掺杂也可以取代 Co，形成 $Li[Ni_xLi_{1/3-2x/3}Mn_{2/3-x/3}]O_2$。其中只有 Ni 有氧化还原活性，充电过程主要有两步，Ni^{2+} 先被氧化成 Ni^{3+}，然后 Ni^{3+} 可以进一步被氧化成 Ni^{4+}。不过该电极还可以进一步脱锂，因为 Mn^{4+} 不参与电化学反应，因此普遍认为电子是从氧原子获得的，导致释氧反应的发生。不过也有例外，例如使用 NO_2BF_4 对电极进行化学脱锂，导致的结果不是释氧反应而主要是质子的极化。

Li 和 Mn 或者 Li 和 Co 的共掺杂也可以通过溶胶-凝胶法制备，分别得到 $Li[Ni_{1/5}Ni_{1/10}Co_{1/5}Mn_{1/2}]O_2$ 和 $Li[Ni_{1/4}Co_{1/2}Mn_{1/4}]O_2$。其中 Mn 均为 +4 价，不参与氧化还原反应，仅作为结构的保持剂。这两种电极的初始放电容量分别为 190mA·h/g 和 184mA·h/g，在充放电 40 次之后，可逆容量分别为187mA·h/g 和 169mA·h/g，对应容量保持率为98.4%和91.8%。

阴离子掺杂特别是 F 掺杂可以有效地提高电极的循环性能与安全性能。其中当 F 引入到三元材料时，会形成 $Li[Ni_{1/3}Co_{1/3}Mn_{1/3}]O_{2-z}F_z$，z 为 0~0.15。随着 z 的增大，即 F 掺杂量的提升，晶格体积成单调递增。尽管起始放电容量有一定的下降，但是电极的循环性能和安全性能显著提升，即使充电截止电压提高至 4.6V 也不会存在安全隐患。为了提高该电极的容量，可以进一步掺杂 Mg，形成 $Li[Ni_{1/3}Co_{1/3}Mn_{(1/3-x)}Mg_x]O_{2-y}F_z$。在 Mg 的作用下，电极的振实密度、结晶性以及形貌都有了显著的改善。因此，电极的电化学性能有了明显的改善，特别值得一提的是，电极的热稳定性也得到了显著的提高。

使用 Si 掺杂也有报道，例如 $Li[Ni_{1/3}Co_{1/3}Mn_{1/3}]_{0.96}Si_{0.04}O_2$，其中晶胞参数 a 和 c 相比未掺杂的有所增加，而且阻抗减小，极化变弱，可逆容量增加。当充电截止电压为 4.5V 时，容量可以达到 175mA·h/g。此外，循环性能也优于未掺杂的三元材料。

使用溶胶-凝胶法引入 Fe 取代部分的 Co，这样的电极在充电末期电位更低，因为与电解质之间的副反应更少，不可逆容量更低。在充电过程中，Ni 和 Fe 都有氧化还原反应，且充电平台较为接近，而 Co 只在高电位时被氧化。这样复合电极 $LiNi_{1/3}Fe_{1/6}Co_{1/6}Mn_{1/3}O_2$ 的可逆容量达到 150mA·h/g，同时表现出不错的循环稳定性。

6. $LiNi_xCo_yAl_{1-x-y}O_2$（NCA）

与镍钴锰三元正极材料可以并驾齐驱的还有镍钴铝三元正极材料，其中最具代表性的为 $LiNi_{0.84}Co_{0.12}Al_{0.04}O_2$，Ni 的含量可以超过 80%，也称为富镍材料。镍钴铝三元正极材料中镍含量提高，有利于提高电压，但是镍含量增高的同时电池热分解和过早老化的风险也随之增加。当典型的 NCA 电池被加热到 180℃ 时即会造成热失控。由于使用的 Co 含量更少，所以成本方面 NCA 有一定的优势。此外，NCA 拥有良好的快速充电能力。总的来讲，NCA 与 NCM 电化学性能相当。

$LiNi_{0.84}Co_{0.12}Al_{0.04}O_2$ 三元正极材料与其他层状结构类似，为 α-$NaFeO_2$ 型层状结构，六方相，R$\overline{3}$m 空间群，a 轴 0.286nm，c 轴 1.418nm。在充放电过程中由于阳离子的混排，容易发生相变，转化成尖晶石相（Fd$\overline{3}$m 空间群）和岩盐相（Fm$\overline{3}$m 空间群）。其中 Al 与 NCM 中的 Mn 类似，不参与电化学氧化还原行为，而是为了保证结构的稳定性。

（1）$LiNi_{0.84}Co_{0.12}Al_{0.04}O_2$ 的制备

NCA 的制备与其他层状化合物的制备类似，包括固相法、共沉淀法、溶液燃烧合成法（solution combustion）、溶胶-凝胶法、熔融法、喷雾干燥法等。

1）固相法。先将按照化学计量比的 $Ni(OH)_2$、Co_3O_4 和 $Al(NO_3)_3$ 以及少量的水混合研磨均匀，然后加入 LiOH 混合均匀。将得到的糊状混合物烘干后放入马弗炉中，加热至 540℃，保持 12h。然后将得到的粉末进行二次研磨，在 720℃ 下再次煅烧 28h。这样制备的 NCA 样品直径在 5~10μm，首次放电容量 184mA·h/g（0.2C 倍率），库仑效率 86.6%。1C 倍率下，70 次循环后放电容量 161mA·h/g。该方法简单、经济，适合大规模生产，但是由于固相混分均匀性较差，放电容量与理论容量相差较远。

2）共沉淀法。共沉淀法还可以根据锂盐的加入次数分成一次共沉淀和二次共沉淀。

一次共沉淀法：将 1mol/L LiOH 和 3mol/L NH_4OH 加入 1mol/L $Ni(NO_3)_2$、$Co(NO_3)_2$ 和 $Al(NO_3)_3$ 的混合物中 $[c(Ni^{2+})+c(Co^{2+})+c(Al^{3+})=1mol/L]$，保证 Li/(Ni+Co+Al)=1.05，混合均匀之后进行干燥。将得到的粉末在 O_2 氛围下煅烧（750℃）5h。对得到的粉末进行研磨并二次煅烧（750℃）12h。该方法只涉及一次干燥-沉淀，较为方便，但是在干燥-沉淀过程中容易存在离子的混排以及团聚，所以放电容量偏低，0.05C 倍率下可逆放电容量 150mA·h/g。

二次共沉淀法：首先制备 NCA 氧化物或者氢氧化物前体，该过程通过加入沉淀剂使 NCA 前体直接从溶液中析出，不需要干燥过程，因此对于金属盐的选择就更加广泛。通常而言金属硫酸盐价格最便宜，但热稳定性较差，不适用于干燥-沉淀过程，但适合二次共沉淀法。

【示例】　将 3mol/L NaOH（pH 调节剂）、2mol/L NH_4OH（络合剂）和 1.5mol/L $Na_2S_2O_8$（氧化剂）加入 1mol/L $NiSO_4$、$Co(SO_4)$ 和 $Al_2(SO_4)_2$ 的混合物中，其中 $c(Ni^{2+})+c(Co^{2+})+c(Al^{3+})=1mol/L$，调节 pH=11.5，经过 15h 的老化、过滤、干燥得到 NCA 前体粉末。将得到的粉末与 $LiOH·H_2O$ 按照

Li/(Ni + Co + Al) = 1.06:1 进行机械混合，然后在氧气中煅烧（700℃）10h。此法得到的样品尺寸在 5 ~ 12μm，金属离子有序排列，首次放电容量 193mA·h/g（0.2C 倍率），循环 50 圈之后容量保持率达到 96%。

二次共沉淀法除了可以通过 NCA（氧化）氢氧化物前体制备，还可以通过 NCA 碳酸盐前体制备。相比于 NCA（氧化）氢氧化物前体制备过程，NCA 碳酸盐前体制备时间更短。同样使用 NaOH 调节 pH 至 8，加入（NH$_4$）$_2$CO$_3$ 作为络合剂，老化 8h、过滤、干燥得到 NCA 碳酸盐前体。后续加入锂盐方法和过程与上述方法相同。

此外共沉淀法都可以通过添加不同的螯合剂例如乙二胺四乙酸（EDTA）、5-磺基水杨酸等进一步提升金属离子的均匀性。

3）喷雾干燥法。喷雾干燥法是从溶液中制备粉末的方法。首先在 Ni（NO$_3$）$_2$、Co（NO$_3$）$_2$ 和 Al（NO$_3$）$_3$ 溶液中加入稳定剂和螯合剂柠檬酸，然后加入 LiOH 混合均匀，通过喷雾干燥得到 NCA 前体粉末，然后在 O$_2$ 中煅烧（750℃）3h，得到 NCA 微米级粉末。首次放电容量 188mA·h/g（0.5C 倍率）。该方法操作简单，流程短，尤其适合规模化生产。

4）溶胶-凝胶法。溶胶-凝胶法是借助于凝胶剂（gelling agent）进行聚合反应。

【示例】 将丙烯酸溶解在水中，然后加入 Li（CH$_3$COO）·2H$_2$O、（CH$_3$COO）$_2$Ni·4H$_2$O、（CH$_3$COO）$_2$Co·4H$_2$O 和 Al（NO$_3$）$_3$·9H$_2$O，加热搅拌至 140℃ 得到凝胶。将得到的凝胶在氧气中煅烧（800℃）24h 得到 NCA 多晶粉末。

（2）LiNi$_{0.84}$Co$_{0.12}$Al$_{0.04}$O$_2$ 的电化学性能

基于原位同步加速器 X 射线衍射（synchrotron based in-situ X-ray diffraction）发现，在首次充电过程中，除了本身 NCA 的六方相，还出现了一个新的六方相，表明 NCA 充电过程涉及到相变过程。另外在充电早期过程 c 轴有一定的扩展且伴随着 a 轴和 b 轴的收缩，但当充电到高电压时 c 轴出现了收缩且伴随着 a 轴和 b 轴的轻微扩展。Robert 等人通过原位 XRD 也发现了类似的现象：在 3.0 ~ 4.9V 之间充放电，第一圈的 XRD 和第二圈以及后续的循环有显著区别。第一圈充电过程伴随着相变（新相生成，旧相减少）形成固溶体，第二圈充电过程主要是形成固溶体。进一步研究发现，造成起始相变的主要原因是 NCA 颗粒表面的不均匀性。

（3）LiNi$_{0.84}$Co$_{0.12}$Al$_{0.04}$O$_2$ 的改性

尽管加入 Al 可以显著提升正极的稳定性，但是 Li/Ni 的阳离子混排现象仍然无法避免，导致放电容量逐渐降低。此外，由于 Ni^{4+} 的高氧化性，其遇到电解液会发生显著的副反应，形成较厚固体电解质界面（SEI），限制锂离子的迁移，这种现象在温度升高（>55℃）时更加明显。而当温度达到 180℃ 则可能发生热失控。因此需要对 NCA 进行改性，最常用的方法包括掺杂和包覆。

1）掺杂。掺杂的作用方式主要有三种：一是通过引入"大尺寸"的阳离子拓展晶格体积，促进锂离子扩散，例如掺杂 Ti^{4+}、Mn^{4+}；二是抑制阳离子混排，稳定结构，例如掺杂 Na^+、Y^{3+}；三是提高晶格在充放电过程中的可逆性，例如掺杂 Fe^{3+}。

【示例】 分别将 $Mg(NO_3)_2 \cdot 6H_2O$ 和 $LiOH \cdot H_2O$ 溶解在水中，然后混合均匀得到胶体。接着将 NCA 氢氧化物前体加入上述的胶体溶液中，控制 Mg/(Ni + Co + Al) = 0.01：1(摩尔比)，搅拌加热得到固体粉末，然后在 O_2 中 750℃下煅烧 15h。首次放电容量 190mA · h/g(0.1C 倍率)，库仑效率 87%。

2）包覆。对 NCA 表面进行包覆也是一种简单而有效的方法，可以显著减少 NCA 与电解液之间的副反应，从而提升 NCA 的稳定性。常用的包覆材料有金属氧化物、金属磷酸盐和金属氟化物等。

【示例1】 将 0.1071g $Fe(NO_3) \cdot 9H_2O$ 溶解在 10mL 乙醇和 5mL 甘油中，得到橙红色溶液。然后将 1mL 0.05mol/L $NH_4H_2PO_4$ 溶液滴加到上述溶液中得到浅黄色胶体溶液。接着将 2g NCA 粉末加入胶体溶液中，搅拌 1h，然后过滤并用乙醇洗涤，干燥得到 $FePO_4$ 包覆的 NCA 正极材料。

【示例2】 将 0.1g $NH_4H_2PO_4$ 溶解在 5.0mL 水中，然后将 5.0g NCA 氢氧化物前体加入上述水溶液中，持续研磨至 NCA 氢氧化物前体均匀分散。加入化学计量比的 Li_2CO_3 继续研磨均匀并干燥。将得到的粉末在 O_2 中 750℃下煅烧 16h，$NH_4H_2PO_4$ 会与残留的 LiOH 或者 Li_2CO_3 发生反应生成 Li_3PO_4，从而形成 Li_3PO_4 包覆的 NCA 材料。

【示例3】 首先将 1g 明胶溶解在 50mL 水中，然后加入 100g NCA 氢氧化物前体和 1g TiO_2(100nm 直径) 搅拌均匀，加热至 200℃干燥得到 TiO_2 包覆的 NCA 氢氧化物前体。将 $LiOH \cdot H_2O$ 与 TiO_2 包覆的 NCA 氢氧化物前体按照摩尔比 1.03：1 进行机械研磨，然后在空气中 750℃煅烧 15h，即得到 TiO_2 包覆的 NCA。

7. 富锂正极

富锂正极是新型高容量正极之一，其中锰基富锂材料比较具有代表性，化学式为 $xLi_2MnO_3 \cdot (1-x)LiTMO_2$(TM = Ni、Mn、Co 等)，当 $x = 0.5$ 时，化学式为 $Li_{1.2}Mn_{0.54}Co_{0.13}Ni_{0/13}O_2$，失去一个 Li^+ 对应放电容量为 250mA · h/g，失去 1.2Li^+ 对应放电容量为 300mA · h/g，理论放电容量高。而且，富锂正极通常 Co 的含量较低，所以成本也相对较低，在规模化应用中有一定的优势。

自从 1991 年 Rossouw 和 Thackeray 报道了锰基富锂正极，经过了三十年的研究，关于锰基富锂正极的结构仍然存在争议。现在主要有两种模型：一种是单一相固溶体模型，另一种是两相复合模型。Dahn 等人提出单一相固溶体模型，认

为化学式为 $Li[Ni_xLi_{(1-2x)/3}Mn_{(2-x)/3}]O_2$（$0 < x < 1/2$），其中"富余"的锂离子位于过渡金属层，占据过渡金属的位置，当用 XRD 研究 x 不同的锰基富锂正极时发现衍射峰随着组分的变化平滑地变化，与固溶体模型一致。而 Thackeray 等人提出两相复合模型，认为锰基富锂正极化学式为 $xLi_2MnO_3 \cdot (1-x)LiTMO_2$（TM 表示过渡金属）。其中 $LiTMO_2$ 是典型的 α-$NaFeO_2$ 层状结构（$R\bar{3}m$ 空间群），氧离子按照立方紧密堆积形成骨架，Li 和 TM 交替占据八面体位点；Li_2MnO_3 结构（C2/m 空间群）与 $LiTMO_2$ 类似，氧离子按照六方紧密堆积形成骨架，不同的是 Li 占据三分之一的八面体位点。虽然 Li_2MnO_3 中（001）面层间距与 $LiTMO_2$ 中（003）面的层间距都非常接近 0.47nm，无法通过高分辨透射电镜进行区分，但是 XRD 可以明显观察到两组峰，一组比较强，属于 $LiTMO_2$，另一组比较弱，属于 Li_2MnO_3。此外，固体核磁（MAS-NMR）也可以有效地证明两相的存在。总体而言，两种模型都有实验基础，也都存在不足，需要进一步研究确定。

（1）富锂正极的制备

富锂正极的制备可以分为一步合成和两步合成，一步合成法包括固相法、熔融盐法、溶胶-凝胶法等；两步合成法先用水热、溶剂热、共沉淀等获得前体，再与锂盐进行煅烧。其中两步合成法制备的样品稳定性和均匀性更好，所以这里以两步合成法为例。

1）共沉淀法。

【示例1】 将 $MnSO_4 \cdot H_2O$ 和 $NiSO_4 \cdot 6H_2O$ 按照摩尔比 3:1 溶解在 10mL 水中，控制总的金属离子浓度为 0.8mol/L。将 1g Na_2CO_3 溶解在 10mL 水和 20mL 乙醇的混合溶剂中。将 Na_2CO_3 溶剂缓慢滴加到金属溶液中并持续搅拌 1h，析出沉淀，过滤、洗涤（水+醇洗）、干燥得到富锂正极前体。然后与 LiOH 按照摩尔比 Li:（Mn+Ni）= 1.65:1 进行研磨混合，接着 800℃煅烧 12h，升温速率 3.5℃/min。将煅烧后的产品进行水洗和醇洗，干燥后得到 $Li_{1.2}Ni_{0.2}Mn_{0.6}O_2$。在 2.0~4.8V 区间内，200mA/g 电流下，首次放电容量 196mA·h/g，循环 100 次后容量保持率 99%。

【示例2】 将 $NiSO_4 \cdot 6H_2O$、$CoSO_4 \cdot 7H_2O$ 和 $MnSO_4 \cdot 4H_2O$ 加入水中配置成总离子浓度为 2mol/L 的溶液。分别向上述溶液中加入 2mol/L Na_2CO_3 溶液和 0.2mol/L NH_4OH。保持温度 60℃，调节 pH 为 7.8，得到碳酸盐沉淀，洗涤、干燥，然后与 Li_2CO_3 研磨混合（过渡金属与 Li 的比值为 0.7:1），先在 500℃预处理 5h，然后在 850℃下煅烧 15h，得到 $Li[Li_{0.144}Ni_{0.136}Co_{0.136}Mn_{0.544}]O_2$。在 2.0~4.8V 区间内，125mA/g 电流下，首次放电容量 306mA·h/g，290 次循环后容量保持率 94%；当电流提高到 250mA/g 时，首次放电容量为 280mA·h/g，262 次循环后容量保持率 93%。

2）溶剂热法。

【示例 1】　将 3.2mmol Mn($CH_3COO)_2 \cdot 4H_2O$、0.8mmol Ni($CH_3COO)_2 \cdot 4H_2O$ 和 0.8mmol Co($CH_3COO)_2 \cdot 4H_2O$ 加入 48mL 乙二醇中，超声使其溶解，然后加入 1g PVP，搅拌使其溶解得到溶液 A。将 24mmol NH_4HCO_3 溶解在 10mL 水和 16mL 聚乙二醇-600 中，得到溶液 B。将溶液 B 滴加到溶液 A 中并持续搅拌 10min，然后转移到 100mL 水热釜中，加热至 180℃保持 10h，得到粉色沉淀，研磨干燥后在 500℃煅烧 5h，然后加入 LiOH $\cdot H_2O$［摩尔比 Li:（Mn + Ni + Co) = 1.05:1］研磨均匀，空气中 800℃煅烧 12h，升温速率 2℃/min，得到 $Li_{1.2}Mn_{0.54}Ni_{0.13}Co_{0.13}O_2$。在 2.0 ~ 4.8V 区间内，1250mA/g 电流下，首次放电容量达到 264mA $\cdot$ h/g，经过 200 次循环，容量保持率 85%；电流提高到 5000mA/g 时，首次放电容量达到 167mA $\cdot$ h/g，循环 100 次，容量保持率 91%。

【示例 2】　先将 2mmol $MnCl_2 \cdot 4H_2O$ 溶解在 50mL 水中，然后将 0.498mmol $CoCl_2 \cdot 6H_2O$ 和 0.498mmol Ni($NO_3)_2 \cdot 6H_2O$ 加入上述溶液中并持续搅拌 0.5h，与此同时滴加 NH_4HCO_3 溶液。将得到的混合液转移到水热釜中，加热至 200℃，保持 20h，得到紫色沉淀，洗涤、干燥，然后在 500℃下预处理 6h，再与 Li_2CO_3 混合，在 750℃下煅烧 15h 得到 $Li_{1.2}Mn_{0.54}Ni_{0.13}O_2$。在 2.0 ~ 4.6V 区间内，100mA/g 电流下，首次放电容量 254mA $\cdot$ h/g，充放电 200 次后，容量保持率 88%。

3）溶胶-凝胶法。

【示例 1】　乙酸锂、乙酸锰、乙酸镍和乙酸钴按照化学计量比分别溶解在乙醇中。将上述溶液滴加到柠檬酸的水溶液中，其中金属离子:柠檬酸 = 2:3，搅拌均匀后加热蒸发得到浅紫色溶胶，然后在 120℃下老化 12h 得到凝胶。将得到的凝胶进行研磨并在 450℃下进行预处理，除去有机组分，然后在 900℃下煅烧 12h，得到 $Li_{1.2}Ni_{0.17}Mn_{0.56}Co_{0.07}O_2$。在 2.0 ~ 4.8V 区间内，37.6mA/g 电流下，首次放电容量 260mA $\cdot$ h/g，循环 200 次后，容量保持率 80%。

【示例 2】　将 1.35g LiCH$_3$COO $\cdot 2H_2O$、1.32g Mn($CH_3COO)_2 \cdot 4H_2O$、0.32g Ni($CH_3COO)_2 \cdot 4H_2O$、0.32g Co($CH_3COO)_2 \cdot 4H_2O$ 和 2g 蔗糖溶解在 100mL 水中，持续搅拌 30min，将 20mL 10wt% 的柠檬酸溶液滴加到上述溶液中，得到红棕色溶胶，在 90℃下进行蒸发得到凝胶，然后加热到 200℃得到泡沫状前体。需要注意的是柠檬酸浓度不能太大，否则会与蔗糖反应，不利于金属的分散，也不能太小，否则溶液酸度不够。将得到的固体在 450℃下预处理 5h，然后在 800℃下煅烧 12h，得到 $Li_{1.2}Mn_{0.54}Ni_{0.13}Co_{0.13}O_2$。在 2.0 ~ 4.8V 区间内，1000mA/g 电流下，首次放电容量为 125mA $\cdot$ h/g，循环 100 次后，容量保持率 92%。

（2）富锂正极的电化学性能

锰基富锂正极的充放电机理需要将首次和后续充放电分开。首次充电过程中存在一个不可逆平台（约为 4.5V），且存在明显的容量下降。研究表明首次充电电压 4.5V 以下时，容量主要来源于 $LiTMO_2$ 发生锂离子脱嵌；当电压升高超过 4.5V 时，容量主要来源于 Li_2MnO_3 发生锂离子脱嵌，生成 MnO_2 并伴随着氧气的生成，在线表面增强拉曼光谱已经证实 Li_2O 的存在。首次放电过程，TMO_2 可以全部转化为 $LiTMO_2$，而 MnO_2 只能转为化为 $LiMnO_2$ 而不能回到 Li_2MnO_3，所以导致不可逆容量。

首次充电：

$$LiTMO_2 \leftrightarrow Li_{1-x}TMO_2 + xLi^+ + xe^- (2.23 \sim 4.5V)$$

$$Li_2MnO_3 \rightarrow MnO_2 + Li_2O(4.5 \sim 4.8V)$$

$$Li_2MnO_3 \leftrightarrow Li_xMnO_3 + (2-x)Li^+ + \frac{1}{2}O_2 + (2-x)e^-$$

首次放电：

$$Li_{1-x}TMO_2 + xLi^+ + xe^- \leftrightarrow LiTMO_2(2.23 \sim 4.5V)$$

$$MnO_2 + Li^+ + e^- \leftrightarrow LiMnO_2(2.23 \sim 4.5V)$$

上述的氧化还原反应不能解释锰基富锂正极的高容量，目前主流的观点是氧离子参与了氧化还原反应：$2O^{2-} \underset{放电}{\overset{充电}{\rightleftharpoons}} O_2^{2-} + 2e^-$，且已经被透射电镜、中子衍射、原位 XRD 和原位拉曼光谱等多种实验手段所证实。这种氧离子参与氧化还原反应的现象在其他正极材料中并不常见，Ceder 等人通过密度泛函理论（DFT）研究氧离子周围的态密度（density of state）和自旋电荷密度（spin charge density），发现由于"富余"锂的存在导致氧离子周围存在四个锂离子和两个过渡金属离子，氧离子的三个 2p 轨道形成两种 Li-O-TM 和 Li-O-Li 环境，由于 O 2p 轨道与过渡金属 3d 轨道能量相近相互作用进而发生杂化能量降低，而 O 2p 轨道与 Li 2s 轨道能量相差较大不能杂化，保持原来的能级。当充电电压较高时，Li-O-Li 中 O 2p 轨道发生氧化。此外，研究发现除了高电压，特定的金属也可以激活氧离子的氧化还原行为。Xia 等人研究发现 Fe 掺杂的钛基富锂正极在充电（即发生脱锂）时空穴会优先出现在与 Fe 附近的氧离子上，Fe 可以促进电荷的转移过程，从而激活氧的氧化还原行为。

后续的充放电机理需要考虑氧化还原电对的变化以及结构的转变。Hu 等研究发现随着循环次数的增加，由于晶格中氧的逐渐逸出，锰基富锂正极中过渡金属的价态逐渐降低。此外 Ni 和 O 贡献的放电容量逐渐减少，Mn 和 Co 的放电容量贡献逐渐增加。Ni 贡献的放电容量减少可能是由于 Ni 部分转变成非电化学活性的结构；O 贡献的放电容量减少可能是因为过渡金属价态降低，与氧离子相互作用减弱。与此同时，Mn 和 Co 的价态降低会形成 Mn^{3+}/Mn^{4+} 和 Co^{2+}/Co^{3+} 两个新的氧化还原电对，新的电对贡献的放电容量可以补偿 Ni 和 O 贡献容量的减少部分，从而保持整体的放电容量。所以，随着循环次数的进一步增加，对放电容量起到主要贡献的电对从 Ni^{2+}/Ni^{3+}、Ni^{3+}/Ni^{4+}、O^{2-}/O^-、Mn^{4+}/Mn^{5+} 和 Co^{3+}/Co^{4+} 逐渐转变为 Mn^{3+}/Mn^{4+}、Co^{2+}/Co^{3+}、Ni^{2+}/Ni^{3+}、Ni^{3+}/Ni^{4+} 和 O^{2-}/O^-。值得关注的是电对的变化会直接导致正极电压的变化，这里电对的转变导致了正极电压的下降。

锰基富锂正极结构会随着充放电过程从层状结构逐渐转变为尖晶石结构。其中 $LiTMO_2$ 中过渡金属离子会逐渐迁移到锂离子位点，形成尖晶石结构，但是不会破坏晶格。但是 Li_2MnO_3 在转变过程中涉及 Li_2O 相的形成，会导致晶格应变甚至出现裂缝。

（3）富锂正极的改性

锰基富锂正极的高容量使其在其他材料中脱颖而出，但是还是存在明显的问题亟须解决：起始不可逆容量较大导致库仑效率低；倍率性能差；循环过程中电压持续降低、容量持续减小即循环性能差。

1）掺杂。掺杂是最常见的策略。为了保持结构的稳定性，可以引入电化学惰性的离子。离子可以是阳离子也可以是阴离子，阳离子掺杂可以分为引入 Mg^{2+}、Al^{3+}、La^{3+}、Zr^{4+} 等替代部分过渡金属离子和引入 Na^+、K^+、Ti^{3+} 等替代部分锂离子，阴离子掺杂可以分为低价阴离子例如 F^-、Cl^-、S^{2-} 等和多聚阴离子例如 SO_4^{2-}、PO_4^{3-}、SiO_4^{4-}、BO_4^{5-} 等。使用阳离子掺杂替代部分锂离子是利用"钉扎效应"（pinning effect）和"支柱效应"（pillar effect）稳定层状结构，利于提升电子和离子传导；使用阳离子掺杂替代部分过渡金属离子主要是利用高原子量的金属与氧之间的强作用力抑制相变和氧气的逸出；使用阴离子掺杂替代部分氧离子是利用部分阴离子与过渡金属有强作用力增强氧离子层与过渡金属离子层之间的作用，提升结构的稳定性。

【示例 1】 Na^+ 掺杂替代部分锂离子：Hu 等人通过 DFT 计算发现 Na^+ 掺杂可以有效拓展锂离子层之间的间距，从而降低锂离子的迁移能垒，从原来的 570.5meV 降低到 500meV。

【示例 2】 Zr^{4+} 掺杂替代部分过渡金属离子：将化学计量数的 $LiNO_3$、$Ni(NO_3)_2 \cdot 6H_2O$、$Co(NO_3)_2 \cdot 6H_2O$ 和 $Mn(NO_3)_2 \cdot 4H_2O$ 溶解在含有 0.5wt% $(CH_3COO)_x Zr(OH)_y (x+y=4)$ 的溶液中，然后加入 0.028mol/L 的 KNO_3 溶液，超声 90min 至完全溶解。将上述溶液加热至 100℃，除去溶剂得到凝胶。将得到的凝胶在 600℃ 预处理 5h，然后在 950℃ 煅烧 10h，得到表面 Zr 掺杂的 $Li_{1.2}Co_{0.13}Mn_{0.54}O_2$ 多面体。由于 Zr-O 键很强（-1097.46kJ/mol），可以有效抑制相变和氧的逸出，同时 Zr^{4+} 的尺寸较大可以促进锂离子传输。

【示例3】 阴离子掺杂替代部分氧离子：将 1mol/L $MnSO_4 \cdot H_2O$、$NiSO_4 \cdot 6H_2O$ 和 $CoSO_4 \cdot 7H_2O$（Mn:Ni:Co = 3:1:1）溶液和 2mol/L NaOH 水溶液和适量的 $NH_3 \cdot H_2O$ 分别加入连续釜式搅拌器中，保持反应温度 60℃，调节 pH = 11，并通氮气进行保护。将得到的沉淀物进行洗涤、干燥，然后与化学计量数的 $NH_4H_2PO_4$ 和 $LiOH \cdot H_2O$（过量 8%）进行研磨，在 500℃ 下预处理 5h，接着在 850℃ 下煅烧 15h，得到 $Li_{1.17}Mn_{0.5}Ni_{0.17}Co_{0.16}(PO_4)_{0.05}O_{1.8}$。该方法制备的富锂正极中 PO_4^{3-} 梯度分布，表面含量高促进层状结构转变为尖晶石结构，内部含量低保持层状结构。

2）包覆。正极材料的高电压使其易于与液体电解质发生副反应，形成非电化学活性的正极-电解质界面，消耗液体电解质并抑制锂离子的迁移，从而降低电池的倍率性能。另外结构的破坏通常都是从表面开始的。所以如果可以抑制表面的副反应，则可以有效提升正极材料的稳定性。常用的包覆材料有 Al_2O_3、AlF_3、Li_2ZrO_3、尖晶石相的 $Li_4Mn_5O_{12}$、SiO_2 和 Li-Ni-PO_4 等。

【示例】 $Li_{1.2}Ni_{0.13}Co_{0.13}Mn_{0.54}O_2$ 的制备：将 2mol/L $NiSO_4 \cdot 6H_2O$、$CoSO_4 \cdot 7H_2O$、$MnSO_4 \cdot H_2O$ 溶液（Ni:Co:Mn = 1:1:4）加入含有适量氨水的 4mol/L NaOH 溶液中，通入氮气保护，控制温度 60℃，调节 pH = 11。将得到的沉淀物进行洗涤、干燥，与足量的 Li_2CO_3 进行球磨，然后在 900℃ 下煅烧 12h。

$La_{0.8}Sr_{0.2}MnO_{3-\gamma}$ 的制备：将化学计量数的 $La(NO_3)_3 \cdot 6H_2O$、$Mn(NO_3)_2 \cdot 4H_2O$、$Sr(NO_3)_2$ 和四丁基溴化铵溶解在水中，滴加氨水调节 pH = 9。将得到的沉淀物在 500℃ 下煅烧 5h 得到 $La_{0.8}Sr_{0.2}MnO_{3-\gamma}$。

$La_{0.8}Sr_{0.2}MnO_{3-\gamma}$ 包覆的 $Li_{1.2}Ni_{0.13}Co_{0.13}Mn_{0.54}O_2$ 的制备：将 2wt% 的 $La_{0.8}Sr_{0.2}MnO_{3-\gamma}$ 与 $Li_{1.2}Ni_{0.13}Co_{0.13}Mn_{0.54}O_2$ 一起球磨，在 500℃ 下，即得到包覆后的样品。$La_{0.8}Sr_{0.2}MnO_{3-\gamma}$ 与 $Li_{1.2}Ni_{0.13}Co_{0.13}Mn_{0.54}O_2$ 之间借助 Mn-O-TM 键相互作用，抑制界面处过渡金属离子的迁移，提升离子传导。

3）控制形貌。研究表明富锂正极的形貌和微观结构对锂离子的动力学有直接影响，所以对于材料的结构稳定性以及电化学性能有直接的影响。Fu 等人比较了微米球、微米棒、纳米和不规则的纳米颗粒发现，不同形貌对于最终的电化学性能有显著影响。

【示例1】 多层套球中空微米球：分别将 2mol/L 硫酸盐溶液（Mn^{2+}:Ni^{2+}:Co^{2+} = 4:1:1），2mol/L Na_2CO_3 溶液（沉淀剂）和 1mol/L NH_4HCO_3-$NH_3 \cdot H_2O$ 的混合物（NH_4HCO_3:$NH_3 \cdot H_2O$ = 2:8，摩尔比）（络合剂）加入一个连续釜式反应器中，保持温度 50℃，pH = 7.5。将生成的碳酸盐沉淀在 500℃ 下预处理 5h，升温速率 5℃/min，然后添加过量 3wt% 的 Li_2CO_3，研磨均匀后在 900℃ 煅烧 12h，得到多层套球中空微米球结构的 $Li_{1.2}Mn_{0.54}Ni_{0.13}Co_{0.13}O_2$。在 2.0 ~ 4.8V 区间内，3$C$ 倍率下（对应 750mA/g），放电容量达到 193mA·h/g，400 次

循环之后容量保持率 87%。

【示例 2】 多层多孔结构：将化学计量数的 $LiCH_3COO \cdot 2H_2O$、$Ni(CH_3COO)_2 \cdot 4H_2O$ 和 $Mn(CH_3COO)_2 \cdot 4H_2O$ 溶解在含有 0.1mol 间苯二酚、0.15mol 甲醛和 0.25mol Li_2CO_3 的 50mL 水中，搅拌均匀之后加热到 90℃进行干燥。将得到的凝胶在 900℃煅烧 15h，得到多层多孔 $Li[Li_{0.2}Ni_{0.2}Mn_{0.6}]O_2$。在 2.0 ~ 4.8V 区间内，50mA/g 电流下，充放电 200 圈之后可逆容量仍达到 241mA·h/g，容量保持率接近 100%。特别需要指出的是对应电极材料的载量接近 $70g/m^2$。

（4）其他富锂正极

除了锰基富锂正极，还有无序的岩盐相富锂正极和铁基富锂层状硫化物正极。Lee 等人开发了依托 Mn^{2+}/Mn^{4+} 电对的无序富锂正极，化学式为 $Li_2Mn_{2/3}Nb_{1/3}O_2F$ 和 $Li_2Mn_{1/2}Ti_{1/2}O_2F$，这类材料的放电容量超过 300mA·h/g，能量密度接近 1000W·h/kg。Chen 等人系统地研究了无序富锂正极 $Li_{1.3}Nb_{0.3}Mn_{0.4}O_2$ 中氧的氧化还原行为，发现性能的逐渐下降直接与氧参与氧化还原的程度相关。Li 等人报道了新型的无序富锂正极 $Li_2Ni_{1/3}Ru_{2/3}O_3$，并通过原位拉曼光谱证实了 O^{2-}/O^- 电对的存在。需要注意的是，尽管无序富锂正极通过不同元素的构成拥有很高的容量，但是通常循环性能更差。Saha 等人开发了铁基富锂层状硫化物正极 $Li_{1.13}Ti_{0.57}Fe_{0.3}S_2$，由于 Fe 和 S 同时参与氧化还原行为，该材料可逆放电容量高达 245mA·h/g。这些材料相比于锰基富锂正极有以下三个优点：a. 起始循环的不可逆容量基本为 0；b. 10 圈即可以达到稳定电压；c. 电压迟滞小（仅为 35mV）、动力学快。总体而言，无序富锂正极和铁基富锂硫化物正极放电容量高，但是它们通常循性能差、工作电压低，所以能量密度要低于锰基富锂正极。因此锰基富锂正极仍然是富锂正极中的研究重点。

8. 其他层状金属氧化物

$LiVO_2$ 和 $LiCoO_2$ 结构一样，都是二维层状结构，但是当锂离子脱嵌到一定程度，即 $(1-x) < 0.67(Li_{1-x}VO_2)$ 时，一部分的钒离子会从钒离子层迁移到锂离子层，导致有序的结构被破坏，从而降低了锂离子迁移的动力学，表现出欠佳的电化学性能。$LiCrO_2$ 也可形成有序的二维层状结构，但是结果表明该材料不能容纳锂离子，即没有电化学活性。层状的 $LiFeO_2$ 和 $LiMnO_2$ 类似，高温下热力学不稳定，只能通过离子交换法，从层状的 $NaFeO_2$ 制备。由于 $LiFeO_2$ 的结构稳定性较差，其电化学性能需要进一步提升。

2.1.2 尖晶石结构正极

在理想的尖晶石结构中，氧离子是按照 ABC 立方紧密堆积排列形成骨架，这点与层状结构类似。不同的地方是，锂离子占据的是四面体的空隙，而不是八面体的空隙，其中四面体晶格与八面体的晶格共面形成三维互通的网状结构

锂离子电池材料解析 第2版

（图 2-2），相比于层状结构更利于锂离子的扩散、嵌入和脱嵌。同时该结构还表现出优异的电子导电性和离子导电性。

1. $LiMn_2O_4$

Co 的储量有限，价格昂贵，而锂离子电池对 Co 消耗巨大，同时 Mn 价格低廉，无毒，对环境友好，因此 Mn 尖晶石作为正极材料受到重视。Mn 尖晶石发生锂离子嵌入反应时：首先，Li^+ 进入氧的四面体配位轨道，然后 Mn^{4+} 被还原成 Mn^{3+}，最终 $LiMn_2O_4$ 转变成 $Li_2Mn_2O_4$。

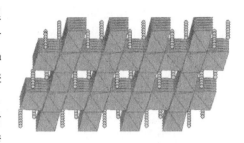

图 2-2　尖晶石结构示意图

（1）尖晶石 $LiMn_2O_4$ 的制备

尖晶石 $LiMn_2O_4$ 可以通过多种方式制备，主要有高温固相合成法、Pechini 法、共沉淀法、溶胶-凝胶法、机械化学法、微波加热法、超声裂解法以及化学气相沉积法、射频种子溅射法等。

1）高温固相合成法。基本流程为

原料混合→高温煅烧→研磨粉碎→筛分→产品

常用的合成原料，锂源为 LiOH 和 $LiNO_3$，锰源为 MnO_2、$Mn(NO_3)_2$、$MnCO_3$ 和 $Mn(OAc)_2$。通常使用 Li∶Mn = 1∶2（物质的量之比），适合温度为 700～850℃。

两步升温合成：以碳酸锂和二氧化锰为例，如果在 500℃ 煅烧，则会形成一系列的中间体例如 $LiMnO_2$、Li_2MnO_3、Mn_2O_3 等，而这些中间体在 1000℃ 以内很稳定，很难通过简单的办法除去。因此先在低温 400～450℃ 下热处理，得到无序的 $LiMn_2O_4$ 尖晶石结构，然后在 750℃ 下煅烧结晶，得到有序的尖晶石结构的 $LiMn_2O_4$。尖晶石结构的 $LiMn_2O_4$ 在高温下不稳定，温度高于 900℃ 就会开始分解。

三步升温法：首先将锂盐 $LiNO_3$ 加热到熔融状态（260℃），然后升高温度到 300℃ 使其分解释放 NO_x，最后加入 MnO_2 或者 MnOOH，在 300～350℃ 煅烧得到 $LiMn_2O_4$。但是发现在低温（300～350℃）热处理得到的 $LiMn_2O_4$ 的放电电压只有 3V，电压较低。如果使用高温（600～800℃）煅烧，则可以得到放电电压 4V 左右的 $LiMn_2O_4$。如果使用 Li_2CO_3 和 $MnCO_3$ 为原料，则当两者的摩尔比为 1∶4 时，在高温下煅烧可以制备平均粒径小于 4μm 的 $LiMn_2O_4$。

2）Pechini 法。基于金属离子与有机酸之间的螯合作用制备分布均匀的金属-有机酸复合物，通过加热酯化得到前体，最后通过高温煅烧得到样品。具体流程以 $LiNO_3$、$Mn(NO_3)_2$、乙二醇和柠檬酸为例。先将柠檬酸和乙二醇加热溶解于去离子水中,接着加入锂盐和锰盐进行溶解,然后加热到140℃进行酯化,形成凝胶,分离干燥,最终逐步升高温度至800℃,煅烧一定时间即可得到有序的尖晶石结构。其中聚合物在升高温度的过程中即分解为 CO_2 和 H_2O。

【示例1】 将柠檬酸和乙二醇按照1:4(物质的量之比)溶于去离子水中,加入一定比例的 $LiNO_3$ 和 $Mn(NO_3)_2$ 溶解至澄清,搅拌均匀促进柠檬酸与金属离子的配位,然后加热至140℃让柠檬酸-金属络合物与乙二醇发生酯化得到聚合物,再除去未反应的乙二醇后得到黏稠液体,接着通过真空干燥(180℃)得到聚合物,最终在250~800℃进行煅烧,得到 $LiMn_2O_4$ 粉末。

【示例2】 将 $LiNO_3$ 和 $Mn(NO_3)_2$ 按照1:2(物质的量之比)溶解于适量的去离子水中,加入和金属离子(包括锂离子和锰离子)等摩尔的柠檬酸,加热至75℃促进金属离子与柠檬酸的络合,然后进行75℃真空干燥得到金属-柠檬酸络合物。将该络合物在高温(800℃)下煅烧10h得到纯相的尖晶石结构的 $LiMn_2O_4$,电化学测试表明,该样品循环稳定性优异。

3)共沉淀法。共沉淀法通常是将含有 Li 和 Mn 的化合物溶解,通过加入合适的沉淀剂,让 Li 和 Mn 按照设定的比例沉淀,通过干燥、煅烧得到尖晶石结构的 $LiMn_2O_4$。Barboux 等人以 $Mn(OAc)_2$ 和 LiOH 为原料,加入氨水调节 pH 值至7~8时出现沉淀,分离干燥得到凝胶前体,最终在300℃空气中热处理得到尖晶石结构的 $LiMn_2O_4$。

【示例1】 将 Li_2CO_3 加入到饱和的 NH_4HCO_3 溶液中,在搅拌分散之后加入 $Mn(NO_3)_2$ 搅拌4h,分离后沉淀干燥,然后升温至650℃(升温速率10℃/min)保持24h即可。这样制备的 $LiMn_2O_4$ 具有良好的尖晶石结构,且电化学性能较好。

【示例2】 将0.25M LiOH 溶液和0.25M Li_2O_2 溶液按照2:1(物质的量之比)进行混合,然后加入0.25M $Mn(OAc)_2$ 溶液得到沉淀,分离、洗涤、干燥,最终在300~1000℃中进行煅烧。研究发现,在400~500℃之间煅烧的样品的循环性能好,在2.3~3.3V区间电极的起始容量达到150mA·h/g。

4)溶胶-凝胶法。与制备 $LiCoO_2$ 和 $LiNiO_2$ 类似,溶胶-凝胶法对于 $LiMn_2O_4$ 同样适用。制备的尖晶石结构不仅可逆容量高,而且循环稳定性好。

溶胶凝胶法可以使用有机物载体,也可以不使用。常见的载体包括柠檬酸、聚乙二醇(PEG)和聚丙烯酸(PAA)、酒石酸、丁二酸、己二酸等。在该过程中控制步骤不再是扩散,所以可以在低温(300℃)下合成纯相的 $LiMn_2O_4$,其可逆容量可以达到135mA·h/g(相当于脱去了0.9个Li),而且容量保持率优异。以金属锂为负极组装半电池测试,在10次充放电之后容量保持在127mA·h/g。使用其他载体的流程类似,机理也相似。

热处理的温度对于形成的 $LiMn_2O_4$ 的电化学性能的影响较为关键。例如同时使用柠檬酸和聚乙二醇(PEG)作为载体,研究结果表明,随着热处理温度的增加，得到的尖晶石结构的结晶性更好。而对应的起始容量和循环稳定性也相应提升。此外，制备的尖晶石颗粒的尺寸也与反应温度相关。例如在350℃时，合成的 $LiMn_2O_4$ 的粒径为10nm；而当温度提高至550℃时，合成的尖晶石颗粒的大小明显增加，形成多孔结构。与传统的固相反应相比，溶胶-凝胶法制备的电极与电解液之间的电荷转移电阻均有一定程度的下降。此外，随着尖晶石颗粒的增加，3V电压处的放电平台有一定的提升。

除了温度会影响样品的颗粒尺寸外，载体的含量也起一定的作用。通常的规律是载体量增加时，对应的产物的比表面积减小。不过这样制备的比表面积小的样品，其对应的放电容量的衰减反而较快。容量衰减可能是由于该结构电子导电性较差造成的。在电极中添加一定量的导电炭黑之后，可逆性可以得到一定的回升。此外，电极的衰减也发生变化，例如在起始充电状态10%～20%之间时，容量衰减最快。

此外，溶胶-凝胶法还可以与其他改性方法联用。例如在溶胶-凝胶法制备 $LiMn_2O_4$ 后，用氧等离子处理，最终在500℃下进行煅烧。这样得到的产物的粒径有了明显下降，而且可以在较高电压时不与电解液发生反应。但是该作用的机理尚不明确，需要进一步的试验证明。

5）机械化学法。机械化学法是将锰的前体（例如 MnO_2）与锂源（例如 LiOH 或者 Li_2CO_3 等）进行机械研磨，得到纯相的尖晶石结构。其中 Mn 在前体中的氧化钛直接影响反应的可行性。例如使用 MnO_2 为锰的前体，与锂源 Li_2CO_3 通过机械研磨的方式几乎可以完全转化成有序的 $LiMn_2O_4$。而使用低价的锰（例如 Mn_2O_3 或者 MnO）与锂源（Li_2CO_3）通过机械研磨，几乎没有产物的生成。此外，锂源对于反应机理也有一定的影响。例如 LiOH 为层状结构，有延展性并且可以粘附其他物质，因此在与 MnO_2 进行机械研磨时可以形成较好的聚集体，利于成型；而 Li_2CO_3 是典型的离子型化合物，在与 MnO_2 进行机械研磨之前需要先进行粉碎处理。

MnO_2 也可以与 Li_2O 通过机械研磨制备 $LiMn_2O_4$，不过得到的样品是无序的纳米晶体，尺寸一般在25nm左右。因为颗粒很小，晶相发生转变相对容易，所以在充放电过程中可以发生连续的相变，而不是严重地破坏晶体的结构。对应的放电曲线在2.5～4.3V之间缓慢地连续变化，不像高度有序的尖晶石结构存在两个放电平台。因为形成的纳米 $LiMn_2O_4$ 是高度无序的，可以允许阳离子的迁移适应相变，所以相比于高结晶度的 $LiMn_2O_4$，循环性能更好。

（2）尖晶石结构 $LiMn_2O_4$ 容量衰减的原因

尽管 $LiMn_2O_4$ 是理想的正极材料，但是面临着严重的容量衰减问题，其主要原因通常认为有以下3种：

1）锰的溶解。锰在电解液中的溶解被认为是容量衰减的最主要原因。尤其

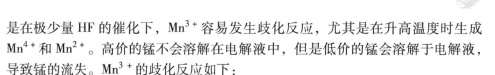

是在极少量 HF 的催化下，Mn^{3+} 容易发生歧化反应，尤其是在升高温度时生成 Mn^{4+} 和 Mn^{2+}。高价的锰不会溶解在电解液中，但是低价的锰会溶解于电解液，导致锰的流失。Mn^{3+} 的歧化反应如下：

$$2\,Mn^{3+} \rightarrow Mn^{2+} + Mn^{4+}$$

2）姜-泰勒效应。高自旋的 Mn^{3+}（$3d^4 = t_{2g}^3 e_g'$）在 e_g 两个简并轨道只有一个电子。根据姜-泰勒效应，立方晶系发生形变，转化成四方晶型。伴随着晶系的转变，晶胞的体积也有一定的增加，导致循环过程中电极的结构遭受破坏。

3）高氧化性。在有机溶剂中，Mn^{4+} 的高氧化性容易与有机溶剂反应，从而导致活性物质的减少，容量降低。

（3）尖晶石 $LiMn_2O_4$ 的改性

为了抑制 $LiMn_2O_4$ 容量的衰减，科学家们采取了一系列的方法，例如通过调节粒径的大小减少比表面积，或者通过掺杂低价阳离子（比如 Li、Cr、Co 和 Cu）来提高锰的氧化态。实验结果表明，阳离子部分取代是非常有效的，不仅可以抑制姜-泰勒变形，而且可以减少锰的流失，因为 Mn^{4+} 不会发生歧化反应。

1）阳离子和阴离子的掺杂。掺杂的阳离子可以是 Li、Al、Cr、Co、Ni、Mg 和 Zn 等。其中的典型例子就是使用锂掺杂形成富锂的 $LiMn_{2-2y}Li_yNi_yO_4$。不仅可以减小充放电后两种晶系的晶格参数的差别，而且可以抑制锰的溶解，表现出优异的循环稳定性。例如 $Li_{1.1}Mn_{1.9}O_2$ 在常温和提高温度（55℃）时充放电循环 75 次之后，容量仅衰减 $3mA \cdot h/g$ 和 $11mA \cdot h/g$；而未掺杂的 $LiMn_2O_4$ 在循环之后衰减的容量分别为 $15mA \cdot h/g$ 和 $50mA \cdot h/g$。造成容量衰减的主要原因有两个：一个是材料本身结构发生相变，锂离子的传导通道受到影响，锂离子嵌入与脱嵌的可逆性减小；另外一个是由于相变导致的活性物质与集流体接触变差，材料利用率降低。研究发现后者的作用更加显著。

也可以将 Al^{3+} 引入到 $LiMn_2O_4$ 中，由于 Al 离子的半径（0.0535nm）小于锰离子，Al^{3+} 容易占据四面体位置，且晶胞参数 a 随着 Al 含量的增加而减小，即随着 Al 的引入晶格发生收缩。由于 Al^{3+} 占据了锂离子的四面体位点，导致锂离子迁移到八面体的位点。而八面体位点处的锂离子在 4.0V 时是不能发生脱嵌的，因此降低了可逆容量。因为 Al^{3+} 的引入增加了锂离子的无序度，这与对 $LiCoO_2$ 和 $LiNiO_2$ 进行 Al 掺杂的结果不一致。不过研究发现，当 Al 引入量低于 0.05% 时，电极的可逆容量损失较小，而循环稳定性明显增强，在 30 次循环之后容量几乎没有衰减。但是也有研究表明，Al 的含量提到 0.3%，仍然可以提供较高的可逆容量和良好的循环稳定性。这可能与合成方法相关，引入的 Al^{3+} 可以有效地促进尖晶石结构的稳定，减少电极在充放电过程中的相变。

Cr^{3+} 的离子半径是 0.0615nm，与 Mn^{3+} 非常接近，同时由于核外电子排布类似，Cr^{3+} 的引入会占据八面体位置，与 Mn 相同。所以不论掺杂量的多少，都可以保证单一的尖晶石相。当 Cr 的摩尔分数很少时,基本不影响尖晶石的电化学活性,对应的循环伏安法中有两对氧化还原峰;但是当 Cr 的摩尔分数较多时,例如达到 0.2%,对应的循环伏安测试结果中的原本分开的氧化还原峰合在一起变成一个宽峰。这是由于 Cr^{3+} 的引入,电极充电过程中不会出现明显的相变,即循环性能有了明显提高,但是因为 Cr^{3+} 对于锂离子没有电化学活性,所以电极的可逆容量随着 Cr^{3+} 引入的量相应地下降。所以需要控制 Cr^{3+} 掺杂的量,其中最优的比例是 Cr^{3+} 为 0.6%,此时的可逆容量只下降 $5\sim10mA\cdot h/g$,循环性能得到显著的提升。在 100 次充放电之后,容量还可以保持在 $110mA\cdot h/g$。提升的循环稳定性是由于 Cr 的引入提升了尖晶石结构的稳定性,因为 Cr—O 的键能 (1029kJ/mol) 要明显高于 Mn—O 键 (946kJ/mol)。而且稳定的尖晶石结构中 Mn 的溶解也相对缓慢。

Cr 的引入除了可以通过固相制备法,还可以采用溶胶-凝胶法和微波诱导燃烧法。后两者制备的电极相比于前者放电容量更高,可逆性更好。从拉曼光谱可以发现,波数在 $580cm^{-1}$ 的峰随着 Cr 引入逐渐偏移,而且强度也有一定的变化;而波数在 $620cm^{-1}$ 的峰几乎不受影响。虽然不能确定 $580cm^{-1}$ 的峰对应于尖晶石结构的哪个部分,即不能确定尖晶石结构什么键发生了变化。但是可以肯定的是由于 Cr 的掺杂,尖晶石结构的确发生了变化。

Co 和 Cr 的掺杂作用类似,由于 Co—O 键能 (1142kJ/mol) 高,可以有效地稳定尖晶石的结构,抑制姜-泰勒效应。在充电过程中,相变很小,观察到的体积变化小于 5%,因此可以保持结构的完整性。另外由于 Co 的电子导电性更好,掺杂 Co 之后可以明显地提升电极的电子电导率大约一个数量级,对应的锂离子迁移率从 $9.2\times10^{-14}\sim2.6\times10^{-12}m^2/s$ 提高至 $2.4\times10^{-12}\sim1.4\times10^{-11}m^2/s$,促进了锂离子的嵌入与脱嵌过程,提升了电极的循环性能。而且由于 Co 的引入,材料的粒径增大,相应的比表面积减小,减少了电极与电解液的接触而产生的副反应。而且分子动力学模拟结果也表明,Cr^{3+} 的引入可以一定程度上减少因为 Mn^{3+} 和 Mn^{4+} 离子大小不匹配而导致的局部扭曲。

镍在 $LiMn_2O_4$ 中是以二价离子形式存在,所以导致 Mn 的平均化合价有所提高。在锂的插入过程中,Mn 的平均价态可以到 3.3,但是没有发现六方晶系往单斜晶系的转变。此外,镍和钴、铬的作用类似,因为 Ni—O 的键能 (1092kJ/mol) 大,可以稳定尖晶石结构中的 MO_6 八面体,抑制姜-泰勒效应,提升循环稳定性。当提升充电截止电压时,意外地发现在 4.7V 还有一个充电平台,对应 Ni^{3+} 氧化成 Ni^{4+},可以作为高压正极材料。将镍引入到 $LiMn_2O_4$,因为镍对锂离子也有电化学活性,所以锂离子的嵌入也有多个平台,最终产物为 $Li_2[Mn_{1.5}Ni_{0.5}]O_4$。不过需要注意的是,在制备 Ni 掺杂的锰尖晶石时,煅烧温度不能高于 650℃,否则会出现 $LiNiO_2$ 相,影响电化学性能。在 600℃ 制备的

$LiNi_{0.5}Mn_{1.5}O_2$ 在 $4.9 \sim 3.0V$ 之间的可逆容量为 $100mA \cdot h/g$。所以总体来说，Ni^{3+} 的引入可以提升 Mn 的平均价态，增强电极的稳定性，但是可逆容量有所下降。

综上所述，通过阳离子掺杂提升电极稳定的方式主要有：

① 提升 Mn 的平均价态，抑制姜-泰勒效应，例如 Li。

② 提升尖晶石的结构稳定性，减少充放电过程中的相变，抑制 Mn 的溶解，例如 Cr、Co 和 Ni，因为这些金属与氧的键能都比 Mn——O 键能大。

③ 提高电极的电子导电性，提升电极的倍率性能，例如 Co。

④ 增加电极的粒径，减小比表面面积，从而减少活性物质与电解液的接触，抑制副反应的发生，例如 Co。不过需要注意的是，如果电极的电子导电性不佳，则一味地增加粒径可能适得其反。

⑤ 增加尖晶石的晶胞参数，保证锂离子的扩散通道，例如 Cr。

不过在提高循环稳定性的同时，由于阳离子的掺杂使锰的价态升高，使材料的容量显著减小（ $<100mA \cdot h/g$ ）。相对于阳离子掺杂，掺杂一定量的 F 也可以增加锰尖晶石的容量。所以同时掺杂阳离子和阴离子不仅可以提高锰尖晶石的循环稳定性，还能保持较高的放电容量。尽管掺杂 F 可以有效地提高电极的容量，但是 F 的大量引入相对困难。因为引入 F 的前体 LiF 在高温（到 $800℃$ ）合成时容易挥发。

为了解决这个问题，先高温合成阳离子掺杂的锰尖晶石例如 $LiMn_{2-2y}Li_yNi_yO_4$，然后以低温下（$450℃$）用 NH_4HF_2 修饰得到 F 掺杂的产物 $LiMn_{2-2y}Li_yNi_yO_{4-x}F_{2x}$。通过这种方法制备的 $LiMn_{1.8}Li_{0.1}Ni_{0.1}O_{3.8}F_{0.2}$ 的放电容量从不掺杂的 $84mA \cdot h/g$ 提升到 $104mA \cdot h/g$，同时电极表现出优异的循环稳定性。此外，F 的掺杂还可以提高电极的电流密度和热稳定性，在大功率电器应用方面有不错的前景。

此外可以同时掺杂双离子或者多离子。常见的有 Li 和 Al、Li 和 Ni、Mg 和 O、Ni 和 Ti、Ni 和 Cr 以及 Ni 和 Co。

Li 和 Al 的共掺杂可以占据八面体中 Mn 的位点，从而提升锰离子的平均价态，抑制姜-泰勒效应。但是与单金属掺杂类似，电极对应的可逆容量有所下降。

Li 和 Ni 可以共掺杂形成 $LiMn_{2-y}Li_yNi_zO_4$（其中，$0.04 \leqslant y \leqslant 0.075$；$0.05 \leqslant z \leqslant 0.075$），表现出良好的循环性能、倍率性能以及较小的自放电速率。但是电极的电化学性能受合成方法和条件影响很大。例如使用 $Li_{0.5}MnO_2$ 与 $LiOH$ 和 $Ni(OH)_2$ 反应比使用 MnO_2 或者 Mn_2O_3 直接固相反应得到的循环稳定性要好。

在双金属掺杂的 $LiMn_{2-y-z}M_yLi_zO_4$ 中，M 可以是 Al、Ti、Co、Ni、Cu 或 Ga，$0<y<1$，$0<z<0.1$，可以提升 Mn 的价态，抑制形变，提升循环性能和倍率性能。特别是当 Mn 的平均价态高于 $3.58V$ 时，电极的起始容量损失明显减小。

Mg 和 O 的共掺杂形成的 $Li_{1+x}Mg_yMn_{2-y-x}O_4$ 中存在阳离子空位，减小了

Mn 的溶解，循环性能优于仅掺杂 Mg 的尖晶石。

Ni 和 Ti 也可以共掺杂，其中 Ti 的掺杂导致结构从立方相转变为面心尖晶石，同时堆积错位增加而且过渡金属离子无序性增加。但是这样形成的面心尖晶石结构拥有较高的开路电压，且锂离子扩散通道畅通，倍率性能得到提升。而且充电过程的相变也因为 Ti 的掺杂而得到有效的抑制。不过当 Ti 的含量过高时，Ti 会占据八面体的位点，阻碍锂离子的传导，导致不可逆容量增加。

Ni 和 Cr 也可以共掺杂，形成的 $LiCr_xNi_yMn_{2-x-y}O_4$ 循环稳定性好，在合适的掺杂比例时，可逆容量可以达到 $110mA \cdot h/g$。

2）表面包覆。除了阴阳离子掺杂，在尖晶石表面包覆相对惰性的氧化物例如 $LiCoO_2$、Al_2O_3、ZrO_2、MgO、SiO_2 等，减少正极材料与电解液的接触，也可以有效地抑制锰的流失。

Al_2O_3 可以通过多种方式包覆在锰尖晶石表面，例如溶胶-凝胶法、反应溅射法等。因为 Al_2O_3 优异的化学稳定性，可以有效地阻隔活性材料与电解液的接触，抑制 Mn 的溶解，提升电极的循环稳定性。此外，Al_2O_3 还可以作为基底材料，再加上表面包覆，对应电极的循环寿命在室温下可以达到数千次，在提高温度（55℃）时可以保持 400 次。

二氧化硅也是惰性材料，作用与氧化铝类似。

MnO_2 的包覆可以采用射频溅射法进行，形成的 α-MnO_2 层状结构性质稳定，不影响 $LiMn_2O_4$ 的结构，同时明显提升电极的稳定性，因此电极的电化学性能得到提升。

ZrO_2 也是一种有效的包覆材料。由于 ZrO_2 的多孔性，微观颗粒直径小于 4nm，可以有效地被电解液浸润，提供了良好的离子通道。因此即使在 50℃ 也表现出良好的循环性能。研究也发现，离子粒径的大小直接影响了其电化学性能，当粒径过大时，由于 ZrO_2 的电子绝缘性，电极的电子导电性降低，同时 ZrO_2 的包覆降低了电解液对电极的浸润性，即锂离子传输受到限制，导致可逆容量下降。

复合氧化物（例如 Al_2O_3/PtO_x 或者 CuO_x）可以通过溶胶-凝胶法包覆在 $LiMn_2O_4$ 表面，抑制活性材料与电解液接触而导致的副反应。此外还发现，复合氧化物可以提高结构的稳定性，抑制姜-泰勒效应，提升电极的循环稳定性。因此在 $3.0 \sim 4.2V$ 和 $3.0 \sim 4.4V$ 充放电区间之内，电极的容量保持率得到明显提升。

除了包覆无机氧化物外，稳定的导电性材料也是优秀的包覆剂，例如导电炭黑、Ag、Au 以及导电聚合物。将炭黑均匀地包覆在 $LiMn_2O_4$ 表面，不仅可以提升电极的电子电导率，而且可以减少活性材料与电解液的接触。因此电极的可逆容量得到提高，而且循环稳定性也显著提升。

利用硝酸银对 $LiMn_2O_4$ 进行表面处理可以到 Ag 包覆的尖晶石结构，可以有效地提高电化学性能。其作用机理与导电炭黑一样，即提高电极的电子电导率，

44

提升电极的可逆容量和倍率性能。

具有良好导电性的 Au 包覆效果与银类似，可以明显地改善电极的电化学性能。尤其是与 TiO_2 同时使用，TiO_2 可以有效地防止 $LiMn_2O_4$ 的溶解，尤其是在提高温度时，通过连接尖晶石颗粒，可以减少颗粒之间的电阻，减少极化。因此可逆容量和循环稳定性都得到显著的提升。

此外，还可以使用导电聚合物进行包覆。常见的导电聚合物包括聚吡咯（PPy）、聚苯胺（PANI）、聚噻吩（PTII）以及聚 3，4-乙撑噻吩（PEDOT）。其中 PANI 本身有一定的锂离子活性，因此包覆之后的电极可逆容量提高。在非计量比的 $Li_{1.01}Mn_{1.97}O_4$ 表面包覆 PEDOT，也可以提升电极的循环稳定性。另外，将 $LiMn_2O_4$ 浸润在聚（二丙烯基二甲基氯化铵，PDDA）中，尖晶石表面可以吸附一层 PDDA。吸附的 PDDA 也可以有效地保护电极，抑制与电解液的反应，防止 Mn 的溶解，提升电极的稳定性和循环稳定性。

2. 其他尖晶石结构的氧化物正极

$LiTi_2O_4$ 和 $LiMn_2O_4$ 结构类似，也可以再容纳一个锂离子得到 $Li_2Ti_2O_4$，但是该过程放电平台较低，只有 1.5V，并不适合做正极材料。同样，也可以对 $LiTi_2O_4$ 进行阳离子掺杂，因为 Ti 在高价态时非常稳定，所以阳离子掺杂也相对于 $LiMn_2O_4$ 更容易，是潜在的负极材料。其中值得一提的是，Li^+ 掺杂的 $Li_4Ti_5O_{12}$ 在嵌入 Li^+ 前后晶胞体积只变化 0.1%，因此充放电过程中电极结构可以保持完整，具有优异的循环稳定性。但是因为 $Li_4Ti_5O_{12}$ 的容量（175mA·h/g）和放电平台（1.5V）相比于碳电极（容量 372mA·h/g；放电平台约 0.1V）没有优势，所以在商业化锂电池中应用较少。LiV_2O_4 也可以允许 Li^+ 的嵌入与脱嵌，但是在 Li^+ 的嵌入与脱嵌过程中，钒离子容易迁移到锂离子的位置，导致结构不稳定，电极的循环稳定性有待提高。同样 Co 也可以形成类似的尖晶石结构，通过酸或者 NO_2PF_6 在乙腈中化学腐蚀掉 50% 的锂，就可以得到锂化之后的 Co 尖晶石结构 $Li_2Co_2O_4$。但是用这种方式制备的 $Li_2Co_2O_4$ 的充放电曲线极化较大，不适合做正极材料。也可以通过类似的方法，通过化学方法腐蚀掉 50%（摩尔分数）的锂可以制备 Ni 的尖晶石结构 $LiNi_2O_4$，但是 $LiNi_2O_4$ 在加热时（>200℃）不稳定，容易发生歧化反应生成 $LiNiO_2$ 和 NiO。

2.1.3　聚阴离子型正极

一般的氧化物电极例如 $LiCoO_2$、$LiNiO_2$ 和 $LiMn_2O_4$ 因为拥有高价的氧化还原电对（分别为 Co^{3+}/Co^{4+}，Ni^{3+}/Ni^{4+}，Mn^{3+}/Mn^{4+}），所以具有较高的输出电压。但是高价态的金属离子例如 Co^{4+} 和 Ni^{4+} 化学稳定性欠佳，导致氧逐渐从晶格中溢出。为了抑制氧的溢出，可以使用一些低价的氧化还原电对例如 $Fe^{2+}/$

Fe^{3+}。但是低价的氧化还原电对意味着较低的输出电压和能量密度。考虑到这个问题，Goodenough 教授提出使用含有多聚阴离子（例如 SO_4^{2-}、MoO_4^{2-}、WO_4^{2-}）的氧化物作为锂电池的正极材料。尽管 Fe^{2+}/Fe^{3+} 电对在普通氧化物中（例如 Fe_2O_3）的工作电压低于 2.5V，但是在多聚阴离子体系中该电对的工作电压有明显提高。例如 $Fe_2(SO_4)_3$ 的工作电压为 3.6V，$Fe_2(MoO_4)_3$ 和 $Fe_2(WO_4)_3$ 的工作电压为 3.0V。同样的氧化还原电对在不同阴离子的配位作用下，氧化还原电位发生了明显的变化。在多聚阴离子体系中 $Fe_2(XO_4)_3$（X = S、Mo、W），FeO_6 八面体和 XO_4 四面体共用顶点，形成 Fe—O—X—O—Fe 结构，所以 X—O 键的强度可以一定程度上影响 Fe—O 键的强度，从而影响 Fe^{2+}/Fe^{3+} 电对在氧化还原反应中所需要吸收/释放的能量。X—O 键越强，则 Fe—O 键越弱，所以 Fe^{2+}/Fe^{3+} 电对的氧化还原对应的能量越低，导致与金属锂的能量相差越大，即电对的氧化还原电位越高。因此基于多聚阴离子的 $Fe_2(MoO_4)_3$ 的氧化还原电位要比 Fe_2O_3 要高。另外，S—O 共价键要比 Mo—O 共价键强，所以 $Fe_2(SO_4)_3$ 中的 Fe—O 键比 $Fe_2(MoO_4)_3$ 中的 Fe—O 键要弱，对应的 Fe^{2+}/Fe^{3+} 电对的氧化还原能量更低，最终导致 $Fe_2(SO_4)_3$ 的工作电位比 $Fe_2(MoO_4)_3$ 高 0.6V。通过多聚阴离子取代氧离子可以有效地调节电对的氧化还原电位，从而实现使用化学稳定的低价氧化还原电对的同时，拥有较高的输出电压。此外，聚阴离子型正极材料中的过渡金属一般存在多个中间价态，如 $Li_3V_2(PO_4)_3$、Li_2MnSiO_4、Li_2FeSiO_4 等化合物中含有 2~3 个 Li^+，可以发生多电子反应，从而具有更高的理论容量。而且组成这类化合物的元素为 Fe、Mn、V、Si、P 等，来源丰富，有望降低材料的成本。但是该类材料也存在一定的问题，过渡金属与氧构成的 MO_6 八面体或者 MO_4 四面体被多聚阴离子隔开，充放电时电子在过渡金属之间的迁移受到抑制，所以普遍电子电导率较低。典型的聚阴离子型正极包括磷酸盐系列、硫酸盐系列、其他单一聚阴离子系列、混合聚阴离子系列等。

1. 磷酸盐系列

尽管在 19 世纪 80 年代末，通过多聚阴离子来调节电对的氧化还原能量的理论已经得到认可，但是当时研究的正极材料不含锂离子，因此它们不能作为正极与碳负极组成全电池。为了解决这个问题，一系列的含锂的磷酸盐开始受到关注。Goodenough 课题组于 1997 年首先发现了橄榄石结构的 $LiFePO_4$（图 2-3）可以可逆地进行锂离子的嵌入与脱嵌，可以有效地和碳负极组装全电池。同时，他们也发现其他金属形成的橄榄石结构（例如 $LiMnPO_4$、$LiCoPO_4$ 和 $LiNiPO_4$）可以有效地进行锂离子的嵌入与脱嵌。从此，$LiFePO_4$ 正极受到了来自工业界和学术界的广泛的关注。

（1）LiFePO₄

在最初的报道中，$LiFePO_4$ 中锂离子不能完全脱嵌，一般小于 70%，对应的放电容量低于 120mA·h/g。这是由于锂离子在 $LiFePO_4$ 和 $FePO_4$ 两相之间扩散受限，同时 FeO_6 八面体的电子导电性较差造成的。此外由于氧原子成六方最密，Fe 位于八面体的"Z"字链上，而 Li 位于八面体位点的直线上，因此结构中只有一维的锂离子传输通道。锂离子扩散受限，因此倍率性能较差。当在大电流下放电时，可逆容量较低。不过当电流减小时，可逆容量可以

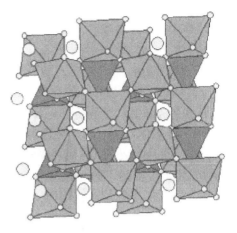

图 2-3　橄榄石结构 $LiFePO_4$ 示意图

恢复。尽管如此，因为 Fe 储量丰富，价格低廉以及对环境友好，橄榄石结构的 $LiFePO_4$ 被认为是有潜在商用价值的正极材料。

1）$LiFePO_4$ 的制备。$LiFePO_4$ 的制备方法较多，主要可以分为固相合成法和液相合成法。固相合成法又可以细分为高温固相合成法、微波合成法、碳热还原法和机械合成法。液相合成法可以细分为溶胶-凝胶法、共沉淀法和水热合成法。下面介绍 4 种方法。

① 溶胶-凝胶法。以磷酸铁、草酸以及氢氧化锂为原料制备 $LiFePO_4$。首先将原料按照一定比例溶解于适量的去离子水中，然后添加一定量的葡萄糖，进行加热酯化、形成凝胶，然后通过减压蒸馏除去过量的水，真空干燥后得到干凝胶。干凝胶需要在低温下氮气氛围中预热处理，然后球磨粉碎二次在高温下焙烧即可。其中草酸主要是用来络合金属离子，并最终在高温下分解成 CO_2、CO 和 H_2O。该过程涉及的主要化学反应如下：

$$FePO_4 + 3H_2C_2O_4 \rightarrow H_3Fe(C_2O_4)_3 + H_3PO_4$$

$$2H_3PO_4 + 2H_3Fe(C_2O_4)_3 + 2LiOH \rightarrow 2LiFePO_4 + 7CO_2\uparrow + 5CO\uparrow + 7H_2O$$

总反应如下：

$$2FePO_4 + 6H_2C_2O_2 + 2LiOH = 2LiFePO_4 + 7CO_2\uparrow + 5CO\uparrow + 7H_2O$$

② 共沉淀法。以 $FePO_4$、LiOH 和 $H_2C_2O_4$ 为原料制备 $LiFePO_4$。首先将 $FePO_4$ 和 $H_2C_2O_4$ 按照物质的量之比 1:1 溶于一定的去离子水中形成 FeC_2O_4 悬浊液，然后加入适量的 $NH_4H_2PO_4$，得到澄清溶液之后缓慢滴加 LiOH 溶液，得到墨绿色沉淀。过滤，洗涤，干燥，然后在低温 350℃氮气氛围中预处理 5h，然后升高温度至 700℃煅烧 10h 冷却即得 $LiFePO_4$。用这个方法可以得到电化学性能较好的 $LiFePO_4$，而且步骤简单、生产成本低。

③ 微波合成法。微波反应是借助于陶瓷材料的制备方法，使用 Li_2CO_3、$NH_4H_2PO_4$、$FeSO_4$ 为原料，按照一定的比例分散在丙酮中，然后球磨 2h，热处理得到前体。接着进行压片，然后置于坩埚中，加入一定量的活性炭，微波加热几分钟，取出研磨、粉碎即可。使用微波合成周期短，能耗低，效率高，有显著的优点，只是样品的粒径一般在微米级以上。

④ 水热合成法。分别将一定量的 LiOH 和 H_3PO_4 溶解于乙二醇和水的混合物（1:1，体积比）中，搅拌至澄清，然后将磷酸溶液滴加至 LiOH 中，搅拌使其混合均匀得到溶液甲。然后将硫酸亚铁盐和酒石酸铵按照一定比例也溶解于乙二醇和水的混合溶剂中得到溶液乙。接着将甲乙两种溶液混合均匀之后转移至水热反应釜中，在 180℃下反应 10h。冷却、分离、洗涤、干燥，得到磷酸亚铁锂前驱体，在惰性气体保护中高温（600℃）煅烧 6h 即可。因为水热法的高温高压可以让样品溶解再结晶，所以得到的样品结晶度高，结构稳定。但是对于工业生产的设备要求很高，不利于工业化生产。

2）$LiFePO_4$ 的热稳定性。与层状结构的 $LiCoO_2$ 正极和尖晶石结构的 $LiMn_2O_4$ 相比，橄榄石结构的 $LiFePO_4$ 拥有优异的热稳定性。具体来说，当这些正极材料被充电到 4.2V 时，自放热发生的温度分别在 150℃、220℃和 310℃。$LiFePO_4$ 的放电量为 147J/g，明显低于其他正极材料。当 $LiFePO_4$ 处于完全充满状态时（即对应 $FePO_4$），在有机溶剂中发生自放热反应的发生温度均高于 300℃。自放热速率与电极的粒径有关，当粒径较大时，正极的自放热速率明显减小。当有机溶剂中存在电解质锂盐时，正极自放热反应发生的温度与锂盐直接相关，而与溶剂关联程度减弱。例如在 1mol/L $LiPF_6$ 电解液中，$LiFePO_4$ 的自放热反应发生温度在 190℃左右，明显低于在纯的有机溶剂中。此外，当 $LiFePO_4$ 位于 0.8mol/L LiBOB 电解液时，自放热反应发生的温度在 240℃左右。

3）$LiFePO_4$ 的改进。意识到较差的电子导电性也许是导致 $LiFePO_4$ 容量和倍率性能欠佳的原因，科学家们开始尝试在正极表面包覆一层微量的碳材料。因为 $LiFePO_4$ 只有一维的锂离子通道，所以除了在表面包覆一层导电的碳材料外，还需要控制材料的粒径大小，才能实现优异的电化学活性。在控制好粒径和表面包覆导电碳双重优化下，$LiFePO_4$ 的可逆容量可以提高到 160mA·h/g。除了表面包覆导电炭黑，也可以通过引入超价阳离子（例如 Ti^{4+}、Zr^{4+}、Nb^{5+}）来极大地提高 $LiFePO_4$ 的电子导电性。后续的报道发现，电子导电性的提高是因为形成了纳米级磷化铁结构。因为粒径和电子导电性都对 $LiFePO_4$ 的电化学性能有重要影响，所以研究人员通过一系列不同合成工艺来控制粒径并选择包覆不同导电性材料（包括导电炭黑和导电聚合物等）来优化性能。其中微波辅助的溶剂热方法有明显的优势，因为可以在较低的温度下（230～300℃）合成具有高结晶度的 $LiFePO_4$ 单晶，同时反应时间只需要 5～15min。这种方法制备的 $LiFePO_4$ 纳米棒有很高的结晶度，有利于锂离子在孔径中的扩散。此外，还可以通过控制合成条件来控制 $LiFePO_4$ 纳米棒的长度和宽度，以调节电极的倍率性能和体积能量密度。尽管纳米级 $LiFePO_4$ 可以大幅减少锂离子的扩散路径，让锂离子的扩散不再成为电化学反应的主导因素，但是 FeO_6 八面体导致的较差的电子导电性仍然存在。为了提高电子导电性，将纳米级的 $LiFePO_4$ 和导电材料（如导电聚合物和多壁碳纳米管）进行复合，得到的材料的电化学性能有了显著的提升。尽管早期的研究发现 $LiFePO_4$ 和 $FePO_4$ 之间存在两相界面，但是后续的报道发现一些有趣的现象。比如随着温度升高，两相界面开始变小，并在 450℃ 出现了单一相 Li_xFePO_4，其中 $0 \leqslant x < 1$。同样地，随着粒径的减少，$LiFePO_4$ 和 $FePO_4$ 两相界面也会逐渐减小，并在 40nm 的粒径时出现单一相。因此，之前发现的微米级别颗粒的两相反应在纳米尺寸下变成了均相的反应，这是因为纳米尺寸的颗粒存在阳离子空位，产生缺陷，促进两相的相融。

（2）其他磷酸盐正极

以 $LiFePO_4$ 为基础，其他过渡金属离子（例如 Mn、Co、Ni 等）替代 Fe 得到的异质同构的磷酸盐化合物也受到关注。例如 $LiMnPO_4$，因为 Mn 对环境友好，且 $LiMnPO_4$ 的工作电压比较理想（约为 4.1V），与商业化电解液相匹配。但是由于 $LiMnPO_4$ 的带隙比较宽（接近 2eV），同时电子电导率只有 $10^{-14}S/cm$，而 $LiFePO_4$ 的电子电导率为 $10^{-9}S/cm$，带隙为 0.3eV，导致 $LiFePO_4$ 的实际容量比较低。与 $LiFePO_4$ 类似，$LiMnPO_4$ 的电化学性能也可以通过优化合成工艺调节颗粒大小并在表面包覆导电炭黑材料来实现。炭黑材料修饰之后的 $LiMnPO_4$ 纳米颗粒表现出不错的电化学性能。$LiCoPO_4$ 的优势是在 4.8V 时有很宽的放电平台，但是其实际容量远低于其理论容量，而且因为常用的电解质体系 1mol/L $LiPF_6$ EC & DEC（碳酸乙二醇酯和碳酸二乙酯）在 4.8V 不稳定，所以 $LiCoPO_4$ 正极的循环稳定性较差。$LiNiPO_4$ 的氧化还原电位高达 5.1V，与之兼容的电解质体系尚待开发。最近，混合过渡金属离子体系引起了人们的关注。其中值得注意的是 $LiFe_{1-y}Mn_yPO_4$，它比纯的 $LiMnPO_4$ 拥有更高的能量密度和更好的电极反应动力学。

另外混合 Co 是一个不错的选择，因为 $LiCoPO_4$ 的开路电压高，所以 $LiMn_{1-y}Co_yPO_4$ 和 $LiFe_{1-y}Co_yPO_4$ 相比于没有 Co 都有一定的提升。尽管 $LiMnPO_4$ 和 $LiCoPO_4$ 的理论能量密度比 $LiFePO_4$ 高，但较低的容量和较大的极化导致它们的实际能量密度要低于 $LiFePO_4$。合成高压电解质能够充分利用 Co^{2+}/Co^{3+} 的高电位来提升整体的能量密度，是一个发展方向。

此外，焦磷酸盐 $LiMP_2O_7$（M = V、Fe）、$Li_2MP_2O_7$（M = Fe、Mn、Cu、

Co）也是潜在的正极材料。由于焦磷酸根电负性略高于磷酸根，所以焦磷酸盐类正极的电极电位要高于对应的磷酸盐正极。以 $Li_2FeP_2O_7$ 为例，属于P1空间群，其中Fe位于氧的八面体位点或者氧的三角双锥体位点，同时少许Li也位于氧化的三角双锥体位点。$Li_2FeP_2O_7$ 放电平台3.5V，理论上可以脱嵌两个 Li^+，理论容量220mA·h/g。

2. 硫酸盐系列

根据鲍林电负性规则，S—O键强于P—O键，因此硫酸盐类正极材料中M—O键弱于对应的磷酸盐中M—O键，所以硫酸盐中过渡金属离子的能量更低，导致其氧化还原电位更高。但是由于硫酸根的荷质比明显低于磷酸根，因此硫酸盐类正极材料的理论比容量要显著低于同类型的磷酸盐正极材料。所以，硫酸盐类正极材料的能量密度小于磷酸盐类正极材料。所以作为锂离子正极的材料较少，主要包括 $Fe_2(SO_4)_3$ 和 $LiFeSO_4F$。但是由于硫酸盐价格比较低廉，在低成本储能领域有一定的应用价值，特别是钠离子电池方面。

（1）$Fe_2(SO_4)_3$

$Fe_2(SO_4)_3$ 存在单斜（monoclinic）（$P2_1/n$ 空间群）和菱形（rhombohedral）（R3 空间群）两种晶系。晶体结构中，FeO_6 八面体和 SO_4 四面体通过顶角的氧原子相连，形成三维网络结构，因此 Li^+ 具有三维迁移通道，有良好的离子传导性能。菱形晶系 $Fe_2(SO_4)_3$ 在嵌锂过程中结构不发生变化，而单斜晶系 $Fe_2(SO_4)_3$ 在嵌锂时会转变为单斜晶系（orthorhombic）。$Fe_2(SO_4)_3$ 放电平台在3.6V，理论可以嵌入2mol Li^+，理论容量130mA·h/g，实际可逆容量接近110mA·h/g，对应1.8mol Li^+。

1）单斜 $Fe_2(SO_4)_3$。

【示例1】 将 $FeSO_4·7H_2O$ 加入浓硫酸中回流2~4h（温度约为330℃）得到片状、浅紫色单斜 $Fe_2(SO_4)_3$，过滤，用硫酸和丙酮洗涤，空气中晾干。然后加热到350℃进一步除去残留的硫酸和水分。注意，在回流过程中会产生大量的蒸气，包含 H_2SO_4、SO_2 和 H_2O。

【示例2】 将 $FeSO_4·7H_2O$ 加入浓硫酸中，加入过氧化氢，回流，得到 $Fe_2(SO_4)_3·9H_2O$ 沉淀，然后在300℃下干燥10h得到单斜 $Fe_2(SO_4)_3$。

2）菱形 $Fe_2(SO_4)_3$。

【示例1】 将商业化 $Fe_2(SO_4)_3·nH_2O$ 在空气中加热到250℃进行脱水处理，然后加入管式炉中加热到600℃保持20h，得到单一相的菱形 $Fe_2(SO_4)_3$。如果直接一步在管式炉加热到500~600℃并通氩气保护也可以得到菱形 $Fe_2(SO_4)_3$，但同时会有少许 Fe_2O_3 生成。

【示例2】 将 $NH_4Fe(SO_4)_2·12H_2O$ 在氩气保护下加热到500℃可以得到单一相的菱形产物。反应式如下：

$$2NH_4Fe(SO_4)_2 \cdot 12H_2O \xrightarrow[\text{Ar}]{500℃} Fe_2(SO_4)_3 + 2NH_3 + 25H_2O + SO_3$$

热重研究表明加热温度不能超过600℃，否则菱形$Fe_2(SO_4)_3$会发生分解，生成Fe_2O_3。

【示例3】 将$(NH_4)_2Fe(SO_4)_2 \cdot 6H_2O$直接在空气中加热到500℃也可以得到单一相的菱形产物。反应式如下：

$$2(NH_4)_2Fe(SO_4)_2 \cdot 6H_2O \xrightarrow[\text{Air}]{500℃} Fe_2(SO_4)_3 + 4NH_3 + 14H_2O + SO_2$$

（2）$LiFeSO_4F$

$LiFeSO_4F$通常以Tavorite和Triplite两种结构存在。Tavorite相$LiFeSO_4F$属于三斜（triclinic）晶系，P1空间群，由FeO_4F_2八面体通过共用顶点F原子相互连接在c轴方向形成锯齿状长链。所有的氧原子都以共价键与硫原子相连形成SO_4四面体，将锯齿状长链连接在一起，锂离子位于空隙之中。锂离子的传导通道有3条，分别为（100）、（010）和（111）3个面，其中（100）面迁移能垒最低。由于利于Li^+迁移，所以该材料不需要纳米化即可以可逆地脱嵌/嵌入$0.85mol\ Li^+$，充放电电压3.6V，进一步脱嵌Li^+会导致结构从三斜转变为单斜，并伴随晶胞体积缩小10%。

51

1）Tavorite相$LiFeSO_4F$可以通过Tavorite相$FeSO_4 \cdot H_2O$和LiF反应生成，反应方程式如下：

$$FeSO_4 \cdot H_2O + LiF \rightarrow LiFeSO_4F + H_2O$$

反应过程中H—OH被Li—F取代，即Li^+取代H^+，F^-取代OH^-，生成的$LiFeSO_4F$保持原来$FeSO_4 \cdot H_2O$的拓扑结构。由于$LiFeSO_4F$溶于水，通常使用无水方法来合成，包括固态法、溶剂热法、离子热法等。

【示例1】 将商业化$FeSO_4 \cdot 7H_2O$在200℃下真空干燥1h，得到$FeSO_4 \cdot H_2O$。取850mg $FeSO_4 \cdot H_2O$、149mg LiF（稍微过量）加入3mL EMI-TSI离子液体中搅拌20min，然后再加入2mL离子液体，静置30min，转移到反应釜中，预加热至200℃，接着以1℃/min提高至300℃，保持5h。冷却后加入二氯甲烷得到灰色沉淀，离心并用二氯甲烷洗涤，然后60℃干燥过夜得到Tavorite相$LiFeSO_4F$。在0.1C倍率下，可逆放电容量140mA·h/g。

【示例2】 将商业化$FeSO_4 \cdot 7H_2O$在N_2/H_2混合气（93%/7%，体积分数）下快速加热至100℃并保持3h，得到海绵状Tavorite相$FeSO_4 \cdot H_2O$，然后与LiF按照1:1.1摩尔比混合并加入少量丙酮，球磨24h。将球磨后的粉末加入四乙二醇中搅拌30min，然后转移到反应釜中加热至220℃，保持60h。冷却后离心，用丙酮洗涤后干燥得Tavorite相$LiFeSO_4F$。在0.1C倍率下，充放电可逆容量130mA·h/g。

2）此外，Tavorite 相 $LiFeSO_4F$ 还可以通过 FeF_2 与 Li_2SO_4 的反应制备，方程式如下：

$$Li_2SO_4 + FeF_2 \rightarrow LiFeSO_4F + LiF$$

【示例】 将化学计量数的 FeF_2（470mg）和 Li_2SO_4（550mg）加入 15mL 四乙二醇中，搅拌均匀之后转移到反应釜中，加热到 230℃，保持 48h。冷却后离心得到 $LiFeSO_4$ 和 LiF，用 THF 洗涤多次除去 LiF 得到 Tavorite 相 $LiFeSO_4F$。

3）Triplite 相 $LiFeSO_4F$ 属于单斜（monoclinic）晶系，C2/c 空间群，同样存在 MO_4F_2 八面体和 SO_4 四面体，与 Tavorite 相不同的是，MO_4F_2 八面体是通过共同边而不是公用顶点相互连接在（101）面和（010）面延伸，其中 MO_4F_2 八面体中两个 F 原子处于顺式，M 既可以是 Fe 也可以是 Li。因此 Triplite 相 $LiFeSO_4$ 中 Li^+ 并没有明显的迁移通道，且 Li^+ 的配位数为 6，所以 Li^+ 的迁移比较困难。其电化学性能动力学慢、极化大、可逆容量低也证实了这一点。但是值得一提的是 Triplite 相 $LiFeSO_4F$ 的充放电平台在 3.9V。

Triplite 相 $LiFeSO_4F$ 合成与 Tavorite 相 $LiFeSO_4$ 类似，也是通过 Tavorite 相 $FeSO_4 \cdot H_2O$ 制备，区别在于溶剂、升温速率和加热时间的不同，由于合成过程发生相变，而相变是一个热力学驱动的过程，所以通常耗时较长。

【示例1】 将商业化 $FeSO_4 \cdot 7H_2O$ 加入 EMI-TSI 离子液体中，加热到 110℃ 保持 2~3h，脱水得到 Tavorite 相 $FeSO_4 \cdot H_2O$，然后与化学计量数的 LiF 进行球磨。将得到的粉末压片，转移到反应釜中，充入氩气，然后加热至 300℃（升温速率 10℃/min），保持 50~72h，得到 Triplite 相 $LiFeSO_4F$。

【示例2】 将商业化 $FeSO_4 \cdot 7H_2O$ 在氮气保护下加热到 150℃ 脱水得到 Tavorite 相 $FeSO_4 \cdot H_2O$，然后与等摩尔的 LiF 在丙酮中球磨 24h。将得到的粉末进行干燥、压片，然后转移到坩埚中，在 400℃ 煅烧 1h 得到 Triplite 相 $LiFeSO_4F$。注意，由于 $LiFeSO_4F$ 高温易分解，所以煅烧时间不能太长。

3. 其他聚阴离子型

除了磷酸盐、硫酸盐类聚阴离子正极材料，硅酸盐、硼酸盐、草酸盐类聚阴离子正极材料也受到了研究人员的广泛关注。硅酸盐聚阴离子正极具有成本低、元素丰度高等优点。典型的代表是 Li_2FeSiO_4，属于斜方晶系，$Pmn2_1$ 空间点群，其中氧离子以六方密堆积方式排列，阳离子位于氧离子形成的四面体孔隙中。该材料可通过高温固相法、溶胶-凝胶法、微波法、水热法和水热辅助溶胶-凝胶法等方法合成。Li_2FeSiO_4 在理论上可脱嵌全部 Li^+，理论比容量达到 320mA·h/g，但是该材料由于锂离子和电子的传导受限，所以理论容量难以完全释放，而且与电压窗口直接相关。当电压窗口在 2.0~3.7V 之间时，该正极的容量为 130mA·h/g，充放电平台为 2.7V（相对于 Li^+/Li），对应 Fe^{3+}/Fe^{2+} 氧化还原反应；当电压窗口扩大至 1.3~4.5V，全部 Li^+ 可以发生脱嵌，对应容量 320mA·h/g，并呈现斜坡式的放电曲线，最终形成 $FeSiO_4$。该过程可以分为两个阶段：第一阶段为 Li_2FeSiO_4 转变为 $LiFeSiO_4$，伴随着 Fe^{2+} 转变为 Fe^{3+}；第二阶段为 $LiFeSiO_4$ 转变为 $FeSiO_4$，伴随着配体氧空位的形成，这样的复合过程与其他聚阴离子型正极存在显著区别。

硼酸盐聚阴离子正极具有摩尔质量小、理论容量高、资源丰富、环境友好等优点。硼酸根 BO_3^{3-} 的摩尔质量仅有 58.8g/mol，其荷质比显著高于磷酸根和硫酸根，因此，相比其他聚阴离子类正极，硼酸盐正极 $LiTMBO_3$（TM = Fe、Mn、Co 等）相比于磷酸盐和硫酸盐具有更高的理论比容量，例如 $LiFeBO_3$ 的理论容量高达 220mA·h/g。$LiFeBO_3$ 属于单斜晶系，C2/c 空间群，相邻 FeO_6 八面体共边形成了一条沿着（101）方向的长链；LiO_4、MO_5 均由 BO_3 基团共顶点相连，相邻 LiO_4 四面体通过共边形成沿着（001）方向的长链，从而形成一维锂离子扩散通道。此外 $LiFeBO_3$ 的电子传导性能较差，因此实际放电容量显著低于理论容量。Zhao 等人通过固相法合成 $LiFeBO_3$，在 5mA/g 电流密度下，放电初始容量仅为 125.8mA·h/g。对该材料进行碳包覆处理，同样在 5mA/g 电流密度下，放电初始容量提升到 158.3mA·h/g。

草酸酸性介于磷酸和硫酸之间，草酸盐化合物被证明与磷酸盐和硫酸盐类似，也有良好的电化学性能。Yao 等人通过水热法制备了 $Li_2Fe(C_2O_4)_2$，在锂离子电池中表现出良好的电化学性能。$Li_2Fe(C_2O_4)_2$ 属于单斜晶系，$P2_1/n$ 空间群，该正极材料具有两个氧化还原基团：铁离子和草酸根离子。

2.1.4　钒氧化物正极

在众多金属氧化物电极中，钒氧化物种类最多，可以形成 V_2O_5、VO_2、V_3O_7、V_4O_9 和 V_6O_{13} 等，可以与 Li 形成不同电位的复合氧化物，而 V 的价格比 Mn 和 Co 都要低，所有钒氧化物正极材料有一定的优势。

1. $\alpha\text{-}V_2O_5$

$\alpha\text{-}V_2O_5$ 在 VO_x 体系中锂离子容量最大，达到 442mA·h/g，相当于 1mol V_2O_5 可以嵌入 3mol 的锂离子，形成 $Li_3V_2O_5$。但是 V_2O_5 作为锂离子电池的正极材料也有一定的缺点，例如：放电过程中存在多个放电平台，电位不稳定；随着锂离子的嵌入，电极的电子导电性会进一步降低，欧姆阻抗增加，极化明显；在有机溶剂中有一定的溶解度，活性物质会流失；本身有很强的氧化能力，会与电解液发生反应；多对过充电敏感；在充电过程中锂离子脱嵌之后，桥氧容易失去电子，而不是 V 或者 VO 基团。

53

（1）α-V_2O_5 的制备

V_2O_5 的合成方法较多，其中最常用的是传统的固相反应法。具体来讲，是以钒酸铵（NH_4）VO_3 为原料通过加热分解制备 V_2O_5，不过分解产物往往包含非化学计量比的 V_2O_{5-x}。

因为钒化合物水溶性好，所以也可以使用溶胶-凝胶法制备 V_2O_5。根据合成工艺的不同，可以得到不同状态的凝胶，包括干凝胶、气凝胶和水凝胶等。其中 V_2O_5 的气溶胶可以使用离子交换法合成。首先使用强酸性质子交换树脂让 0.1mol/L 的钒酸铵水溶液变成 V_2O_5 水溶胶，接着进行老化得到 V_2O_5 气溶胶。还可以对这种方法进行改进。例如以钒酸钠为原料，经过质子交换树脂得到水溶胶，接着使用丙酮置换出水溶胶中的水，再用环己烷置换丙酮，最终得到有机凝胶，可以直接用于电极的制备。

此外，还可以使用模板法作为溶胶-凝胶法的载体制备 V_2O_5。这样合成的 V_2O_5 大小均一，形状规则。如果将溶胶-凝胶法和溶剂交换相结合，则可以制备无定型的 V_2O_5 薄膜。薄膜 V_2O_5 还可以通过化学气相沉积法、喷雾沉积法、冷冻干燥法和磁控溅射法制备。使用磁控溅射法制备的 V_2O_5 薄膜电极的电化学性质与厚度相关。通常来讲，厚度小于 1000nm 为佳。太厚容易导致电流密度分布步均匀同时界面差别大，增加不稳定性因素，使电化学性能受损。

（2）α-V_2O_5 的电化学性能

Huguenin 等人采用二次逻辑方程计算了 V_2O_5 薄膜电极中的活性位点，发现电极中约有 20% 的 V_2O_5 是没有电化学活性的。

一般晶体型的 V_2O_5 的锂离子的容量较小，1mol V_2O_5 可嵌入的锂离子小于 2mol。如果进一步发生锂离子的嵌入反应，则会发生不可逆的相变。如果是凝胶状态，则锂离子的嵌入量可以明显提高，1mol V_2O_5 最多可嵌入 4mol 锂离子。锂离子嵌入量的显著提高主要有两个原因：一是凝胶状态下的结构不同，有更多的锂离子嵌入位点；二是 V_2O_5 层间间距相比于晶体状态下大，而且层之间的作用力较弱，锂离子可以容易地嵌入层状结构之间。

为了提高 V_2O_5 中锂离子的扩散系数，通常在合成 V_2O_5 凝胶的过程中加入一定量的表面活性剂，减缓凝胶生成的速率，这样得到的凝胶微观更加有序。这时将表面活性剂除去，则得到的凝胶孔隙率更大。这样制备的 V_2O_5 凝胶可以容纳 2.5mol 的锂离子，且锂离子在电极中的扩散系数是传统气溶胶的 100 倍以上。

干凝胶通常也带有一定量的结晶水，例如 $V_2O_5 \cdot 0.5H_2O$。凝胶具有多孔性，可以较为容易地进行离子交换制备多种凝胶，再通过干燥除去水分，得到干凝胶。其中结晶水通常需要在 250℃ 以上才能除去。制备的干凝胶可以直接制作薄膜电极。进行过 130℃ 干燥之后的薄膜电极在循环伏安测试中出现三组氧化还原峰，对应三种锂离子的状态。如果对薄膜电极进一步在 270℃ 进行干燥，即除去结构的微量结晶水，则锂离子位点明显减少，在循环伏安法中只存在一组氧化还原峰。这可能是因为去除结晶水之后凝胶发生了收缩，部分位点不再开放，无法容纳锂离子。

除了结晶水，薄膜电极的厚度也影响了锂离子的嵌入过程。当电极很薄时，单位 V_2O_5 可以容纳 4mol 锂离子：

$$4Li^+ + 4e^- + V_2O_5 \cdot 0.5H_2O \rightleftharpoons Li_4V_2O_5 \cdot 0.5H_2O$$

凝胶本身是无定型结构，因此锂离子的嵌入引起的体积变化不会造成结构的损坏，质量能量密度可以达到 $1.3W \cdot h/g$。当电极厚度增加时，受到锂离子扩散和电子导电性的限制，单位 V_2O_5 平均可以容纳 2mol 锂离子。

V_2O_5 气凝胶也可以通过临界干燥法合成。临界干燥法可以有效地防止形成的网络结构随着溶剂的去除而发生坍塌，体系中含有大量的空隙，因此比表面大，通常可以达到 $450m^2/g$，远远高于普通的 V_2O_5 气溶胶。此外，由于体系中含有大量空隙，允许电解液的渗透，提供了锂离子的传导通道。典型的扩散距离只有 $10 \sim 30nm$，远低于大多数的多孔电极。因此，这样制备的气溶胶具有良好的倍率性能。通过循环伏安测试，发现电极中只存在一组氧化还原峰，即锂离子的嵌入位点活性相同。此外，单位 V_2O_5 的锂离子嵌入量达到了 4mol，明显高于其他 V_2O_5 气溶胶或无定型结构。可能的原因是临界干燥法得到的 V_2O_5 气溶胶结构特殊，产生了新的锂离子嵌入位点。

由临界干燥法制备的 V_2O_5 气溶胶虽然容量高，但是循环稳定性差，容量衰减快。为了提升电极的循环性能，可以将溶胶-凝胶法和溶剂交换相结合，制备相互连接的 V_2O_5 薄膜电极，其可逆容量高达 $410mA \cdot h/g$，且循环性能优异，每圈容量衰减率小于 0.5%。

也可以使用电化学氧化的方法制备 V_2O_5，但是常常有 V^{+4} 没有被完全氧化，因此得到的样品的电化学性能与 V^{+4} 的含量有关。V^{+4} 含量越少，对应电极的可逆容量越高，相对循环稳定性也较好。喷雾沉积法可以直接制备 V_2O_5 薄膜电极。制备的薄膜电极的电化学性能与沉积条件和后续热处理的温度相关。其中在沉积温度为 150℃、后续退火温度为 190℃ 时，电极的电化学性能最优，放电容量大，循环稳定。如果提高沉积或者后续热处理的温度（例如 250℃），则得到的样品的电化学性能差。其中主要的原因是 250℃ 时，V_2O_5 体系中含有的结晶水会被去除，结构发生收缩，层间距缩小，使锂离子的扩散受到抑制。

以 $VO(OCH_3)_3$ 为前体，使用化学气相沉积法可以制备 V_2O_5 薄膜。制备的薄膜在 $2.2 \sim 3.8V$ 区间内循环，可逆容量可以达到 $250mA \cdot h/g$。即使在电位循环时，也只会生成少量的 γ-相结构，并不会影响电极结构的稳定性，循环性优异。

水热法也可以制备 V_2O_5。以 $VOSO_4$ 和 H_2O_2 为原料在 180℃ 反应 24h，可以

得到含有结晶水的 V_2O_5 晶体，反应方程式如下：

$$2VOSO_4 + 5H_2O_2 = V_2O_5 + 3H_2O + 2H_2SO_4 + 2O_2$$

通常情况制备的 V_2O_5 凝胶在干燥时多会形成多孔结构。使用冷冻干燥法则可以让凝胶在水分除去过程中更好地保持其多孔结构，得到的比表面积可以达到 $250m^2/g$，这点与超临界干燥法类似。大的比表面积可以允许电解液的渗透，缩短锂离子的扩散路径，有利于提高电极的倍率性能。经过热处理可以得到介于无定型与晶体之间的特殊结构，性能比 $\omega\text{-}Li_xV_2O_5$ 更好。

（3）$\alpha\text{-}V_2O_5$ 的改性

为了提升 V_2O_5 的电化学性能，可以对其进行改性。常用的改性方法包括掺杂、包覆和与导电聚合物复合。

1）掺杂。最常用的元素掺杂方式是在溶胶-凝胶法制备 V_2O_5 的过程中添加其他元素，例如 Mg、Cu、Zn、Ag、Na、Al、Cr、Co 以及氧化物等。溶胶-凝胶法中引入的其他元素可以均匀地分散在体系中，它们的主要作用是连接 V_2O_5 层，增加各层之间的作用力，提高层状结构的稳定性，从而提升电极的循环稳定性。

Cu 和 Fe 可以共掺杂在 V_2O_5 中。首先将钒酸钠通过质子交换树脂进行质子化得到凝胶，接着加入含有 Cu^{2+} 和 Fe^{3+} 的离子交换树脂，得到 Cu 和 Fe 混合的 V_2O_5 凝胶。在凝胶老化之后（低温下时间较长）进行涂布、干燥，所得的干凝胶仍然保持层状结构。当热处理温度达到 320℃时，层状结构转变为多晶的菱形结构。掺杂之后电极的循环稳定性得到提高。例如 $Cu_{0.019}Fe_{0.002}V_2O_5$ 干凝胶在 $2.5 \sim 3.9V$ 区间内循环，可逆容量（电流密度为 $10mA/g$）超过 $150mA \cdot h/g$，30 次充放电之后容量保持率达到 92%。

Cu 和 Zn 也可以对 V_2O_5 进行掺杂，分别得到 $Cu_{0.25}V_2O_5$ 和 $Zn_{0.25}V_2O_5$，其中 Cu 和 Zn 占据的位置相同，与四个氧配体。此外没有发现掺杂元素之间存在相互作用，可能的原因是掺杂量较小，分散之后距离太大。

Ag 掺杂到 V_2O_5 之后，由于其优异的电子导电性，可以提高气溶胶的电子电导率 $1 \sim 2$ 个数量级，因此掺杂之后的单位 V_2O_5 可以容纳 4mol 的锂离子。除了溶胶-凝胶法，激光沉积法也可以制备银掺杂的 V_2O_5，而且得到的 V_2O_5 薄膜可以直接作为正极材料。其中激光的功率和银掺杂的量对于薄膜电极有显著影响。银的掺杂提高了电极的电子电导率，此外由于银进入 V_2O_5 的层间，可以一定程度上稳定层间结构，促进锂离子的扩散。不过如果银掺杂过量，也有损电极的电化学性能，这或许是因为过量的银改变了 V_2O_5 的有序结构。

此外各种氧化物的掺杂也可以对 V_2O_5 进行改性，其中包括 Na_2O、CeO_2、P_2O_5 和 RuO_2 等。CeO_2 掺杂之后仍然可以保持层状结构，样品的粒径会影响电极的制备的厚度，同时影响锂离子的嵌入过程。RuO_2 的掺杂可以提升 V_2O_5 的

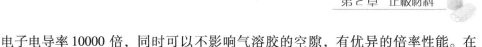

电子电导率 10000 倍，同时可以不影响气溶胶的空隙，有优异的倍率性能。在 0.1C 下可逆容量达到 400mA·h/g，循环寿命超过 1200 次。

2）包覆。在 V_2O_5 正极材料表面包覆有 $LiAlF_4$。$LiAlF_4$ 层可以隔绝电解液与 V_2O_5 接触，减少 V_2O_5 在电解液中的溶解，同时可以稳定电极在充放电过程中因为体积变化导致的结构不稳定性，因此可以提高 V_2O_5 的循环稳定性。此外 $LiAlF_4$ 良好的离子电导率可以促进锂离子的传导，减小极化，不可逆容量较小。因此在循坏 800 次之后，容量没有明显衰减。而没有包覆的 V_2O_5 在循坏 250 次之后，容量已经衰减到了 30% 以下。

3）与导电聚合物复合。V_2O_5 可以与导电聚合物例如聚苯胺 PANI、聚（3，4-乙撑二氧噻吩）PEDOT 进行复合。例如与聚苯胺进行复合，聚苯胺的量和后处理温度将直接影响复合物的电化学性能。结果表明，聚苯胺的量不能太多，因为本身容量贡献较小，后处理温度在 70℃ 得到的样品电化学性能最好。PEDOT 也可以与 V_2O_5 进行复合，其中 PEDOT 进入 V_2O_5 的层间，提高了电极的电子导电性，增加了层间间距，有利于锂离子的扩散。因此，复合材料的电化学性能得到明显的提升，初始放电容量达到 350mA·h/g。

2. $Li_{1+x}V_3O_8$

$Li_{1+x}V_3O_8$ 是由八面体和三角双锥共同形成的层状结构。锂离子优先位于八面体的位点，过量的锂则进入层之间的四面体位点，这样锂离子可以作为连接点将结构固定在一起，得到一个相对稳定的层状结构，因此电极的循环稳定性较好。该结构还允许锂离子进一步嵌入，一般允许三个以上的锂离子，即容量高。此外，八面体位点的锂离子可以容易地通过四面体进行跳跃，因此拥有较高的锂离子扩散系数（10^{-14} ~ 10^{-12} m^2/s）。因此该电极表现出不错的电化学性能。

（1）$Li_{1+x}V_3O_8$ 的制备

$Li_{1+x}V_3O_8$ 的制备方法可以大致分为固相反应法和液相反应法。通常通过液相反应得到的凝胶 $Li_{1+x}V_3O_8$ 既包含固相材料，也包含存在于固相结构中的液相材料。在 pH=4 时得到红色沉淀，是水合相的 $Li_{1+x}V_3O_8$，结晶性差。另外，溶液中的羟基与氧桥联合作用，形成连续的 V_3O_8 网状结构，当加入 Li^+ 时得到水合的 $Li_{1+x}V_3O_8·xH_2O$ 沉淀。在 90℃ 加热时又重新溶解得到黄色澄清液体，进一步加热得到环状偏钒酸盐 $V_4O_{12}^{4-}$。在 pH=7 时，水解可以到层状结构。该层状结构在 250℃ 以上进行退火，同时除去结晶水得到晶体状的 $Li_{1+x}V_3O_8$。

还可以采用喷雾干燥法制备 $Li_{1+x}V_3O_8$，研究表明后续的烧结温度和时间对于得到的样品的结构有直接影响。例如在 350℃ 进行烧结时，得到的样品的结晶性最好，粒径均匀。

水热法也是一种有效的合成手段，以 V_2O_5 凝胶、LiOH 和氨水为原料在反应釜中进行水热反应。得到样品再经过 600℃ 可以制备出 LiV_3O_8 纳米棒。

（2）$Li_{1+x}V_3O_8$ 的电化学性能

层状 $Li_{1+x}V_3O_8$ 的放电容量受温度和电流密度影响较大，升高温度和减小电流可以得到高放电容量。但是随着电极工作温度的下降，例如从 45℃ 降至 5℃，放电容量下降了 35%；随着电流的增加，例如从 $0.1mA/cm^2$ 增大至 $1mA/cm^2$，放电容量下降了 40%，说明 $Li_{1+x}V_3O_8$ 的嵌锂过程主要受动力学因素影响。不过也存在例外，当 $x<1.5$ 时，电极的容量基本不受温度的影响，保持一定。这是因为在 LiV_3O_8 中 Li^+ 的扩散系数较大，当锂离子持续嵌入，在电位 2.8V 左右时形成新相 $Li_4V_3O_8$。而在新相中，Li^+ 的扩散系数随着温度变化而增大，因此抑制了锂离子的扩散。电极的脱锂过程与嵌锂过程类似，受动力学影响较大，电流密度小、温度高时容量较大。其脱锂（即充电）过程可以分为三个部分：第一阶段，锂离子脱嵌使 $Li_4V_3O_8$ 相消失，重新得到 LiV_3O_8 相，但是该过程受温度影响较大，室温下，锂离子脱嵌量 <0.2；第二阶段，LiV_3O_8 中锂离子的脱嵌量仍受温度的影响，随着温度的升高，脱嵌量增加不会超过 1.5；第三阶段，锂离子的脱嵌量随着温度变化呈线性变化，说明四面体位点的锂离子在提高温度时也可以快速地脱去。Li^+ 在 LiV_3O_8 中的扩散系数较大，因此 Li^+ 从 LiV_3O_8 脱嵌的控制因素不是动力学，而是与温度相关的热力学，即反应的平衡常数。因为 $Li_{1+x}V_3O_8$ 的脱锂过程是放热反应，所以温度升高促进了平衡往脱锂方向移动。不同相之间的转变导致的不可逆容量应该是 $Li_{1+x}V_3O_8$ 循环过程中容量损失的主要原因。

$Li_{1+x}V_3O_8$ 的电化学性能与其合成方法直接相关。例如液相方法合成的无定型 LiV_3O_8，1mol 材料最多可以容纳 9mol 锂离子；而晶体的 LiV_3O_8 最多容纳 6mol 锂离子。此外，无定型 LiV_3O_8 中的锂离子扩散路径短，因此适合快速充放电，倍率性能优异。例如在 $3.7mA/cm^2$ 的电流密度下，充放电 15 次后，可逆容量保持在 210mA·h/g。除了液相合成法，熔融法也可以制备 $Li_{1+x}V_3O_8$，样品的电化学性能与热处理的温度和时间都有关。也可以将固相反应法和液相反应法相结合，合成的 LiV_3O_8 在小电流下（$0.1mA/cm^2$）、$1.7\sim3.9V$ 区间内起始放电容量可以达到 300mA·h/g，在 15 次充放电过程之后，容量仍然保持在 275mA·h/g。

采用喷雾干燥法或者水热法合成的 $LiVO_8$ 的电化学性能与后处理的温度有关。一般来讲，后处理温度越高，结晶性越高，最终产品的可逆容量越低。这可能是因为后处理温度影响了结构的结晶性，影响了锂离子活性位点以及锂离子的通道。

$Li_{1+x}V_3O_8$ 的电化学性能可以通过改进合成方法进行提升，例如使用超声波处理，可以在层状的 LiV_3O_8 中引入无机小分子例如 CO_2、NH_3 和 H_2O 等，还可

以通过掺杂其他元素等进行提升。

2.2　转化型正极材料

转化型正极的锂离子脱嵌和嵌入过程是一个固相的氧化还原反应，伴随着化学键的断裂和形成以及晶体结构的变化。转化型正极的可逆电化学反应可以表达为以下两种形式：

第一类：

$$MX_z + yLi \leftrightarrow M + zLi_{(y/z)}X$$

第二类：

$$yLi + X \leftrightarrow Li_yX$$

第一类转化型正极包括含有高价金属的卤化物，通常给出较高的理论容量。例如 FeF_2，在放电过程中由于 F^- 有很高的流动性会迁移出 FeF_2 晶格，与金属 Li 反应生成 LiF，同时生成纳米级 Fe，即得到纳米级 Fe 分散在 LiF 中。这样的机理对于所有的第一类正极材料均适用。

硫、硒和碘适用于第二种机理。其中硫因其高理论比容量、低成本和丰富的来源而受到最广泛的关注。氧作为正极在锂-氧电池中也符合第二种机理，但是由于是气体，因此遇到的技术问题更多，技术也尚未成熟，因此这里不做过多的描述。

2.2.1　卤化物

氟化物和氯化物具有中等的放电电压、高理论比容量和高理论体积容量。但是大部分氟化物和氯化物都有电子传导率低、电压迟滞大、副反应多和活性材料溶解等问题。对于氟化物而言，例如 FeF_3 和 FeF_2，由于金属与氟之间的离子键极性大导致价带和导带之间带宽大，所以电子导电性较差。但是氟化物由于其开放的结构有利于离子传导。对于氯化物而言，因为类似的原因电子导电性也较差。电子导电性差直接导致卤化物和氯化物电压迟滞严重（通常高于 0.7V）。

此外，该类正极在放电过程中会产生金属纳米颗粒，对于电池的稳定性也有直接影响。例如已有报道证明 BiF_3 和 FeF_2 在高电压时会催化环状碳酸酯的分解，进而降低电池的循环寿命。而 CuF_2 在放电过程会形成 Cu 纳米颗粒，在接下来的充电过程中会发生氧化得到 Cu^+，进而溶解在电解液中。此外，即使不发生副反应，在充电过程中金属纳米颗粒也会逐渐增大进而加剧电压迟滞问题。

离子型化合物可以溶解在极性溶剂中，氟化物也不例外。而金属氯化物（包括 LiCl）在很多溶液中都可以溶解，包括锂离子电池使用的电解液。与此同时，氟化物和氯化物在充放电过程中还伴随着中等程度的体积膨胀。最常见的氟化物和氯化物体积膨胀通常在 2% ~ 25% 之间，相比于第二类正极材料要小得多。这在后续会详细介绍。

为了解决低电子传导率问题，一种有效的策略是合成纳米级的正极材料，以此缩短电子的传导路径。对于氟化物和氯化物而言，通常将其纳米颗粒分散或者包裹在导电基底材料上制备复合材料，例如 FeF_3/CNT、$FeF_3/$石墨烯、$AgCl/$乙炔黑和 $BiF_3/MoS_2/CNT$。此外，对于电解液进行优化也可以极大抑制正极材料与电解液之间的副反应。

2.2.2　硫

1. 单质硫的氧化还原反应机理

以金属锂为负极，单质硫为正极，其总反应方程为

$$S_8 + 16Li \rightarrow 8Li_2S$$

其中负极被氧化失去电子，反应式为

$$2Li \rightarrow 2Li^+ + 2e^-$$

正极得到电子被还原，是一个分阶段的多步反应：

第一阶段：

$$S_8 + 2e^- \rightarrow S_8^{2-}$$
$$2S_8 + 6e^- \rightarrow 2S_7^{2-} + S_2^{2-}$$
$$S_8 + 4e^- \rightarrow S_6^{2-} + S_2^{2-}$$
$$S_8 + 4e^- \rightarrow S_5^{2-} + S_3^{2-}$$
$$S_8 + 4e^- \rightarrow S_4^{2-} + S_4^{2-}$$

第二阶段：

$$S_8^{2-} + 2e^- \rightarrow S_6^{2-} + S_2^{2-}$$
$$S_8^{2-} + 2e^- \rightarrow S_5^{2-} + S_3^{2-}$$
$$S_8^{2-} + 2e^- \rightarrow S_4^{2-} + S_4^{2-}$$
$$S_7^{2-} + 2e^- \rightarrow S_4^{2-} + S_3^{2-}$$
$$S_6^{2-} + 2e^- \rightarrow S_3^{2-} + S_3^{2-}$$
$$S_5^{2-} + 2e^- \rightarrow S_2^{2-} + S_3^{2-}$$
$$S_4^{2-} + 2e^- \rightarrow S_2^{2-} + S_2^{2-}$$

第三阶段：

$$S_3^{2-} + 2e^- \rightarrow S_2^{2-} + S^{2-}$$

第四阶段：

$$S_2^{2-} + 2e^- \rightarrow S^{2-} + S^{2-}$$

单质硫电极有两个放电平台：第一个平台为 2.4 ~ 2.1V，对应的单质硫转化

成可溶性的多硫化物 S_n^{2-}，其中 $4 < n < 8$；第二个放电平台为 $2.1 \sim 1.5V$，对应的可溶性多硫阴离子转化成不可溶的 Li_2S_2 和 Li_2S。充电平台只有一个。从循环伏安曲线可以看出，还原过程有两个峰，氧化过程只有一个峰，和充放电平台正好对应。基于硫的多步反应机理，硫正极的放电过程可以分为 4 个阶段：

① 还原过程中的固、液两相反应对应的单质硫转化成 Li_2S_8。

② 还原过程中的液相反应对应的 Li_2S_8 转化成 Li_2S_n（$4 \leqslant n \leqslant 8$）。

③ 还原过程中的固、液两相反应对应的 Li_2S_n 转化成 Li_2S_n 或者 Li_2S。

④ 还原过程中的固相反应对应的 Li_2S_2 转化成 Li_2S。

其中中间产物 Li_2S_n（$6 < n \leqslant 8$）可以溶于大多数的电解液中，在充放电过程中容易在电场作用下在正、负极之间迁移造成穿梭效应。首先硫正极在放电过程中生成可溶性的多硫阴离子，在电场作用下穿过隔膜到达金属锂负极，并沉积在金属锂表面，被还原成更高级的（n 更大）多硫化物，导致活性物质流失。在充电过程中，在负极沉积的更高级的多硫化物会在电场作用下穿过隔膜到达正极，与低级的多硫化物发生氧化还原反应，降低库仑效率。因此要将硫正极应用于锂电池中，一定要解决穿梭效应。除了穿梭效应，单质硫和最终的放电产物 Li_2S/Li_2S_2 是电子和离子的不良导体，同时电极充放电过程中存在明显的体积变化，这些问题需要综合考虑以提高硫正极的电化学性能。

2. 碳/硫复合电极

从早期的研究开始，碳材料一直被认为是导电剂，常见的碳材料包括导电炭黑、碳气溶胶、石墨烯、碳纳米管、碳纳米纤维和碳复合材料（如石墨烯-碳纳米管复合导电材料、石墨烯/碳纳米管复合材料、石墨烯-微孔/介孔碳复合材料）。除此之外还包括其他碳材料，例如微孔碳、介孔碳、拥有多级孔道以及中空结构的碳材料。起初，研究者是将不同的碳材料和硫进行混合制备正极，寻找合适的碳材料。主要的关注点在于炭黑材料的选择，包括 Printex@ A、Printex@ XE2、Super C65、Ketjen black EC-600JD 以及 Super C65 和 Printex@ XE2 等质量混合物。其中 Ketjen black EC-600JD 拥有最大的比表面积，对应的复合硫电极具有最好的电化学性能和循环稳定性。Zhang 等人提出使用取向型碳纳米管和硫混合制备复合电极，因为取向型碳纳米管是有序的中空结构，硫可以均匀地分散在碳纳米管上，同时碳纳米管可以作为电子传导的快速通道。另外取向型碳纳米管的长宽比较大，可以减少多硫化物的溶解。除了碳纳米管，Zhang 等人也报道了使用石墨烯作为硫载体，通过化学沉积法（CVD）制备了非堆叠的双层石墨烯结构，与硫通过熔融-扩散的策略制备复合电极。在制备的电极中两层石墨烯层之间有一些介孔凸起，可以用来抑制多硫化物的穿梭效应。同时双层石墨烯结构可以承受明显的体积变化并减少活性物质的流失。Shi 等人使用石墨烯/硫复合正极，其中石墨烯层包含氧化石墨烯和原子级别的氧化物层。原子级别的氧化物层可以有效地阻碍多硫化物的溢出，同时石墨烯层可以缓冲循环中的体积变化，提高电子导电性。组装的电池在1C倍率下初始容量接近800mA·h/g，且在250次循环之后，容量保持率超过80%。

碳材料和硫的简单混合不能有效地提高电极的稳定性、防止多硫化物的溶解以及其充放电过程的体积变化。因此，碳材料封装硫形成复合正极吸引了许多目光。2009年，Nazar等人使用聚乙二醇（PEG）修饰的介孔碳CMK-3作为硫的载体，不仅可以保证硫有良好的电子接触，而且可以将硫限制在介孔碳的孔径中。在复合电极中，CMK-3/S复合物的孔径为锂离子提供传输通道，碳材料帮助捕获多硫阴离子，修饰过的PEG可以作为化学阻隔，减少大阴离子从正极中流失。组装的电池放电容量高达1320mA·h/g。这个研究表明，制备纳米材料的正极对于开发高性能的电池是有效的。

基于以上的研究，研究者不仅关注碳材料的种类，同时也开始关注碳/硫复合电极的结构设计。拥有大比表面积和孔体积的碳材料可以容纳多硫阴离子，因此它们是制备复合硫正极的热门材料。Wang等人使用微孔碳来封装硫，发现微孔结构可以有效地将短链硫限制在正极内。在碳/硫复合正极中形成了类似硫代碳酸酯的固体电解质界面（SEI），可以有效地固定硫。最令人瞩目的结果是电极的库仑效率在4000次循环后还可以保持在100%。Huang等人使用有序的多孔碳制备碳/硫复合电极，其中微孔碳的孔径足够小，可以防止溶剂分子和多硫化物的相互作用，所以穿梭效应可以有效地被抑制。这样制备的正极材料表现出优异的倍率性能和循环稳定性。Xiong等人制备了微孔-介孔碳纳米管/硫复合正极，其多级的孔径不仅可以促进电子和离子的传输，而且可以有效地抑制多硫化物的溶解。更重要的是，其中空的结构可以容纳大量的硫，缓冲充放电过程的体积变化。即使大电流放电（1.6A/g），容量的衰减仅为每圈0.13%（在150次充放电循环之后）。在另外一个研究中，通过热处理和水热反应合成氮、磷双掺杂的石墨烯，制备石墨烯/硫复合正极。多孔的双掺杂石墨烯不仅可以容纳体积变化，还可以抑制多硫化物的穿梭效应。同时，双掺杂的石墨烯比单掺杂的石墨烯的电子导电性更好。组装的电池放电容量高（1C倍率下容量1158mA·h/g），循环稳定性好（容量衰减率为每圈0.09%），倍率性能优（2C倍率下容量633mA·h/g）。Zhang等人在微孔碳表面包覆石墨烯，形成双层结构作为硫载体。内层的微孔结构可以提高电子和离子的导电性，提高硫的利用率，抑制多硫化物的溶解。外层的介孔结构可以进一步稳定溢出的多硫化物并促进锂离子的传输。Zhang等人以氧化钙（CaO）为模板通过CVD制备多孔的石墨烯作为硫载体。制备的石墨烯有大量的大孔结构、介孔的褶皱以及微孔的空位。这样的多级孔径不仅可以缩短离子的传输通道，减小界面电阻，同时可以锚定多硫化物，保证电极结构的稳定。

多孔的三维碳材料由于其质量轻、比表面积大、结构稳定、可以和硫紧密接触，是理想的硫载体。Jiang 等人合成了三维多孔的石墨烯气溶胶和纳米级硫复合。纳米级的硫可以和气溶胶石墨烯紧密地接触，提高体系的电子导电性，同时由于石墨烯表面富含官能团，可以有效地吸附多硫阴离子，所以组装的电池具有良好的倍率性能和循环稳定性。Xu 和 Jia 等人分别通过金属离子辅助的水热法和控制干燥法制备出三维多孔石墨烯作为硫载体。三维石墨烯的多孔结构为电子和离子的传输提供了稳定的通道，同时也限制了多硫化物的溶解，容纳充放电过程的体积变化。因此，制备的复合硫正极的电化学性能得到了显著的提高。最近，在使用多孔的三维碳材料封装硫的同时，在表面再包覆一层石墨烯。Xi 等人也报道了类似的材料，将硫封装在三维多孔碳中之后，在表面包覆少层的泡沫石墨烯。少层的石墨烯拥有相互连接的三维网状结构和多级的孔径，可以帮助电子和离子的快速传递，有效地保留住活性物质硫。同时，因为其结构电子导电性非常好，所以正极材料不需要添加黏结剂和导电剂。即使在大电流 3.2A/g 下，容量衰减率在 400 次充放循环之后也只有每圈 0.064%。

　　将多孔结构和碳复合材料的优点相结合，大量的基于多孔碳复合材料被广泛地应用于锂硫电池正极。Chen 等人合成了由碳纳米管、石墨烯、硫构成的三维海绵状结构，其载硫量高达 80wt%。这种三维的海绵状结构由二维的石墨烯片和一维的碳纳米管构成，其中碳纳米管不仅作为导电剂，而且可以调节结构的介孔结构，得到合适的孔径。同时，介孔可以提高大量的反应位点，储存丰富的硫，促进电解液的吸收。组装的电池在 0.1C 下容量超过 1200mA·h/g，在 4C 下容量仍然保持在 650mA·h/g。Dong 等人制备了基于石墨骨架的介孔碳纳米片，并在复合硫之后包覆一层导电的聚吡咯。

　　1）石墨烯骨架可以为介孔碳纳米片的生长提供平台，同时可以做集流体。

　　2）得到的介孔碳纳米片的比表面积很大，可以储存大量的硫，促进电解液的渗透和离子的传输。

　　3）最外层的可拉伸的导电聚合物可以减少多硫化物的溢出，同时提高介孔碳纳米片的力学强度。因此组装的电池的循环性能令人瞩目，在大电流循环 400 圈之后，容量衰减率只有 0.05% 每圈。Yang 等人制备了类似的三明治结构的碳纳米片作为硫载体。其中三明治结构的碳纳米片有一层石墨烯和两层氮掺杂的多孔碳层，这样设计的三明治结构碳材料的比表面积为 2677m²/g，孔容为 1.8cm³/g，可以储存大量的硫，容纳充放电过程中的体积变化，并抑制多硫阴离子的溶解，同时强电负性的氮可以通过与锂离子化学作用进一步减少多硫化物的溶解。Lu 等人合成了氯增强的碳纳米纤维作为硫载体。导电的碳纳米纤维可以增强整体电极的导电性，氯的引入可以有效地捕获多硫阴离子。理论计算和实验同时表明，通过调节氯和多硫阴离子的作用力，可以在保证反应动力学的同时有效地捕获多硫阴离子，提升电极的循环性能。电池在 650 次循环之后，容量衰减率仅为每圈 0.019%，其中容量保持率从第五圈开始计算。Wu 等人制备了中空的碳球/硫复合材料并在表面通过层层组装的方式包覆聚电解质和石墨烯片。离子选择性的聚电解质层可以通过库仑作用有效地阻隔多硫阴离子，石墨烯层可以提供良好的电子导电性，减小极化。组装的电池在 1A/g 的电流下保持了优异的循环稳定性，同时平均库仑效率达到 99%。Li 等人合成了全石墨烯硫载体，其中石墨烯分为三层，导电石墨烯层作为集流体，多空石墨烯层作为硫载体，部分氧化的石墨烯层作为多硫化物的吸附层。导电石墨烯层提供了良好的电子通道，避免了金属集流体的腐蚀。多孔石墨烯层的大孔容（$3.5cm^3/g$）可以容纳大量的硫，硫的质量分数高达 80wt%，同时促进电解液的渗透，提供离子通道。部分氧化放电石墨烯层，含有一定的含氧官能团，可以有效地抑制多硫化物的穿梭效应。这样制备的电极的初始容量高达 $1500mA \cdot h/g$，同时有优异的循环稳定性，在 400 次循环之后，单位面积容量保持在 $4.2mA \cdot h/cm^2$。

为了进一步提高硫在正极中的含量，同时减少正极的质量，科学家开始研究硫纳米球结构。Liu 等人首次合成直径在 $400 \sim 500nm$ 的硫纳米球，并在表面包覆一层柔性的导电石墨烯。除了提高电子导电性，柔性的石墨烯可以容纳循环中体积的变化，同时减少多硫化物的溶解。在 0.2C、100 次充放电循环后，电极的可逆容量达到 $970mA \cdot h/g$，平均库仑效率大于 96%。因为大比表面积、良好的介孔性、规则的结构以及大的孔容对于电极的循环性能都有帮助。鉴于此，一系列满足这些要求的碳材料被开发出来。Lyu 等人以 MgO 为模板制备碳纳米笼状结构，使用 $MgCO_3$ 为前体在反应过程中转换成 MgO 模板，引导形成三维多级的碳纳米笼状结构。然后将硫通过煅烧、熔融、扩散的方式灌入中空的纳米笼。这些相互连接的介孔结构保证了良好的电子通道，同时笼状结构可以抑制多硫化物的溶解。组装的电池的初始容量可以达到 $1200mA \cdot h/g$。这种独特的结构以及简单的制备方法为制备复合碳/硫电极提供了一个新的方法。实际上，还有一些更实用的方法可以方便地合成出拥有大比表面积的碳材料。Xie 等人使用原位 MgO 模板合成拥有大比表面积（$>2000m^2/g$）的碳纳米笼结构，结构规整，纯度较高。在 10A/g 下，10000 次充放电循环之后，电极容量保持率仅衰减 10%。

除了碳/硫复合正极结构，大量的理论计算以及相关实验发现，杂原子掺杂可以显著地提高碳材料的电子导电性，同时杂原子（包括 O、B、N、S、Se、Co 和 Si）可以有效地捕获多硫阴离子。Cai 等人使用丝心蛋白衍生的氮掺杂多孔碳作为硫载体。正极材料的介孔结构和高比表面积不仅可以制约多硫阴离子的溢出，而且可以提高电极的电子导电性。同时大量的氮原子可以化学吸附多硫阴离子。因此在 1C 下、200 次充放电循环之后，电池的容量保持率高达 98%。Li 等人通过 CVD 制备了氮掺杂的碳纳米管，通过熔融-扩散的方式将硫引入碳纳米管表面。因为氮的掺杂，导致碳纳米管表面产生缺陷，有利于硫的分散，同时氮可以化学吸附多硫化物，利于提高电极的循环稳定性。因此电池的放电容量在循环100 次以后保持在 625mA·h/g（0.2C）和 513mA·h/g（0.5C），接近不掺杂碳纳米管复合电极的 2 倍。Manthiram 等人制备了三维的氮、硫双掺杂的石墨烯海绵结构。Xiao 等人从废弃的泡沫聚氨酯合成了氮掺杂的多孔碳，用来作为硫载体。Yu 等人制备了氮掺杂的碳纳米管-石墨烯三维纳米结构。这些正极材料都有良好的循环性能和优异的倍率性能，因为氮原子可以有效地捕获多硫阴离子，减少多硫阴离子的溢出。与此同时，g-C_3N_4 因为含有大量的吸附位点，包覆在碳表面可以有效地锚定多硫阴离子。金属有机框架衍生的 Co、N 掺杂的石墨化碳也可以提高复合硫电极的电池性能。

为了进一步理解杂原子与多硫化物之间的作用力，Qiu 等人和 Pang 等人分别研究了氮掺杂石墨烯的表面化学性质和通过热解纤维素纳米晶体的方法制备氮、硫双掺杂的多孔碳材料。Zhou 等人使用含有含氧官能团的石墨烯和硫复合，防止多硫化物的溶解。组装的电池在 0.3A/g 下，放电容量为 1160mA·h/g，并在 100 次循环中保持稳定。接下来，Wang 等人制备了充满褶皱的氮掺杂的石墨烯，该材料拥有很大的孔容。相互编织在一起的石墨烯层包含大量的氮原子，对于吸附多硫阴离子、减少活性物质损失非常有利。其单位面积的容量可以达到5mA·h/cm^2，有商业化应用前景。

在氮掺杂石墨/硫复合电极表面再沉积一层原子级别的二氧化钛（TiO_2），可以有效地提高电极的电化学性能。TiO_2 不仅可以吸附多硫阴离子，而且在一定程度上促进反应动力学。实验结果表明，电极表面沉积原子层的 TiO_2 可以有效地提高放电容量、倍率性能以及循环稳定性。Yin 等人将还原氧化石墨烯包覆在金属有机框架衍生的 Co 掺杂多孔碳表面作为硫载体。金属有机框架衍生的 Co 掺杂的多孔碳拥有大量的介孔和微孔结构，可以容纳大量的硫，吸收电解液，促进离子传输。其中均匀分布的 Co 可以有效地吸附多硫阴离子，表面的还原氧化石墨烯层可以进一步减少多硫阴离子的溢出，缓冲正极的体积变化，并提供优异的电子通道。

3. 硫/导电聚合物复合材料

因为导电聚合物中有非离域的 π 电子，所以聚合物的导电性可以通过混合进一步提高。硫/导电聚合物复合材料具有良好的电化学性能，原因主要有：

1）相比于单纯的硫，复合材料的电子导电性明显增加。

2）因为复合材料有一些特殊的结构，例如树枝状或者多孔的形状，可以减少活性物质的聚集，缓解体积的变化，提高电极的稳定性，提升电池的循环性能。

3）这些结构可以有效地抑制多硫化物的溶解，提高活性物质的利用率。

4）导电聚合物也有一定的电化学活性，可以提供部分容量。常见的导电聚合物包括聚吡咯（PPy）、聚苯胺（PANI）、聚噻吩（PTh）、聚丙烯腈（PAN）、聚2-氨基苯二硫化物（PDTDA）、聚苯乙烯磺酸盐（PSS）、聚苯胺纳米管（PANI-NI）、聚3，4-乙撑二氧噻吩（PEDOT）和聚酰亚胺（PI）。

Zhang 等人合成了树枝状的 S/PPy 复合材料。因为硫表面包覆了 PPy，该复合电极有明显的优点：

1）表面的导电聚合物 PPy 可以提供有效的电子通道。

2）该复合电极可以抑制多硫化物的溶解，减少活性物质在循环过程中的流失。因此电池的电化学性能得到了显著的提高。

3）Zhou 等人通过热处理核壳结构的 S/PANI 复合材料制备了卵壳结构的 S/PANI 复合物。这样的结构不仅有之前提到的 S/PPy 复合材料的优势，而且因为在聚合物内部有空位，循环稳定性也得到明显的提升。同时，这样的核壳结构也可以容纳放电过程中正极材料的体积膨胀。

4）Wu 和 Wei 等人分别制备了 S/PTh 和 S/PAN 复合材料。前者合成了新型核壳结构的 S/PTh 复合材料，其表面是多孔结构，电解液可以容易地通过孔道接触到内部的活性物质。这样就提供了良好的电子和离子通道，因此电池表现出优异的电化学性能。后者为硫复合电极的设计开辟了一种新的方法，其中不仅有物理的限域作用还有化学的固定作用。因此该电极完全消除了多硫阴离子的溶解和穿梭效应。研究其机理，发现单质硫分子和 PAN 作用形成了小分子的硫，同时通过共价键和物理限域作用限制在正极中。Lee 等人利用大分子量的 PDTDA 和硫复合作为正极。因为放电过程没有形成共价键的小分子硫，尽管导电聚合物骨架可以提高正极的电子导电性，但其电池性能并没有得到明显的提高。

Yang 等人使用基于 PEDOT/PSS 的导电聚合物包覆在 CMK-3 介孔碳/硫复合物表面。因为 PEDOT/PSS 同时是电子和离子的导体，所以该复合结构的电子和离子导电性得到明显的提升。同时，介孔碳的多孔结构可以有效地减少多硫化物的溶解，表面的 PEDOT/PSS 可以通过库仑排斥进一步抑制多硫化物从正极溢出。在包覆导电聚合物之后，正极的放电容量达到1140mA·h/g，同时100次循环之后，容量保持率从之前的70%提升到80%。Chen 等人用 PEDOT 直接包覆硫纳米颗粒形成 S/PEDOT 核壳结构。制备的硫纳米颗粒的直径为20~30nm，小的粒径有利于提高硫的利用率和复合材料的电子导电性。表面包覆的导电聚合物 PEDOT也可以限制多硫化物的穿梭效应，缓解自放电，提高循环稳定性。电极的起始容量为1117mA·h/g，50次循环之后，容量保持在930mA·h/g。Liu 等人通过自组装合成了聚苯胺纳米管（PANI-NT），封装硫作为正极。制备的正极除了可以通过物理阻隔约束硫和多硫化物，聚苯胺与硫之间还有共价键可以有效地限制硫和多硫化物。此外，导电聚合物骨架可以帮助多硫化物的沉积，缓解放电过程中的体积变化。组装的电池在$0.1C$、100次充放电循环之后，容量保持在$837mA \cdot h/g$。该电极即使在$1C$的大倍率下也可以稳定地循环500次。Li等人比较了不同导电聚合物对于硫/聚合物核壳结构电极性能的影响。在比较了PPy、PANI、PEDOT之后，发现PEDOT作为包覆层对应的电极放电容量和循环稳定性比PANI和PPy要好。利用聚酰亚胺颗粒作为硫载体也可以有效地抑制多硫化物的穿梭效应，因为聚酰亚胺也可以和多硫化物和硫形成化学键。与此同时，合理地联合碳/聚合物/硫复合正极的结构可以进一步提高电池的电化学性能。Moon等人在氧化石墨烯/硫复合正极表面包覆相互连接的聚苯胺层。Dong等人以氧化石墨烯为模板制备二维介孔碳纳米片，将纳米级硫引入介孔碳的孔径内，再在其表面包覆一层聚苯胺。氧化石墨烯层或者二维介孔碳层比表面积大，电子导电性好，聚苯胺层除了良好的电子导电性，还可以有效地防止多硫化物的溶解，同时缓冲放电过程中的体积变化。碳/聚合物/硫复合正极的结构也直接影响电极的性能。Huang和Wang等人分别合成了新型的硫量子点/聚乙烯咔唑核壳结构和碳-聚苯胺-硫/聚苯胺的多层核壳结构。其中电化学活性的聚合物层不仅可以作为良好的电子和离子通道，而且可以容纳放电过程中的体积变化，限制多硫化物的扩散。

4. 硫/金属氧化物或金属硫化物复合材料

纳米级金属氧化物有许多优点，如比表面积大，化学吸附强，因此被认为是理想的硫正极添加剂。它们不仅可以增大电极与电解液的接触面积，还可以有效地抑制放电过程中的多硫化物的溶解。常用的纳米氧化物包括V_2O_5、SnO_2、TiO_2、$LiFePO_4$、$Mg_{0.8}Cu_{0.2}O$、Mxene纳米片（Ti_2C）、MnO_2和金属有机框架（MOFs）等。金属氧化物添加剂和插层化合物在定电压范围内可以参与氧化还原反应，被认为是复合正极中的第二种活性物质。

Gorkovenko等人研究了不同金属材料，包括氧化钒、硅酸盐、氧化铝和过渡金属硫化物，认为它们是电池正极的组成部分。因为电极具有高电子导电性，所以电极的放电容量高，但是仅使用金属材料对电极电化学性能的提升有限。Zhang等人通过简单的机械混合合成了硫/新型氧化钒复合正极。尽管金属氧化物提高了电极的比表面积，增加了电极的孔结构，促进了离子的扩散与传输，很大程度上减少了电池的极化和电化学阻抗，但是因为严重的穿梭效应，电池的起始放电容量还是相对较低。因此，一些新型的制备正极的方法被开发出来。Huang等人合成了拥有多级孔道的碳材料与纳米级SnO_2复合作为正极。SnO_2与多硫阴离子的化学吸附可以有效地抑制多硫化物的穿梭，减少活性物质的流失，同时SnO_2可以减小电池的阻抗。组装的电池在$0.5C$、循环100次之后，放电容量还有$830mA \cdot h/g$，对应容量衰减率为每循环0.19%。

考虑到结构的影响，Xie等人合成了新型结构的正极，将硫封装在TiO_2纳米

67

管中。TiO_2 纳米管的物理限域作用可以防止多硫化物的溶解，将穿梭效应最小化。与此同时，TiO_2 和多硫化物的静电作用，可以进一步减少多硫化物的溢出。电池在 100 次充放电循环之后可逆容量保持在 $850mA \cdot h/g$。Wang 等人研究了金属材料的表面酸性对于多硫阴离子吸附的影响。通过调节掺杂原子的含量来调节 TiO_2 表面的 Lewis 酸性，酸化之后 TiO_2 可以有效地抑制多硫化物的穿梭效应。其他金属氧化物（包括 $LiFePO_4$、$Mg_{0.8}Cu_{0.2}O$ 和 $Mg_{0.6}Ni_{0.4}O$）也可以作为硫载体。Kim 等人使用机械融合的方法在硫颗粒表面包覆 $LiFePO_4$。该技术可以在硫颗粒表面包覆一层稳定的外围结构，同时可以大规模合成，不需要溶剂干燥过程。在此过程中，通过简单的混合，硫没有完全被包覆起来，导致部分活性物质流失。Zhang 和 Song 等人分别通过溶胶-凝胶法合成了纳米 $Mg_{0.8}Cu_{0.2}O$ 和纳米 $Mg_{0.6}Ni_{0.4}O$，作为硫正极的添加剂。由于化学键分解导致的催化作用及纳米金属氧化物对多硫阴离子的吸附作用，电极的电化学性能得到明显的提高。在添加纳米 $Mg_{0.6}Ni_{0.4}O$ 之后，电极的起始容量从 $741mA \cdot h/g$ 提高至 $1185mA \cdot h/g$。对该研究进行进一步拓展，Chen 等人通过湿法球磨合成 $S/PAN/Mg_{0.6}Ni_{0.4}O$ 复合材料，极大地提高了电极的电子导电性和结构的稳定性，并且，复合材料中的氧化物和氮原子可以同时吸附可溶性的多硫化物。组装的电池 100 次充放循环之后，放电容量保持率为 100%（从第二圈开始计算）。

基于金属-硫正极的报道相对较少，主要是过渡金属硫化物，包括 CoS_2、FeS_2 和 Co_9S_8。CoS_2 和电解液界面为多硫化物的氧化还原反应提供了许多活性位点，可以有效地降低极化，提升能量效率。与此同时，极性的 Co—S 键可以与多硫化物中的 Li—S 相互作用，有效地限制多硫化物，减少它从正极中的溢出。组装的电池的容量衰减速率很小，表现出优异的循环稳定性。

最近一些非电子导体的金属氧化物（包括 CeO_2、La_2O_3、Al_2O_3、CaO）作为硫的载体也受到了广泛的关注。Ma 等人通过热分解的方式合成了粒径小于 10nm 的 CeO_2 纳米晶体。该纳米晶体比表面积大，且表面含有大量的羟基和硝基，可以提高电极材料的浸润性，提高活性材料的利用率，同时可以限制多硫化物的溶解，提高电极的循环稳定性。通过这种合成方法，CeO_2 纳米晶体表面是紧密接触的，有利于提高电极和电解液的接触面积，提高活性物质利用率。Cui 等人使用木棉纤维作为生物模板制备了不同的非电子导体的金属氧化物（Al_2O_3、CeO_2、La_2O_3、MgO 和 CaO）修饰的碳薄片。通过投射电镜，发现制备的复合材料保持了木棉纤维素的宏观结构，即由大的管腔和薄的纤维壁构成的中空结构。同时，他们发现大量的棒状颗粒均匀地分散在碳基体上。因为金属氧化物最容易吸附锂离子，所以锂离子的扩散可以代表多硫化物在金属氧化物表面的扩散。同时吸附实验和理论计算都表明金属氧化物对多硫阴离子的作用是单层化学吸附。氧化镁、氧化锶和氧化镧对应的正极材料表现出优异的循环稳定性。Li

等人利用双金属有机框架 ZIF-8@ZIF-67 合成 Co、Zn、N 多掺杂的多孔碳多面体，再在多孔碳表面原位生长碳纳米管，最终硫化，灌入硫的同时部分形成金属硫化物。生成的金属硫化物不仅可以提高电极的电子导电性，而且可以通过化学作用将多硫阴离子限制在正极中。介孔多面体碳和碳纳米管网络结构提供了良好的电子和离子通道，同时限制多硫化物的扩散。与此同时，大量的杂原子 N 和 S 可以化学吸附多硫阴离子。因此组装的电池表现出优异的倍率性能，在 0.1A/g、1A/g、2A/g 和 5A/g 下，100 次循环之后，容量分别保持在 941mA·h/g、734mA·h/g、591mA·h/g 和 505mA·h/g。

5. 多硫化物正极

1979 年，Rauh 课题组首次使用多硫化物作为正极材料。尽管硫已经是还原态，在放电过程每个硫对应 1.6 个电子，但是电池的起始放电容量仍然较高，只是容量衰减很快。到目前为止，通过精细和先进的技术限制，多硫化物正极受到许多科学家的重视。Zhang 等人通过研究 Li/Li 对称电池和 Li/Li_2S_6 电池探索 $LiNO_3$ 的作用。他们发现，$LiNO_3$ 的加入可以帮助 Li 负极表面形成钝化膜，有效地抑制多硫化物的穿梭。尽管 $LiNO_3$ 在正极会被不可逆地还原，电极的可逆容量仍然可以达到 500mA·h/g。Manthiram 等人制备了不含黏结剂的碳纳米纤维纸来负载多硫化物。三维相互编织的碳纳米纤维结构可以允许高级的多硫化物向硫化锂的转变。放电产物硫化物晶体沉积在三维电极材料的间隙中，防止正极形成致密的钝化层。此外，这样的正极材料可以装载更多的多硫化物，而使用多硫化物可以提高正极的电子导电性。更重要的是，原材料的生产成本非常低。通过这样的方法，在 $1.7mg/cm^2$ 的硫载量下、0.2C 倍率、80 次充放电循环之后，电极的可逆容量保持在 1094mA·h/g，库仑效率超过 98%。Wang 等人也尝试将可溶的多硫化锂（Li_2S_x，$x \geqslant 6$）作为添加剂加入醚类电解质中。在 C/3 下，考察不同链长的多硫化物及其浓度对电池电压和循环性能的影响，他们发现，正极中只有多硫化物不添加硫化锂就可以得到优异的电化学性能。通过进一步优化多硫化物的浓度和电解液的量，电极具有可逆的高放电容量、令人瞩目的倍率性能和优异的循环稳定性。

Tarascon 等人使用多硫化物作为活性材料，以抑制硫化物在多孔碳基体上沉积。Li_2S_8 作为正极材料，因为可以减少不可逆的极化和浓差极化，所以电池的极化更小，动力学更快。相比于单质硫，使用多硫化物作为活性材料可以有效地提高正极的电子导电性。进一步研究发现，当硫直接沉积在锂负极上，电池的电化学性能可以进一步提高。Wang 等人将燕麦灵类似物和单质硫共热制备了新型的有机硫化物——燕麦灵多硫化物。实验结果表明，形成的燕麦灵多硫化物有独特的稳定结构，骨架由导电的 sp^2 杂化碳构成，侧链为多硫化物。进一步研究发现，燕麦灵多硫化物是含有均匀孔径的多孔结构，其中硫的含量占有机硫正极的

54%（wt）。其组装的电池在 0.1C、200 次充放电循环之后，容量保持在 960mA·h/g。Manthiram 等人制备了自支撑的碳化蔗糖包覆的蛋壳膜（CSEMs），具有大的孔隙率、高的比表面积和长程纤维网络结构。他们使用两层 CSEMs 来储存多硫化物正极溶液，因为 CSEM 有许多微孔结构和连续的大孔网状结构，可以抑制多硫化物的穿梭，提供良好的电子和离子通道，提升电解液的浸润性。三明治结构可以将溶解的多硫化物限制在正极内，因此电化学反应被稳定在正极内。电池的起始容量为 1327mA·h/g，在 100 次充放电循环之后，容量的衰减率仅为每循环 0.25%。他们组也使用直径 100nm 左右的低成本的碳纳米纤维和可溶的多硫化物（1mol/L Li_2S_6）作为活性材料。相互交叉的导电三维碳纳米纤维网络结构可以为不导电的放电或者充电产物提供良好的电子通道。与此同时，大的空隙可以储存电解液保证电解液的浸润。碳纳米纤维的大比表面积和大的孔体积增加了电极的孔隙率，促进了活性物质在充放电过程中的固定。正极中单位面积的载硫量可以提升到 18.1mg/cm^2，提供了超大的面积容量 20mA·h/cm^2。进一步研究发现，电池容量的衰减主要是因为金属锂的腐蚀和电解液的分解与消耗。一些新型的有机硫化物也可以作为正极应用在电池中。黄铁矿 FeS_2 通过化学方法和多硫化锂复合生成活性的 Li_2FeS_{2+n} 复合物，该复合材料作为正极可以有效地减少多硫化物从正极中的溢出，因此电池的循环性能得到了极大的提升。其他金属硫化物也可以起到类似的作用，为发展高能量密度、长寿命的锂硫电池提供了新的方向和可能性。Gao 等人通过溶剂热方法合成了拥有独特花形结构的正极材料（Cu_3BiS_3），表现出良好的电化学性能。其初始容量达到 1343mA·h/g（在 0.2C）。Wu 等人制备了基于多孔碳自支撑的柔性电极，然后将 50nm 左右的 Li_2S 纳米球灌入其中作为正极。由于多孔碳纳米片有优良的电子导电性，所以该正极材料有优良的电子导电性，可提供快速的离子传导通道，同时一定程度上抑制了多硫化物的穿梭效应。与此同时，碳的机械稳定性保证了电极的机械完整性。此外，只要将碳纳米片堆叠起来就可以成倍地增加电极的活性物质载量，组装的电池活性物质载量在 1.3~3.2mg/cm^2 之间，200 次充放电循环后，容量衰减非常小。

2.2.3 硒

硒与硫同族，也可以发生类似的氧化还原反应。相比于硫而言，硒的原子量大，所以理论比容量有所下降（675mA·h/g），但是电子导电性较好（1×10^{-3} S/m），利于电化学反应的进行。另外，硒正极可以使用碳酸酯类电解液，充放电的中间产物多硒化物的穿梭效应可极大地被抑制。此外，由于硒的密度较大，其理论体积容量高达 3253mA·h/cm^3，在体积受限的应用领域有潜在的应用前景，例如电动汽车。

1. 硒的氧化还原反应机理

硒存在多种同素异形体：灰三角晶硒（含 Se_n 螺旋链聚合物），菱形硒（含 Se_6 分子），$\alpha\text{-}Se$、$\beta\text{-}Se$ 和 $\gamma\text{-}Se$ 三种深红色单斜晶型（含 Se_8 分子），非晶红硒和黑玻璃硒。通常而言，无定型硒比晶体硒活性更高，因为无定型硒具有"悬空键"和较高的比表面积。锂硒电池的充放电过程也比较复杂，且在醚类电解液和碳酸酯类电解液中有明显的差异。简单来讲，锂硒电池的电化学反应原理如下：

$$Se_n + 2nLi \underset{充电}{\overset{放电}{\rightleftharpoons}} nLi_2Se$$

放电时负极反应：

$$Li \rightarrow Li^+ + e^-$$

当使用醚类电解液时，正极反应分成两个阶段：

第一阶段：

$$Se_n + 2Li^+ + 2e^- \rightarrow Li_2Se_n \quad (n \geq 4)$$

第二阶段：

$$Li_2Se_n + (n-2)Li^+ + (n-2)e^- \rightarrow \frac{n}{2}Li_2Se_2$$

$$Li_2Se_2 + 2Li^+ + 2e^- \rightarrow 2Li_2Se$$

第一阶段对应放电电压平台 2.04V，第二阶段对应放电电压平台 1.95V。在后续的充电过程中，发生对应的逆反应。

当使用碳酸酯类电解液，正极只有一个放电平台在 2.0V，对应 $Se_n + nLi^+ + ne^- \rightarrow \frac{n}{2}Li_2Se_2$ 和 $Li_2Se_2 + 2Li^+ + 2e^- \rightarrow 2Li_2Se$，没有多硒化物的生成，因此循环性能显著提升。但是研究发现硒会与碳酸酯中的羰基发生反应，形成含有 Se—O 键的物质覆盖在电极表面，进而影响离子和电子的传输，导致严重的极化，因此锂硒电池也难以达到理论值。

锂硒电池仍然存在一些问题需要解决。首先，锂硒电池在充放电过程中存在显著的体积变化问题，当使用醚类电解质时还伴随着穿梭效应，因此库仑效率低，放电容量衰减快，循环性能差；其次，块状硒电化学反应有效界面小，可逆容量低，利用率仅接近45%；此外，锂离子在硒中的扩散速率较低，因此电池的倍率性能受限。为了解决这些问题，典型的方法就是将硒和其他材料复合制备电极，得到比表面积大、导电性好且可以一定程度上抑制多硒化物溶解的正极，从而提升电化学性能。

2. 硒/碳复合材料正极

（1）碳纳米纤维（CNFs）

在真空和热处理条件下，硒可以进入碳纳米纤维的微孔中，从而制备碳纳米纤维/硒复合材料。在此过程中 Se 还会与 CNF 形成化学键，从而增强 Se 与 CNF 的作用，抑制充放电循环过程中活性物质的溶解。此外，CNFs 有较高的比表面积，可以缓冲充放电过程中正极的体积变化。加之 CNF 的优异导电性，该复合正极表现出良好的循环稳定性。在 $1C$ 的电流密度下，循环 2000 次后容量保持在 400mA·h/g。Dai 等人也有类似的报道，先对 Se 进行加热得到链状物质，然后加入 CNF 进行复合。该复合材料在 $0.1C$ 电流密度下，初始比容量为 581mA·h/g，首次库仑效率接近 100%，循环 10 次之后容量保持率超过 80%。

（2）碳纳米管（CNTs）

基于 sp^2 杂化碳的多壁碳纳米管，碳的 p 电子可以形成大范围的离域 π 键，因此有优异的电子导电性。Cui 等人制备了一种无黏结剂的硒纳米线/碳纳米管的复合正极，该方法可以控制负载的质量和厚度，研究表明在厚度为 23μm、硒的含量为 60% 时，电池性能最佳：在 $1C$ 电流密度下，初始容量为 537mA·h/g，循环 500 次之后容量为 401mA·h/g。Bhattacharyya 等人开发了一种压力诱导毛细管封装技术将 Se 封装在 CNT 中，这样制备的正极拥有优异的电子导电性，当负载量较高时（10mg/cm²），仍然表现出优异的稳定性，且倍率性能优异，在 $0.1\sim10C$ 之间都可以可逆地充放电。

（3）氧化石墨烯（GO）

氧化石墨烯在室温下载流子迁移率可以达到 15000cm²/（V·s），拥有非常优异的离子和电子传导性。Fan 等人通过两步溶液法，制备了 3D 石墨烯封装的中空硒纳米球，这样的构造被扫描电镜和透射电镜所证实。根据热重结果可知，复合材料中 Se 的含量约为 70%。在 $0.2C$ 倍率下充放电 50 次后，放电容量为 343mA·h/g。

（4）多孔碳

多孔碳按照孔径可以分为微孔碳、介孔碳和分级多孔碳。多孔碳具有高比表面积、高电导率和大孔体积，可以用来封装 Se，从而提升电极的导电性，抑制多硒化物的穿梭效应，提升电池的性能。

1）微孔碳。微孔碳比表面积大、吸附量大，特别是其孔径较小（<2nm），在与硒复合时可以限制硒的链长，从而减少多硒化物的产生，减少穿梭效应的发生。Xiong 等人将硒与氮掺杂的微孔碳复合，微孔结构限制长链硒的生成，掺杂的氮原子增强了对硒的吸附作用，同时多孔碳提升了电极的电子导电性，所以表现出优异的电化学性能，在 $0.5C$ 电流下循环 350 圈之后，可逆容量为 570mA·h/g，在 $2C$ 倍率下即使循环 1600 圈也没有明显的容量减少。Dai 等人使用熔融-扩散法将 Se 嵌入 MOF 衍生的微孔碳中，该微孔碳继承了 MOF 的形貌且内部孔径相互连通，因此具有较大的比表面积和孔体积，可以承受硒在充放电过程中的体积变化并限制多硒化物在电解液中的溶解。Liu 等人利用传统的 PVDF 与 Se 在 800℃ 一步制备了微孔碳/硒复合正极，其中 Se 的含量为 50%，在 $0.1C$ 循环 100 次之后

可逆容量为 508mA·h/g。

2）介孔碳。介孔碳同样具有高比表面积和优异的电子导电性，此外其介孔有利于电解液的浸润，促进锂离子的扩散。Huang 等人制备了一种介孔碳纳米球，然后与硒进行复合。这样制备的正极的优势在于硒的负载量高，且可以抑制多硒化物的溶解。当 Se 的负载量达到 70% 时，在 0.2C 倍率下循环 5 次，可逆放电容量为 650mA·h/g（体积放电容量 3120mA·h/cm³）。当电流密度提升到 20C 时，可逆放电容量为 386mA·h/g（体积容量 1850mA·h/cm³），容量保持率接近 60%。Zhang 等人将 MOF-5 通过高温煅烧制备介孔碳，然后通过熔融-扩散法将硒嵌入介孔碳中，这样制备的复合正极表现出良好的电化学性能。在 0.5C 倍率下，起始放电容量为 641mA·h/g，循环 100 次之后放电容量为 306mA·h/g；在 2C 倍率下，起始放电容量为 659mA·h/g，循环 100 次之后放电容量为 279mA·h/g。

3. 硒/金属复合正极

相比于非极性碳材料，金属材料极性大，与硒作用强，可以有效抑制多硒化物的溶解和穿梭。常见的金属材料包括 Ti、Fe、Bi、Zn 等。例如 Zhang 等人通过熔融-扩散法将 Se 嵌入介孔 TiO₂ 中合成 TiO₂/Se 复合正极，其中 Se 的含量为 70%。该正极在 0.1C 倍率下初始放电容量为 481mA·h/g，50 次循环之后放电容量为 158mA·h/g。

4. 硒合金复合正极

最常见的硒合金就是硒硫合金和硒锗合金。Yu 等人构建了硫化硒/双层空心碳球，其中硫化硒主要封装在双层空心碳球的两层之间，不仅负载量高，而且还有额外空间承受充放电过程中的体积变化，同时双层结构可以抑制多硒化物/多硫化物的穿梭。该正极在 0.2C 倍率下，初始放电容量达到 930mA·h/g，6C 倍率下仍然有 400mA·h/g 的放电容量。在 1C 倍率下循环 900 次，容量保持率 89%，约每圈容量衰减 0.012%。Mullins 等人制备了微米级 Ge$_{0.9}$Se$_{0.1}$ 合金，发现该合金有很好的锂离子渗透性，且可以有效地缓冲充放电过程中的体积变化。在 0.1C 倍率下充放电 900 次，可逆放电容量为 800mA·h/g。

2.2.4 碘

碘具有高容量（211mA·h/g）、低成本、来源丰富、环境友好等特点。另外，碘会与放电产物 I⁻ 形成 I$_3^-$，I$_3^-$ 可以溶解在液体电解质中，一方面促进电化学反应的快速进行，从而提升活性材料的利用率，另一方面会造成穿梭效应，腐蚀金属锂，降低库仑效率。

碘在液体电解质中的电化学反应机理：

$$2\text{Li} + \text{I}_2 \underset{\text{充电}}{\overset{\text{放电}}{\rightleftharpoons}} 2\text{LiI}$$

放电时负极反应：

$$\text{Li} \rightarrow \text{Li}^+ + e^-$$

正极反应：

$$3\text{I}_2 + 2e^- \rightarrow 2\text{I}_3^- \quad (\text{放电平台 3.3V})$$

$$\text{I}_3^- + 2e^- \rightarrow 3\text{I}^- \quad (\text{放电平台 2.9V})$$

由于两个电对的存在（I_2/I^- 和 I_3^-/I^-），所以放电过程中会有两个平台，即 3.3V 和 2.9V，且已被拉曼光谱所证实。需要注意的是，这里说的液体电解质既包括水系电解质，也包括有机系电解质。当使用水系电解质时，常设计为液流电池，这里就不做展开。这里主要介绍有机系电解质。目前锂碘电池还存在一系列问题亟须解决。单质碘在室温下容易升华，所以载量的精确控制有一定困难，更重要的是电极结构容易因为碘升华导致破坏。另外碘单质电子导电性差，常常需要添加大量的导电碳材料。除此之外，I_3^- 的穿梭效应会导致库仑效率下降、电池的自放电和金属锂负极的腐蚀。

为了解决上述问题，最常见的方法就是将碘引入多孔碳材料中，特别是导电的纳米多孔碳包括活性炭、还原石墨烯、碳布和空心碳等。Chen 等人将酸活化的碳布静置于碘水中吸附碘，其中碘的载量可以达到 $2.5 \sim 16\text{mg/cm}^2$。组装扣式电池测试，在 $0.5C$ 倍率下初始放电容量 $299\text{mA} \cdot \text{h/g}$，充放电 300 次后放电容量为 $195\text{mA} \cdot \text{h/g}$。值得关注的是由于不使用粘结剂，该电池拥有优异的倍率性能，在 $5C$ 倍率下放电容量 $169\text{mA} \cdot \text{h/g}$，约为 $0.5C$ 时放电容量的 60%。尽管微孔结构可以一定程度上减少 I_3^- 的溶解，但是由于碳材料的非极性，I_3^- 的溶解和迁移还是难以避免。为了增加与碘的作用力，Meng 等人使用聚乙烯吡咯烷酮（PVP）作为吸附剂，通过化学作用吸附碘，形成 PVP-I_2。实验证明碘主要以 I_3^- 形式存在，然后将活性炭布静置于上述 PVP-I_2 的乙醇溶液中吸附。由于碘主要以 I_3^- 的形式存在，所以只有一个 2.9V 的放电平台。在 $0.4C$、$0.8C$、$1C$、$2C$、$4C$ 和 $8C$ 倍率下，放电容量为 $392\text{mA} \cdot \text{h/g}$、$359\text{mA} \cdot \text{h/g}$、$351\text{mA} \cdot \text{h/g}$、$331\text{mA} \cdot \text{h/g}$、$311\text{mA} \cdot \text{h/g}$ 和 $296\text{mA} \cdot \text{h/g}$。在 100 次循环之后，放电容量为 $403\text{mA} \cdot \text{h/g}$、$349\text{mA} \cdot \text{h/g}$、$325\text{mA} \cdot \text{h/g}$、$307\text{mA} \cdot \text{h/g}$、$287\text{mA} \cdot \text{h/g}$ 和 $300\text{mA} \cdot \text{h/g}$。在 $8C$ 倍率下循环 2400 次之后，放电容量为 $240\text{mA} \cdot \text{h/g}$，容量衰减约合 0.0079% 每圈。

2.3　有机正极材料

在科学家 20 年不懈的努力下，基于无机插层电极材料的电池，其实际容量和能量密度已经接近理论值。另外，在无机插层化合物电极中，有限的固态迁移系数和锂离子的嵌入与脱嵌机理在一定程度上限制电池的倍率性能，不利于大功率器件的应用。此外，无机正极材料来自有限的矿物且成本较高。为了解决以上问题，科学家开始将注意力转向有机正极材料。相比于无极电极材料，有机正极以可再生的生物质为原料，来源广泛，成本低廉。此外，有机材料相对于无机材料，质量更小，所以容量更高。加上有机物的共价键结构有很好的韧性，可以反复折叠，所以有机正极材料在可穿戴电子设备中有很好的应用前景。其实有机正极材料的概念早在 19 世纪 60 年代末就提出了，比无极插层正极材料更早。但是自从发现无极正极材料有优异的锂离子嵌入与脱嵌的性能、更高的工作电压以及优异的循环稳定性，无机插层正极材料开始登上舞台中心。随着科学家的不懈努力，无机正极材料的容量和能量密度都已接近理论值。因此，科学家开始寻找其他的正极材料，其中包括有机正极材料。经过科学家的努力，部分有机正极材料的电化学性能包括能量密度、功率密度和循环稳定性已经和传统的无机正极材料相媲美。

一般来讲，有机正极材料可以根据电化学活性官能团分为 4 类：共轭羰基化合物、导电聚合物、有机硫化物和自由基。有取代基稳定的羰基化合物可以通过烯醇式实现可逆的氧化还原反应。其中醌类最为著名，它的羰基可以进行快速的氧化还原反应。除了醌类，许多共轭羰基化合物都可以通过氧化还原反应容纳锂离子。由于共轭羰基化合物的分子量小且反应动力学快，具有高容量和高功率密度。1997 年，研究人员发现导电聚合物通过化学掺杂表现出优异的电子导电性。紧接着一系列导电聚合物，例如聚乙炔、聚苯、聚吡咯、聚噻吩和聚苯胺，作为正极材料表现出不错的电化学活性。导电聚合物的优势在于电子电导性好、柔韧性好以及易于加工，它们的缺点是容量因为掺杂而相对较低。有机硫化物由于 S—S 键可以可逆地断开、成键，也可以作为正极材料。同时因为有机硫化物中的氧化还原反应涉及两个电子的转移，所以有机硫化物的理论容量相比导电聚合物高。但是由于有机硫化物可以溶于电解液且氧化还原的动力学较慢，严重影响了它们的电化学性能，限制了它们的实际应用。基于自由基的聚合物正极材料有非常好的倍率性能，但是往往能量密度较低。有机正极材料相比无极正极材料具有以下 5 个优点：

1）有机材料通常较轻，因此有较高的能量密度。

2）有机材料柔韧性更好，可以适应不同的电极加工条件，在可穿戴电子器件方面有很好的应用的前景。

3）由于有机反应的多样性，有机正极材料中的氧化还原反应可以根据不同的官能团和取代基进行调节，满足不同的要求。

4）基于有机正极材料的锂电池符合绿色化学的要求，同时也简化了电池的回收过程。

5）有机正极材料来自可再生的生物质，来源丰富，成本低廉。

下面将详细介绍四类有机正极材料：共轭羰基化合物、基于自由基的聚合物、导电聚合物和有机硫化物。

2.3.1 共轭羰基化合物

早在19世纪60年代末，Williams等人就提出使用二氯异氰尿酸作为一次锂电池的正极材料。后来，Alt等人发现含有羰基的醌类化合物作为二次锂电池的正极材料表现出不错的电化学性能，自此拉开了羰基化合物作为锂电池电极材料的序幕。一系列基于羰基化合物电极的报道陆续发表。基于羰基化合物的有机正极的氧化还原机理是基于羰基结构与烯醇式互变。通常情况下，烯醇式是不稳定结构，但是当羰基处在共轭体系中时，烯醇式结构就可以稳定存在。共轭羰基化合物的氧化还原机理是羰基得到一个电子被还原，转化成烯醇式，形成一个自由基阴离子，同时反应动力较快。醌类是最常见的共轭羰基化合物，一些常见的醌以及对应的理论容量如图2-4所示。

因为共轭羰基化合物分子量较小且通常是多电子反应，所以它们的容量较高，一般都大于200mA·h/g。基于共轭羰基化合物具有容量高、动力学快以及结构多样的特点，它们作为二次锂电池的正极材料很有应用前景。限制醌类材料作为锂电池正极材料的主要原因是小分子醌类会溶于电解液，导致活性材料流失，循环性能差。为了减少醌类材料在有机电解液的溶解，一个有效的方法是将小分子的醌接枝到分子体积比较大的物质上。六取代的壬基苯醌分子体积大，且相对分子质量较大，因此不溶于电解液，在500次充放电循环后还有不错的循环保持率。但是由于六取代的壬基苯醌的活性位点少，容量较低，且反应动力学较慢，导致它在实际电池应用中没有优势。除此之外，还可以将小分子醌引入介孔材料里，通过限域作用减少醌的溶解，提高电极的循环稳定性。尽管可以通过多孔材料的限域作用减少醌的溶解，但是小分子的醌还是会在循环过程中逐渐溶解，导致电极材料的容量衰减。另外一种可以防止醌溶解的方法是将小分子醌的单体通过聚合反应形成分子量大的聚合物。比如5-氨基-1,4-萘醌通过化学或者电化学方法形成聚合物，其初始容量达到300A·h/kg，在循环17次后，容量仍可以保持在200A·h/kg。类似的报道还有将3,4,9,10-苝四羧酸二酐（PTCDA）聚合，作为稳定的正极材料。另外将PTCDA和过量的硫在氮气氛围下400～500℃之间煅烧可以得到PTCDA和S的共聚物，其放电容量为130mA·h/g（在0.1A/g的电流下），且在250次循环后几乎没有衰减。这是因为形成的聚合物防止了活性物质的溶解，且以一定程度上提升了材料的电子导电性。但是PTCDA和硫的共聚物的能量密度较低，不能满足电极材料的要求。聚酰亚胺结构中含有大量的羰基官能团，因此理论容量高，而且可以从二酸酐类物质和二胺类物质一

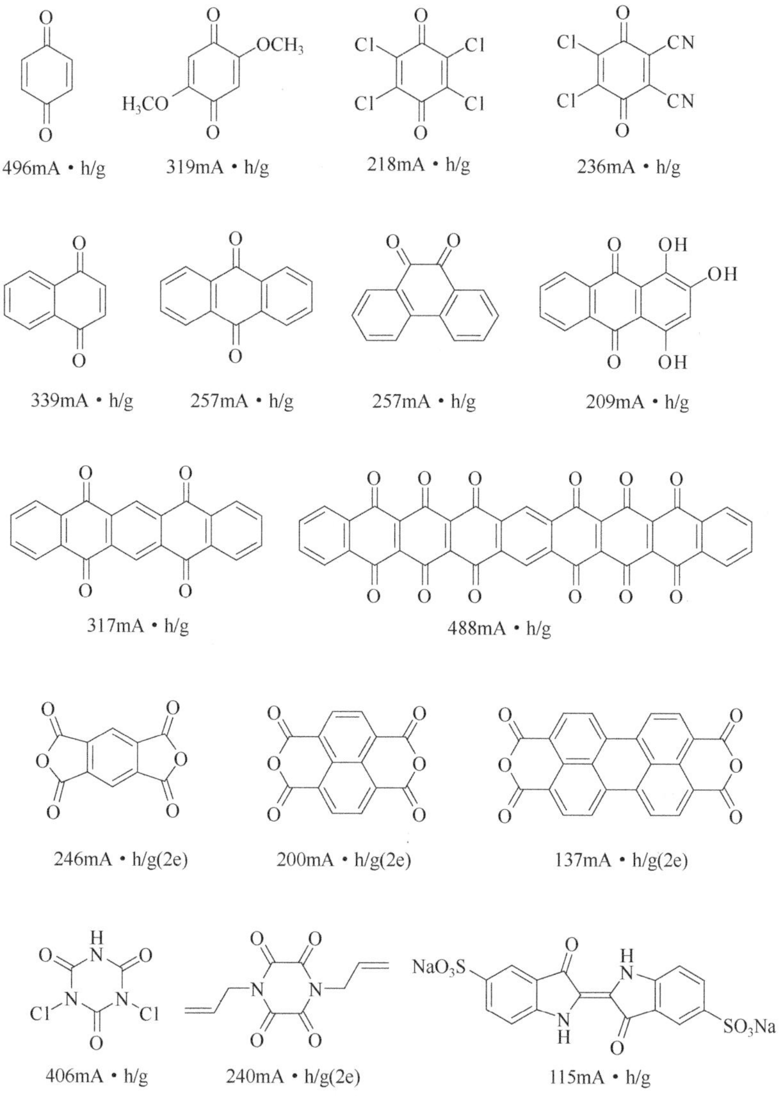

496mA·h/g   319mA·h/g   218mA·h/g   236mA·h/g

339mA·h/g   257mA·h/g   257mA·h/g   209mA·h/g

317mA·h/g   488mA·h/g

246mA·h/g(2e)   200mA·h/g(2e)   137mA·h/g(2e)

406mA·h/g   240mA·h/g(2e)   115mA·h/g

图 2-4 常见的醌以及对应的理论容量

步缩合反应制备。因此，一系列的聚酰亚胺作为正极材料开始被报道。实验结果表明，基于 1,4,5,8-萘四羧酸二酐（NTCDA）的聚酰亚胺的循环稳定性最佳，而基于 3,4,9,10-菲四羧酸二酐的聚酰亚胺的能量密度最高。另外，基于萘四羧酸二酐的聚酰亚胺可以提高放电平台，同时可以减小极化。另外根据密度泛函理论计算，可知 1,2-二酮结构可以作为优秀的氧化还原活性位点，因为两个羰基基团在得电子被还原之后容易形成一个新的芳香环，提升了结构的稳定性。拥有两个含有 1,2-二酮结构的六元环的菲-4,5,9,10-四酮通过化学方法接枝到聚丙烯酸甲酯上，形成了多孔的聚合物结构。该结构作为正极材料表现出优异的电化学活性，包括高容量、稳定的循环性能以及好的倍率性能。除了聚合，一些特殊的材料也可以通过化学或者物理方法固定小分子的羰基化合物来抑制活性物质的流失。比如醌的衍生物杯芳烃，可以固定在二氧化硅的表面，从而显著地缓解它在有机电解液中的溶解。但是有固定作用的二氧化硅基底不是电子导体，这样得到的材料的能量密度和功率密度较低。为了解决这个问题，科学家提出将醌类固定在导电的基地材料上。Lee 等人将小分子的醌和碳纳米管通过非共价键的形式组装成正极，在循环 100 次之后基本没有衰减。同样，将聚酰亚胺和碳纳米管组装成正极，也表现出优异的循环性能和倍率性能。在碳纳米管表面原位生长聚酰亚胺制备的电极不仅质量小，并且电子导电性得到明显的提升。含有阴离子的有机盐因为极性较大，相比于对应的不带电的有机物，在有机溶剂中的溶解度更小。所以将分子的有机正极材料晶型锂化，也可以有效地减少它在有机溶剂中的溶解度。常见的可以锂化的共轭羰基化合物包括羟基醌类、共轭的二羧酸以及二酸酐等。值得一提的是 2,5- 二锂氧基苯醌，该有机盐的起始放电容量为 176mA·h/g，库仑效率为 93.2%。更重要的是，相比于其他小分子材料，其锂化之后的电极循环寿命得到明显的提升。对于结构类似的分子，完全锂化之后的四羟基苯醌（$Li_4C_6O_6$）也表现出不错的电化学活性。它不仅可以被氧化失去两个电子生成 $Li_2C_6O_6$，也可以被还原生成 $Li_6C_6O_6$。锂化之后的四羟基苯醌的放电容量可达 200mA·h/g，工作电压为 1.8V，在循环 50 次之后，容量保持率达到 90%。

由于有机化学的多样性，可以根据要求调节正极材料的容量、放电平台以及循环性能。为了提高电极的容量，希望单位质量的电化学活性基团更多，没有氧化还原活性的部分更少。但是这些没有氧化还原活性的部分往往决定了材料的稳定性，并促进了氧化还原反应的顺利进行。所以设计新的电极正极材料需要综合考虑电极的放电容量和电极的稳定性。例如，相比萘醌和蒽醌，苯醌的分子量最小，所以理论容量最高，达到 496mA·h/g。但是因为萘醌和蒽醌结构中共轭体系更大，电解液中的溶解度也更小，所以它们的氧化还原反应的可逆度更高，循环寿命更好。因此，综合考虑电化学活性结构才能找到最优的分子。Poizot 等人设计了均苯四羧酸二酰亚胺锂盐，该结构有以下几个特点：

1）充分利用中心的苯环结构，减少非电化学活性物质的量，同时形成体积较大的分子。

2）羰基结构与苯环共平面，可以稳定被还原之后的自由基。

3）含有负电荷，减少有机溶剂中的溶解。

符合这些要求的苯四羧酸二酰亚胺锂盐，表现出相当稳定的循环性能，通过两电子得失的氧化还原机理，其放电容量达到 200mA·h/g。除了可以调节电极的容量和循环稳定性，共轭羰基化合物的放电电压也可以在分子级别上通过不同化学组分来调节。在分子电化学中，当有取代基从醌或者羟基醌的对位换到邻位时，对应的氧化还原对位会随之提高。利用这个原理，Poizot等人研究了2,3-二锂氧基取代的对苯二羧酸锂盐和2,5-二锂氧基取代的对苯二羧酸盐的工作电压，发现2,3-二锂氧基取代的对苯二羧酸锂盐的工作电压比2,5-二锂氧基取代的对苯二羧酸锂高0.3V。此外，实验发现2,3-二锂氧基取代的对苯二羧酸锂盐的反应动力学更快，循环中的容量保持率更高。氧化还原活性中心附近的化学环境可以改变活性物质的电化学性能，这为精细地调节有机正极材料达到理想性能提供了可能。最近，Wan等人研究了磺酸钠基团（SO_3Na）对蒽醌在锂电池中电化学性能的影响。结果表明，磺酸钠基团在电化学过程中没有电化学活性，因此一定程度上降低了电极的容量。但是磺酸钠基团的引入显著地提高了电极的结构稳定性和循环性能。在醌类分子中引入一些官能团不仅可以减少醌在电解液中的溶解，而且可以在一定程度上调节电极的容量和工作电压。

除了在电解液中溶解导致循环稳定性差以外，共轭羰基化合物还面临着电子导电性差的问题。因此，基于共轭羰基化合物的正极往往需要添加大量的导电炭黑材料。最近，碳纳米管和石墨烯由于拥有优良的物理化学性能受到广泛的关注。氧化之后的碳纳米管或者石墨烯包含一些含氧官能团，例如羰基、羧基、羟基、环氧等，可以容纳锂离子。所以氧化碳纳米管和氧化石墨烯在锂离子电池中有潜在的应用价值。Shao-Horn等人提出使用表面官能团化的碳材料作为锂电池的正极材料。直接使用氧化纳米管作为正极材料，电池的容量可以达到$200mA \cdot h/g$，功率密度达到$100kW/kg$，同时循环寿命达到上千次。这是由于表面含氧官能团有良好的反应动力学。在后续的研究中，氧化碳纳米管、氧化石墨烯的混合物作为锂电池的正极材料，研究含氧官能团的对容量的影响。通过表面官能团的有效调节，羰基、羧基、酯基的法拉第贡献可以提供$230W \cdot h/kg$的质量能量密度。既然碳纳米管和石墨烯可以通过一定的方法官能团化，那么碳材料应该可以进行表面修饰，从而调节其氧化还原电位。

2.3.2 自由基聚合物

许多自由基具有很好的稳定性，以致在室温下可以成功地被分离。有一些稳定的自由基可以通过可逆的氧化还原反应被氧化或者还原，而且通常这个过程的动力学很快。因此，自由基可以用作电极材料，用于有机自由基电池。稳定的自由基通常需要固定在聚合物或者其他基底上来保证它们可逆的氧化还原反应。将自由基固定在聚合物上形成的自由基聚合物是一种重要的有机电极材料。大部分的自由基聚合物包括两个重要的组成部分：稳定的自由基侧链和聚合物骨架。悬挂有自由基支链的聚合物通常可以提供优异的电化学性能，包括良好的倍率性能、稳定工作电压以及易于加工性。Nakahara等人在2002年首次提出使用自由基作为储能材料。将稳定硝酰基和2,2,6,6-四甲基哌啶1-氧自由基（TEMPO）悬挂于聚丙烯酸甲酯的侧链上作为锂电池的正极材料，组装的电池放电容量为77A·h/kg，平均放电平台为3.5V，更重要的是循环稳定性超过500次。之后，一些基于稳定的硝酰基特别是TEMPO和2,2,5,5-四甲基派咯1-氧自由基（PROXYL）（图2-5）得到了关注。基于自由基正极的研究主要集中于聚合物的设计、电极的优化以及寻找稳定的自由基方面。自由基需要挂在聚合物骨架上以防止溶解，所以聚合物骨架是必不可少的。作为聚合物骨架的基本要求包括稳定、不溶解、容易加工以及质量较小。一系列的聚合物都可以悬挂自由基包括聚丙烯酸酯（PMA）、聚丙炔（PAc）、聚冰片烯（PNB）、聚乙烯醚（PVE）、聚苯乙烯（PS）、聚乙二醇（PEG）、纤维素和DNA。因为聚合方法简单，PMA和PNB是悬挂自由基最常用的聚合物骨架。

氮氧自由基也称双偶极自由基，既可以被氧化带部分正电，也可以被还原带部分负电，所以可以使用相同或者不同的氮氧自由基作为正极和负极组装电池，例如聚苯乙烯硝酰基氮氧自由基。此外，选择拥有不同氧化还原电位的硝酰自由基也可以构成摇椅式电池。常见的自由基结构如图2-5所示。

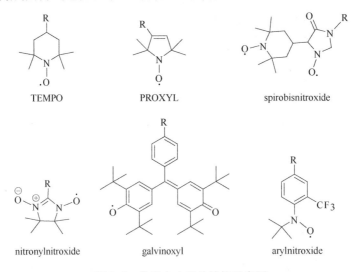

图2-5　常见自由基的结构示意图

尽管自由基本身的氧化还原动力学较快，但是大部分的聚合物骨架都是不良电子导体，导致电极材料的倍率性能较差。为了提升电极的电子导电性，通常需要添加大量的导电炭黑。同时，自由基电化学活性的可逆性还受到电极结构的影响，因为聚合物在循环过程中可能发生团聚，导致有电化学活性的自由基的利用率下降，从而影响循环性能。为了建立稳定的电极结构，单壁碳纳米管作为稳定的导电材料被引入电极中。自由基聚合物分子级别的包覆在单壁碳纳米管表面，这样形成的混合物有两个明显优势：

1）自由基聚合物在循环过程中不会发生团聚，自由基基团可以有效被利用。

2）碳纳米管可以均匀地分散在体系中，作为优秀的电子通道，减少极化。

这样制备的电极在高倍率下的放电容量也接近理论容量，同时有100%库仑效率。类似的报道还有将基于TEMPO的聚合物进行末端修饰，然后接枝到多壁碳纳米管上。接枝到碳纳米管也可以将有电化学活性的自由基和导电的碳纳米管均匀地分散，也可以得到定量的放电容量。

2.3.3 导电聚合物

传统的高分子聚合物（例如塑料、橡胶等）具有很好的机械强度、柔韧性、弹性以及可塑性，但是它们不导电子，通常情况下是电介质或者绝缘体。自从1997年导电的聚乙炔被发现，导电聚合物就受到来自科学界和工业界的广泛关注。导电聚合物因为其独特的性质，包括良好的电子导电性和可逆的氧化还原活性，在电子器件和能源储存方面有很广阔的应用前景。Nigrey等人首次提出将导电聚合物应用到电池中。一般使用氧化掺杂（即p型）的导电聚合物作为正极材料，在放电过程得到电子，并释放与之配位的阴离子。所以电解质中盐的浓度随着导电聚合物带电情况的变化而变化，这对电池的能量密度和稳定工作不利。通常的p型导电聚合物在非水溶剂中的氧化还原反应如下：

$$[\text{Polymer}^{n+}][A^-]_n \leftrightarrow \text{Polymer} + nA^-$$

放电过程中，p型聚合物得到电子并释放阴离子到电解质中，同时金属锂负极提供电子并给出锂离子到电解质中。在电池应用方面，最常见的导电聚合物包括聚乙炔（PAc）、聚吡咯（PPy）、聚噻吩（PTh）、聚苯胺（PANI）以及聚对苯撑（PPP）。导电聚合物的理论容量由p型掺杂程度决定，通常情况下与无机金属氧化物电极接近，其中聚苯胺和聚吡咯的容量都在 $80 \sim 150\text{mA} \cdot \text{h/g}$。p型导电聚合物的氧化还原电位比n型（还原掺杂）导电聚合物的高。使用p型导电聚合物正极的锂电池的工作电压比使用传统无机氧化物正机的电池的电压要高。同时导电聚合物电极也有缺点：能量密度低，循环寿命差，库仑效率低以及有自放电现象。其中循环寿命差是因为其工作电压比较高，在循环过程中聚合物容易发生不可逆的过度氧化，导致活性物质减少，容量衰减。

导电聚合物的优势主要来源于其良好的电子导电性和可加工性。聚苯胺（PANI）具有多种氧化态，可以形成多种纳米结构，被广泛地应用于锂电池中，其工作电压可以达到3.5V。Cheng等人使用模板法合成聚苯胺纳米管和纳米纤维，并作为正极材料与金属锂构成半电池，探索其电化学性能。实验结果发现，这种一维结构的聚苯胺比传统的聚苯胺粉末的能量密度更高，达到 $227\text{W} \cdot \text{h/kg}$。

但是由于一维结构在较高的工作电压下（相对于金属锂电极为3.5V）发生不可逆的过度氧化，导致结构被破坏，活性物质减少，循环稳定性较差。为了解决这个问题，将聚苯胺（PANI）和聚2-丙烯酰胺-2-甲基丙磺酸（PAMPS）通过层层堆叠的方式制备锂电池电极。这样的正极材料具有良好的循环稳定性和较高的放电容量。在1.5～4.5V区间循环1000次后，层层堆叠合成的电极材料（PANI/PAMPS）的容量没有明显衰减。为了合成有柔性的自支撑电极，合成了单壁碳纳米管和聚苯胺（PANI）纳米带相互渗透的气凝胶作为锂电池正极材料，其中聚苯胺纳米带厚度为10～100nm，宽度为50～1000nm，长度为10～20μm。优化之后的单壁碳纳米管、聚苯胺纳米带气溶胶电极的容量为185mA·h/g，同时表现出不错的循环稳定性。这是由于碳纳米管组成的三维网络结构不仅提供了电子的传输通道，而且可以有效地吸收电解液，促进离子的传输。

除了聚苯胺（PANI），聚吡咯（PPy）作为电极材料也受到广泛的关注。聚吡咯可以通过化学氧化或者电化学氧化吡咯的方式直接合成。因为PPy很难进行还原掺杂，通常的导电PPy是p型的，可以作为锂电池的正极材料。一般来讲，p型的PPy作为正极材料的质量能量密度为80～390W·h/kg，开路电压为3～4V，但是其理论容量相对较低。为了提高PPy的质量能量密度，最常用的方法是在PPy骨架上接枝有氧化还原活性的官能团或者分子。Park等人提出通过化学或者物理的方法从第一排过渡金属中寻找合适的氧化还原电对接枝到PPy的链上。一个典型的例子就是将二茂铁基团通过共价键固定在PPy的骨架上，将制备的复合材料通过电化学均匀地沉积到不锈钢网上作为正极材料，其容量为65mA·h/g，工作电压为3.5V，而纯的PPy的容量只有20mA·h/g。

Kong等人将Co和Fe引入PPy中形成配合物，也表现出不错的容量和循环稳定性。通过密度泛函理论（DFT）计算和实验表征发现，形成的配合物有多层结构，在层内金属与氮的配位较强，结构稳定，所以该复合材料具有较高的容量、不错的循环稳定性以及优异的倍率性能。Zhou等人将$Fe(CN)_6^{4-}$阴离子引入PPy中，极大地提高了复合材料的容量。引入$Fe(CN)_6^{4-}$之后的PPy的容量为140mA·h/g，接近不掺杂的PPy的3倍，同时还表现出优异的循环稳定性。类似的报道，还有将高容量的苯醌引入PPy中，复合材料的容量为104mA·h/g，是不掺杂PPy的2倍。

2.3.4 有机硫正极

有机硫化物或者硫醇盐中的S—S键可以可逆地断开和成键，其中涉及两个电子的转移，所以容量比导电聚合物高。其氧化还原机理如下：

$$RSSR + 2e^- + 2Li^+ \leftrightarrow 2LiSR$$

在放电过程中，有机硫化物得到电子，S—S键逐渐打开形成单个阴离子；

这些单个阴离子在充电时都可以氧化聚合生成 S—S 键。尽管有机硫化物的氧化还原反应涉及多个电子，理论容量较高，但是其反应动力学较慢且循环稳定性欠佳。

一般来讲，有机硫化物可以分为三种：有机硫化物二聚体、主链型的有机硫聚合物和侧链型的有机硫聚合物。Visco 和 DeJonghe 首次提出使用二硫化四乙基秋兰姆——一种有机硫化物的二聚体作为储能材料。接着，Liu 等人进一步开始研究有机二硫化物/硫醇盐氧化还原电对的反应机理以及反应动力学。因为有机二硫化物和硫醇盐在有机电解液中有很大的溶解度，所以有机二硫化物电极在有机电解液中很难达到令人满意的循环性能。因此早期的有机二硫化物主要应用在高温的全固态锂电池中。

为了提高有机硫化物的循环性能，尝试将 S—S 键引入到聚合物主链中，合成主链型有机硫聚合物。但是因为放电产物是易于溶解的小分子硫醇盐，循环性能没有得到明显的提升，所以只能应用于高温（80 ~ 130℃）全固态锂电池。Qyama 等人提出将 2,5-二巯基 1,3,4-噻二唑（DMcT）和聚苯胺（PANI）混合作为复合电极，并使用凝胶聚合物电解质组装电池，其中导电的聚苯胺可以催化有机硫化物的氧化还原反应，减少极化。组装的锂电池室温下的开路电压高于 3.0V，在 0.1mA/cm² 的电流下，容量达到 303W·h/kg。基于 DMcT 的有机硫化物因为其理论容量高（362mA·h/g），相比其他有机硫化物受到更多的关注。但是由于 DMcT 的反应动力学较慢，只能在小电流下放电，限制了其在锂电池中的应用。但是 DMcT 的反应动力学可以被一些催化剂，包括聚苯胺（PANI）、聚 3,4-乙撑二氧噻吩（PEDOT）和铜盐催化加速。例如，引入聚苯胺（PANI）可以将 DMcT 的放电容量提升至接近理论容量，超过了商业化锂离子电池中的无机金属氧化物插层电极。另外，发现 PEDOT 也有加速 DMcT 氧化还原动力学的能力。在导电聚合物催化 DMcT 氧化还原反应动力学的研究中，Abruña 在理论模拟和实验中都做了大量工作，发现 PEDOT 可以催化任一芳香有机硫化物，只要有机硫化物的最高占据轨道（HOMO）在中性的 PEDOT 的 HOMO 和氧化态的 PEDOT 的最低未占据轨道之间。同样，如果一个物质的最低未占轨道（LUMO）的能量与 PEDOT 的 HOMO 接近，则它可以被 PEDOT 催化还原。除了 DMcT，其他基于噻二唑的有机物及其含有不同官能团的衍生物也被陆续地合成出来。由于 DMcT 基团的放电产物是小分子的硫醇盐，基于 DMcT 的有机物正极虽然可以通过添加导电聚合物来加速氧化还原反应动力学，提供不错的初始放电容量，但是电极的循环稳定性仍然有待提高。因此，基于 DMcT 的有机硫化物复合正极因为其在电解液中的溶解和缓慢的动力学离商业化应用还有一段距离。侧链型的有机硫聚合物通常包括导电聚合物主链和悬挂在侧链的 S—S 键或者多硫化物。侧链结构的有机硫聚合物在放电过程中，主链不受 S—S 断开的影响，不存在溶解问

题。所以相对主链有机硫聚合物，侧链有机硫聚合物的循环稳定性更好。Naoi
等人首次通过电化学聚合的方式合成了在侧链悬挂 S—S 的导电聚合物，其中
S—S 键作为桥梁连接相邻的两个导电高分子。这样合成的电极相比其他的有机
硫化物正极有明显优势：高理论容量；更快的反应动力学和更好的电子导电性。
其容量可以达到 270A·h/kg，质量能量密度达到 675W·h/kg。因此研究者开始
了探索这类侧链有机硫聚合物锂电池性能。研究发现，尽管这类材料包含导电聚
合主链，初始放电容量高，但是在放电之后，活性位点 S 的位置随着聚合物主链
的热运动发生变化，充电时活性位点 S 之间的间隔较大，成键效率低，导致电池
的库仑效果和循环稳定性不好。为了解决这个问题，将 S—S 键作为侧链悬挂同
一导电聚合物骨架上的结构被合成出来。因为 S—S 键悬挂在同一高分子主链上，
所以充电时 S—S 键的重建相对容易，因为正极循环稳定性有明显的提高。

第3章 负极材料

锂电池能量密度高，循环寿命长，工作电压高，记忆效应不明显，自放电慢，被认为是电动汽车、混合动力汽车的理想能源。但是目前锂电池的能量密度仍然偏低，拥有高能量密度的电极材料亟待开发。目前开发的新型正极材料只有三元高压材料可以明显地提升电池的能量密度，但电池容量提升并不显著。其他新型正极材料相比于传统的无极氧化物插层电极，容量有一定的提升，但是除了硫正极，其他正极材料的容量提升不明显。而基于硫正极的电池还存在许多问题，离实际应用还有距离。欲提高电池的能量密度，除了提高正极的容量，还可以提高负极的容量，而负极的容量可以提升一个数量级，所以开发新型高容量的负极材料意义重大。

开发高性能、高容量的负极材料已经取得一定的进展，包括碳材料和非碳材料：碳纳米管（1100mA·h/g）、碳纳米纤维（450mA·h/g）、石墨烯（960mA·h/g）、多孔碳（800～1100mA·h/g）、SiO（1600mA·h/g）、Si（4200mA·h/g）、Ge（1600mA·h/g）、Sn（994mA·h/g）、SnO（875mA·h/g）、SnO_2（782mA·h/g）和过渡金属氧化物（500～1000mA·h/g）。此外，金属碳化物、金属硫化物、金属氮化物容量通常也大于500mA·h/g，也可以作为电池的负极材料（除此之外，金属锂负极也重新开始回到人们的视野里。但是金属锂面临的问题和其他材料不同，所以会单独介绍），但是它们必须先要克服体积膨胀、容量衰减、电子导电性差、库仑效率低等问题。在这种条件下，上述材料的纳米结构表现出令人满意的结果并为材料结构的设计提供了明确的方向。调节合适的纳米级形貌可以将这些理论上的理想负极新型材料推向实用化，使用纳米科技制备新型负极有以下4个优点：

1）实现活性物质的高比表面积，加强利用储锂的活性位点，所以容量可以得到一定的提高。此外，高的比表面积可以增加与电解液的接触面积，所以可提高锂离子在电极和电解液界面的迁移。

2）有些材料的氧化还原反应在块状中难以进行，当材料体积减小到纳米尺寸，其电化学反应明显加快。

3）缩短传导路程、促进锂离子的迁移，提高电极的倍率性能。

4）电子的传递更快。

接下来会介绍锂离子的负极材料，并着重强调应用最新纳米科技制备的负极材料及其优异的电化学性能（表3-1）。其中主要包括三类：插层类材料（例如各种碳材料以及钛基材料）；合金类材料（例如 Si、Ge、Sn 等）；转化类材料（例如过渡金属氧化物、硫化物、磷化物和氮化物）。

表 3-1　常见的负极材料

负极材料	典型代表	理论容量/$(mA \cdot h/g)$	优势	常见的问题
插层类材料	碳材料		1）工作电压低 2）成本低 3）安全性好	1）库仑效率低 2）电压滞后大 3）不可逆容量大
	硬碳	200～600		
	碳纳米管	1000		
	石墨烯	800～1000		
	钛基材料		1）安全性非常好 2）循环寿命长 3）成本低 4）倍率性能好	1）容量小 2）能量密度低
	$LiTi_4O_5$	175		
	TiO_2	330		
合金类材料	硅基材料		1）容量高 2）能量密度高 3）安全性能好	1）不可逆容量大 2）容量衰减快 3）循环寿命短
	Si	4200		
	SiO	1600		
	锡基材料			
	Sn	1000		
	SnO/SnO_2	800～900		
转化类材料	金属氧化物（Fe_2O_3、Fe_3O_4、CoO、Co_3O_4、Mn_xO_y、ZnO、$Cu_2O/$CuO、NiO、MoO_2/MoO_3 等）	500～1200	1）容量高 2）能量密度高 3）成本低 4）环境友好	1）库仑效率低 2）SEI 不稳定 3）电压滞后大 4）循环寿命短
	金属磷化物、硫化物、氮化物（MX_y：M = Mn、Fe、Co、Ni、Cu 等，X = P、S、N）	500～1800	1）容量高 2）电压低 3）极化小	1）容量衰减快 2）循环寿命短 3）制备成本高

3.1　插层类化合物

3.1.1　碳材料

　　碳材料由于其一系列的优点包括易于制备、成本低，化学、电化学、热稳定性好、锂离子的嵌入与脱嵌可逆性好，被认为是制造锂离子电池理想的负极材料。这些优点对负极来说非常重要，因为插入或脱出锂离子的带电电极材料在提高温度时容易与有机电解液发生剧烈反应。有时在室温下也会有一些副反应发生。特别是 $LiPF_6$ 容易与微量的水分反应生成腐蚀性的 HF，导致电极表面的金属溶解，容量衰减。最终结果就是导致电极和电解液缓慢分解，并在电极表面形成很厚的钝化膜。基于这一点，在活性物质表面镀一层碳材料可以有效地弥补上述缺陷。碳电极在非常低的电压下也会和电解液反应，但不会造成电池的截止电压升高，而且碳材料化学稳定性非常好，可以很好地防止 HF 的腐蚀。最后，碳涂层可以有效地防止活性材料在空气中的氧化，特别是在纳米尺寸下。纳米尺寸的电极材料因为其比表面积大进而容易被氧化。基于以上原因，碳涂层可以有效地抑制电极材料在储存过程中的衰减，减小在循环过程中的容量衰减。基于碳涂层对于负极材料的影响的机理也有详细报道。例如，Zhang 等人研究发现了碳涂层对于石墨负极表面形成的 SEI 的影响。他们发现在有碳涂层的石墨负极表面形成的 SEI 层比较紧凑，厚度只有 60～150nm，而没有碳涂层的石墨球表面的 SEI 厚度远远大于有碳涂层的石墨负极，达到了 450～980nm。实验结果直接证明了碳涂层可以有效地减少电解液的分解，在电极表面形成较薄的 SEI 层。他们还发现石墨表面包覆了一层完整的碳层，防止了石墨负极和电解液的直接接触，所以电解液的分解被大幅地抑制，同时防止了电解液插入到石墨的层状结构中。除了石墨，碳涂层在其他活性物质表面的作用也有报道。例如 He 等人研究碳涂层在 $Li_4Ti_5O_{12}$ 的表面作用，发现含有碳涂层的 $Li_4Ti_5O_{12}$ 组装的电极相比于不含碳涂层的电解液分解更少。类似的研究发现，碳涂层也可以提高 Si 和 Ge 负极的电化学性能。碳涂层在 Si 表面的重要性被通过 FT-IR 和 XPS 等手段详细地研究。研究发现碳涂层可以防止 Si 表面氧化物的生成，同时在形成的 SEI 层中没有硅和碳的氟化物（CF_x 和 SiF_x），说明通过碳涂层可以极大地减少或防止活性物质 Si 与电解液反应形成 SEI 层。尽管如此，还是在 SEI 层中发现了硅氧烷的存在，而没有碳涂层的 Si 电极表面的 SEI 并没有硅氧烷。

碳材料负极可以根据结晶度和碳原子排列方式分为 2 类：软碳（石墨碳），所有微晶的堆叠方向都相同；硬碳（非石墨碳），微晶拥有不同的堆叠方向。尤其是前者，它们在电池行业非常普遍，拥有合适的可逆容量（350～370mA·h/g），长循环寿命和好的库仑效率（大于 90%）。金属锂和石墨负极的反应机理就是锂的插入与脱出的过程，被不同的分析技术深入的研究过，其中包括拉曼光谱、红外光谱和光电子能谱。在商业化的石墨材料中值得一提的是介孔碳微球（MCMB），基于中间相沥青的碳纳米纤维（MCF），气相法生长的碳纳米纤维（VGCF）和大量的人工石墨（MAG）。尽管它们可以工业化大量生产且成本较低，但是这类材料有一个主要的问题，容量较低，即 372mA·h/g，达不到纯电动汽车或混合动力汽车的要求。因此，石墨碳负极的应用还只限于低功率器件，例如手机、笔记本电脑等。所以进一步推进锂电池负极材料的应用对于电动汽车、智能电网系统和可移动的大功率器件等至关重要。其中一种可能的场景就是使用高容量的碳材料。目前有希望的碳负极材料主要为多孔碳、碳纳米管、碳纳米纤维和石墨烯。这些材料的独特结构和微小尺寸带来的一些新的性质，可以明显地提升锂电池的容量。例如，外围直径为20nm，厚度为3.5nm的碳纳米环表现出令人瞩目的电化学性能：接受锂更多，所以容量更大（超过1200mA·h/g），在0.4A/g的电流下，可稳定工作上百圈。即使在45A/g的大电流下，电极容量也达到500mA·h/g。其大容量和好的倍率性能是因为传输路径变短，同时锂离子储存位点更多。这些优点是纳米级碳材料的典型结果。

1. 石墨

石墨是由碳原子高度有序排列而成的碳材料，导电性好，有良好的层状结构，可以容纳锂离子形成Li-GIC化合物，其理论容量可以达到372mA·h/g。锂离子在锂化石墨中的脱嵌电位在$0 \sim 0.25V$（相对于Li/Li^+），即与金属锂非常接近，与常用的正极材料例如$LiCoO_2$、$LiMn_2O_4$和$LiFePO_4$构建的全电子放电电压高，能量密度大，是常用的锂离子电池的负极材料。石墨大致可以分为天然石墨和人工石墨两类。

（1）天然石墨

天然石墨可以根据晶型分为无定型石墨和鳞片石墨两种。无定型石墨纯度低，主要是2H晶面排序结构，石墨层间距为0.336nm。尤其是无定型石墨的石墨化程度低，其不可逆容量高，大于100mA·h/g，可逆容量在260mA·h/g左右。

鳞片石墨纯度高，结构更加有序，主要是2H+3R晶面排序结构，石墨层间距为0.335nm。其不可逆容量小于50mA·h/g，可逆容量高达350mA·h/g。

天然石墨负极在充放电循环过程中受到电解质溶剂的影响较大，特别是使用碳酸丙二酯（PC）很容易与锂离子对石墨负极进行共掺入，导致石墨负极的剥离，不可逆容量增加，电解质需要使用合适的溶剂或添加剂来解决这个问题，这在后面的章节有详细的介绍。

（2）人工石墨

人工石墨是将一些容易形成石墨化结构的碳材料（例如沥青）在惰性气体中进行高温（1900~2800℃）处理得到高度有序的石墨结构。最具有代表性的人工石墨材料有介孔碳微球（MCMB）和石墨纤维。

MCMB是高度有序的层层堆叠结构，可以以石油中的重油为原料进行高温处理得到。其中在700℃以下进行热解时，石墨化程度不是很高，当温度升高至1000℃以上时，得到的MCMB的石墨化程度明显提升。对于低温热解得到的石墨，其锂离子首次嵌入容量高达600mA·h/g，但是不可逆容量大；高温热解得到的人工石墨不可逆容量小，其可逆容量可以达到300mA·h/g。

石墨纤维是通过气相沉积得到的中空结构的人工石墨，起始容量高达 320mA·h/g，且不可逆容量小，首次库仑效率达到 93%，而且倍率性能优异，循环稳定性高。但是由于合成工艺复杂，生产成本高，石墨纤维不适合工业化生产。

（3）改性石墨

由于石墨层间距为 0.34nm，小于锂-石墨化合物的层间距 0.37nm，因此在锂离子反复的嵌入与脱嵌过程中，容易造成石墨被剥离，结构被破坏。此外电解质溶剂 PC 还会有锂离子对石墨负极形成共插入，加速石墨的剥离，缩短电极的循环寿命。

所以有人提出了改性石墨的概念，即在石墨表面包覆一层聚合物再热解，即在石墨表面形成一层保护层，提高结构稳定性的同时提升电极的导电性，提升石墨的电化学性能。例如将石墨和焦炭以 4:1 的比例混合热解，得到的复合电极可逆容量和循环稳定性相比于石墨都有一定的提升。

2. 软碳

软碳就是高温（2500℃）时容易石墨化的无定型碳。软碳的石墨化程度低，结构中缺陷位点多，可逆容纳较多的锂离子，而且层间间距较大，有利于电解液的浸润。因此软碳的首次放电容量较高，但是由于结构不稳定，不可逆容量也较高。此外，软碳由于结构不规则，锂离子的活性位点能量不同，导致充放电过程中没有明确的平台。经过 XRD 研究分析发现，软碳中主要成分有 3 种：无定型结构的碳、湍层无序结构的碳和石墨化碳。其中无定型碳可以容纳大量锂离子，湍层没有锂离子活性位点，石墨可以与锂离子形成 LiC_6。因此研究者认为在 1000℃ 以下热处理的碳含有大量无定型结构，拥有较多的锂离子活性位点，容量大；1000 ~ 2500℃ 热处理得到的碳含有大量的湍层结构，锂离子活性位点很少，容量低；2500℃ 以上热处理的碳主要是石墨化碳，可以与锂离子形成 LiC_6，可逆容量高。常见的软碳包括石油焦、中间相碳微球和碳纤维等。

（1）石油焦

石油焦的放电电位从 1.2V 开始持续到 0V 左右。其理论容量为 186mA·h/g，仅为石墨的一半，因为其形成的锂-碳化合物的化学计量比为 LiC_{12}。但是石油焦也有明显的优势，例如可以耐过冲，锂离子在结构中的扩散速度快，更重要的一点是可以与溶剂 PC 兼容，这直接使其成为第一代锂离子电池的负极材料，尽管后来被石墨取代。

（2）中间相碳微球（MCMB）

中间相碳微球的直径在几十微米，拥有良好的导电性。通常是以煤焦油、沥青为原料在 400 ~ 500℃ 之间形成的碳微球，然后这些碳微球进过二次高温（700 ~ 1000℃）热处理，产品可以直接做锂离子电池的负极。此外，如果二次热处理的温度进一步提高，可以得到石墨化的 MCMB。

值得注意的是，MCMB 的放电容量与热处理温度有关，在 1500℃下热处理制备的 MCMB 放电容量最低，热处理的温度降低和升高对应的放电容量都会提高，这是由于在 1500℃热处理得到 MCMB 含有最多的湍层结构，锂离子活性位点最少。此外，MCMB 的放电曲线可以分为两个阶段：第一阶段在 0.8~1.2V，对应锂离子进入 MCMB 的孔径中；第二阶段在 0~0.8V，电位进一步降低，锂离子嵌入碳材料中，形成锂-碳化合物。而且 MCMB 通常有较大的不可逆容量，可能的原因是碳表面形成 SEI 层消耗了一定量的电解质，其次锂离子与碳表面的官能团例如羧基和羟基反应也会消耗锂。

3. 硬碳

硬碳是指高温（2500℃）热解也难石墨化的碳，通常是一些高分子聚合物的热解碳。常见的硬碳主要包括一些树脂碳（例如酚醛树脂、聚糠醇树脂 PFA-C、环氧树脂等）、聚合物热解碳（例如聚乙烯醇 PVA、聚偏氟乙烯 PVDF、聚丙烯腈 PAN）和炭黑（例如乙炔黑）。其中聚糠醇树脂碳已经被索尼公司证明是优异的锂离子电池负极材料，其晶面间距为 0.37~0.38nm，与 LiC_6 晶面间距非常接近，可以支持锂离子可逆的嵌入与脱嵌，可逆容量达到 400mA·h/g，循环稳定性优异。此外，酚醛树脂在 800℃以下的热解碳，其容量高达 800mA·h/g，其晶面间距在 0.37~0.40nm 与聚糠醇树脂碳类似，拥有良好的循环稳定性。

尽管软碳代表着目前锂离子电池负极的最新的工艺，但是软碳的低容量和脱锂过程时的高电压滞后也许会限制它们作为下一代锂离子电池的负极材料。另一方面，硬碳在 0~1.5V（相对于 Li/Li^+）的区间里的可逆容量超过 500mA·h/g，它们是软碳材料的潜在替代物。硬碳的容量通常都超过理论值 372mA·h/g，所以嵌锂机理与普通的形成 LiC_6 不同，其中可能的原因有：锂离子可以嵌入纳米孔径中；硬碳是石墨层随机分布形成，没有紧密堆积，所以锂离子可以嵌入石墨层的两面；锂离子可以占据临近的晶格；无序石墨的外层可以容纳多层锂离子；锂离子可以嵌入在碳层的 ZigZag 和 Armchair 两种位点处。

硬碳于 1991 年被日本 Kureha 公司开发出来并首次作为锂离子二次电池的负极材料，但是它们后来离开了电子工业。硬碳有随机对齐的石墨烯层，为容纳锂离子提供了许多空隙，但是锂离子在硬碳内部的扩散方式导致锂离子扩散非常慢，即倍率性能不好。尽管如此，硬碳材料的高可逆容量促使许多汽车制造商和电池公司着重研究硬碳在电动汽车方面的应用。报道的负极容量在 200~600mA·h/g 之间。硬碳的高容量和材料的多孔性、石墨烯层的数量和比表面积相关。尽管硬碳的容量较高，但是硬碳也有两个明显缺点：对应电池的库仑效率低和材料的振实密度小。为了解决这些问题，科学家们采取了一系列的策略，例如表面氧化、氟化和使用金属镀层或软碳镀层。尤其是后者，可以提高电池的库仑效率和容量，提升电池性能。该方面的进展是系统地研究了温度对于碳涂层过程的影响。但是基于硬碳的负极材料的容量和循环寿命仍然亟待提高。Huang 等人合成了多孔结构的硬碳并发现电极的容量得到提升，已超过 400mA·h/g。在使用土豆淀粉合成微米尺寸的硬碳过程中发现了一些有益的结果。实验表明电极的可逆容量接近 530mA·h/g，并且拥有了良好的循环寿命和倍率性能。类似的研究有通过热解蔗糖得到纳米多孔硬碳，其容量接近 500mA·h/g，同时拥有良好的循环寿命和倍率性能。良好的倍率性能是因为锂离子在多级纳米多孔硬碳中有较大的扩散系数。

4. 碳纳米管

碳纳米管（CNT）拥有高度有序的碳纳米结构，通过自组装非定向生长得到。碳纳米管的分类方法众多，例如可以根据构型分为扶椅式、锯齿形以及手形碳纳米管。也可以根据石墨化程度分为无定型碳纳米管和石墨化碳纳米管。还可以根据厚度和共轴的层数分为单壁碳纳米管（SWCNT）和多壁碳纳米管（MWCNT）。

碳纳米管的制备方式主要有三种：化学气相沉积法（CVD，也称催化裂解法）、电弧法和激光刻蚀法。

（1）单壁碳纳米管

单壁碳纳米管由一层碳原子构成，可以认为是由一层石墨烯卷曲形成的圆柱体。单壁碳纳米管的直径在 $1\sim2\text{nm}$，长度通常在几微米，制备的单壁碳纳米管样品通常是由这些单壁碳纳米管团聚形成的聚集体，之间靠范德华力相互作用。单壁碳纳米管相比于多壁碳纳米管比表面积更大，可以达到 $2630\text{m}^2/\text{g}$。单壁碳纳米管的制备方法主要有催化裂解法、电弧放电法和激光燃烧法。

自从 1991 年发现了单壁和多壁碳纳米管，它们便被广泛地应用于负极材料和复合材料。尤其是和活性物质复合，它们比没有碳纳米管复合的负极输出更高，因为碳纳米管的添加提升了电极材料的电子导电性、力学性能、热稳定性和离子传输。单壁碳纳米管的最大理论容量为 1116mA·h/g，对应 LiC_2 的化学计量比。这是目前碳活性材料中容量最高的物质，这是因为锂离子可以插入到表面类似石墨层的稳定位点和管中的稳定位点处，但是实验中很难达到碳纳米管的理论容量。研究碳纳米管作为负极材料吸引了很多关注，研究人员尝试了许多不同的合成方法和预处理手段包括酸化和球磨表面修饰。Di Leo 等人发现通过激光汽化方法提纯的 SWCNT 达到了最高的容量（超过 1050mA·h/g）。但是由于碳纳米管存在大量的结构缺陷和较高的电压滞后，导致电池很难达到高的库仑效率。而且由于其较大的比表面积，作为负极时表面的 SEI 膜的形成通常会消耗较多的电解质，导致较大的不可逆容量。通过恒电流充放电后的循环伏安曲线表明锂离子在碳纳米管中的嵌入与脱嵌对应的氧化还原电位不是很明显，说明锂离子可能

91

只是停留在碳纳米管的活性位点，例如缺陷位点，而没有化学键的形成。此外锂离子还可能插入到碳纳米管的节点处，破坏碳纳米管的结构。该破坏作用会导致碳纳米管晶格损坏，造成不可逆容量。而且锂在单壁碳纳米管中的插入，锂离子上的部分电荷会转移到碳管上形成双电层，导致可逆容量低。不过也有报道表明如果使用浓酸打开单壁碳纳米管的末端，则锂的嵌入容量可以达到理论值，对应 LiC_6 的化学计量比。

（2）多壁碳纳米管

多壁碳纳米管类似石墨烯卷曲得到的共轴多层结构，一般是几层到几十层。层间距为 35pm，与石墨（33.5pm）类似，层之间主要靠范德华力作用。通常来讲，多壁碳纳米管的直径在纳米范围，但是其长度可以达到微米级，甚至达到几百微米，这与合成条件有关。

最常用的多壁碳纳米管的制备方法为催化裂解和电弧放电，常用的碳源包括乙炔、乙烯或樟脑。制备的碳纳米管的形貌和结晶度直接影响了其电化学性能。例如在使用电弧放电制备的多壁碳纳米管在 1mol/L $LiPF_6$ EC/PC/DMC（1:1:3）的电解液中放电过程中，即对应锂离子的嵌入过程，多壁碳纳米管存在剥蚀现象，与石墨负极类似。而通过催化裂解制备的多壁碳纳米管的杂质较多，如果不通过纯化，不可逆容量较大。在通过纯化去除杂质和退火处理发生愈合之后，多壁碳纳米管的不可逆容量明显下降，而且观察到不可逆容量直接与退火温度有关，温度越高，碳纳米管愈合越好，不可逆容量越低。

和石墨化碳材料一样，多壁碳纳米管的结构直接影响其可逆容量和循环寿命。石墨化程度低的碳纳米管可逆容量更高，可以达到 640mA·h/g，因为锂离子可以进入无定型结构中的末端、空位等缺陷位点。与此相反，石墨化程度高的碳纳米管可逆容量较低，仅为 282mA·h/g。但是在循环过程中均存在滞后性，原因可能是锂离子在嵌入与脱嵌过程中扩散的距离较长。此外发现多壁碳纳米管的石墨化程度也直接影响循环性能，石墨化程度低的对应循环性能较差；石墨化程度高的对应的循环性能较好。这是因为石墨化程度直接对应结构的有序性和稳定性，所以影响最终的循环稳定性。

对于末端开口的多壁碳纳米管，其放电容量较高，可以认为是锂离子可以进入碳纳米管中发生嵌入反应，但是由于毛细管现象导致锂离子脱嵌动力学很缓慢，通常需要提高充电截止电压。末端开孔的碳纳米管中锂离子可以在表面和孔内快递扩散，扩散系数可以达到 $3.15 \times 10^{-24} \sim 9.5 \times 10^{-23} cm^2/s$。

多壁碳纳米管作为负极材料存在较高的不可逆容量，主要有以下 4 个原因：

1）碳纳米管在制备过程中混入杂质和缺陷，导致锂离子嵌入形成化学作用能量更低。

2）锂离子的嵌入与脱嵌过程中的扩散距离大，存在较大极化，很难达到平

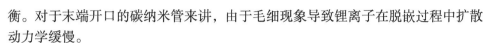

衡。对于末端开口的碳纳米管来讲，由于毛细现象导致锂离子在脱嵌过程中扩散动力学缓慢。

3）循环过程中碳纳米管结构被破坏，不再可以容纳锂离子。

4）循环过程中也可能存在溶剂的共插入导致碳纳米管的剥离。

为了解决这些问题，科学家们着重研究了碳纳米管的形貌特点，包括管的厚度、管的直径、孔隙率和形状（界面是竹状或四边形）。其中 Oktaviano 等人报道的方法让人特别感兴趣。他们在固态反应中通过化学方式在多壁碳纳米管钻孔。首先将钴颗粒引入到碳纳米管表面，然后通过氧化合成钴的氧化物。最后通过酸洗去除钴氧化物，合成表面有 4nm 孔穴的多壁碳纳米管。他们研究了带孔的碳纳米管的电化学活性，发现相比于纯的多壁碳纳米管，它们的容量更高，循环寿命更长，库仑效率更高。

此外，碳纳米管还可以通过掺杂处理提升电化学性能。例如引入硼之后可以提升电极的可逆容量，从之前的 150mA·h/g 提升至 180mA·h/g，但是库仑效率没有得到提升，仍然在 55%~58%。研究发现，掺杂前后材料的比表面积相差不大，且介孔结构也无明显区别，因为推断提升的可逆容量由于硼的引入产生了更多的活性位点可以容纳更多的锂离子。

碳纳米管还可以通过氧化进行改性。例如使用体积比为 1:3 的浓硝酸和浓硫酸可以氧化溶解碳纳米管结构中不稳定的位点，造成缺陷并容纳锂离子。因此氧化之后的多壁碳纳米管可逆容量可以提高至 200mA·h/g。但是电极的首圈不可逆容量也很大，达到 460mA·h/g，这可能是由于氧化之后表面存在大量羧基或羟基，消耗大量的锂离子。

为了提高碳纳米管的稳定性，可以将多壁碳纳米管通过化学沉积法放入直径为 400nm 的蜂窝状金刚石结构中制备复合材料。多壁碳纳米管含量较多时，该复合材料表现出不错的锂离子嵌入与脱嵌性能。

（3）碳纳米管与金属氧化物的复合

为了提高电池的容量和循环寿命，碳纳米管通常会与一系列的纳米结构活性物质（Si、Ge、Sn 和 Sb）、金属或氧化物（M_xO_y：M = Mn、Fe、Ni、Co、Cu、Mo、Cr）复合。复合材料中因为碳纳米管的添加提高了电极的导电性，减少了充放电过程中的体积变化。例如 Fan 等人通过磁控溅射将 Fe_3O_4 均匀地镀在取向型碳纳米管表面，复合材料的容量在循环 100 次之后保持在 800mA·h/g，同时表现出良好的倍率性能。类似的研究还有 MoS_2/MWCNT 复合电极，在 60 次充放电之后，电池的可逆容量为 1030mA·h/g。Ma 等人通过葡萄糖辅助的水热反应将 SnO_2 纳米颗粒固定在碳纳米管上，再通过热处理将葡萄糖转化为碳材料。葡萄糖不仅可以帮助 SnO_2 纳米颗粒在碳纳米管的分散，而且可以直接转为碳涂层。这样的多级结构不仅极大地提高了电极的导电性，同时增加了电极与电解液的接触面积，所以电极的电化学性能优异。在 0.2A/g 的电流下，电极的可逆容量达到 1572mA·h/g。当电流提升至 4A/g 时，容量保持在 685mA·h/g，表现出优异的倍率性能。此外，该电极在 1A/g 电流下循环 100 次，容量仍然保持在 1100mA·h/g，表现出优异的循环稳定性。尽管基于碳纳米管的复合材料表现出许多令人满意的结果，但是从电池工业的角度来看碳纳米管的技术还不够成熟，需要进一步完善，公开的问题包括碳纳米管的量产和成本目前都会限制它们在电池中的应用。

5. 石墨烯

石墨烯是由 sp^2 杂化碳相互连接形成的二维蜂窝状的网络结构，通常只有单原子厚度。自从 1987 年引入术语石墨烯以来，该类材料因为其极好的物理化学性质和广泛的用途，包括化学、物理、生物和工程，被广泛研究。在其优异的物理化学性质里，良好的导电性，中肯的机械强度，快速的电荷迁移和高比表面积使得石墨烯是一种合适的锂电池负极材料。但是石墨烯理论的锂存储量存在争议。尽管单层的石墨烯可容纳的锂离子少于石墨，但是当许多石墨烯层在一起时，其容纳的锂离子则会超过石墨，达到 780mA·h/g 或 1116mA·h/g。这两个值对应不同的锂和石墨烯的作用机理。尤其是前者假设锂离子吸附在石墨烯的两面对应 Li_2C_6 化学计量比，后者认为锂通过共价键陷入苯环中心对应 LiC_2 化学计量比。试验结果发现石墨烯负极的活性相当丰富。Pan 等人通过不同方式：肼还原、低温热解和电子束照射制备了不规整的石墨烯层。该不规则的石墨烯层材料中边界和缺陷产生额外的锂存储位点，所以电极的容量较高在 790~1050mA·h/g 之间。但是不规则的石墨烯层也有缺点：导电性差。类似地，为了提高石墨烯负极的容量，Lian 等人使用含有少层石墨烯的高质量石墨，其比表面积超过 $490m^2/g$，组装的电池起始容量接近 1200mA·h/g，在 40 次充放电循环之后保持在 848mA·h/g。Wang 等人通过原位合成掺杂的拥有多级孔道的石墨烯，表现出超长的循环稳定性。通过电镜发现组装的中空石墨烯层包含许多纳米孔，组装的电池在 5A/g 下循环 3000 次后还有较高的容量。这个令人满意的结果是由多级的孔道结构、良好的导电网络和杂原子掺杂共同作用的结果，促进了传质过程，加速了电化学反应。在石墨烯类材料中，由多壁碳纳米管合成的纳米带在锂离子存储方面潜力巨大。尤其是 Fahlman 课题组制备还原石墨烯纳米带和氧化石墨烯纳米带，其中氧化石墨烯纳米带的可逆容量达到 800mA·h/g。研究表明，锂离子的负极材料通常使用石墨烯与金属或半导体复合物，或石墨烯与金属氧化物、磷化物复合的复合物。例如 SnO_2 容量高，插入锂的电位低，适合作为负极材料，但是其在循环过程的巨大体积膨胀导致循环稳定性差，限制了其直接应用。为了解决这个问题，将 SnO_2 颗粒附载在石墨烯表面，可以显著地提高电极的导电性。尤其是将 2~3nm 的 SnO_2 颗粒附载在氮掺杂的石墨烯表面，其容量在循环 100 次后保持在 1220mA·h/g。Guo 等人也报道过类似的结构，他们通过冷冻干燥含有 SnO_2 纳米晶体和石墨烯的水溶液将 SnO_2 附载在石墨烯表面，再通过原位肼还原得到最终的氮掺杂的石墨烯附载 SnO_2。复合材料在 500 次充放电循环后，可逆放电容量高达 1021mA·h/g，对应 SnO_2 的容量为 1352mA·h/g，与 SnO_2 的理论容量 1494mA·h/g 非常接近，同时库仑效率超过 97%。电极的高容量是因为复合材料能提升锂离子的容纳位点。电极优异的循环稳定性是因为石墨烯中的氮原子与 Sn 的化学作用可以固定 SnO_2 纳米晶，防止充放电过程中的聚集。同时因为石墨烯提供了良好的电子通道，所以复合电极的倍率性能优异。当电流从 0.5A/g 增加到 1A/g、2A/g、5A/g、10A/g 和 20A/g 时，电极的容量为 1074mA·h/g、994mA·h/g、915mA·h/g、782mA·h/g、631mA·h/g 和 417mA·h/g。

除了使用 SnO_2 纳米颗粒，SnO_2 纳米棒和石墨烯也可以有效地复合。Wang 等人通过层层堆叠的方式制备了石墨烯、SnO_2 纳米棒和碳复合材料作为锂电池负极，其中先在石墨烯表面附载一定的 SnO_2 纳米颗粒，然后通过水热法合成 SnO_2 纳米棒，最后在表面用葡萄糖包覆一层碳材料。首先这样的三明治结构含有大量的空隙，可以容纳活性物质在充放电过程中的体积变化，有利于电解液的浸润，促进锂离子的传导，其次石墨烯层和碳涂层可以提供良好的电子通道，因此该电极拥有优异的电化学性能。组装的电池容量在循环 150 次后还保持在 1419mA·h/g，在 3C 下容量还有 540mA·h/g，表现出优异的倍率性能。类似的研究还有将 Si 和碳纳米线和氧化石墨烯层复合，其锂离子容量在 100 次充放电循环后保持在 1600mA·h/g，同时保持高库仑效率。其他方法是将合成的 Fe_3O_4 纳米棒植入到石墨烯表面，这样纳米棒/石墨烯复合物的容量保持在 867mA·h/g，相比于起始容量衰减只有 5%。

3.1.2　钛基材料

1. TiO_2

二氧化钛是很有前途的锂电池负极材料，它不仅可以量产，成本低廉，而且它在工作电压 1.5V（相对于 Li/Li^+）时非常安全与稳定。此外，TiO_2 还有许多值得赞扬的优点：电化学活性高，氧化能力强，化学稳定性好，储量丰富且结构多样。这些优点使得二氧化钛成为锂电池负极的首选材料，尤其是混合动力电动汽车方面。一个二氧化钛可以容纳 1 个锂离子，其理论容量为 330mA·h/g，对应 $LiTiO_2$ 化学计量比，接近 LTO 的 2 倍。但是实验结果发现很难完全地开发其理论容量。二氧化钛材料的锂离子的嵌入与脱嵌过程与其结晶度、颗粒大小、结构以及比表面积有关。二氧化钛拥有多种同素异形体，其中最著名的是金红石结构（属于四方晶系）、锐钛矿结构（属于四方晶系）和板钛矿（正交晶系）。尽管锐钛矿结构的二氧化钛被认为是电化学活性最高的形式，其他同素异形体例如金红石和板钛矿作为负极材料也被广泛地研究。考虑到金红石结构的二氧化钛，当颗粒尺寸减小到 15nm，其首次放电容量在 0.05A/g 电流下可以达到 378mA·h/g，在 20 次循环之后稳定在 200mA·h/g，每个金红石结构的 TiO_2 对应 0.6 个 Li。当颗粒在 300nm 左右时，其初始容量为 110mA·h/g，20 次充放电循环后，容量仅有 50mA·h/g。颗粒尺寸的减小导致容量的提升，与纳米尺寸的特征和高比表面积相关。类似结论的研究还有 6nm 的锐钛矿 TiO_2 在 0.1A/g 电流下，循环 20 次后，可逆容量超过 200mA·h/g。进一步提升电流值至 10A/g 时，容量可以保持在 125mA·h/g。当 TiO_2 的尺寸增加到 15nm 和 30nm 时，对应的放电容量只有 80mA·h/g 和 71mA·h/g。特别是颗粒尺寸的减小可以促进负极的锂离子嵌入与脱嵌和电子的集流，通过缩短锂离子的扩散路径并缩短电子传导路程。基于这一点，Lee 课题组通过溶剂热方法合成了锐钛矿 TiO_2 微球。这些 TiO_2 微球是由超细的 6~8nm TiO_2 纳米晶构成，拥有 4~6nm 孔径的微观结构。最优的 TiO_2 微球的性能包括高容量、长循环寿命和高振实密度是源于其独特的微观球状结构。高振实密度可以提高二氧化钛的容量、倍率性能和循环寿命。例如，Gentili 等人通过水热法合成了锐钛矿 TiO_2 的纳米管，其厚度在 2~3nm，外围直径在 8~10nm，长度在 100~300nm。这些纳米管的最大容量接近 300mA·h/g，对应于 1mol TiO_2 接受 0.98mol 锂离子。除了高容量，这些 TiO_2 纳米管表现出良好的倍率性能和循环稳定性，在 100 次循环后，容量保持在 250mA·h/g。类似的研究还有介孔的板钛矿结构的 TiO_2 微球，含有 12nm 的孔径。这种多孔的二氧化钛在不同电流密度下都表现出优异的电化学性能。令人感兴趣的是在超高倍率 $60C$ 下，容量仍然可以保持在 120mA·h/g。这个改进的倍率性能是因为板钛矿的 TiO_2 微球导致类似电容的电化学行为，所以反应动力学快。进一步提升 TiO_2 的功率密度和循环寿命，可以将 TiO_2 纳米结构和导电基底联合起来，其中导电基底包括碳材料、碳纳米管和石墨烯。例如 Wang 等人通过水热法合成 TiO_2 和石墨烯的复合物。制备的复合物由直径 10nm、长度从几百到几千纳米的 TiO_2 纳米管附载在石墨烯表面。得到的复合物在 1.0~3.0V（相对于 Li/Li^+）范围内，容量超过 300mA·h/g。该复合物非常稳定，可以在不同电流下（10~8000mA/g）稳定地循环数千次，同时拥有良好的库仑效率。这个令人满意的结果是由于复合物中碳纳米管的形貌和良好的导电性导致的。

2. $LiTi_4O_5$

尖晶石结构的 $Li_4Ti_5O_{12}$（LTO）理论放电容量 175mA·h/g，工作电压 1.55V（相对于 Li^+/Li）是一种非常有前景的负极材料，尤其是低温工作条件。因为 LTO 发生锂离子嵌入和脱嵌的电压较高，因此在常用的液体电解质体系中不会形成 SEI，且充电过程中发生锂金属沉积可能性非常小。更重要的是 LTO 在锂离子脱嵌和嵌入过程中体积变化仅为 0.1%~0.2%，因此结构非常稳定，循环性能优异。当然 LTO 也存在问题，例如理论容量不及石墨的一半，且电位较高导致电池的输出电压较小，能量密度较小。此外，LTO 的电子导电性也有待提高。

Allen 等人研究了 LTO 粒径对其低温电池性能的影响。350nm LTO 负极在 20℃、0℃、−10℃、−20℃、−30℃时在 $C/8$ 倍率下放电容量分别为 152mA·h/g、148mA·h/g、135mA·h/g、115mA·h/g 和 80mA·h/g；700nm LTO 负极在 20℃、0℃、−10℃、−20℃、−30℃时在 $C/8$ 倍率下放电容量分别为 163mA·h/g、135mA·h/g、92mA·h/g、60mA·h/g 和 35mA·h/g。说明减小颗粒尺寸可以缩减锂离子的传输路径，有利于提升低温时低倍率的电池性能。同样是低温条件，当电流密度从 $1C$ 增加到 $5C$ 时，700nm LTO 的放电容量要高于 350nm LTO。可能的原因是小颗粒 LTO 粒子之间相互接触较多。

Phjalainen 等人研究了 LTO 颗粒尺寸对于低温高倍率时电化学性能的影响。他们通过球磨的方法制备了不同粒径的 LTO。在 −20~20℃ 区间内，0.1C 倍率充放电时两者容量相差不大。但是当电流密度提升至 $1C$ 时，小颗粒 LTO 放电容量为 109mA·h/g，高于大颗粒 LTO 放电容量（83mA·h/g）。原因就在表面效应：表面的位点相比于内部位点反应时电压更高，因此表面的位点几乎可以达到完全锂化的状态。

Yuan 等人以蔗糖为碳源通过煅烧制备碳包覆的 LTO 材料。包覆的碳层为无定型、多孔结构，厚度约为 5nm，载量 3.35wt%。在 −20℃ 进行交流阻抗测试，碳包覆的 LTO 的电荷转移阻抗约为没有碳包覆的 LTO 的三分之一。在 −20℃ 进行充放电测试，单纯的 LTO 在 $1C$ 和 $10C$ 倍率下放电容量为 108mA·h/g 和 31mA·h/g，碳包覆的 LTO 在 $1C$ 和 $10C$ 倍率下放电容量为 119mA·h/g 和 41mA·h/g。因此，碳包覆可以提升 LTO 低温高倍率时的电化学性能。

Marinaro 使用微波辅助的一锅多元醇法还原在 Super P 碳黑上负载金属 Cu，以此来替代 Super P。由于 Cu 的引入，极化较小、动力学加快，在 −30~20℃ 温度区间内，在不同倍率下（0.2~5C）都表现出更高的放电容量。具体为在 −30℃时含 Cu 的电极在 0.2C 和 5C 倍率下放电容量分别为 131mA·h/g 和 82mA·h/g；而同等条件，单纯的 Super P 电极放电容量仅为 95mA·h/g 和 5mA·h/g。

Ji 等人研究了 La^{3+} 和 F^- 掺杂对于 LTO 低温时的电化学性能的影响。结果表明仅 La^{3+} 掺杂可以提升 LTO 的放电容量，但会导致循环稳定性下降。但如果同时掺杂 La^{3+} 和 F^- 不仅可以提升放电容量还可以提升循环性能。合成的电极 La005-F03（$Li_{3.95}La_{0.05}Ti_5O_{11.7}F_{0.3}$）在 −20℃、1$C$ 倍率下表现出更小的电荷转移阻抗、更高的锂离子迁移系数和稳定放电容量（75mA·h/g）。

Liang 等人开发了一种合成类似豌豆荚结构的碳封装 LTO 纳米颗粒。由于纳米 LTO 颗粒被碳层紧紧包覆，所以该正极在室温下表现出非常优异的循环稳定性和倍率性能。在 $10C$ 倍率下充放电 5000 次放电容量保持在 152mA · h/g（约为起始容量的 96.8%）；在 $90C$ 倍率下放电容量保持在 125mA · h/g。在 $-25℃$ 时，该正极在 $10C$ 倍率下循环 500 次，放电容量保持在 157mA · h/g，$30C$ 倍率时放电容量为 122mA · h/g。这样优异的性能是源于均匀的碳包覆、大的机械强度、高比表面积和纳米级的活性材料，促进了 LTO 电化学性能的提升。

另外一种同时提升 LTO 电子导电性和结构强度的方法是氟掺杂。Zhang 等人提出了一种简单、可规模化干法表面氟化策略来提升商业化 LTO 的电化学性能。在 $1C$ 倍率下循环，氟化 LTO 在 $-10℃$ 和 $-20℃$ 的可逆放电容量为 130mA · h/g 和 100mA · h/g，为室温容量的 82.6% 和 63.3%。提升的电化学性能主要是来源于表面 Ti^{3+}，增加比表面积，加快锂离子迁移和提升的电子传导。

Zou 等人也提出了杂原子掺杂的策略来提升 LTO 的电子导电性。他们利用静电纺丝制备 1D 纳米纤维，然后掺杂 Cr，并在表面涂覆一层 Li_2CrO_4 以提升颗粒内部以及颗粒之间的电子传导。这样的纳米结构在 $-10℃$、$1C$ 倍率下循环 100 次，放电容量可以稳定在 130mA · h/g。

2019 年，Ho 等人将 LTO 纳米颗粒嵌入分级大孔-介孔碳层网络中。这样的材料在低温、大倍率下表现出优异的循环稳定性，在 $-10℃$ 和 $-20℃$、$10C$ 倍率下循环 1000 次，容量保持率分别为 76% 和 40%。相比之下，商业化 LTO 在 $-10℃$ 循环 1000 次之后容量仅为 10%，而在 $-20℃$ 仅可以充放电 40 次。如果添加丙酸甲酯（MP）或者氟代碳酸乙烯酯（FEC），工作温度可以进一步下降到 $-30℃$。在 $1C$ 和 $10C$ 倍率下，该电极放电容量分别为 96mA · h/g 和 21mA · h/g。这样优异的低温性能是由于大孔和微孔的协同作用，既有利于电解液的浸润，缩短了锂离子的迁移路径，又优化了电子传导路径。

3.2　合金类材料

下一代锂电池需要满足高耗能器件的功率要求，比如纯电动汽车、混合动力电动汽车和固定式储能。新型负极材料需要满足的基本参数是容量。根据其反应机理，满足高容量的负极材料包括 Si、Ge、SiO、Sn、SnO_2，典型的容量范围为 783mA · h/g（SnO_2）～4211mA · h/g（Si）。尽管这些合金材料的容量比石墨（372mA · h/g）和 LTO（175mA · h/g）高得多，但是插、脱锂过程伴随的体积膨胀与收缩以及起始的较大不可逆容量导致这些材料循环寿命差。为了解决这些问题，采取了一系列的手段，包括从微米尺寸下降到纳米尺寸和形成与金属锂活性或金属锂惰性的复合物。后一种方法复合物中的金属锂活性、惰性材料作为合金材料和锂源的导电缓冲基底。纳米结构的合金材料拥有不同的形貌，例如纳米线、纳米管，是获得高容量、好倍率性能和长循环寿命的有效途径。

3.2.1　硅基材料

1. Si

Si 在所有负极材料中拥有最高的质量容量（4200mA·h/g，对应 $Li_{22}Si_5$）和最高的体积容量（9786mA·h/cm³）。此外，Si 的放电平台在 0.4V（相对于 Li/Li^+）和石墨非常接近。Si 是地球上分布第二多的元素，所以成本低，环境友好。因为 Si 及其衍生物被认为是最有希望成为下一代锂电池的负极，也解释了为什么它们作为负极材料吸引了学术界和工业界的强烈兴趣。Si 负极的插锂过程已经被多个课题组深入地研究过。发现 Si 的高容量是因为形成了 Li-Si 二元金属化合物例如 $Li_{12}Si_7$、Li_7Si_3、$Li_{13}Si_4$ 和 $Li_{22}Si_5$。但是 Si 作为锂电池负极材料还需要解决许多问题。第一，放电过程中产生巨大的体积膨胀（约400%）导致循环寿命差和不可逆容量。第二，SEI 层界面限制了 Si 化合物的锂的插入与脱去。为了了解 Si 负极循环稳定差的根本原因，采取了一系列原位表征，包括 XRD、NMR 和 TEM。这些研究发现由于 Si 负极明显的膨胀与收缩导致活性物质与导电碳和集流体接触变差，所以产生不可逆的容量。最终结果是体积变化导致容量衰减，循环寿命差。

为了解决这些问题，在制备 Si 纳米结构方面付出了许多努力，尤其是 Si 的形貌方面，例如纳米线、纳米管和纳米球等。因为这些结构有必需的自由体积可以容纳插入锂时的体积膨胀，尤其是 Si 纳米线和纳米管，其可逆容量可以达到 2000mA·h/g，同时拥有良好的循环稳定性。最令人满意的结果是通过气-液-固方法将 Si 纳米线直接生长在金属集流体上。这个技术制备的复合物可以更好地容纳体积的变化，并且由于直接与金属集流体接触，所有的 Si 纳米线都可以和锂形成合金。这样制备的负极表现出非凡的电化学性能。在 0.2C 下，循环 20 次，实际放电容量保持在 3500mA·h/g。当电流密度提升至 1C 时，容量保持在 2100mA·h/g。该结果是因为 Si 纳米线和集流体之间的良好的电子接触、高效的电荷传输机理和 Si 纳米线的小尺寸，可以更好地容纳体积变化而结构没有破碎。类似的报道还有 Si 的纳米纤维，Yao 等人通过低压的化学气相沉积法（CVD）将 Si、Li 和导电材料例如 TiC/C 复合形成纳米纤维。这样制备的 Si 纳米纤维容量高，在 0.2C 下，达到 2800mA·h/g，同时拥有优异的循环寿命，可以稳定地充放电 100 次以上。当电流提升至 2C 时，放电容量达到 1500mA·h/g。

尽管上述的纳米结构表现出优秀的电化学性能，但是它们的合成性价比不高，所以这种新产生的技术并没有应用到工业生产中。为了从概念上的可行性到实际有效的锂电池负极材料的转变，研究者寻找了可替代的方法，例如水热和溶剂热方法。例如，Chan 等人引入新的方法在溶液中合成碳包覆的 Si 纳米线。最主要的一点是将碳包覆的 Si 纳米线和导电基底例如 MWCNT 和无定型碳混合。合成的碳包覆的 Si 纳米线，在 0.2C 下 30 次循环后，容量保持在 1500mA·h/g。

类似的方法也被应用到碳包覆的 Si 纳米线。一个典型的例子是通过金属催化 HF 腐蚀 Si 芯片，然后在表面涂碳层。制备的碳包覆的 Si 纳米线的可逆的容量达到 1326mA·h/g。Ge 等人在此基础上直接腐蚀 B 掺杂的 Si 芯片进一步提升了 Si 纳米线的电化学性能。制备的多孔 Si 纳米线表现出优秀的电化学性能和长循环寿命。事实上，即使循环 250 次后，在 2A/g、4A/g、8A/g 电流下，电极的可逆容量分别保持在 2000mA·h/g、1600mA·h/g、1100mA·h/g。这个令人印象深刻的结果是由于 Si 纳米线大的孔隙率和掺杂 B 提升了 Si 纳米线的导电性。

在其他的研究里，Si 纳米管表现出更高的可逆容量，达到 2500mA·h/g。例如 Song 等人使用 ZnO 辅助的 CVD 方法合成了拥有封闭管状结构的 Si 纳米结构。这样的纳米管结构可以容纳在 Si 充放电过程（即插、脱锂过程）中体积的变化，展示出高的起始库仑效率，其起始放电容量和充电容量分别为 3860mA·h/g 和 3360mA·h/g。这个容量已经非常接近 Si 纳米管的理论容量，即所有 Si 纳米管都和集流体充分接触，所以 Si 都和 Li 充分反应。此外，电化学测试发现电流从 0.2C 到 2C，电极的容量都可以稳定保持在 2600 ~ 1490mA·h/g。Cho 等人通过使用 Al$_2$O$_3$ 模板也合成了类似的碳包覆的 Si 纳米管。这类碳包覆的 Si 纳米管表现出令人瞩目的高可逆容量（3247mA·h/g）和高库仑效率，接近 89%。从这个角度将 Si 纳米管引入商业化市场，与标准的正极材料即 LiCoO$_2$ 组装成全电池进行测试。使用该材料的锂离子电池即使在循环 200 次后，容量还是比基于石墨负极的商业化锂电池容量高 10 倍。这个特殊的电化学行为主要基于以下 3 点：

1）碳纳米管拥有自由体积可以容纳锂离子。

2）在循环过程中无定型和晶型共存，其中以无定型为主。

3）碳涂层。

Wu 等人合成了稳定 Si 双壁纳米管并包覆离子可透过的 SiO$_2$ 层作为先进锂电子的负极材料。Si 纳米管表面的 SiO$_x$ 薄层可以允许锂离子的扩散，但是防止了 Si 和电解液的接触。该复合纳米管表现出稳定的电化学性能，其循环寿命超过 6000 次，容量保持率接近 88%，库仑效率优异。

2. SiO

除了 Si，SiO 由于其高理论容量（ >1600mA·h/g）也被认为是锂电池负极材料的候补。另外，锂氧配位意味着更小的体积变化和更低的活化能。在充放电过程中，电化学反应可能是 SiO 转化成 Si 和 Li$_x$O，然后 Si 和 Li 进一步生成 Si-Li 合金，或直接生成 Si-Li 合金和 Li$_x$SiO$_2$。反应机理如下：

$$SiO + xLi \leftrightarrow Si + Li_xO$$

$$x\text{Li} + \text{Si} \leftrightarrow \text{Li}_x\text{Si}$$

或

$$x\text{Li} + \text{SiO} \leftrightarrow \text{Li}_{x-y}\text{Si}_z + \text{Li}_x\text{SiO}_z$$

固体的 SiO 在任何温度下热力学都是不稳定的，所以在一定温度下可以通过歧化反应转化成 Si 和 SiO$_2$。和 Si 类似，SiO 在锂插入和脱出过程中伴随着体积变化。而且 SiO 的导电性较差，锂离子的嵌入与脱嵌速率较慢。为了解决这些问题，提升可逆容量和循环保持率，研究者们采取了不同的手段，其中最有意义的是碳涂层、SiO 与 Li 的电化学还原、SiO 尺寸的减小。在这些方法中，颗粒尺寸的减小和碳涂层的联用可以缩短锂离子的扩散路径，提升离子和电子导电性，从而克服以上困难。

2002 年研究发现氧的浓度和颗粒的尺寸同时影响电极的循环寿命和可逆容量。锂电池的性能分析是通过改变 SiO$_x$ 中氧的浓度例如 SiO$_{0.8}$、SiO 和 SiO$_{1.1}$ 和颗粒的尺寸例如 30nm 和 50nm。实验发现 50nm 的 SiO$_{0.8}$ 起始容量为 1700mA·h/g，随着循环容量快速衰减。当使用 SiO$_{1.1}$ 作为负极，在循环之后容量可以稳定在 750mA·h/g。发现 SiO$_x$ 的氧含量低时，电极容量高但是循环寿命差。此外，颗粒的尺寸也影响负极的电化学性能。尤其是 30nm 的 SiO$_x$ 比 50nm 的 SiO$_x$ 拥有更好的容量保持率和更高的可逆容量。最终，为了了解 SiO 和 Li 的电化学反应机理，研究者们采取了不同的分析技术，其中包括 XPS、NMR、高分辨的 TEM 和电化学膨胀法。尤其是通过 ^{29}Si、^{7}Li 的固态核磁和高分辨的 TEM 观察在不同放电、充电电压下的 SiO 电极和 Li。结果发现 Si-Li 合金以及 LiO$_x$ 和 Li-Si-O 三元是电极可逆反应的中间产物。SiO 电极具体的反应步骤还有待进一步研究。

Liu 等人报道了含有高电子导电的金属化合物，例如 Sn-Co-C 和 Sn-Fe-C 的 SiO 复合物，该复合物拥有良好的循环稳定性和高振实密度。由于电子导电的金属化合物的主要问题是可逆容量低，和石墨负极性能相当，所以可将金属化合物和拥有高理论容量的负极材料例如 SiO 复合。这个复合的电极希望可以克服 SiO 体积膨胀的问题，从而达到高容量和高循环稳定性。其中，Sn 是活性物质，过渡金属（例如 Co 和 Fe）是惰性物质作为 Sn 合金的缓冲层。这样复合的材料在许多循环之后容量稳定在 700~900mA·h/g。

进一步提升 SiO 的电化学性能可以通过合成三维多孔的 SiO。先将 Ag 纳米颗粒沉积在 SiO 表面，再通过 HF 的化学腐蚀制备。其中综合容量和循环稳定性结果最好的是使用乙炔气体在三维多孔 SiO 的表面包覆碳涂层的复合结构。碳包覆的三维多孔 SiO 可以有效地提高电子导电性和减少循环过程中的体积膨胀。确切地说，碳包覆的三维多孔 SiO 在 0.1C 循环 50 次，可逆容量达到 1490mA·h/g。在电流提高至 3C 和 5C 时，其容量可以稳定在 1100mA·h/g 和 920mA·h/g。

Song 等人报道了结构和动力学稳定的多级纳米树状结构的 SiO_x（$0.9 < x < 1$）作为锂电池的负极材料。其中柱状的纳米 SiO_x 直接通过 CVD 自组装在金属 $NiSi_x$ 纳米线表面。相比于大块的 SiO，这些枝状的 SiO_x 在循环数百次之后还表现出稳定的充放电性能，容量接近理论值，同时拥有良好的库仑效率和高的倍率性能。这样优异的性能是由于 $NiSi_x$ 还有良好的导电性，辅助了 SiO_x 部分的有效的电荷转移。

3.2.2　锡基材料

1. Sn

金属锡由于其高理论容量（994mA·h/g）（对应 $Li_{4.4}Sn$）而受到关注。其电化学反应为：

$$Sn + 4.4Li \leftrightarrow Li_{4.4}Sn$$

该过程伴随着接近 300% 的体积变化，因此会导致负极结构发生坍塌，从而导致容量快速衰减。为了解决这些问题，Nobili 等人将纳米 Sn 颗粒嵌入导电的多孔碳中。在活化阶段，通过控制充电容量来最大程度保持负极的结构稳定性和容量保持率。活化之后，在 $-20℃$，$0.25C$、$0.5C$ 和 $1C$ 倍率下放电容量可以达到 190mA·h/g、100mA·h/g 和 45mA·h/g。该结果表明导电多孔碳封装 Sn 可以有效缓冲体积膨胀导致的结构坍塌问题，从而提升循环稳定性。

Yan 等人也采用类似的碳包覆策略，将纳米 Sn 嵌入膨胀石墨层间。由于石墨层与层之间堆叠紧密，复合材料电子导电性好，有利于电解液的浸润，在 $-20℃$，$0.1C$ 和 $0.2C$ 倍率时放电容量分别为 200mA·h/g 和 130mA·h/g。

2. SnO_2

SnO_2 首先由富士胶卷公司开发出来，由于其理论容量高、工作电压低［约为 0.6eV（相对于 Li/Li^+）］，作为锂电池负极材料受到许多关注。SnO_2 的电化学反应可以被总结为：第一步是部分不可逆过程，SnO_2 被还原成 Sn 和 Li_2O；第二步是可逆过程，即 Sn-Li 的合金和脱合金过程。反应机理如下：

$$SnO_2 + 4Li \leftrightarrow Sn + 2Li_2O$$
$$Sn + 4.4Li^+ \leftrightarrow Li_{4.4}Sn$$

总的化学反应是 1mol 的 SnO_2 对应 8.4mol 的 Li，对应理论容量 1491mA·h/g。但是由于第一步反应可逆性差，电极的可逆容量通常只是指第二步的贡献，即 783mA·h/g。所以通常认为 SnO_2 的理论容量为 783mA·h/g。而且，随着循环过程中明显的体积变化（>200%），容量衰减严重。为了提升 SnO_2 的循环稳定性和减少因为体积变化导致的不可逆容量，研究者们付出了许多努力。

多孔的纳米结构、纳米复合物和中空的 SnO_2 可以解决以上的问题。尤其是

纳米结构的 SnO_2 的孔隙率可以缓冲插、脱锂时的体积变化。基于这一点，Yin等人使用 $Sn(SO_4)_2$ 作为前体，通过高性价比、容易的溶胶-凝胶方法制备了 $100 \sim 300nm$ 介孔 SnO_2 球。该介孔 SnO_2 表现出不错的可逆容量，在 $0.2A/g$ 和 $2A/g$ 电流密度下循环 50 次之后，容量分别保持在 $761mA \cdot h/g$ 和 $480mA \cdot h/g$。类似的研究还有以 SiO_2 为模板合成介孔 SnO_2，相比于 SnO_2 纳米线，介孔的 SnO_2 表现出更好的电化学性能。确切地说，介孔 SnO_2 在 $0.2C$ 下，循环 50 次后，可逆容量保持在 $800mA \cdot h/g$，容量保持率超过 98%。这是因为多孔 SnO_2 的空隙不仅可以缓冲充放电过程中的体积变化，而且可以促进电解液的渗透，帮助锂离子的传导。

由于导电碳在锂电池中的重要作用，为了进一步提升 SnO_2 的性能，将纳米 SnO_2 和碳材料进行复合，包括碳包覆的 SnO_2、SnO_2/碳纳米纤维、SnO_2/碳纳米颗粒、SnO_2/CNT 和 SnO_2/石墨烯。基于这一点，通过高性价比的水热法以葡萄糖为碳源合成了碳包覆的中空 SnO_2 微球。该材料在容量、库仑效率和循环寿命三个方面都表现出更好的电化学性能。这样优异的性能是由于在有碳涂层的 SnO_2 电极中，Sn 可以被部分氧化成 SnO。而没有碳涂层的 SnO_2 中，Sn 并没有被氧化。类似的研究还有使用石墨烯作为多孔 SnO_2 的载体，来提高锂离子的容量和材料的循环稳定性。该复合物是通过静电喷雾沉积技术制备而成，具有良好的电池性能。将 SnO_2 分散在石墨烯上对于电池应用非常有利，因为石墨烯不仅可以提升电子导电性，而且提供了复合材料的机械强度，保证了循环过程中的结构完整性。该复合材料在 $0.2A/g$ 和 $0.8A/g$ 电流密度下，循环 100 次后，容量分别稳定在 $551mA \cdot h/g$ 和 $507mA \cdot h/g$。Lou 等人以 Fe_2O_3 微立方体为模板在其表面沉积 SnO_2，然后进行包覆多巴胺及热处理，最终通过草酸去除 Fe_2O_3，制备了拥有氮掺杂的碳层包覆的中空的 SnO_2 结构。该中空结构层厚为 $40nm$，比表面积为 $125m^2/g$。中空结构可以缓冲充放电过程中的体积变化，氮掺杂的碳涂层可以提高材料的导电性以及结构完整性，所以该材料表现出优异的电化学性能。在 $0.5A/g$ 电流下，循环 100 次后，容量保持在 $491mA \cdot h/g$。

在此基础上进一步提升其性能，使用多层碳包覆的 SnO_2 结构。典型的结构有 C/SnO_2/石墨烯，该结构的制备通常分多步进行：

1）石墨烯表面 SnO_2 的附载。

2）SnO_2 还原成 Sn。

3）通过 CVD 方法在表面包覆碳层。

这样的复合结构拥有循环优异的稳定性和倍率性能。但是容量相对较低，而且这种方法合成步骤相对复杂，流程长。为了简化合成步骤，提高电化学性能，Ma 等人提出使用水热法在 CNT 表面沉积 SnO_2，通过添加一定量的葡萄糖，不仅可以促进 SnO_2 在 CNT 表面的分散，而且可以作为碳源，经过热处理得到

C-SnO$_2$/CNT，合成流程大大缩短。该结构表现出优异的电化学性能，在0.2A/g电流下，可逆容量为1572mA·h/g。当电流提升至4A/g时，可逆容量保持在685mA·h/g，表现出优异的倍率性能。同时在0.2A/g下，循环140次后，可逆容量超过900mA·h/g，表现出优异的循环稳定性。

其他形貌的SnO$_2$例如纳米线、纳米管、纳米盒和纳米片作为负极材料也受到关注。例如Ye等人报道了SnO$_2$纳米管的尺寸效应对于电极性能的影响，使用预先合成的介孔二氧化硅纳米板作为模板，通过水热法生产出不同长度的SnO$_2$纳米管。长度小的SnO$_2$纳米管的容量和循环寿命都比长的SnO$_2$纳米管要好。循环30次后，放电容量保持在468mA·h/g。这是由于中空的纳米管结构可以有效地缓解循环过程中的体积变化和机械张力。

3.2.3 其他合金类材料

1. Ge

Ge由于其高的锂存储量（1623mA·h/g）对应Li$_{22}$Ge$_5$化学计量比和可逆的插、脱锂过程被广泛地用于锂电池负极材料的研究。尽管Ge比Si的价格要高，容量也较低，但是Ge本身也有显著的优点，例如高的导电性，是Si的10 000倍，带宽窄只有0.67eV。而且研究发现锂离子在Ge中的扩散在360℃和室温下分别比在Si中快15和400倍。这样的性质保证了Ge的高倍率性能和更有效的电荷传导。Ge的大功率性能对于先进的大功率应用例如电动车非常重要。但是Ge也面临着和Si的一样的体积膨胀问题（300%），这限制了其在锂电池中的实际应用。Ge的纳米结构包括纳米颗粒、纳米线和纳米管可以有效地容纳体积变化，得到更高的库仑效率。值得注意的是，通过一些简单的方法例如固态热解制备Ge纳米颗粒和导电基底的复合材料可以进一步提升电极的电化学性能。

将直径5~20nm的Ge纳米颗粒封装在50~70nm的碳纳米球中。碳纳米球的作用不仅作为电极的活性材料，缓冲Ge在充放电过程中的体积变化，而且可以避免Ge和电解液的直接接触，防止Ge参与生成SEI层。制备的复合物表现出高度可逆的容量，同时有良好的倍率性能。类似的研究还有通过CVD方法将Ge的纳米颗粒沉积在SWCNT表面。平均直径在60nm的Ge纳米晶沉积在SWCNT后，在表面镀上一层薄的TiO$_2$可以进一步提升倍率性能。使用CNT的主要优势是可以增强Ge和集流体的电子接触，提升锂离子的扩散，从而帮助容纳循环中Ge体积的变化。该复合电极表现出优异的电化学性能，在半电池中可逆容量达到980mA·h/g，与LiFePO$_4$构成全电池的可逆容量达到800mA·h/g。类似研究还有将Ge纳米颗粒和MWCNT和还原氧化石墨烯复合，制备的复合物也表现出高的可逆容量，同时有优异的循环寿命和倍率性能。

除了Ge纳米颗粒，Ge纳米线和Ge纳米管也被应用于锂电池负极。例如，

Yuan 等人提出烷基硫醇钝化的 Ge 纳米线负极。首先，Ge 纳米线是以金的种子为媒生长制备得到。然后使用 HF 进行腐蚀得到末端含有 H 的 Ge 纳米线。最后使用十二烷硫醇修饰得到表面钝化层。硫醇钝化之后的 Ge 纳米线表现出优异的电化学性能，包括在 $0.1C$ 下高的可逆容量（$1130mA \cdot h/g$）和良好的循环性能。这样的结构也表现出优异的倍率性能，在 $11C$ 下，可逆容量达到 $550mA \cdot h/g$。为了更好地了解 Ge 纳米线表面的钝化作用机理，比较了含有钝化层的 Ge 纳米线和没有钝化的 Ge 纳米线。电化学测试和电镜表征确认了钝化层可以提高结构的完整性。

金属和 Ge 的纳米复合结构也被合成出来作为电池负极材料。例如，Wang 等人通过射频溅射在 Cu 纳米线表面镀 Ge，合成了三维的 Cu-Ge 核-壳纳米线结构。这样的纳米线在循环 40 次后可逆容量仍保持在 $1419mA \cdot h/g$。另外还发现了该材料拥有优异的倍率性能，即使在 $40C$ 和 $60C$ 下，可逆容量保持在 $850mA \cdot h/g$ 和 $734mA \cdot h/g$。这样令人兴奋的结果是由于 Cu 纳米线的良好导电性，保证了 Ge 和集流体的良好电子接触，促进了电子的传输，缩短了锂离子的传输路径。

除了纳米级 Ge，纳米级的 GeO_2 也可以作为锂电池的负极材料。Seng 等人通过导电碳涂层提升 GeO_2 的电化学性能。$GeO_2/Ge/C$ 复合材料通过三步合成：首先通过水解 $GeCl_4$ 合成 GeO_2，然后使用乙炔在表面包覆碳层，最后在高温下部分还原 GeO_2，得到 $GeO_2/Ge/C$ 复合结构。通过比较 $GeO_2/Ge/C$，GeO_2/C，纳米级 GeO_2 和大块 GeO_2 的电化学性能，发现 $GeO_2/Ge/C$ 在 $1C$ 和 $10C$ 下放电容量分别为 $1860mA \cdot h/g$ 和 $1680mA \cdot h/g$，同时拥有良好的循环稳定性。这样值得关注的结果是由于 Ge 的碳涂层，尤其是碳涂层可以增强 GeO_2 和 Li 反应的可逆性。

2. Zn

Zn 的理论容量为 $410mA \cdot h/g$，略高于石墨，且工作电压低，为 0.4（相对于 Li^+/Li），其电化学反应为：

$$Zn + Li \leftrightarrow LiZn$$

Zn 在充放电过程中，锂的嵌入与脱嵌体积变化较大，容易导致粉化，导致纯 Zn 的循环性能较差。为了解决这个问题，Varzi 等人提出使用金属互化物来提升电极的电子电导率和机械强度。他们制备了多孔 Cu-Zn 合金，结果表明 $Cu_{18}Zn_{82}$ 结构的电池性能最优，在 $-10℃$，$0.05A/g$、$1A/g$ 和 $5A/g$ 电流密度下，放电容量达到 $238mA \cdot h/g$、$167mA \cdot h/g$ 和 $52mA \cdot h/g$；在 $0.1C$ 倍率下循环 160 次，可逆容量超过 $100mA \cdot h/g$。

3.3　转换型材料

转换型材料通常是指过渡金属氧化物、磷化物、硫化物和氮化物，该类材料的电化学反应机理包含过渡金属的还原（或氧化）伴随着锂化合物的生成（或分解），典型的方程式如下：

$$M_xN_y + zLi^+ + ze^- \leftrightarrow Li_zN_y + xM$$

式中，M = Fe、Co、Ni、Cu、Mn；N = O、P、S、N。因为这类材料的氧化还原涉及多个电子，所以基于这类材料的负极其可逆容量可以达到1000mA·h/g。

3.3.1 氧化物

1. FeO$_x$

铁氧化物因为其成本低、毒性小和储量丰富，作为锂电池的负极材料受到广泛关注。铁氧化物包括赤铁矿（α-Fe$_2$O$_3$）和磁铁矿（Fe$_3$O$_4$）都可以与金属锂发生可逆反应，其理论容量分别为1007mA·h/g和926mA·h/g。但是由于铁氧化物电子导电性差，锂离子扩散慢，循环过程中体积变化大和铁的聚集导致其循环寿命差。所以为了克服以上缺点，研究者们付出了大量努力着重开发新的方法制备铁氧化物纳米结构，调节其颗粒大小、形状以及孔隙率。其他研究注重开发新方法得到稳定的结构、更好的反应动力学和倍率性能，主要是通过碳包覆或复合碳材料。

例如 Wang 等人报道了 α-Fe$_2$O$_3$ 的中空结构作为锂电池的负极材料。该中空的 α-Fe$_2$O$_3$ 是通过简单的近似乳状液模板法合成，其中使用水和丙三醇混合形成近似乳状液，该液滴作为合成 α-Fe$_2$O$_3$ 中空结构的软模板。他们在0.005~3V（相对于 Li/Li$^+$）电压范围内研究该 α-Fe$_2$O$_3$ 空心球的电化学性能，在循环100次后，可逆容量超过700mA·h/g。该结果表明纳米结构对于与锂的电化学反应非常重要。类似地，Wu 等人研究了 α-Fe$_2$O$_3$ 纳米棒的形貌以及尺寸对电化学性能的影响。他们合成了长度在300~500nm 的纳米棒，并通过调节无机盐的浓度以及反应温度控制纳米棒的孔隙率。Liu 等人使用 ZnO 为模板制备赤铁矿 α-Fe$_2$O$_3$ 纳米管，其外围直径在200~300nm 之间，然后以葡萄糖为碳源在表面包覆碳。制备的 α-Fe$_2$O$_3$ 纳米管表现出良好的插、脱锂性能，在充放电150次后，容量仍然接近750mA·h/g。对应的电压区间为0.005~3V（相对于 Li/Li$^+$），放电倍率为0.2C。Muraliganth 等人也报道了类似的结构，通过微波辅助的水热法，以聚乙二醇四百（PEG-400）为软模板、多糖为碳源制备碳包覆的 Fe$_3$O$_4$ 纳米线。得到的碳包覆的 Fe$_3$O$_4$ 纳米线直径在20~50nm，长度在几微米，表现出优异的电化学稳定性。在循环50次后，容量保持在830mA·h/g，没有衰减。这是由于碳涂层不仅提高了导电性，还增强了锂离子的渗透和材料的化学稳定性，提高了铁氧化物与锂电化学反应的可逆性。Xu 等人通过含铁的金属有机框架结构制备了纺锤形锂的多孔 α-Fe$_2$O$_3$，其颗粒在20nm 左右。这样新型的 α-Fe$_2$O$_3$

106

结构表现出更高的容量，在 $0.2C$ 下，充放电循环 50 次后，可逆容量达到 911mA·h/g。另外，在 $10C$ 下，电极的可逆容量仍然可以达到 424mA·h/g。该结果表明铁氧化物的尺寸和形貌会同时影响其电化学性能。

Sohn 等人通过气溶胶辅助和蒸气涂层制备了 Fe_3O_4/碳-硅酸盐的核壳结构。选择碳涂层是因为其良好的导电性，同时缓解循环中铁氧化物的聚集，减少机械张力。这样的复合纳米结构在循环 50 次后可逆容量保持在 900mA·h/g，同时库仑效率接近 100%。此外 Fe_2O_3 纳米管结构也被合成出来作为负极材料，其中以微孔的有机纳米管作为模板。该多孔的 Fe_2O_3 纳米管表现出优异的电化学性能，在 0.5A/g 和 1A/g 电流下，其可逆容量分别达到 918mA·h/g 和 882mA·h/g。该结果表明低成本的铁氧化物和导电的碳复合以后可以作为石墨负极的替代物。

2. CoO_x

可以作为锂电池负极材料的 CoO_x 通常包括 Co_3O_4 和 CoO，其理论容量分别为 890mA·h/g 和 715mA·h/g。和其他物质类似，不同形貌的 CoO_x 都被深入研究过。合成方法通常有湿法、固态、水热以及微波反应等，合成不同的多孔纳米结构包括纳米片、纳米立方体、纳米线和纳米管，以调节其电化学性能。Guan 等人使用 NH_3 作为腐蚀剂合成纯相的 CoO 八面体纳米笼状结构。制备的八面体纳米笼大小均一，结构规则，边缘长度在 100~200nm 之间。在组装电池中，该材料表现出优异的循环性能和良好的倍率性能以及更高的锂容量。即使在大倍率 $5C$ 下，该八面体纳米笼的可逆容量也可以保持在 474mA·h/g。其高容量和良好的效率、性能是因为其纳米笼状结构中有很多空隙可以容纳循环过程中的体积变化。Wang 等人以 $Co(OH)_2$ 纳米片为前体通过固态晶体重建合成晶质 Co_3O_4 纳米盘。该多孔的 Co_3O_4 纳米盘表现出优秀的电化学性能，循环稳定性好，起始不可逆容量小。在 $0.2C$ 下循环 30 次后，其放电容量保持在 1015mA·h/g。该优异的电化学性能是由于二维纳米盘的特性以及其孔隙率可以容纳循环过程中的体积碰撞。

CoO_x 复合物的进一步研究主要集中于解决插、脱锂过程中的体积膨胀、防止活性材料从集流体表面脱落以及活性物质的聚集。由于碳材料的优异性能，基于碳的复合材料也被广泛地研究。例如，Huang 等人将超细的 CoO 纳米颗粒（直径约为 5nm）固定在石墨烯纳米片上。这样制备的 CoO/石墨烯复合材料表现出优异的循环稳定性和 100% 的库仑效率，在循环 520 次后，容量稳定在 1015mA·h/g。通过投射电镜观察发现，循环之后的 CoO 纳米复合物的形貌保持完整。CoO 和导电的网络结构复合得到的结构稳定性和循环寿命使人印象深刻。Peng 等人报道了另一种形貌 CoO 量子点和石墨烯复合表现出高的锂容量。Wu 等人也报道了类似的结构, 在碱性溶液中以含有 Co^{2+} 无机盐和石墨烯纳米片制备 Co_3O_4/石墨烯复合物, 其中 Co_3O_4 颗粒在 $10 \sim 20nm$ 之间。该 Co_3O_4/石墨烯复合物表现出优异的电化学性能, 包括高可逆容量、长循环寿命和良好的倍率性能。

3. ZnO

ZnO 由于其放电电压低、成本低、容易制备和化学稳定, 作为锂电池的负极材料也吸引了许多目光。和其他 3d 过渡金属氧化物类似, ZnO 的反应机理除了 Zn 和 Li 形成金属化合物 (ZnLi) 以外, 通常还涉及 Li_2O 的生成与分解, 其理论容量为 $978mA \cdot h/g$。但是由于 ZnO 导电性差, 在充放电过程中有明显的体积膨胀, 导致活性物质从集流体上脱落, 因此单纯的 ZnO 即使在小电流下容量衰减也很快, 几圈之后就降到 $200mA \cdot h/g$ 以下。为了提高 ZnO 的电化学性能, 采取了一系列的策略包括:

1) 制备有序的多孔纳米结构。

2) 与导电材料例如多孔碳和导电聚合物形成复合物。

3) 和其他金属形成合金。

Liu 等人在室温下进一步合成纳米和微米结构的层状氢氧化物, 其尺寸和形貌可以通过 NH_3 的浓度来调节。在惰性气体中煅烧之后, 层状氧化物转化为多孔的金属氧化物纳米片。制备的 $ZnO/ZnAl_2O_4$ 相比于纯的 ZnO 拥有更好的循环稳定性, 在 10 次充放电后, 容量保持在 $500mA \cdot h/g$。Huang 等人也报道过类似的 ZnO 纳米片, 他们通过化学沉积的方法直接在 Cu 箔表面生产 $Zn(OH)_2$-$ZnCO_3$ 纳米片, 再通过煅烧得到 Cu 箔附载的多孔氧化锌纳米片。该 ZnO 纳米片/Cu 箔复合物比纯的 ZnO 粉末有更好的循环稳定性, 在 $0.05A/g$ 电流下, 循环 100 次后, 容量保持在 $400mA \cdot h/g$。同时该复合物也表现出不错的倍率性能, 在 $0.25A/g$、$0.5A/g$、$1A/g$ 和 $2A/g$ 电流下, 其可逆的放电容量分别为 $520mA \cdot h/g$、$400mA \cdot h/g$、$300mA \cdot h/g$ 和 $195mA \cdot h/g$。提升的电化学性能是由于 ZnO 纳米片与集流体拥有良好的电子接触, 同时多孔的 ZnO 纳米片可以帮助电解液渗透, 促进锂离子的传导。

与导电材料形成复合物也是一种提升电极的电化学性能的有效方法, 其中最常见的方法是使用多孔碳来封装纳米 ZnO。Shen 等人通过简单的溶剂热方法以醋酸锌与预先合成的多孔碳为原料合成 ZnO/PC 复合材料。该复合物中 ZnO 纳米颗粒在 $30 \sim 100nm$ 之间, 均匀地分布在多孔碳中, 其比表面积为 $246m^2/g$。当 ZnO 质量分数中等 (约54%) 时, 该复合物表现出最好的循环稳定性和较高的可逆容量。在 $0.1A/g$ 电流下, 循环 100 次后, 其可逆容量超过 $650mA \cdot h/g$, 在电流提升至 $1A/g$ 时, 容量仍然可以稳定在 $500mA \cdot h/g$。这是因为当 ZnO 含量中等时，不仅可以均匀地分布在多孔碳内部，形成良好的电子接触，还可以保留一定的空位容纳充放电过程中的体积变化。类似的结果 Sun 等人也有报道，他们以 SiO_2 为模板，在酚醛树脂合成中添加三聚氰胺，通过碳化、去模板得到氮掺杂的多孔碳，然后通过溶剂热方法制备了 ZnO/PC 复合物。该复合物不仅提高了电子、离子的传输，同时可以缓冲循环过程中的体积变化，因此表现出优异的循环稳定性。在 5A/g 电流下，循环 1800 次后，容量保持在 425mA·h/g。

金属有机框架（MOFs）中的金属和有机配体是高度有序地键合在一起，而 MOFs 中有一类结构含有 Zn 的分子。因此直接碳化含有 Zn 的 MOF 可以得到 Zn 均匀分布在多孔碳中的复合物。Yang 等人通过控制热解 MOF-5 制备了多孔碳封装的 ZnO 量子点。该复合物的比表面积大于 $500m^2/g$，可以有效地容纳循环过程中的体积变化，帮助电解液的渗透，促进锂离子的传导。另外相互连接的多孔碳导电骨架提供了有效的电子传输路径。因此该材料表现出优异的电化学性能，包括高容量、长循环寿命和良好的倍率性能。在 75mA·h/g 电流下，可逆容量接近 1200mA·h/g，且在 50 次循环后，容量几乎没有衰减。当电流提升至 3750mA·h/g 时，电极的可逆容量保持在 400mA·h/g。Yue 等人报道了一个类似的结构，在 MOF-5 中掺杂少量的 Co，然后碳化得到 Co-ZnO/C。Co 的掺杂有两个明显的好处：一是可以提高碳的石墨化程度；二是提高材料的电子导电性。因此 Co 掺杂的复合材料比不掺杂的材料有更好的电化学性能。在 0.1A/g 电流下，循环 50 次后，容量保持在 725mA·h/g，而单纯的 ZnO/C 对应的容量只有 335mA·h/g。

除了上述提到的金属氧化物，其他金属氧化物例如 NiO、MnO_x、MoO_x、CuO_x 和 CrO_x 等作为锂电池的负极也被广泛研究。它们表现出多种多样的物理化学性质和较高的可逆容量（约 500mA·h/g）。

3.3.2 磷化物

金属磷化物作为锂电池负极材料也受到广泛关注。它们和金属锂反应既涉及转换反应机理，也涉及锂的插入与脱出机理，具体由过渡金属的性质以及金属与磷的共价键的稳定性决定。可以根据反应机理简单地将金属磷化物分为两类：

第一类反应机理是锂离子的插入与脱出，不涉及金属与磷的共价键的断裂，反应方程式如下：

$$M_xP_y + zLi^+ + ze^- \leftrightarrow Li_zM_{x-y}P_y$$

第二类反应机理是金属与磷的共价键断裂，生成纳米级的金属和磷化锂，反应方程式如下：

$$M_xP_y + zLi^+ + ze^- \leftrightarrow Li_zP_y + xM$$

Cu、Co、Fe、Ni 和 Sn 的磷化物通常被认为是第二种机理即转换型机理。尽管如此，还是有一些 MP_x 在不同的电压下既可以发生锂插入反应，也可以发生转换反应。金属磷化物的容量通常在 $500 \sim 1800mA \cdot h/g$。此外，金属磷化物中电子是高度离域的，导致金属的氧化态较低，金属与磷之间的共价键较强。另外一个优势是 MP_x 的放电平台比对应的氧化物更低。但是金属磷化物同样面临导电性差、循环过程中体积膨胀等问题。金属磷化物负极值得进一步探索去解决这些缺点。例如，立方 Ni_2P 晶体和锂化的 NiP_2 是通过 Ni 粉和红磷混合球磨制备，而且 Li-Ni-P 三元活性物质也可以通过类似的方法制备。Ni_2P 和 Li-Ni-P 可以与锂可逆地发生转换型反应。尤其是 Li-Ni-P 三元材料的可逆容量可以达到 $600mA \cdot h/g$。Lu 等人制备了碳修饰的 NiP_2 多级纳米球，颗粒大小在 $5 \sim 10nm$ 之间。该合成是基于有机相的混合，以油胺为表面活性剂，分散乙酰丙酮镍、三辛基磷、三辛基胺和油胺。在 Ni_2P 表面引入碳层，可以抑制 Ni_2P 在循环中的聚集和颗粒的粉碎，从而提升容量保持率和结构的稳定性。小颗粒的 Ni_2P 在 $0.5C$ 下容量在 $365mA \cdot h/g$，表现出良好的循环稳定性。为了进一步提升金属磷化物的容量和循环稳定性，该课题组通过湿法合成了单相 Ni_5P_4 和碳材料的复合物。在磷化镍中提高磷的含量可以提高磷化物的理论容量，而碳涂层的引入可以提升电极的电化学稳定性。Ni_5P_4 表面的碳层可以通过高温煅烧得到。该复合物在 $0.1C$ 下循环 50 次后，容量稳定在 $644mA \cdot h/g$，表现出不错的循环稳定性。当放电倍率提升至 $3C$，容量仍然可以保持在 $357mA \cdot h/g$，展现出良好的倍率性能。该复合物性能的提升是高结晶度的 Ni_5P_4 和无定型碳层共同作用的结果。

磷化钴和磷化铜也表现出类似的锂电池活性。Yang 等人在溶液中以油胺为表面活性剂制备了碳层包覆的不同形貌的 Co_xP，包括纳米棒、纳米球和中空结构。尤其是碳包覆的 CoP 中空结构相比于 Co_2P 纳米棒和纳米球表现出更高的容量保持率、更好的循环稳定性以及良好的倍率性能。它们中空结构的特殊性允许高效的锂离子转换反应，同时可以容纳在循环过程中的体积变化，所以提升了容量和循环稳定性。Trizio 等人制备了六边形的 Cu_3P 作为锂电池的负极材料，Villevieille 等人利用磷蒸气与铜纳米棒制备 Cu_3P 纳米棒。具体地说，通过电化学方法在集流体铜箔表面直接生长铜纳米棒，再使用磷蒸气原位合成 Cu_3P，这样制备的 Cu_3P 与集流体拥有良好的电子接触，可以直接作为锂电池负极。由于原位生长的优异导电性和纳米棒之间的孔隙率可以缓冲体积变化，因此该负极材料表现出了优异的循环稳定性，在 $1C$ 下充放电 20 次后，容量几乎没有衰减。

3.3.3 硫化物

Fe、Mo、Sn、Sb、Ni、Co 和 W 由于其锂容量高和锂嵌入与脱嵌的反应机理吸引了较多的关注。MS_x 锂反应是转换型机理，即被还原成金属，同时生成 Li_2S。例如，Wang 等人报道了固态反应合成相控的 CoS_x 多面体。该反应是基于高温下 Co 和 S 粉末的反应，其中需要使用 KX，KX 也是反应试剂之一。CoS_2 和 CoS 拥有优异的锂插入与脱出的可逆性，其容量分别为 $929mA \cdot h/g$ 和 $835mA \cdot h/g$，是最有希望作为锂电池负极的金属硫化物。Paolella 等人使用硫、硫代硫酸盐、硬脂胺（即十八胺）、铁盐和 3-甲基邻苯二酚制备了 Fe_3S_4 纳米盘，其中 3-甲基邻苯二酚作为相控剂和生长调节剂。Fe_3S_4 电极的循环伏安法测试发现，该电极拥有良好的锂插入与脱出的可逆性，与导电基底的复合拥有良好的电化学性能，所以金属硫化物与导电基底的复合物也有报道。例如，Xu 等人通过表面活性剂辅助的溶液法制备了超薄碳层包覆的 FeS 纳米片，其中十二烷基硫醇既是表面活性剂也是硫源。通过调节十二烷基硫醇的浓度构成不同形状的胶束，合成对应形状的纳米结构。碳包覆不仅可以提高电子导电性，而且可以防止金属硫化物的放电产物硫化锂的溶解。因为这些优点，二维的碳包覆的 FeS 纳米片表现出优异的电化学性能。在 $0.01 \sim 3.0V$（相对于 Li/Li^+）区间，$0.16C$ 电流下，循环 100 次后，容量稳定在 $615mA \cdot h/g$。当电流提升至 $10C$ 时，可逆容量保持在 $235mA \cdot h/g$。石墨烯包覆的 CoS 颗粒也展现出类似的电池性能。该 CoS/石墨烯复合物是通过一步溶剂热法制备，如果溶剂热过程中不添加石墨烯则得到多孔的 CoS 微球。石墨烯复合的 CoS 相比于多孔 CoS 微球表现出更好的电化学性能。在 $0.1C$ 电流下，循环 40 次后，容量保持在 $1065mA \cdot h/g$。这些令人印象深刻的结果表明金属硫化物也是有效的锂电池负极材料之一。

3.3.4　氮化物

金属氮化物也是有潜力的锂电池负极材料。其中，Cu_3N、VN、Co_3N、CrN、Fe_3N、Mn_4N 和 Ni_3N 表现出更优异的性能。Gillot 等人研究了不同的制备方法，包括镍盐或镍颗粒的氨解，其中镍颗粒是通过肼还原硝酸镍得到，或氨基镍的热分解，其中氨基镍是在液氨中得到。尤其是从氨基镍制备的 Ni_3N 展现出最好的电化学性能，其容量高达 $1200mA \cdot h/g$。而且 Ni_3N 表现出良好的倍率性能，在 $C/3$ 时，充放电 10 次后，可逆容量保持在 $500mA \cdot h/g$。Sun 等人制备的 CrN 薄膜也表现出高放电容量，达到 $1200mA \cdot h/g$。通过 XRD、TEM 和 SAED 等表征发现 CrN 的晶体结构在充放电之后仍然可以保持，表现出良好的可逆性。Cu_3N 纳米粉末与锂反应也是转换型机理，但是反应机理相对复杂。在高温和大电流下，该材料的起始放电容量远超过其理论容量。这是因为在 Cu_3N 与 Li 反应生成 Cu 和 Li_3N 之后，纳米级 Cu 比较活泼可以促进有机层的形成，同时自己被氧化成 CuO。在充电过程中，CuO 被还原，同时有机层分解，导致活性物质有新的表面暴露出来，所以该电极循环稳定性欠缺。Das 等人通过射频中子溅射合成了纳米片形貌的 CoN 的薄膜，其厚度在 200nm 左右。在 0.005 ~ 3.0V（相对于 Li/Li$^+$）区间内，其初始容量接近 760mA·h/g。但是在第一次充放电过程中，形成的 SEI 层导致了巨大的不可逆容量。令人感兴趣的是，随着循环的进行，放电容量逐渐增加，80 次循环后，容量达到 960mA·h/g。该结果表明，CoN 薄膜电极需要循环一定次数后才会形成稳定的构型。

3.4　金　属　锂

金属锂的高理论容量（3860mA·h/g）、低密度（0.59g/cm³）以及最低的电势（-3.040V，相对于 SHE）让金属锂成为理想的锂电池负极材料。但金属锂作为可充电的锂离子电池负极还存在一定的问题。其中最主要的问题有两个：第一，在充放电循环过程中锂枝晶的产生；第二，循环过程中电池的库仑效率低。这两个问题导致了金属锂负极的两个致命缺点：首先是可能出现锂枝晶刺穿隔膜出现内部短路，引发安全问题；其次是锂电池循环寿命短。尽管低的库仑效率可以通过加入过量的 Li 来补偿，但是由于锂枝晶的生长导致电池的损坏有时会伴随着一定的安全问题，所以可充电锂电池金属锂负极在 20 世纪 90 年代初就销声匿迹了。

随着下一代可充电电池的开发，以金属锂为负极的 Li-S 和 Li-O₂ 电池受到很多关注。在过去的 40 年里，锂枝晶的形成已经被深入地分析和模拟。最常用的防止枝晶生长的方法是通过调节电解质的组分以及添加剂来提高金属锂表面的 SEI 层的稳定性和均匀性。但是，金属锂在有机溶剂中是热力学不稳定的，所以液体电解质中在金属锂表面形成充分的钝化层是非常困难的。除了形成稳定的 SEI 层，还可以通过添加有高机械强度的聚合物层或固态阻隔层来防止枝晶穿透隔膜。这些策略是通过提高 SEI 层或隔膜的机械强度来抑制锂枝晶对隔膜的穿透，但是没有从根本上解决锂枝晶的生长问题。

3.4.1　锂枝晶的形成与生长

在过去的几十年里，许多课题组都模拟了锂枝晶的形成和生长过程，提出了有意义的基础模型。为了简化模拟过程，大部分模型基于二元电解质体系，即锂盐和聚合物电解质，例如 LiClO₄ 或 LiN（SO₂CF₃）₂（LiTFSI）和聚环氧乙烯（PEO）。当电池在开路状态下，电解质处在稳态，不存在浓度梯度；当电池开始放电时，Li$^+$ 和阴离子会在电场作用下分别迁往正极和负极，Li$^+$ 可以嵌入正极中而阴离子在负极没有电化学反应，仅是富集在负极表面，从而产生浓度梯度，有了浓差极化；当电池开始充电时，Li$^+$ 和阴离子向相反方向分别迁往负极和正极，阴离子富集在正极区域而 Li$^+$ 得到一个电子并沉积在负极上。Li 的沉积速度或 Li$^+$ 的消耗速度与施加的电流密度有关。尽管 Li$^+$ 的消耗可以宏观地由正极溢出的 Li$^+$ 补充，但是负极附近的微观的离子分布显著影响了 Li 的沉积形貌。所以一个基本的锂枝晶的生长过程模拟可以通过计算在极化下的对称锂电池中的浓度梯度开始。Brissot 和 Chazalviel 等人使用以下的方程式来描述电池中的浓度梯度；

$$\frac{\partial C}{\partial x}(x) = \frac{J\mu_a}{eD(\mu_a + \mu_{Li^+})}$$

式中，J 是电极的有效电流密度；D 是扩散系数；e 是电子电荷；μ_a 和 μ_{Li^+} 分别是阴、阳离子迁移率。基于以上方程式，Li|Li salt-PEO|Li 电池预计会出现两种情形：

第一种：$dC/dx < 2C_0/L$，其中 C_0 是起始的锂离子浓度，L 是电极之间的距离，此时极化较小，浓度梯度保持不变，即离子浓度趋于稳态。此时负极的阴离子浓度 $C_a = C_0 - \Delta C_a$，正极的 Li$^+$ 浓度 $C_{Li^+} = C_0 + \Delta C_{Li^+}$，而

$$-\Delta C_a \approx -\Delta C_{Li^+} = \frac{\mu_a}{\mu_a + \mu_{Li^+}}\frac{JL}{eD}$$

第二种：$dC/dx > 2C_0/L$，此时极化较大，在一定时间内负极的阴离子浓度趋近于 0，这个时间用 τ 表示，

$$\tau = \pi D \left(\frac{eC_0}{2Jt_a}\right)^2$$

$$t_a \approx 1 - t_{Li^+} = \frac{\mu_a}{\mu_a + \mu_{Li^+}}$$

式中，t_a 和 t_{Li^+} 分别代表阴离子和 Li$^+$ 迁移数。Brissot 和 Chazalviel 等人发现阴离子和 Li$^+$ 的浓度对于 τ 表现出不同的影响。当负极区域的阴离子浓度逐渐减小，导致负极的正电荷过多，这样会形成局部净电荷产生电场，导致锂枝晶的成核与生长。他们模拟和实验的结果同时证实了浓度梯度以及锂枝晶出现的时间和理论上的 τ 非常接近。Chazalviel 也预测了锂枝晶的生长速度与阴离子的迁移率和电场强度有关：

$$v = -\mu_a E$$

式中，E 为电场强度。

Monroe 和 Newman 提出了适用于恒电流下液态电解质的锂枝晶生长模型。他们采取了 Barton 和 Bockris 的方法，同时参考热力学观点：在枝晶生长过程中浓度和电压都不是一成不变的。他们计算了电池中浓度和电压在不同时间的分布，发现锂枝晶的生长速度沿着电解液的方向增加，同时受施加的电流密度直接影

响。Ross 等人通过理论模拟和实验操作系统地研究了 PEO-LITFSI 电解质体系中锂枝晶的生长。他们发现尽管锂枝晶的形成对于电池总的阻抗影响不大，但是显著地降低了界面电阻。由于枝晶产生的电阻可以根据阻抗数据计算得到。此外，他们还发现枝晶会像熔丝一样熔断，即当第一个枝晶接触到正极导致短路时，由于巨大的短路电流只通过该枝晶会将其熔化，只要当大部分的枝晶最终都接触到正极才会发生内部短路。尽管电池中将连续的导电的锂枝晶称为"枝状生长"，但是实际上锂枝晶有多种形成和生长方式，例如枝状、晶须状和其他。在非水系电解质体系中真正的枝晶是在金属锂尖端添加一些"养分"，这些养分主要来自电解质中的 Li^+。根据经典的枝晶生长模型可以得到枝晶的生长与其尖端半径和生长速度有关。其他基于锂电池的电化学模型和实验发现，锂枝晶的生长受尖端表面能控制，而在所有条件下，尖端表面能都是加速枝晶的生长。不过可以通过限制电流或增加电池的厚度来缓解其影响。但是限制电流或增加电池的厚度意味着限制了电池的性能。基于另一些锂电池实验结果提出了另一种枝晶生长模型。金属锂片上的锂溢出到晶须面继续生长。Yamaki 等人分析了金属锂负极表面张力辅助的晶须生长穿透隔膜的过程。

1. 电流的影响

众所周知，锂的沉积与剥离过程中的有效电流密度直接影响锂枝晶的形成与生长。通常情况下，小的电流密度可以得到相对稳定的循环寿命，而大电流密度则会加速二次锂金属电池的"死亡"。通过 τ 的方程式可以知道枝晶的形成和 J^{-2} 成正比，这意味着大的电流密度会加速锂枝晶的生成。值得注意的是有一些结果表明 τ 和 J^{-1} 而不是 J^{-2} 成正比。他们认为这个偏差是由局部电流密度的波动导致的。因为他们使用离子液体作为支持电解质，实际上形成了三元电解质而不是 Chazalviel 模型中的二元电解质。在 Monroe 和 Newman 提出的适用于液体电解质的模型中，枝晶的尖端生长速率可以表达为

$$v_{tip} = \frac{J_n V}{F}$$

式中，J_n 是根据枝晶尖端面积计算的有效电流密度；V 是锂的摩尔体积；F 是法拉第常数。

根据该式可知枝晶的生长速率与 J_n 成正比。因此减小有效电流密度可以推迟枝晶产生的时间，减慢枝晶的生长速度。当施加一个小电流时，金属锂表面可以保持相对光滑，延长循环寿命。

根据 Chazalviel 模型，施加一定电流密度则会产生一定的浓度梯度；当施加大电流时，经过时间 τ，负极的阴离子浓度趋近 0 且形成锂枝晶；当施加小电流时，可以形成稳定的浓度梯度，此时没有锂枝晶的产生。而电流密度决定了实际情况属于哪一种。

$$J^* = 2eC_0D/t_aL$$

当电流密度较低时，电池中浓度差异较小。但是实验发现小电流下仍然存在锂枝晶，只是没有大电流下产生的多。Rosso 等人和 Teyssot 等人把这个归结为金属锂和电解质界面的局部不均匀性导致较大的浓度梯度产生枝晶。Brissot 等人在 Li│PEO-LITFSI│Li 电池中证实了该假设，尽管单个的枝晶生长可能与预测的速率不同。实验表明，在大电流下，锂的沉积是扩散控制的，锂枝晶的开始形成时间与时间 τ（负极阴离子浓度为 0）吻合。但是循环过程中枝晶开始形成的时间由于缺陷存在会变得更早。在小电流下，即浓度梯度较小时，仍然观测到一些拉长的金属锂丝，这是由于局部的不均匀性导致的。两种情形下的枝晶生长速度都符合 Chazalviel 模型。后来 Rosso 等人发现在小电流下枝晶的出现还是和功率密度成正比。这可能是 PEO-LITFSI 电解质体系的特殊性质导致了沿着电极表面的浓度分布不稳定。枝晶的生长与浓度梯度的直接关系可以通过三个独立的技术测量枝晶附近的离子浓度得到。除了电流密度、电荷的种类，恒电流还是脉冲式电流对锂枝晶的形成也有重要影响。Miller 等人研究发现脉冲式充电可以减少 96% 的锂枝晶生成。他们提出了大晶粒模型来解释脉冲式充电的机理，揭示了锂枝晶的生成是 Li$^+$ 扩散时间与 Li$^+$ 在负极的还原时间的竞争结果，在较小的过电位下，短时间的脉冲过程倾向于形成更少的枝晶。

2. 界面弹性强度的影响

Monroe 等人依据线性弹性理论提出了一个动力学模型来描述聚合物电解质的力学性能对于金属锂表面粗糙度的影响。研究的界面是隶属于小范围的二维扰动体系。有特定分界线的分析方法可以计算其变形之后的轮廓。接下来计算弹性 Li 界面的压缩张力、形变张力和表面张力。将这些参数引入模型中可以预测沿着电极表面的交换电流密度的分布。最终或许可以解释聚合物电解质的机械强度可以终止枝晶的继续生长。结果发现当电解质的剪切模量是金属锂的两倍时，即 1000MPa 时，枝晶的生长可以被有效地抑制。而常用的 PEO 的剪切模量小于 1MPa，远远低于所需的机械强度。

上述讨论的模型在其他领域的应用都有一定的限制。例如 Monroe 和 Newman 提出的枝晶生长速率只考虑了单个枝晶的生长，而没有考虑相邻枝晶之间的相互作用。Chazalviel 理论在实际锂电池中的应用也有一定的限制，因为其施加的电流已经超过了极限电流。但是，Rosso 等人和 Teyssot 等人认为 Chazalviel 模型可以扩展至小电流情形，至少适用于基于 PEO 的电解质体系，因为微观下浓度也存在不均匀性。尽管这些模型包含了许多近似和限制条件，但是它们为枝晶的成核与生长机理建立了扎实的理论基础。更重要的是，这些基本模型预测了新的抑制枝晶生长的方法，尤其是在锂沉积的时候。例如，使用拥有大比表面积的负极来减小有效电流密度，加大单离子导体来提高 Li$^+$ 迁移数，合成有高剪切模量的电解质和添加支持电解质等。

3.4.2　原位形成稳定的 SEI 层

Peled 在研究碱金属负极时首次提出电极和电解质界面处形成 SEI 层。当金属与有机电解质接触时立刻就会生成 SEI 层，厚度通常在 1.5~2.5nm。SEI 层由金属和电解质反应生成的不溶物构成，可以允许离子传导，但是不允许电子穿过，类似固体电解质。目前 SEI 层的概念已经扩展到所有电极的表面层，包括石墨负极和金属氧化正极。

当金属锂负极与非水电解质体系接触或电解质中的 Li^+ 电沉积在负极表面，立刻生成 SEI 层。作为二次电池的负极，锂在充放电循环过程中不停地剥离与沉积。在充电过程中，锂枝晶的形成导致 Li 的比表面积增加，更多的锂暴露在有机电解质中。由于金属锂与电解质之间存在较大的电势差，导致了许多物质被还原，包括溶剂、锂盐以及电势比 Li/Li^+ 电对高 1V 及以上的所有大气中微量污染物。这个过程叫作 SEI 层的自我修复，立刻再次稳定金属锂负极。但是持续形成新的 SEI 层会消耗金属锂和电解质，意味着需要加入过量的 Li 来补偿 Li 的损失和干涸的电解液。不断地形成新的 SEI 层还会增加电池的阻抗，降低库仑效率。所以，SEI 的质量对于可充电锂电池的金属锂负极的可行性至关重要。理想的 SEI 层拥有高的离子电导率，致密的表面，微小的厚度以及高弹性强度来抑制锂枝晶的生成。而 SEI 层的组成与结构由有机溶剂、锂盐以及添加剂决定。接下来将分别详细介绍有机溶剂、锂盐和添加剂对于 SEI 层的影响。

1. 有机溶剂的影响

SEI 层中锂盐主要由有机溶剂决定。Aurbach 等人发现使用不同的有机溶剂，对应的 SEI 层中的主要成分也不相同：EC 中主要是 $(CH_2OCO_2Li)_2$，PC 中主要是 CH_3CH—$(OCO_2Li)CH_2OCO_2Li$，DMC 中主要是 CH_3OCO_2Li，甲酸甲酯（MF）中主要是 $HCOOLi$，DEC 中主要是 $CH_3CH_2OCO_2Li$ 和 CH_3CH_2OLi，THF 中主要是 ROLi（$CH_3(CH_2)_3OLi$），DME 中主要是 ROLi（CH_3OLi），DOL 中主要是 $CH_3CH_2OCH_2OLi$ 和 HCO_2Li。当 EC 和 PC 或 DEC 混合时，EC 的还原产物占主导；当 MF 和其他有机混合时，$HCO_2Li/ROCO_2Li$ 为主要成分；当 EC 或 PC 和醚类混合，$ROCO_2Li$ 为 SEI 主要成分。如果存在水分可以与 $(CH_2OCO_2Li)_2$ 转换成 Li_2CO_3。SEI 层中的无机盐主要由电解质中的锂盐决定。例如当使用 $LiAsF_6$ 时，SEI 层中主要的无机盐为 LiF 和 Li_xAsF_x；当使用 $LiClO_4$ 时，无机盐主要包括 Li_2O、LiCl、$LiClO_3$ 和 $LiClO_2$；当使用 $LiPF_6$ 时，无机盐主要包括 LiF 和 Li_xPF_6。SEI 层的不规则结构可以允许离子通过，SEI 层的电阻随着厚度的增加而增加，同时溶液的还原选择性变高。SEI 中与电解液接触的外层是多孔且不均匀的，因为溶液的还原不能完全包覆 SEI 薄膜和电解液的界面，而是在特定的孔穴和缺陷处，因为让 SEI 层有一定的厚度时，电子只能到达特定的孔穴或缺陷处。所以，SEI 层的化学组分与物理结构逐渐地从 Li/SEI 界面转移到 SEI/电解质界面。当 SEI 层足够厚可以阻挡电子的传导时则会停止生长。最薄的 SEI 层的厚度在几纳米，由电子在 SEI 层中的隧道效应和电介质的击穿决定。在靠近金属锂的表面，SEI 层主要由低氧化态的组分构成，例如 LiO、LiN、LiX 和锂化之后的碳。在 SEI 的外层主要由高氧化态的组分组成，例如 $ROCO_2Li$、$ROLi$、$LiOH$、Li_xMF_x（$M = As$、B、P 等）、$RCOO_2Li$ 等。SEI 层的表面在化学组成上更不均匀，导致更加不均匀的锂沉积。这种枝晶生长是二次电池金属锂负极失效的主要原因。在锂沉积和剥离过程中，SEI 层分解，新的锂表面暴露并与电解液反应形成新的 SEI 层。SEI 层的重复分解与形成会消耗电解液，所以循环效率降低，循环寿命缩短。锂枝晶也可能会导致电池短路，带来安全隐患。

许多溶剂被用来研究金属锂负极的库仑效率。基于金属锂负极的库仑效率在不同溶剂中也各不相同，在 PC 中小于 85%，THF 中为 88%，在 2-甲基四氢呋喃中平均为 96%，在多甲氧基醚和二甲氧基丙烷中为 97%，在乙醚中为 98%，在 DME 或者乙基聚乙烯醚类中小于 80%，在二乙甘醇二甲醚中小于 50%，在 DOL（1,3-二氧戊烷）中大于 96%，在离子液体中为 80%。但是锂电池使用的电解液除了 DOL 都表现出较差的循环保持率，同时锂枝晶的生长容易导致内部短路。只有使用 DOL 作为溶剂，$LiAsF_6$ 作为锂盐可以得到不错的循环稳定性。这是因为 DOL 被还原生成寡聚物，DOL 的寡聚物是不溶的，同时末端含有烷氧基可以吸附在锂表面。这个高弹体（DOL 寡聚物）可以让形成的 SEI 薄膜拥有更好的柔韧性。柔性的 SEI 层可以容纳金属锂在循环过程中的形貌或体积变化，抑制枝晶的生成，提高基于金属锂负极的二次电池的循环寿命。

2. 锂盐的影响

除了有机溶剂，电解质中的锂盐对于金属锂负极的循环库仑效率也有关键的作用，因为金属锂负极的表面受到锂盐阴离子还原的直接影响。之前讨论过，SEI 薄膜靠近金属锂表面的内层主要由无机盐构成，而这些无机盐主要是一些阴离子在没有添加剂或污染物存在的情况下的还原产物。如果盐可以和金属锂反应形成一层薄的、致密的、均匀的 SEI 层，那么枝晶的生长可以被抑制，如果再选择合适的溶剂，基于金属锂负极的循环效率可以提高。基于锂金属负极二次电池的电解质锂盐的选择需要符合以下 4 个标准：

1）高化学稳定性，同时与金属锂负极和正极相兼容。

2）宽的电化学窗口。

3）高稳定性和低毒性。

4）良好的离子电导率。

相比于有机溶剂的多样性，电解质中的锂盐选择性较少。Dahn 等人研究了超过150种电解质溶剂组成，但是只有5种锂盐适用于二次锂电池。Aurbach 等人研究了锂盐包括 LiX、$LiBF_4$、$LiPF_6$、$LiSO_3CF_3$ 等对于金属锂负极在 THF 和 PC 溶液中的影响。他们发现 $LiBF_4$、$LiPF_6$、$LiSO_3CF_3$ 和 LiTFSI 相比于 $LiClO_4$ 和 $LiAsF_6$ 与金属锂反应活性更高，不利于电池的循环效率。一些没有活性的锂盐例如 LiBr、$LiClO_4$ 和 $LiAsF_6$ 倾向于在里表面形成稳定的薄的 SEI 层。活性较高的锂盐例如 $LiBF_4$、$LiPF_6$、$LiSO_3CF_3$ 和 LiTFSI 则会形成较厚的 SEI 层，有些甚至在开路时也会形成 SEI 层，从而增加了电池内阻。但是 $LiPF_6$ 在 DMSO-DME 或四甲撑砜-DME 溶剂中的确比 $LiClO_4$ 和 $LiBF_4$ 有更高的循环效率。

Naoi 等人报道了双全氟乙基磺酰亚胺锂[$LiN(C_2F_5SO_2)_2$]，可以形成非常稳定、均匀和致密的 SEI 层，主要成分为 LiF，所以在 EC/DME 溶剂中比其他锂盐包括 $LiPF_6$、LiTFSI 和 $LiCF_3SO_3$ 有更高的循环效率。锂盐的浓度也影响了锂负极的循环效率。在 Sand 模型中，τ 和 $C_{Li^+}^2$ 成正比，这意味着高的锂离子浓度可以推迟锂枝晶的生成。这个结论在一定的锂盐浓度范围内成立，当浓度过大时，电解质浓度过大导致离子电导率严重下降。例如当 $LiAsF_6$ 在 PC 中的浓度由 0.5mol/L 提升至 1.5mol/L 时，电池的循环效率由之前的 72% 提高至 85%。Ogumi 等人研究 $LiN(C_2F_5SO_2)_2$/PC 电解质体系时也发现了类似的现象。因为锂枝晶的生成是由于负极区域离子浓度为零引发的，所以更高的盐浓度在充放电过程中可以提供更多的离子，因此锂枝晶的生长在高浓度锂盐电解质中被明显抑制。Suo 等人报道了一个极端的例子，关于离子浓度对循环效率的影响，当使用超大浓度的锂盐时（达到 7mol/L），锂枝晶的生长被这种高浓度锂盐的电解质明显抑制，所以电池的循环寿命得到显著提升。当然，太高的盐浓度会增加电池的成本和重量，所以在实际应用中需要寻找最优的锂盐浓度。

3. 功能性添加剂的影响

因为锂盐的数量非常有限，而且希望锂盐尽可能稳定，所以通过添加一些还原电位高于有机溶剂和锂盐的添加剂可以增强金属锂表面的 SEI 层的稳定性。这些添加剂可以与金属锂快速反应生成致密的界面，相比有机溶剂或锂盐形成的界面更加稳定，因此可以将金属锂与电解液的进一步反应最小化。添加剂或部分污染物的存在，即使在百万分之一数量级，也可以修饰金属锂在电解质中的反应，提高金属锂负极的循环效率。

（1）CO_2/SO_2

CO_2 的存在可以明显地提高金属锂的循环效率。已经通过拉曼光谱和红外测试证明 CO_2 在电池中可以形成碳盐，而 Li_2CO_3 是一种高效的钝化试剂，因为相比于其他可能形成的物质，Li_2CO_3 的吸湿性最小，而且 Li_2CO_3 在有机溶剂中非常稳定可以作为金属锂的保护层。金属锂负极的界面电阻在含有 CO_2 的电解质中比不含 CO_2 的电解质更低，在开路时更稳定。SO_2 也可以作为金属锂负极的添加剂。和 CO_2 类似，SO_2 也可以和金属锂反应生成 SEI 层，提升循环效率。但是 SO_2 与金属 Li 形成的钝化层不能有效地防止电解液与金属锂的进一步反应，而且 SO_2 的毒性也限制了其在实际电池中的广泛应用。

（2）HF

锂离子从含有 HF 的电解质中沉积出来拥有光滑的半球结构。光滑的锂表面被薄的、紧密的 LiF/Li_2O 双层结构包覆，不论使用何种碳酸酯的电解质。在含有少量 HF 的电解质中，金属锂的循环稳定性得到显著的提升，可以稳定循环数百次。但是这样的钝化层影响了后来沉积的金属锂的形貌，同时会在循环过程中累积。当钝化膜逐渐变厚时，电解液中的 HF 就无法穿透钝化膜与金属作用，导致枝晶的生长。所以，HF 的作用随着循环慢慢衰减。

（3）2-甲基呋喃

在 20 世纪 80 年代，Abraham 等人发现在将 2-甲基四氢呋喃中杂质 2-甲基呋喃（$0.2v\% \sim 0.4v\%$）去除之后，Li/TiS_2 电池的性能变差了。后来发现 2-甲基呋喃是良好的电解质添加剂，可以通过化学开环聚合反应在金属锂表面形成钝化层方式，减慢锂表面的进一步反应。尽管钝化层的组分不是很明确，但是 2-甲基呋喃提高了钝化层的电子导电性，提升了锂负极的循环效率。Li/TiS_2 电池使用 $THF/LiAsF_6$ 电解质体系添加 0.5% 的 2-甲基呋喃可以稳定地循环 100 次，而不加 2-甲基呋喃的电池只能循环 7 次。不过即使含有 2-甲基呋喃的电池最终还是会因为锂枝晶的生长导致内部短路。其他相关的含有类似官能团的添加剂包括呋喃、2,5-二甲基呋喃、2,5-二甲基噻吩、3,4-二氢呋喃、2-甲基四氢呋喃和 2,5-二甲基四氢呋喃等。

（4）碳酸亚乙烯酯（VC）和氟代碳酸乙烯酯（FEC）

VC 是另一种重要的环状不饱和添加剂。放电过程中提高温度或电化学还原时，VC 可以在金属锂表面开环聚合形成稳定的钝化层。但是必须指出的是，在低温下例如 0℃添加 VC 到 EC/EMC 电解质中则会导致金属锂负极循环效率降低。这是由于低温下 Li^+ 迁移较慢，容易生成枝晶并且形成较厚的钝化层。另外，Mogi 等人报道在 $LiClO_4/PC$ 电解质体系中添加 VC 没有效果。FEC 也被证实可以显著地提高金属锂负极的循环效率。Mogi 等人发现添加 5% 的 FEC 到 $LiClO_4/PC$ 电解质体系中可以明显地提高金属锂的循环效率。他们认为 FEC 添加剂加速了电解质的分解，在金属锂表面生成了均匀的钝化层，有利于抑制枝晶的形成。他们还发现了含有 FEC 的电解质形成的钝化层比不含 FEC 的电解质对应的钝化层电阻值更小。因为大的电阻值容易导致不均匀的电流分布，从而加速枝晶的生成，所以小的电阻值也是金属锂负极表面形成有效钝化层的重要特性。

（5）惰性添加剂

与 2-甲基呋喃和 VC 等有机添加剂不同，另一种添加剂不与金属锂反应，而是吸附在锂表面形成稳定的钝化层。这些惰性添加剂包括烷基链的氯化铵（例如十二烷基三甲基氯化铵，CTAC）、苯和甲苯。这些添加剂逐渐地累积在电极与电解质界面处，形成稳定的薄层，可以有效地防止锂表面的钝化层进一步增加，所以可以减小界面电阻值。

（6）金属离子

Matsuda 等人发现添加比 Li 还原电势更高的金属离子例如 Sn^{4+}、Sn^{2+}、Al^{3+}、In^{3+}、Ga^{3+} 和 Bi^{3+} 可以有效地提高金属锂负极的循环效率。这些无机的阳离子可以化学或电化学沉积的方式在金属锂表面形成薄的 Li 合金层。这些沉积和合金通常会发生在锂负极的活性位点处，增加了表面的均匀性。所以枝晶的形成被大大抑制，同时充放电过程中的库仑效率也得到明显提高。但是，只有形成的合金的电阻值比 Li 更小才可以提高锂负极的循环效率。例如 AlI_3 可以提高锂负极的循环效率，但是 SnI_2 不行，因为 Li-Sn 形成的合金层的电阻值更大。碱金属或碱土金属例如 Mg^{2+}、K^+、Na^+ 也被用来改善锂表面钝化层的形貌。这些离子优先于 Li^+ 进行电化学沉积，由于这些离子还原之后的原子与 Li 原子大小不相同，可能会部分打乱锂枝晶的形成。另一种可能是这些离子与金属 Li 形成合金，倾向于没有枝晶，导致了光滑的沉积。

（7）盐添加剂

二草酸硼酸锂（LiBOB）、二氟二草酸硼酸锂（LiDFBOB）和四氟草酸磷酸锂（LiTFOP）被用来提高锂负极的稳定性和循环效率，因为它们可以在金属锂表面形成致密的 SEI 层。这些盐对石墨负极表面抑制锂枝晶的生长有一定的作用，所以希望这些盐添加剂可以在金属锂负极表面形成稳定的 SEI 层，提高电池的循环稳定性。

3.4.3　非原位表面包覆

除了通过原位包覆借助金属锂与有机溶剂、锂盐或添加剂的反应形成 SEI 层或合金层，另一种有效抑制枝晶的生长方法是预先在金属锂负极表面覆盖一层非原位的保护层，即人工 SEI 层。例如将金属锂暴露在四乙氧基硅烷中（TEOS），从而在锂表面覆盖一层二氧化硅。在 Li^+ 电沉积时，Li^+ 可以穿过 SiO_2 保护层镀在之前剥离的位置，所以锂枝晶的生长被抑制。该界面的阻抗在 100 次循环后仍然可以保持不变。

除了使用 TEOS 处理金属锂，其他镀层例如氯硅烷衍生物也可以。Choi 等人使用相互交联的凝胶聚合物电解质涂布在金属锂表面。Belov 等人在金属锂表面通过乙炔聚合形成保护层。Wu 等人将金属锂暴露在氮气中形成 Li_3N 层。这些非原位的保护层在金属锂表面有很好的附着力，均匀地覆盖在锂表面，本身就是良好的离子导体或在浸泡过液体电解质之后有良好的离子导电性。它们可以有效地防止金属锂与电解质的进一步反应，稳定了 SEI 层，所以在循环过程中或开路时可以保持相对稳定的界面电阻。相比于原位形成的 SEI 层，非原位的 SEI 层特别是无机金属层例如 Li_3N，通常拥有更多的缺陷，易碎且不能自我修复。尽管人工 SEI 层可以在起始阶段保护金属锂，但是随着循环的进行，人工 SEI 层不可避免地会被破坏掉，新的金属锂会从表面暴露出来。破碎的 SEI 层也会导致后续的锂沉积过程明显地不均匀，加速锂枝晶的形成和生长。这也许就是拥有人工 SEI 层锂金属电池容量突然衰减的主要原因。

1. 机械阻隔

液体电解质中锂枝晶的生长是不可避免的，即使在金属锂负极形成 SEI 层。这是因为金属锂与低分子量的有机溶剂之间是热力学不稳定的，而且形成的 SEI 层机械强度弱。基于模拟的结果，如果电解质的剪切模量是金属锂的两倍，即约 $1 \times 10^4 MPa$，锂枝晶的生长就可以被抑制。相比于液体电解质，聚合物电解质拥有更高的机械强度。接下来将讨论一下聚合物电解质作为机械阻隔防止锂枝晶的作用。

（1）聚合物电解质

这里的聚合物电解质是狭义的聚合物电解质，也就是经典的聚合物电解质，通常包括聚合物电解质原型、塑化的聚合物电解质、凝胶聚合物电解质和单离子聚合物电解质。考虑到 Li^+ 迁移数对于锂枝晶的影响，单离子聚合物电解质会单独介绍。

Zaghib 等人报道了一些相对分子质量的聚合物，例如 PEO，即使在 100℃ 高温下与金属锂也是热力学稳定的。因为金属锂和 PEO 之间几乎没有任何作用力，所以锂枝晶的生长是限制基于 PEO 的金属或锂电池的循环寿命的主要因素。所以拥有高剪切模量和优异的稳定性可以克服锂负极的相关问题，实现二次金属锂电池的实际应用。在过去的 30 年里，这个目标驱动研究者们花费大量的精力去开发聚合物电解质。

自从 Armand 等人的开创性工作后，PEO 和低相对分子质量的聚乙二醇（PEG）成为锂金属电池最常用的聚合物电解质。在 50 ~ 100℃ 时 PEO 是无定型的，其中醚键中的氧原子可以很好地将锂盐溶剂化。基于 PEO 的固态电解质早在 1980 年就被应用于金属锂电池。尽管早期的研究发现基于 PEO 的固态电解质锂金属电池有良好的循环稳定性，但是在 20 世纪 80 年代后期和 20 世纪 90 年代初期，Scrosati 等人和其他许多课题组证明 PEO 本身不能有效地阻隔锂枝晶的生长，尤其是在升高温度时（比如 80℃）。因为升高温度之后 PEO 的机械强度明显下降。另一方面也发现了聚合物电解质在金属锂电池循环过程中的正面作用是由于其与金属锂接触时仍有优异的化学稳定性。

极性溶剂或离子液体通常可以作为聚合物电解质的塑化剂使用，增加 PEO

防止锂枝晶生长的有效性。Matsui 等人研究了一系列不同分子量和不同比例的共聚物（氧化乙烯-氧化丙烯）（PEO-PPO）以及添加不同量的液体电解质（EC-PC）和 LiClO$_4$盐。经过研究发现当分子量大于 16000 且 PEO/PPO 小于 5 时，可以得到弹性的聚合物电解质层，拥有良好的吸液特性，甚至可以容纳 50% ~ 70% 的 1mol/L 的 LiClO$_4$液体电解质。小相对分子质量电解质层易碎，所以液体电解质容易从裂缝处漏出，促成锂枝晶的生长。

另外一种聚合物电解质是传统的液体电解质与惰性的聚合物网络结构相结合形成的凝胶聚合物电解质（GPE）。在这种情况下，聚合物和 Li$^+$ 没有配位作用，所以对离子电导率没有贡献。这类电解质的离子电导率与液体电解质相当。另一方面，聚合物良好的力学性能可以制备自支撑的膜。其中一些电解质体系已经成功地证明可以防止锂枝晶的生长。例如原位扫描电镜（SEM）表明电解质中添加 5% ~ 10% 的聚丙烯腈抑制锂枝晶的生长效果最好。Eichinger 等人发现将 PAN添加到 EC-PC-LiTFSI 或者 EC-PC-LiPF$_6$中会导致离子电导率下降，但是可以显著地提高金属锂电池的循环寿命（达到 450 次）。但是这类基于 PAN 的凝胶聚合物电解质通常含有较小的 PAN 浓度，所以机械强度欠缺；而高浓度的 PAN 可以有效地提高机械强度，但是 PAN 会与金属 Li 缓慢反应形成高电阻的界面层，从而增加电解质的电阻以及界面电阻，而且凝胶聚合物电解质中的液体电解质与金属锂仍然是热力学不稳定性的。

PEO 的力学性能可以通过相互交联的网状结构来增强。Tigelaar 等人制备了一系列基于 PEO 的电解质体系，通过添加含有吡咯阳离子的离子液体和使用 3-胺丙基三乙氧基硅烷（APTEOS），通过溶胶-凝胶法制备相互交联的网络结构，这些基于 APTEOS 相互连接的超枝化聚合物由于其无定型的特性，相比于传统的高相对分子质量 PEO 电解质（添加了离子液体）表现出更高的离子电导率。使用相互连接的聚合物电解质时，金属锂的沉积与剥离在 Li/Li 对称电池中表现出高度的可逆性。

嵌段共聚物也被用作金属锂电池的电解质，因为嵌段共聚物中既包含柔性的嵌段作为锂离子的导电通道，又有刚性的嵌段提供机械强度抑制锂枝晶的生长。用于电池的嵌段共聚物主要是基于 PEO 和 PS。根据理想的嵌段共聚物模型，Balsara 等人开发了基于纳米结构的非可燃性聚合物电解质的新一代二次金属锂电池。该电解质使用剪切模量大于 1×10^4MPa 的嵌段共聚物作为刚性基底提供机械支撑。拥有离子通道的柔性聚合物（例如 PEO，剪切模量小，但是离子电导率高）被嵌入嵌段共聚物中传导锂离子。通常情况下锂枝晶可以生长至毫米级，该嵌段聚合物可以阻隔锂枝晶的生长，但是不影响锂离子在其导电孔道中传导。因此，该新型聚合物电解质可以有效地防止锂枝晶的生长。由于其较低的离子导电性，其在锂电池中的应用温度至少需要大于 60℃（PEO 的熔化温度），通常在 80~90℃，所以它们可以适用于固定器件但不适用于交通方面。

（2）聚合物单离子导体

Li^+ 迁移数对于二次金属锂电池的电化学性能有很大的影响。根据 Monroe 和 Newman 的模拟结果，当离子迁移数为 1 时，即使在相对大电流时，溶液相中也不存在浓度梯度，活性物质的利用率保持接近 100%。在理论上形成锂枝晶的时间与阴离子迁移数的二次方成反比。对于双离子电解质，阴离子迁移数 t_{Li^+} 和锂离子迁移数 t_a 之和为 1。当锂离子迁移数 t_{Li^+} 接近 1 时，意味着阴离子迁移数 t_a 非常小，则 τ 会变得非常大。而且当 t_{Li^+} 迁移数接近 1 时，意味着阴离子迁移率 μ_a 接近于 0，所以理论上锂枝晶不会生长。模拟结果表明，当 t_{Li^+} 为 1 时，不可能形成锂枝晶；即使由于局部扰动产生锂枝晶，但是由于阴离子迁移率 μ_a 接近于 0，所以锂枝晶的生长速率无限小。换句话说，当 t_{Li^+} 为 1 时金属锂负极理论上可以进行可逆的电镀与剥离。但是在传统的液体电解质中，t_{Li^+} 通常小于 0.5。当应用到最常见的 PEO 体系中，t_{Li^+} 更小只有 0.3。不过可以通过添加纳米填充物例如 TiO_2 或 SiO_2 提升 t_{Li^+} 至 0.6。

早在 1983 年就提出了提高 t_{Li^+} 的方法，将阴离子嫁接到聚合物的骨架上，或者说形成单离子导体，其中 t_{Li^+} 接近于 1 而阴离子的迁移率接近于 0。在接下来的研究中，Sadoway 等人利用甲基丙烯酸锂将 Li^+ 引入嵌段共聚物中以提高 t_{Li^+} 迁移数，制备了聚甲基丙烯酸十二烷基酯-甲基丙烯酸锂与聚甲基丙烯酸低聚氧化乙烯酯摩尔比 1∶1 的嵌段共聚物[P(LMA-r-LiMA)-b-POEM]。其 t_{Li^+} 为 0.9，是 $LiCF_3SO_3$ 电解质的 2 倍，而离子电导率相当。当阴离子引入导电的嵌段中即 PLMA-b-P(LiMA-r-OEM)，相比于 P(LMA-r-LiMA)-b-POEM 和 PLMA-b-PLiMA-b-POEM，其离子电导率明显下降了 1~2 个数量级；这是因为后两者中离子容易解离且可以迁移到 POEM 上，而前者的锂离子保持不动。令人感兴趣的是，添加路易斯酸例如 BF_3 可以形成—$COOBF_3$ 帮助锂离子解离，将 PLMA-b-P（LiMA-r-OEM）的离子电导率提升至其他两种电解质的水平。在另外一项研究工作中，Allcock 等人在锂-海水电池中使用基于两性的单离子导体聚降冰片烯悬挂有环三磷腈作为电解质隔膜。但是和许多无机陶瓷电解质一样，这些聚合物电解质在强酸或强碱中长时间不稳定，限制了它们的实际应用。

Armand 等人在寻找单离子聚合物方面有了突破。他们通过自组装聚阴离子 BAB 三嵌段共聚物合成了一种新型的单离子聚合物。其中 B 嵌段是基于聚苯乙烯三氟甲磺酰亚胺锂的单离子电解质[P(STFSILi)]，A 是线性的 PEO。这样的嵌段共聚物机械强度远远高于 PEO，同时还比 PS-PEO-PS 嵌段共聚物高一个数量级，有利于缓解锂枝晶的生长。在 60℃ 下，该聚合物的电解质离子电导率为 1.3×10^{-5} S/cm，是之前报道的单离子聚合物中最高电导率的 5 倍。这个 BAB 嵌段共聚物的 t_{Li^+} 超过 0.85，电化学窗口大于 5V（相对于 Li/Li^+）。组装的电池

Li｜BAB｜LiFePO$_4$表现出优异的循环稳定性和良好的倍率性能。该结果表明了单离子聚合物电解质对于二次金属锂电池的长期工作的重要性。

（3）有机-无机混合电解质

为了增强传统聚合物电解质的机械强度，可以通过添加一定的无机填充物例如 SiO$_2$ 来实现。在早期的研究中，Li 等人研究了基于 PEG 的凝胶聚合物电解质在 Li/V$_3$O$_{13}$ 电池中的作用，发现添加 10% 的气相二氧化硅可以明显提高其机械强度，因为二氧化硅自身的聚集以及与 PEG 相互作用形成交联结构。因此该聚合物的弹性模量提高至与固体在同一个数量级（大于 10^5Pa），同时离子电导率保持在 10^{-3}S/cm。这样的复合电解质相比于没有修饰的凝胶聚合物电解质，提高了电池的循环稳定性。研究二氧化硅表面基团的作用时，发现亲水的二氧化硅颗粒对应的电池性能更好。原位扫描电镜观察该电解质体系也得到了类似的结果。添加 10% 的亲水性气相二氧化硅到电解质中可以提高电池的性能，包括电池的电压和循环寿命。这是由于在金属锂表面形成了更均匀、更致密的保护层，这已经被 SEM 证实。此外，该研究发现在金属锂和聚合物电解质界面上的二氧化硅由于杂质的净化作用可以抑制锂枝晶的生长。

Liu 等人通过电化学测试和原位扫描电镜发现了二氧化硅颗粒在 PEO 固体电解质中的正面作用。酸处理之后的二氧化硅添加到基于 PEO 的固体电解质中可以推迟锂枝晶产生的时间，因为界面电阻降低，同时离子电导率得到少许提升。在此基础上进一步研究发现，添加 N-甲基-N 丙基哌啶双三氟甲磺酰亚胺（PP13TFSI）离子液体可以进一步显著地提升枝晶形成的时间（从 15h 提高至 46h）。为了证实电解质的电导率和界面电阻对于枝晶生长的重要影响，该课题组开展了一个对比实验，分别使用添加离子液体的 PEO 电解质和不添加离子液体的 PEO 电解质。在含有离子液体的电解质中（PEO$_{18}$-LiTFSI -xPP13TFSI，x = 1.44）枝晶的形成被抑制，对应的枝晶形成时间从之前的 15h 提升至 35h。当使用 PEO$_{18}$-LiTFSI -xPP13TFSI 作为金属锂和无机电解质（Li$_{1+x+y}$Ti$_{2-x}$Al$_x$P$_{3-y}$Si$_y$O$_{12}$）的缓冲层，可以构建水系的 Li-O$_2$ 电池，在 0.3mA/cm^2 电流密度下，含有离子液体的电解质对应的锂沉积和剥离的过电位小于 0.3V，而没有离子液体的电解质对应的过电位为 0.6V。离子液体的显著效果是因为其可以降低 Li/聚合物电解质的界面电阻。

通过添加一些无机填充物到液体电解质中也可以抑制锂枝晶的生成。Lu 等人报道了在基于离子液体的电解质中添加纳米级 SiO$_2$ 填充物可以起到抑制锂枝晶生长的作用。首先，离子液体在电解质中解离释放出阴、阳离子，这些离子可以自由迁移，可以推迟或防止空间电荷的形成。其次，不可渗透的纳米尺寸的颗粒可以形成一个高强度的、高度弯曲的界面防止锂枝晶的渗透。在通过极化造成锂负极短路之后发现了发育不良的类似蘑菇状的锂枝晶。

（4）无机固态锂离子导体

无机固态锂离子导体是保护金属锂、防止锂枝晶渗透的理想材料，因为其 t_{Li^+} 为 1、机械强度大。固体电解质薄膜和块状固体电解质都可以有效地防止锂枝晶的生长。到目前为止，最常用的无机锂离子导体薄膜是 Bates 和 Dudney 等人在 20 世纪 90 年代初开发的氮掺杂的磷酸锂薄膜（LiPON）。在 25℃ 时，LiPON 的离子电导率为 $2 \times 10^{-6} S/cm$，同时与金属锂有良好的长期稳定性。Bates 和 Dudney 也报道了 LiPON 在薄膜电池中的应用，它既是锂离了导体电解质，又是金属锂的保护层。后来 Herbert 和 Dudney 等人报道了 LiPON 的剪切模量接近 77GPa，是金属锂的 7.3 倍，远超可以抑制锂枝晶的机械强度要求，即 2 倍于金属锂。这个结果与底物的类别、薄膜的厚度以及热处理无关，所以期望 LiPON 在薄膜电池中可以通过机械阻隔抑制锂枝晶在 Li/LiPON 界面的生长。

许多不同的块状无机陶瓷锂离子导体（厚度在 50~200nm）都可以有效地抑制锂枝晶的生长。典型的玻璃电解质包括 Fu 等人合成的 LiSICON 型 $Li_{1+x}Al_xTi_{2-x}(PO_4)_3$（LATP）以及 Thangadurai 和 Weppner 合成的 garnet 型的玻璃氧化物 $Li_6ALa_2Ta_2O_{12}$（A = Sr、Ba）。Wang 等人报道过基于水系电解质的 $Li|LiMn_2O_4$ 电池，其中金属负极是由 LATP 玻璃包覆。另外一个超级离子导体 $Li_{10}GeP_2S_{12}$ 也被合成出来，其室温下的离子电导超过 0.01S/cm。但是它对水分非常敏感而且与金属接触不稳定，所以不能直接与金属锂匹配使用。

在这些块状的无机玻璃电解质中，Fu 等人开发的 LATP 玻璃在锂负极中使用最为广泛，使用于 $Li-O_2$ 电池和 Li-S 电池以及其他储能和转换体系。LATP 和 garnet 型材料在弱酸和弱碱电解质中都是稳定的。LATP 玻璃的缺点是与金属锂接触时不是很稳定。Visco 等人首次通过在金属锂和 Ohara 玻璃电解质之间引入一个界面层（例如 Cu_3N、LiPON，后者非水电解质）来稳定金属锂与无机电解质的界面。但是无机固态陶瓷电解质大规模的应用还是被其高昂的价格、较差的机械稳定性和有限的离子电导率所限制。进一步开发应用于二次金属锂电池的新型柔性无机固体锂离子导体应该拥有良好的机械强度和稳定性、高的离子电导率和与优秀的金属锂兼容性以及宽的电化学窗口。

2. 静电场中的自我修复

之前讨论过抑制锂枝晶形成和生长的不同方法，但是大部分的方法都依赖于形成高机械强度的保护层阻隔锂枝晶的生长。此外还有一种新型的机理可以影响锂沉积的偏好得到没有枝晶的锂负极，叫作静电场下的自我修复机理（SHES）。该机理不依靠有高机械强度的保护层。取而代之的是依靠电解质添加剂形成的静电场。该层带有正电荷，漂浮在金属锂表面潜在的锂枝晶的尖端部分，但是与锂枝晶没有物理接触。在锂的沉积过程中，形成的静电场会排斥 Li^+ 迫使其有限沉积在锂枝晶的谷底而不是尖端。当外加电压停止后，该电荷将会消失，不会在金属锂表面形成永久性的薄膜。其机理如图 3-1 所示。

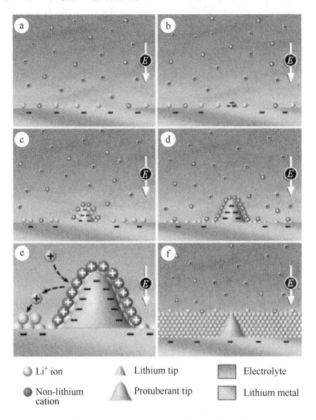

图 3-1　SHES 机理的锂沉积示意图

　　根据能斯特方程，可以找到特定的金属离子，如果金属离子的标准氧化还原电势与 Li⁺ 接近而化学活度比 Li⁺ 低，其有效还原电位比 Li⁺ 更低。例如铯（Cs⁺）在低浓度（0.01mol/L）时其有效的还原电位为 −3.144V，比 1mol/L Li⁺ 的有效还原电位（−3.040V）要低。所以通过在电解质中添加少量的 Cs⁺ 添加剂，可以防止 Cs⁺ 在 Li⁺ 的沉积电位时沉积，不会在金属锂表面形成合金层。

　　如图 3-1 所示，在开始沉积阶段，Li⁺ 和 Cs⁺ 添加剂都吸附在基底的表面（例如金属锂）。当施加的电压稍微低于锂离子的还原电势（E_{Li/Li^+}）但是高于 Cs⁺ 的还原电势（E_{Cs/Cs^+}）时，锂离子会沉积在基底的表面。由于基底表面的不均匀性或体系中其他波动，一些锂凸起不可避免地在基底表面形成。在更高的电流密度时，新生成的锂凸起从电解质中吸收更多的锂离子，尤其在尖端部分沉积更多，所以在传统的电解质体系会形成锂枝晶。但是在 SHES 机理中，许多其他阳离子也会因为静电作用同时吸附在枝晶尖端。当吸附的锂离子不断地沉积在尖端时，枝晶尖端附近的锂离子数量逐渐减少，在该电位下不能电化学还原的其他阳离子会逐渐占据尖端的表面。此时在枝晶尖端就形成了非锂离子吸附的正电荷静电场。由于非锂离子的电荷的排斥和空间位阻效应，电解质的锂离子很难再吸附并沉积在枝晶的尖端部分，锂离子只能沉积在其他阳离子吸附更小的位点，所以锂枝晶尖端的持续生长就停止了。可以想象在金属锂表面存在许多凸起，但是没有凸起可以一直生长，最终可以得到光滑的金属锂表面。这样的自我修复过程一直在重复。图 3-1 简化了 SHES 机理中的 Li 沉积过程。实际上，在金属锂与电解液接触时总会形成 SEI 层。所以，Cs^+ 会逐渐聚集在 SEI 层的外围并快速地形成静电场，防止锂枝晶进一步生长。

SHES 添加剂的策略和之前报道的无机添加剂（包括 Mg^{2+}、Al^{3+}、Zn^{2+}、Ga^{3+}、In^{3+} 和 Sn^{2+}）大不相同。普通的无机添加剂的金属阳离子会在锂沉积时逐渐消耗掉，所以随着循环的进行，它们的有效性逐渐降低。但是 SHES 机理中的阳离子添加剂并不会被消耗掉，所以持续长期地循环。这个预测已经被沉积薄膜的电化学分析所证实。尽管 SHES 机理可以解决锂沉积过程中的枝晶问题，但是电池的库仑效率仍然较低（1mol/L 的 $LiPF_6$/PC 只有 76%）。下一步的目标是通过优化电解质的溶剂、锂盐和添加剂将锂沉积和剥离的库仑效率提高至 98%以上，同时保持锂沉积过程中没有枝晶。

3. 其他因素

除了上述方法，其他因素包括样品的制备和测试的流程也影响了枝晶的生长与金属锂负极的循环寿命。

（1）压强的作用

Gireaud 等人研究了影响锂沉积形貌的因素。他们发现更高的压强下，锂沉积形成的薄膜更致密、更均匀。该结构的变化导致了金属锂沉积的分离，提高了锂负极的循环效率。当压强从 $0.7kg/cm^2$ 增加到 $7kg/cm^2$，锂沉积的效率从 60%提高至 90%。施加在电池上的压强限制了锂在负极附近的沉积，因此提高了锂负极的循环效率。但是必须指出的是从外部施加压强在实际储能系统中不一定可行，例如圆筒形的电池或软包装电池。

（2）基底的光滑度

在通常的电化学沉积过程中，基底的种类和表面的状态对于接下来的沉积影响很大。Gireaud 等人发现锂枝晶的生长偏向于金属的瑕疵位置，例如电化学剥离留下的空位，会增加局部的电流密度（即电流焦点），导致在这些局部位置生长锂枝晶。与之相反的是，在光滑或粗糙的表面施加一个均匀的电流分布，可以得到没有枝晶的苔藓状的锂沉积。但是该无枝晶的形貌在循环过程中是否能保持还需进一步研究。

（3）基底的面积

减小电流密度也可以有效地抑制锂枝晶的生长。此外，电荷的种类、充放电的方式（恒电流或脉冲式）也显著地影响锂枝晶的形成与生长。Mayer 等人报道了脉冲式充电可以有效地抑制枝晶的生成，可以减少 96%。但是随着对大功率电池的需要不断增加，通过使用减小锂沉积与剥离时的电流密度来提升电池的循环寿命已经变得不现实。一种更有可操作性的方式是提高电极的有效面积，例如使用金属锂粉末作为负极或拥有大比表面积的石墨烯作为负极的基底，可以降低有效电流密度。Zhamu 等人成功地通过植入石墨烯层来提高负极的比表面积，显著地降低了负极的电流密度，所以急剧地延长了枝晶的出现时间，抑制了枝晶的生长速率。传统的电解质是 1mol/L 的 $LiPF_6$ 在质量比 1:1 的 EC/DMC 中，其库仑效率通常低于 80%，即锂在长期工作后慢慢消耗，除非有使用过量的金属锂。

第4章　非水系液体电解质

本书第 2、3 章已经详细介绍了正极和负极材料，从本章开始将逐一介绍电池的另外一个重要组分——电解质。电池中的电解质是离子导体，同时是电子绝缘体，允许离子传导的同时可以防止正、负极接触引起的内部短路。尽管电极（包括正极和负极）材料决定了电池的能量密度和功率密度，但是电解质对于电池的实际能量密度和功率密度也有直接的影响。

锂电池理想的电解质应该符合以下 5 个要求：

1）离子电导率高（$>10^{-3}$ S/cm）。

2）电化学窗口宽（>4.5 V 相对于 Li/Li^+）。

3）与电极有良好的兼容性，保持界面电阻尽可能地小。

4）足够的热稳定性和化学稳定性，允许电池在较宽的温度区间内工作，安全系数高。

5）成本低，低毒性，环境友好。

随着人们对电池能量密度和功率密度要求的不断提高，电池技术发展日新月异，电极材料已经取得了巨大的进步，相比之下电解质体系的发展相对落后。目前锂电池电解质的发展可以大致分为五个部分：液体电解质；固体聚合物电解质；凝胶聚合物电解质；无机陶瓷电解质；单离子聚合物电解质。锂（离子）电池电解质的发展脉络如图 4-1 所示。

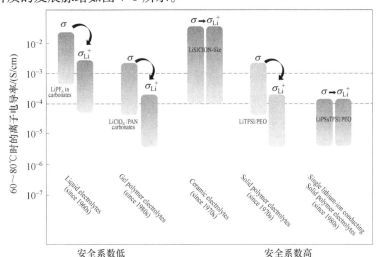

图 4-1　锂（离子）电池电解质的发展脉络

4.1　非水系液体电解质简介

锂电池使用的商业化电解质（即液体电解质）主要是有一种或多种锂盐溶解在两种及以上的有机溶剂中，单一溶剂组成的电解质非常少。使用多种溶剂的原因是实际电池中有不同要求甚至是相互矛盾的要求，只使用单一溶剂很难达到。例如要求电解液拥有高的流动性，同时还有高的介电常数，因此拥有不同物理化学特性的溶剂常常会搭配使用，同时表现出不同的特性。另一方面，锂盐一般不会同时使用，因为锂盐的选择范围有限，而且优势也不容易体现出来。

4.2　溶　　剂

为了符合电解质的基本要求，理想的电解液应该满足以下 5 个要求：

1）可以溶解足够多的锂盐，满足电池中锂离子浓度的要求，即拥有高的介电常数。

2）流动性要高，即黏度小，离子容易移动。

3）拥有足够的化学稳定性，与电池中各个组分不反应，特别是正极与负极。

4）可以在较宽的范围内保持液体状态，即有较低的熔点和较高的沸点。

5）要足够安全（即高闪点），低毒、低成本。

对于锂电池来说，其负极（例如金属锂或石墨）有很强的还原性而正极（通常为过渡金属氧化物）有很强的氧化性，所以拥有活泼质子的溶剂就被排除在外，即使它们可以很好地溶解锂盐，因为还原这些质子或氧化其对应的阴离子的区间通常在 $2.0 \sim 4.0V$（相对于 Li/Li^+）。而锂电池中的负极和正极的工作电压分别在 $0 \sim 0.2V$ 和 $3.0 \sim 4.5V$（相对于 Li/Li^+）。另一方面，非水系的有机溶剂还需要能够溶解足够多的锂盐，所以只有含有极性基团，例如羰基（$C=O$）、氰基（$C\equiv N$）、砜基（$S=O$）和醚键（$-O-$）的化合物才在考虑范围之内。自从非水系电解质的提出，研究者们尝试了大量的极性溶剂，最终发现了具备可行性的有机溶剂，主要是有机酯类和醚类。酯类和醚类溶剂的结构式如图 4-2 和图 4-3 所示，基本物理特性见表 4-1 和表 4-2。

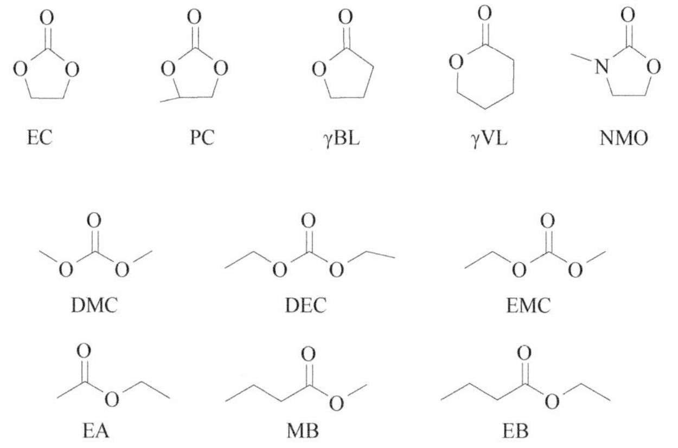

EC   PC   γBL   γVL   NMO

DMC   DEC   EMC

EA   MB   EB

图 4-2　常见的酯类溶剂

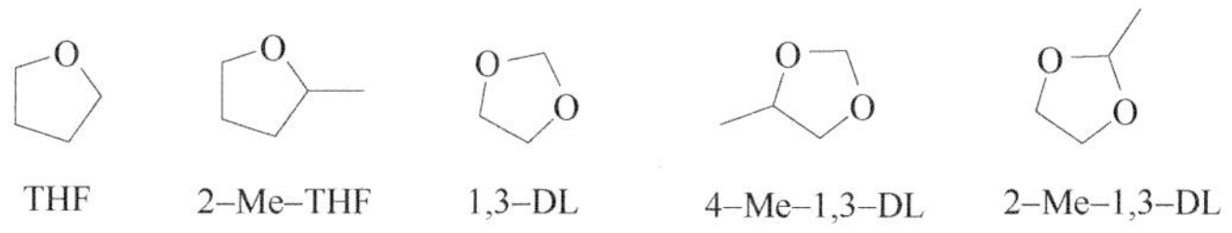

DMM   DME   DEE

THF   2-Me-THF   1,3-DL   4-Me-1,3-DL   2-Me-1,3-DL

图 4-3　常见的醚类溶剂

表 4-1　常见的酯类溶剂

溶剂	熔点/℃	沸点/℃	25℃时的黏度/cP	介电常数（25℃时）	闪点/℃
EC	36.4	248	1.90（40℃）	89.78	160
PC	-48.8	242	2.53	64.97	132
γBL	-43.5	204	1.73	39	97
γVL	-31	208	2.0	34	81
NMO	15	270	2.5	78	110
DMC	4.6	91	0.59	3.107	18
DEC	-43	126	0.75	2.805	31
EMC	-53	110	0.65	2.958	—
EA	-84	77	0.45	6.02	-3
MB	-84	102	0.6	—	11
EB	-93	120	0.71	—	19

注：$1cP = 10^{-3} Pa \cdot s$。

表 4-2　常见的醚类溶剂

溶剂	熔点/℃	沸点/℃	25℃时的黏度/cP	介电常数（25℃时）	闪点/℃
DMM	−105	41	0.33	2.7	−17
DME	−58	84	0.46	7.2	0
DEE	−74	121	—	—	20
THF	−109	66	0.46	7.4	−17
2-Me-THF	−137	80	0.47	6.2	−11
1,3-DL	−95	78	0.59	7.1	1
4-Me-1,3-DL	−125	85	0.60	6.8	−2
2-Me-1,3-DL	—	—	0.54	4.39	—

对于所有环状或者非环状的醚类溶剂，它们的介电常数和黏度没有明显差别；但是对于酯类溶剂差别就很大，环状的酯类溶剂是强极性的（介电常数在 40~90），黏度较高（在 1.7~2.0cP）；非环状的酯类溶剂是弱极性的（介电常数在 3~6），流动性较好（黏度在 0.4~0.7cP）。溶剂分子中的环状结构对于介电常数的影响是因为环状结构中的分子内张力倾向于形成分子偶极相互对齐的构相，而线性碳酸酯结构更灵活和开放，其分子偶极会相互抵消掉。

4.2.1　碳酸丙二酯（PC）

用于锂电池的各种有机溶剂中，环状的碳酸酯毫无疑问吸引了最多的目光，尤其是在发现了它们可以在石墨负极形成 SEI 层。但是在早期的研究中，它们的主要优点只是高介电常数，可以溶解多种锂盐。1958 年，研究发现溶解在 PC 中的 $LiClO_4$ 可以通过电化学的作用沉积出来，揭开了重点研究 PC 的序幕。由于其熔点低、沸点高，可以在较宽的温度范围内保持液态，加上高介电常数与金属锂的静态稳定性，使之成为锂电池电解质的首选溶剂。研究发现金属锂在 PC 中的沉积和剥离的库仑效率只有 85%，而且电池的容量也随着循环不停地衰减。但是，研究者们很快发现电池的循环效率差是因为溶剂本身，而非溶剂不纯。进一步研究发现容量的衰减是因为 PC 和新沉积的金属锂发生了反应。更多的光谱分析实验证实 PC 在新沉积的金属锂表面的还原，并提出了单电子还原机理，如图 4-4 所示。

使用基于 PC 电解质的锂电池容量逐渐衰减，其机理相对复杂。研究发现了 PC 与金属锂的静态稳定性是由于 PC 在金属锂表面分解，其分解产物在锂表面形成了保护层，防止了 PC 与金属锂进一步反应，分解机理如图 4-4 所示。另一方面，在循环过程中，金属锂沉积不均匀导致新的表面暴露在 PC 中，导致锂不停流失。同时锂的不均与沉积容易导致锂枝晶的生成，而锂枝晶容易导致内部短

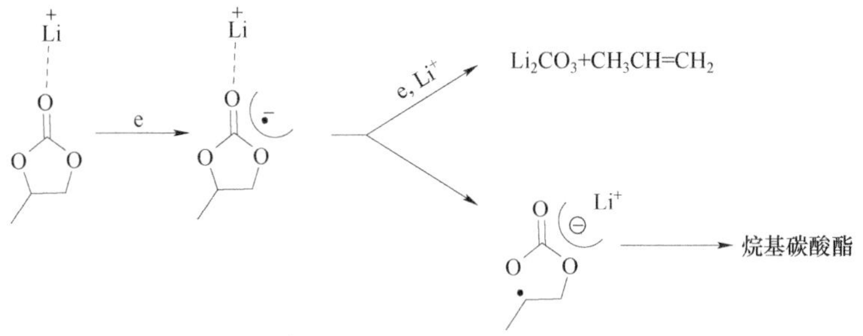

图 4-4 PC 单电子还原机理

路引发安全隐患。

4.2.2 醚类电解质

看到 PC 带来的低循环效率和潜在的安全隐患，科学家们开始转向醚类溶剂，期望得到更好的锂沉积形貌。1980 年，醚类溶剂因为其黏度小，得到的离子电导率高，最重要的是循环过程中锂沉积的形貌更光滑，受到研究者们的喜爱。锂电池的循环效率因不同醚类溶剂而不同：THF（88%）；2-甲基四氢呋喃（96%）；多甲氧基醚包括二甲氧基丙烷（97%）；乙醚（98%），尽管乙醚因为蒸气压高不适合锂电池的实际应用。在这些溶剂中，即使在大电流下锂枝晶的形成也被有效地抑制（短循环过程）。尽管短期循环中锂的形貌更光滑，但是基于醚类溶剂的锂电池容量衰减很快，在延长循环之后（大于 100 次），电池中也形成了锂枝晶并刺穿隔膜导致内部短路。电化学研究发现醚类的氧化电位较低。例如在金属铂电极表面，THF 的氧化电位为 4.0V（相对于 Li/Li$^+$），而 PC 可以稳定到 5.0V（相对于 Li/Li$^+$）。在实际的电池中，由于正极材料的催化作用导致醚类在低一些的电压下也会分解。当正极材料的电压超过 4.0V 时，即对应 LiMO$_2$（M = Mn、Ni、Co），使用醚类化合物作为溶剂或共溶剂变得不可行。在 20 世纪 90 年代，不同的醚类溶剂逐渐退出了锂电池的电解质体系。基于醚类电解质的失败说明电池中的电解质（包括溶剂和锂盐）必须与正极和负极很好地兼容。另一方面，酯类溶剂的优点，尤其是环状脂肪碳酸酯由于其优异的抗氧化能力被重新得到重视。

4.2.3 碳酸乙二酯（EC）

锂离子在电池中穿梭概念的提出让科学家们对烷基碳酸酯再次燃起热情。由于碳酸酯中锂的沉积不均匀导致研究者们失去兴趣，但是其高的抗氧化能力让人们对它重拾信心。在第一代商业化锂电池中，索尼公司以 LiCoO$_2$ 为正极，石油焦为负极，使用基于 PC 的液体电解质。然后真正唤起科学家们对于烷基碳酸酯热情的不是 PC，而是其高沸点的"表亲"EC。相比于 PC，EC 的黏度相当，介电常数稍高一些，符合理想的溶剂要求。实际上，EC 的介电常数已经超过最常用的溶剂水（介电常数 70）。但是由于其高熔点（36℃）并不适合常温锂电池的研究：其保持液体状态的温度范围受到限制。其熔点比同族的其他成员都要高，这也许是因为其高分子对称性，使其更好地形成了稳定的晶格。

1964 年，Elliot 提出使用 EC 作为电解质的助溶剂，因为 EC 的高介电常数和低黏度，有利于得到高离子电导率的电解液。该发现并没有得到电池行业的足够重视，直到 20 世纪 70 年代初 Scrosati 和 Pistoia 发现其作为电解质溶剂的优点。他们发现由于溶质的存在降低了 EC 的熔点，室温下可以保持液体。此外他们还发现添加少量的 PC（9%）可以进一步降低 EC 的熔点。进一步研究发现，基于 EC 的电解质相比基于 PC 的电解质性能有一定的提升，不仅包括离子电导率，还包括界面性质，例如与各种正极材料之间极化更小。在这篇报道之后，EC 开始被添加到大量新的电解质体系中，其中包括含有醚类的电解质体系。但是首先商业化的锂电池电解质不含醚类，使用 EC/PC 混合物作为溶剂。尽管熔点可以被溶质或其他助溶剂降低，EC 的高液化温度还是限制了其在低温电池中的应用。

EC 的独特地位直到 1990 年才完全建立，当年 Dahn 等人发现了 EC 和 PC 在石墨负极上锂的沉积与剥离的可逆性作用完全不同。尽管从结构上 EC 和 PC 只有很小的差异，但是 EC 可以在石墨负极上形成稳定的 SEI 层，防止其他的电解质在负极上进一步分解，而 PC 并不能在石墨表面形成稳定的保护层，相反由于 PC 与锂一起嵌入石墨中，反而令石墨剥离，使结构分解。形成有效的 SEI 层的机理在过去的几十年里吸引了许多目光，但是其具体的反应机理还不是很明确。可以推测的是 EC 在石墨负极的还原过程与 PC 的还原类似。

4.2.4 线性碳酸酯

在 Sony 公司首次推出商业化锂电池之后，大量的竞争者出现了，并开始追求更高的能量密度。意识到高度有序的石墨碳比不规则的碳材料有更好的性能，EC 开始变成电解质组分中的不可或缺的核心成分。在 20 世纪 90 年代初期，为了扩大基于 EC 电解质的使用范围，研究者们付出了巨大的努力，添加不同的助溶剂包括 PC、THF 和 2-Me-THF、DEE、DME。但是这些助溶剂都没有表现出令人满意的结果，因为 PC 通常会导致锂电池的起始循环中有较大的不可逆容量，而醚类在带电正极材料的催化下容易氧化，因此得到一个共识，在使用石墨负极和电压 4.0V 的金属氧化物正极时，电解质的抗氧化能力必须要达到 5V（相对于 Li/Li^+）。

1994 年，Tarascon 和 Guyomard 首先公开报道了符合该表面的电解质配方，其中使用了线性碳酸酯 DMC 作为 EC 的助溶剂。研究指出，线性的碳酸酯与环状碳酸酯不同，它们沸点低，黏度小，介电常数也低。DMC 可以与 EC 任意比例互溶，得到的混合电解质不仅降低了 EC 的熔点，而且有较低的黏度，即更高的离子电导率。但是真正让研究者惊喜的是该混合电解质的宽电化学窗口：可以在尖晶石正极表面稳定到 5.0V（相对于 Li/Li^+）。考虑到在没有 EC 存在的条件下，DMC 在正极材料表面的稳定性低于 4.0V（相对于 Li/Li^+）。而且基于醚类的电解质的抗氧化能力很难通过添加 EC 或 PC 来获得，因此 EC/DMC 混合物的宽电化学窗口的原因仍然不明确。似乎 EC 和 DMC 或其他线性碳酸酯之间有一定的协同作用，因为它们的混合物继承了它们各自的优点：EC 在正极表面的高抗氧化稳定性，EC 对于锂盐的高溶解能力以及 DMC 的低黏度促进离子的传导。

这个基于 EC 和线性碳酸酯混合物的电解质配方限定了锂电池电解质的主要方向，并且很快被研究者和电池生产商所接受。其他线性碳酸酯包括 DEC、EMC、PMC 也被尝试作为 EC 的助溶剂，结果发现这些线性碳酸酯与 DMC 相比在电化学方面没有什么明显不同。该电解质配方的创新直接导致了第一代商业化电池中的石油焦负极被石墨负极所取代，并且最终在 1993 年开始生产。目前，基于 EC 和一种或多种线性碳酸酯混合物的电解质锂电池每年的生产量超过 10 亿，尽管每个电池生产商都拥有自己的电解质配方专利。

135

4.3　锂　　盐

常温锂电池的理想电解质应该满足以下 5 个最基本的要求：

1）可以在有机溶剂中完全溶解并解离，其溶剂化的离子特别是锂离子在电解质中有较高的迁移率。

2）锂盐中的阴离子需要在正极表面不被氧化。

3）锂盐的阴离子不与溶剂发生反应。

4）锂盐的阴、阳离子需要对电池所有组分包括隔膜、电极以及包装材料惰性。

5）阴离子需要无毒且保持足够的热稳定性，不在高温下与电解质和其他电池组分发生反应。

相比于大量的非质子性溶剂可供选择，锂盐的选择范围非常有限。Dahn 等人曾详细地基于 27 种溶剂制备了 150 多种电解液可供电池使用，而适合锂电池的锂盐只有 5 种。由于锂离子的半径小，大部分的锂盐在低介电常数的溶剂中也可以满足最低的溶解度要求。例如卤化物 LiX，包括 LiCl 和 LiF，或氧化物 Li_2O。尽管锂盐的阴离子如果被软路易斯碱包括 Br^-、I^-、S^{2-} 或羧酸盐 $R\text{-}CO_2^-$ 取代可以增加锂盐在有机溶剂中的溶解度，但是提高溶解度的同时也会付出一定的代价，因为这些阴离子在带电荷的正极表面容易被氧化 [< 4.0V（相对于 Li/

Li^+)〕导致电解质抗氧化能力下降。

所有符合最低溶解度要求的锂盐都是基于阴离子的络合物，其中阴离子作为中心被路易斯酸稳定。例如 $LiPF_6$ 的阴离子 PF_6^- 可以被看成是 F^- 被路易斯酸 PF_5 络合。这样的阴离子也被称为超级酸阴离子，其负电荷由于强吸电子的路易斯酸配体的原因可以均匀地分布，这样对应的络合物锂盐通常相比其母体有较低的熔点，在低介电常数的溶剂中也有更好的溶解度。对于锂盐的化学稳定性的要求进一步缩小了可选择的范围，$LiAlX_4$ 被排除。因为 AlX_3 的路易斯酸性很强，与中等强度的路易斯碱例如 Cl^- 配位不能完全中和它们的活性，所以 $LiAlX_4$ 会与大部分的有机溶剂反应，尤其是醚类溶剂。而且 AlX_4^- 阴离子也会严重腐蚀电池的其他组分，例如通常使用的聚丙烯（PP）隔膜、非电子导体的密封剂以及包装的金属材料。另一方面，基于更温和的路易斯酸阴离子在通常条件下可以与有机溶剂共存，并被研究者们所喜爱。这些盐包括高氯酸锂（$LiClO_4$）和不同的硼酸盐、砷酸盐、磷酸盐和锑酸盐 $LiMX_n$（M = B、As、P 或者 Sb；$n = 4$ 或 6），表 4-3 列出了常见的锂盐以及一些基本物理性质，包括在 PC 或者 EC/DMC（1:1）中的室温电导率。

表 4-3 常见的锂盐

锂盐	分子式	溶液中分解温度/℃	熔点/℃	对 Al 是否有腐蚀性	(1mol/L,25℃时) 电导率/(mS/cm)	
					PC	EC/DMC
$LiBF_4$	$LiBF_4$	>100	293	否	3.4	4.9
$LiPF_6$	$LiPF_6$	~80	200	否	5.8	10.7
$LiAsF_6$	$LiAsF_6$	>100	340	否	5.7	11.1
$LiClO_4$	$LiClO_4$	>100	236	否	5.6	8.4
Li Triflate	$LiCF_3SO_3$	>100	>300	是	1.7	—
Li Imide	$Li[N(SO_2CF_3)_2]$	>100	234	是	5.1	9.0

4.3.1 $LiClO_4$

$LiClO_4$ 有令人满意的溶解度、高离子电导率（在 EC/DMC 中，20℃离子电导率为 9.0mS/cm）以及高抗氧化能力〔在 EC/DMC 中，尖晶石正极表面可以稳定到 5.1V（相对于 Li/Li^+）〕。研究发现，使用 $LiClO_4$ 电解质不论是在金属锂表面还是石墨表面，形成的 SEI 层的阻抗要低于对应的 $LiPF_6$ 或 $LiBF_4$ 电解质，因为前者不会产生 HF。普遍认为 $LiPF_6$ 或 $LiBF_4$ 可以与微量的水分反应生成 HF，与烷基的碳酸酯或 Li_2CO_3 反应生成 LiF。相比于其他锂盐，$LiClO_4$ 的吸湿能力更弱,在湿度环境中更稳定。但是高氯酸中的高价态氧(Ⅶ)使之成为一个强氧化剂,在一定的条件下例如高温、大电流下容易与许多有机物剧烈反应。实际上,在20世纪70年代末研究者们就意识到LiClO₄作为电解质应用到工业中是不可行的。尽管如此,因为其成本低、易于处理,还是大量应用在实验室中。

4.3.2 LiAsF₆

在20世纪70年代后期,研究者们的主要关注点集中于锂在有机溶剂中的循环形貌,结果发现除了溶剂,锂盐对于锂的沉积形貌也有一定的影响。通常来讲,LiAsF₆作为电解质的效果要比LiClO₄好。曾经在很长一段时间内,LiAsF₆和不同醚类溶剂的组合成为最普遍的电解质体系。在这些体系中,锂负极的循环效率平均超过95%,尽管在长期循环过程中仍然会出现锂枝晶。在LiAsF₆/2-Me-THF体系中,观察到体系的颜色随着时间的延长而消失,其中可能的原因是LiAsF₆与溶剂发生反应导致的化学失活。其反应机理可能是基于路易斯酸As(Ⅴ)与醚键的反应,导致醚键断裂生成一系列的气相或聚合物。AsF₆⁻的阴极稳定性是在惰性的玻璃碳电极表面进行研究,发现在1.15V(相对于Li/Li⁺)时发生还原反应:

$$AsF_6^- + 2\dot{e} \leftrightarrow AsF_3 + 3F^-$$

上述还原反应只发生在起始的几圈中。尽管如此,在商业化电池中任何的电化学还原As(Ⅴ)都会引起使用LiAsF₆电解质的安全性问题,因为高氧化态的砷是无毒的,而As(Ⅲ)和As(0)是有毒的。从电化学反应的角度来看,上述的还原结构是有利的,特别是在锂离子电池中,根据一些半经验规则在负极大于1.0V(相对于Li/Li⁺)形成SEI层可以判断在锂电池的运行过程中非常稳定。与LiClO₄类似,基于LiAsF₆的电解质其对相应的SEI层的主要成分是烷基碳酸酯或Li₂CO₃而不是LiF,尽管LiAsF₆的结构与LiPF₄或LiBF₄类似。这是因为As-F更稳定,不容易水解。AsF₆⁻的阳极稳定性非常高。在合适的溶剂中,例如酯类而不是醚类溶剂,电解质体系可以在不同正极表面稳定到4.5V。如果不考虑毒性,LiAsF₆的阴极稳定性和阳极稳定性可以使之成为很有前景的锂电池电解质。实际上,LiAsF₆从来没有在商业化电池中使用,不过到目前为止还是广泛地出现在实验室中。

4.3.3 LiBF₄

与LiAsF₆类似,LiBF₄也是基于超级酸阴离子的无机盐,在非水系中离子电导率适中。随着循环快速衰减,基于醚类溶剂的LiBF₄电解质会导致锂负极的循环效率变差,因此在锂电池研究初期就不受研究者的喜爱。同时也猜测LiBF₄可

137

能会与金属锂反应，因为随着加热或时间的延长电解质体系的颜色会慢慢消失。开始研究 $LiBF_4$ 的研究者提到该锂盐相比于其他锂盐有多种优点包括低毒性、高安全性，但是其中等的离子电导率成为其应用的主要障碍。在研究其在不同有机溶剂中的离子特性时发现 BF_4^- 在所有遇到的阴离子中的迁移率最大，但是其解离常数要比 $LiAsF_6$ 和 $LiPF_6$ 小很多。这两种特性联合在一起导致了中等的离子电导率。

电化学分析发现，BF_4^- 在玻碳电极表面相对于饱和甘汞电极（SCE）可以稳定到 3.6V，即相对于 Li/Li^+ 为 5.0V。当寻找区别时，发现 BF_4^- 要比 AsF_6^- 和 PF_6^- 阴离子要低一些，但是必须注意的是，这些结果是以季铵盐为支持电解质在玻碳电极表面测量的，而不是在电池正极表面，这中间可能会存在比较大的差别。由于 $LiBF_4$ 的电导率较低，所以使用 $LiBF_4$ 作为电解质的锂电池较少。但是 $LiPF_6$ 面临热不稳定性和对水分敏感等问题，研究者们开始尝试用 $LiBF_4$ 替代 $LiPF_6$ 作为电解质且已经取得一定的进步，不仅在提高温度至 50℃ 时，更令人惊喜的是在低温下也可以。这些结果让 $LiBF_4$ 重新得到研究者们的关注。

4.3.4 LiTf

另一类锂盐是基于共轭结构的有机超级酸，其阴离子连接有强吸电子基团例如全氟取代的烷基，负电荷得到分散，从而增强了阴离子的稳定性。在阴离子中，电荷的分散由强吸电子基团的诱导作用和共轭结构共同完成。这类锂盐典型的结构有三种：羧酸盐、磷酸盐和磺酸盐，如图 4-5 所示。

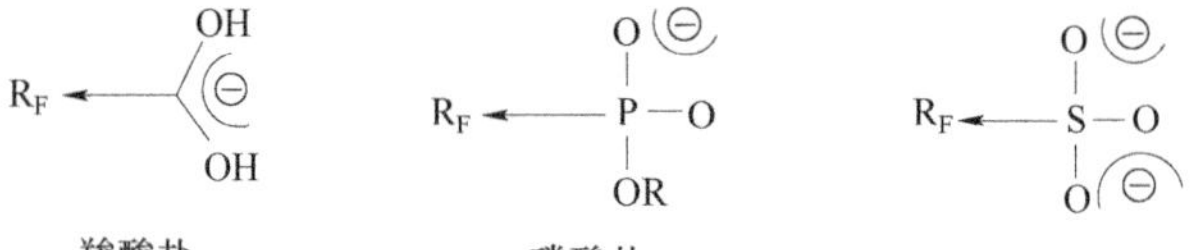

图 4-5　锂盐的三种典型结构

尝试锂盐的原因是希望它们在低介电常数的溶剂中也有很高的解离常数，因为全氟取代的烷基可以帮助锂盐在有机溶剂中的溶解。但是考虑到电化学稳定性的要求，因为羧酸锂 $R_F CO_2 Li$（R_F 为全氟取代的烷基）的抗氧化能力较差只有 3.5V（相对于 Li/Li^+）与不含氟的对应物相当，被排除在外。显然，吸电子基团不能有效地稳定羧酸根离子并提高它们的抗氧化能力。另一方面，磺酸盐相比于 PF_6^- 和 BF_4^- 有高的抗氧化能力、热稳定性以及对水分不敏感等特点变成了理想的阴离子。作为该族最简单的分子，CF_3SO_3Li 作为锂（离子）电池电解质得到了深入的研究。其他类似的结构例如全氟取代的乙基、丁基以及基于醚键的寡聚物磺酸盐也被开发出来。

该类锂盐的缺点是相比于其他锂盐,其在有机溶剂中的电导率更低一些。在所有常见的锂盐中,基于 LiTf 的电解质离子电导率最低。这是因为在低介电常数的溶剂中 LiTf 的解离常数较小,相比于其他锂盐,其迁移率更低。在基于 LiTf 的电解质中存在严重的离子对,特别是使用低介电常数溶剂例如醚类溶剂时。Tf⁻ 阴离子对于金属锂的稳定性也被研究者用不同手段研究过,包括通过电化学测试和光谱表征。当表面使用光电子能谱(XPS)分析时发现在金属锂表面除了 Li_2CO_3 只有微量的 LiF,表明该阴离子不易与金属锂反应,不过基于 LiTf 电解质的锂沉积形貌还是较差。电化学石英微天平发现在循环之后的金属锂表面分成粗糙,大部分是因为形成了锂枝晶。同时阻抗测量结果证实了差的形貌与持续增加的界面电阻值的关系,由于粗糙的锂表面与电解质不断地反应,界面电阻值增加。这个持续的反应导致形成了厚的大电阻值的 SEI 层,不利于电池的工作。但是,在至少一种情况下,LiTf 的电化学性能超过了目前最好的 $LiPF_6$,即在不同的混合溶剂中(例如 EC/DMC、PC/DMC 或 EC/DME)使用不常用的碳纳米纤维做负极,其库仑效率和放电容量相比于 $LiPF_6$ 都有一定的提升。在玻碳电极表面测量 Tf⁻ 的抗氧化能力发现,其抗氧化能力不是特别高,只是高于 ClO_4^- 而低于 BF_4^- 和 PF_6^-。通过 Ab initio 方法计算也得到类似的结果,同时使用多孔碳测量的结果与玻碳上的结果一致。

　　真正阻碍 LiTf 作为锂电池电解质的原因是 LiTf 对于集流体 Al 的严重腐蚀性。Al 作为正极材料的载体和集流体,它必须能够承受电池工作中的高压,即必须有足够的惰性防止阳极溶解。但是有 Tf⁻ 与 Al 之间的特殊作用,Al 的阳极溶解电位在 2.7V,并且在 3.0V 时表面开始凹凸不平。锂电池的通常工作电压为 4.0V(相对于 Li/Li⁺),此时阳极溶解电流在 PC 中达到 $20mA/cm^2$。这么快的腐蚀速度使之很难应用到高压电池中,例如锂电池和锂离子电池。

4.3.5 LiIm

　　早在 1984 年,Foropoulos 和 DesMarteau 就报道了基于酰亚胺阴离子的一种新的酸,它被两个三氟甲磺酸根离子稳定。因为体系含有两个强吸电子的三氟甲磺酸根以及基于氮上孤对电子的共轭结构,使氮上的负电荷得到很好的分散,其共振式如图 4-6 所示。

　　其酸性强度在非水系溶剂中与硫酸接近。因为其阴离子可以与非极性有机溶剂很好地互溶,Armand 等人提出将其锂盐(后来俗称酰亚胺锂,简写为 LiIm)用在固态聚合物电解质中,主要使用过寡聚物或大分子量的醚作为溶剂。研究者很快就将其拓展到液体电解质中,与碳材料负极联用结果表现不错。在 20 世纪 90 年代初 3M 公司开发了基于 LiIm 电解质的商业化锂电池,引燃了人们对于其或许可以取代导电性差的 LiTf、有安全隐患的 $LiClO_4$、热不稳定的 $LiBF_4$ 和 $LiPF_6$

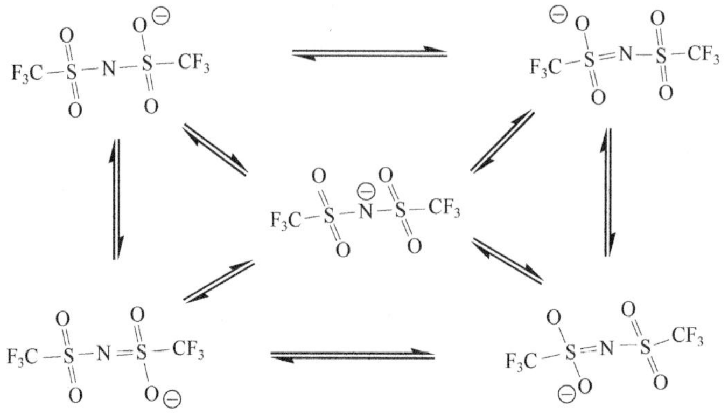

图 4-6　LiIm 阴离子的共振式

以及有毒的 LiAsF₆ 的期望。科学家们付出了大量的精力研究其在有机溶剂中的离子特性以及在锂电池或锂离子电池中的应用。

研究发现 LiIm 安全稳定，热稳定性好，离子电导率高：它在 236℃熔融却不分解，这在锂盐中很少见，其分解温度高达 360℃。其在 THF 中的离子电导率比 LiTf 高一个数量级，虽然比 LiAsF₆ 和 LiPF₆ 低，基于 LiNiO₂ 正极和石油焦负极的锂离子电池在使用 LiIm-EC/DMC 电解质体系时可以深度放电 1000 次。离子特性研究发现，该锂盐即使在低介电常数的溶剂中也可以很好地解离，尽管大的阴离子会导致相比于其他锂盐在同种溶剂中黏度更大，因此其高的离子电导率是其高解离度和低迁移率相互妥协的结果。从这个角度来看，LiIm 在低介电常数的溶剂中有优势。其电化学稳定性在玻碳电极表面测定，发现 Im⁻ 在 EC/DMC 中可以稳定到 2.5V（相对于 Ag⁺/Ag），即相对于 Li/Li⁺ 可以稳定到 5.0V，比 LiBF₄ 和 LiPF₆ 略低，但是足够在电池中使用。金属锂在基于 LiIm 电解质中的循环形貌明显好于其他电解质。

尽管 LiIm 拥有诸多的优势，其应用在锂电池中的技术并没有成熟，因为其在电解液中会对 Al 造成严重的腐蚀。使用电化学石英微天平原位分析发现，Im⁻ 与 Al 发生反应形成 Al(Im)₃ 并且吸附在 Al 表面。Im⁻ 对于电池中的重要组成部分 Al 的腐蚀严重限制了其在电池中的使用，因为 Al 作为正极的基底材料很难被取代。Al 的优点是重量轻，在高压下抗氧化能力强，成本低且易于加工。因为锂盐可以在添加剂的作用下与 Al 形成惰性层，所以研究者们想通过使用添加剂的方式降低 Im⁻ 对于 Al 的腐蚀，并取得一定的进步，而且通过延长全氟烷基链来调整酰亚胺阴离子的结构也被证实是有效的，尽管需要付出一定的代价，即离子电导率降低。尽管 LiIm 从来没有在商业化电池中使用过，但是它还是一种令人感兴趣的锂盐，尤其是在聚合物电解质中。

4.3.6 LiPF₆

尽管在锂电池中使用了多种锂盐，LiPF₆毫无疑问是最终的赢家，并且最终商业化。LiPF₆的成功并不是因为其某一个突出的特性，而是一系列均衡的特性之间的相互妥协和限制。例如在碳酸酯混合溶剂中其电导率低于LiAsF₆，其解离常数小于LiIm，其离子迁移率低于LiBF₄，其热稳定性低于大部分的锂盐，其阳极抗氧化能力不如LiAsF₆和LiSbF₆，其在水分中的化学稳定性低于LiClO₄、LiIm和LiTf。但是这些盐都不能比LiPF₆更好地符合多方面的要求。

LiPF₆作为锂电池电解质锂盐是在20世纪60年代末提出的。很快研究者们就发现其化学不稳定和热不稳定。即使在室温下，LiPF₆也存在平衡：

$$LiPF_6(s) \rightleftharpoons LiF(s) + PF_5(g)$$

气体产物PF₅的生成驱动平衡向右移动，且在提高温度时该过程更加明显。在使用有机溶剂时，强路易斯酸PF₅倾向于引发一系列的反应，例如开环聚合或醚键的断裂。另一方面，P—F键非常不稳定易水解，即使是溶剂中存在微量水分，也会生成一系列的腐蚀性产物。其水解反应方程式如下：

$$LiPF_6(sol.) + H_2O \rightleftharpoons LiF(s) + 2HF(sol.) + POF_3(sol.)$$
$$PF_5(sol.) + H_2O \rightleftharpoons 2HF(sol.) + POF_3(sol.)$$

其热重分析表明在干态，LiPF₆在超过200℃时损失50%。但是在有机溶剂中，其分解温度大幅下降，例如在70℃时。LiPF₆对于水分、溶剂和高温的敏感不仅限制了其应用范围，尤其是非水系电池，而且在其制备和纯化过程中也面临巨大困难。在20世纪90年代之前，大部分的商业化LiPF₆都含有大量的LiF和HF。直到20世纪80年代末才可以工业化生产高纯度的LiPF₆，最终导致锂离子电池的商业化并且受到深入的研究。

在基于烷基碳酸酯混合溶剂的电解液中，例如EC/DMC（1:1），LiPF₆是最好的离子导体之一。根据离子特性研究其在不同溶剂中的限制特性，优异的离子导电性是由离子迁移率和解离常数共同作用的结果，尽管两种因素LiPF₆都不是很突出。

平均的离子迁移率：LiBF₄ > LiClO₄ > LiPF₆ > LiAsF₆ > LiTf > LiIm。

解离常数：LiBF₄ < LiClO₄ < LiPF₆ < LiAsF₆ < LiIm。

相互颠倒的两种性质的排序明确表现出LiPF₆均衡的特质，可以满足相互矛盾的性质的要求。在玻碳电极和不同金属氧化物电极表面的电化学测试证实了LiPF₆在混合碳酸酯中可以有效防止氧化到5.1V（相对于Li/Li⁺），使其成为少数可以支持4.0V正极材料的电解质。而且LiPF₆可以在高电位与Al基底形成有效的钝化层。通常认为的钝化机理是其阴离子参与了Al表面钝化层的形成，尽管该机理没有得到所有人的认可。LiPF₆的各种优点使锂电池技术从概念走向产品。1990 年，索尼公司首先推出了第一代商业化锂电池，从那以后其在锂电池中的地位从未受到挑战。和 EC 作为不可缺少的溶剂组成部分一样，$LiPF_6$ 也成为锂电池电解质中不可或缺的部分。

4.4　电解液的液态范围

非水系电解质体系的液态范围是指各组分开始汽化的上限温度和其组分开始凝固的下限温度。很明显，因为还存在其他限制条件，所以该范围只是作为基本的根据来估计使用该电解质体系的锂电池的工作温度。尽管这个问题对于实际应用非常重要，但是关于电解质的热物理性质研究甚少，远远少于对离子传导和其他电化学性质的研究。Tarascon 和 Guyomard 作为第一批研究者开始尝试描述锂离子电池电解质的工作温度区间。根据使用的基于环状和线性碳酸酯混合物的电解质配方，他们测量了 EC/PC 不同组成时 $LiPF_6$/EC/DMC 溶液的沸点和凝固点。研究发现电解液从 EC 的沸点248℃单一地下降到 DMC 的沸点91℃，表现出明显的曲率，而且大部分组分的沸点都主要由低沸点的组分决定。Ding 等人也发现了类似的规律，他们曾想通过在混合溶剂中添加高沸点溶剂来提高混合体系的沸点，但是发现高沸点溶剂的添加对于混合体系的影响较小。换句话说，二元溶剂体系的液态范围的上限主要由低沸点的组分决定，而且有足够的理由相信该规则也适用于三元或很高级的体系。

目前电池的使用温度上限往往不是其电解质的液态上限温度决定的，因为电池中还有其他的因素会拉低电池的使用上限温度。例如电解质的液态范围的上限对于 DMC 是90℃，EMC 是110℃，DEC 是120℃，这些温度都远比锂盐 $LiPF_6$ 的使用上限温度（70℃）要高。即使 $LiPF_6$ 被热稳定性更好的锂盐所取代，其在正极和负极形成的钝化层的稳定性仍然限制电池的工作温度上限低于90℃，因为还要考虑电池中其他组分的热稳定性，例如常用的隔膜 PP（分解温度＜90℃）以及电池中不导电的封装剂和电极中使用的黏结剂的化学稳定性。

另一方面，电解质的液态范围下限通常决定了电池工作的下限温度。Tarascon 和 Guyomard 也研究了溶剂的组分对于 $LiPF_6$/EC/EMC 熔点的影响，总结出使用 EC/DMC 为 3:7 和 8:2 时，$LiPF_6$/EC/DMC 的熔点可以低至 −25℃。但是溶剂组分对于熔点的作用看起来不合理，因为在起始 20% DMC 时，熔点在 20℃，随着 DMC 的量增加到 30%，混合溶剂的熔点开始下降，但是从 30% 到 90%，混合溶剂的熔点一直停留在 −10℃，而不是典型的低共熔混合物。当仔细比较 Tarascon 和 Guyomard 与 Ding 等人的研究结果时发现，前者的研究并没有区分液相温度和固相温度，即在 20% 和 90% 的 DMC 时是液相温度，其他的（平台部分）是固相温度，根据 Ding 等人的测量结果，这样的误区可能是这样一个问题导致的，即对于0%到80% DMC的中间组分，液相的转换温度表现为相对可以忽略的热效应导致的宽峰，而固相转变温度通常表现出了尖锐的明显的峰。

Ding等人系统地构建了锂离子电池中常用的二元碳酸酯混合溶剂的相图。研究发现使用EC、PC、DMC、EMC和DEC的二元组分表现为典型的共熔体相图，都有特征的V型液相线交叉在共熔体组分中，同时拥有水平的固相线，尽管不同相图因为其组分的熔点和结构不同而具体数值有所差异。在这些相图中，液相线代表着其中一种组分开始凝固的温度，而在固相线以下表明整个体系已经固化。在固相线和液相线之间的区域，固、液态共存。因为在液相线上面没有固相线，而且是立体式热力学稳定的，Ding等人认为液相线的温度应该作为液相的下限温度，而不是固相线温度。这些溶剂的相图是典型的二元体系，它们在液态互溶而固态不互溶，因此在固相线温度以下不能想成固相溶液，二元体系成为不均匀的固相混合物。典型的结果是，二元体系的液相线向下弯曲与固相线相交于共熔点，即两个组分的液态形式和固态共存。从这种意义上讲，两种溶剂的混合物其熔点要低于任一组分，即混合物的液态范围要比母体的液态范围更宽。

通常来讲两种溶剂的兼容性由两个因素决定：

1）分子结构相似。

2）熔点接近。

因此，从这个角度来讲，分别选择二元环状结构溶剂和二元非环状结构溶剂或许可以比目前锂电池中使用的环状结构与线性结构溶剂的混合物更好地拓宽电解质液态范围的低温区域。但基于这种策略的混合电解质配方很快被否决，电池工作时还需要考虑离子电导率、电化学稳定性以及在电极表面形成的SEI层，因此环状线性碳酸酯混合物配方仍然是主流的选择。从另外一个角度看，只要EC仍然是锂电池电解质中不可或缺的组分，器件的工作下限温度会一直存在，因为EC主宰电解质的液态范围的下限，无论使用哪种线性助溶剂。

此外，Ding等人还研究了锂盐的浓度对于二元体系的液相线和固相线的影响，结果发现两条线与温度的交点都受到了一定的影响。锂盐浓度不同时，相图的基本形状没有改变，只是液相线和固相线与对应溶剂相互平行。因此，根据一个已知的相图，可以推断其组成的电解质的相转移温度。在电解质的低温应用中，另一个与相图相关的重要的热性质叫作"过冷"现象。当液体在其熔点或液相线/固相线温度时由于高黏度或其他因素，没有及时发生分子的重构形成有序的构型即称为过冷。此时溶剂在该温度下（低于其热力学凝固点）仍然保持液态，这个介稳态的液体称为"过冷液体"。这种过冷状态在更低的温度下发生玻璃化转化时结束，然后转变成无序的固相（非晶型）。因为过冷现象可以推迟甚至消除溶剂的结晶过程，溶剂体系的液态范围可以从液相线显著地提升至玻璃态转化温度（T_g）。该扩展的液态范围有利于电解液在低温下的工作，已经有大量的报道关于电解质在其液相线以下的温度工作，且没有明显的衰减。

但是电解质在其液相线以下仅是动力学稳定的，任何成核试剂的存在都可以引发固相的形成。在电化学器件中，粗糙的电极表面、隔膜的纤维或集流体的边缘甚至胶带都可以作为成核剂，因此，基于过冷现象而拓展的电解质液体范围看起来不是很可靠。Ding 等人还研究了 EC/DMC 体系中的过冷现象以及不同碳颗粒对其的影响。研究发现在这个特别的碳酸酯混合物中，在给定降温速率（10℃/min）只能绕过液相线温度，但是到了固相线温度，二元体系开始结晶，基本上不存在过冷现象。碳颗粒通过提供成核种子促进 EC 在接近液相线温度时开始结晶从而有效地减小过冷现象。其中碳颗粒的有效性排序为介孔碳微球（MCMB）＞活性炭＞炭黑。

另一方面，锂盐的存在也促进了过冷现象的发生，因为锂盐提高溶液的黏度，降低了液相线温度。在实际应用中，1.0mol/L LiPF$_6$ 的浓度下，即使固相线也可以被绕过，因为观察到 LiPF$_6$/EC/DMC 溶液在降至 −120℃ 时没有发生结晶过程，而其玻璃化转换温度为 −103℃。在这种浓度的溶液中，即使存在 MCMB 也不能引发结晶，在 10℃/min 的降温速率下，过冷现象可以完全被保持。因此在实际应用中过冷现象或许可以保持电解质在低温下使用，拓展了电解质的液态范围。但是这个拓展的区间在器件的运行过程中总是很脆弱，因为过冷只是动力学稳定的现象，同时是有条件的、不可预测的。如果使用较慢的加温速度或延长低温的储存时间，过冷现象的减弱甚至消除是完全有可能的，但是有一点可以肯定，任何电解质在低于液相线的温度下长期运行最终一定会出现溶剂组分的沉淀，导致性能的衰退。因此可靠的低温下限应该根据液相线的温度确定。

依据 Tarascon 和 Guyomard 提出的基于碳酸酯的开创性配方，研究者们付出了大量的精力去优化该二元电解质体系。有时三元、四元甚至更高级的溶液体系也被尝试作为锂电池的溶剂，但是构建相图所需的实验工作量急剧增加，导致构建多元体系的相图相对困难。因此，研究者提出了使用计算机模拟代替实验来描绘相图。因为相图仅仅是热力学图形，即在特定张力下最小化体系的自由能，而在多组分体系中的单一相的自由能模拟能够代表相界，通过相平衡计算。因为电解质体系通常在固定压强下使用，所以吉布斯自由能就是定量的最小化计算得到的相平衡，使用的方式叫 CALPHAD 法。最初的尝试看起来是成功的，因为一元体系包括 DMC、EC 和 PC 以及二元体系 EC/DMC、PC/DMC 和 EC/PC 得到了和试验结果相比令人满意的准确度。进一步，基于 EC/PC/DMC 的三元相图也被预测出来。可以猜测到共熔体中 PC 含量最大，因为其熔点最低。尽管该三元组分不适合锂电池的实际应用，因为 PC 对石墨有破坏作用，但是少量 PC（30%）对于提高电解质低温性能是有效的。毫无疑问，继续预测三元或更高级的体系的热学性质对于展望电解质的发展有利，而且它们可以作为依据来估计工作的温度区间。

4.5　离子传导特性

传导离子是电解质的基本功能，决定了电极释放出其储存能量的快慢。在液体电解质中，离子的传导通常有两步：

1）离子化合物（通常是晶体盐）被极性溶剂分子溶解并解离。

2）溶剂化之后的离子在溶剂介质中迁移。

在溶解过程中，盐晶格的稳定性被破坏，该能量被溶解之后裸露的离子（特别是阳离子）与溶剂分子的偶极配位作用所补偿，因此这些离子通常与外围的溶剂笼一起迁移，溶剂笼一般由一定数量的定向排列的溶剂分子所构成。根据不同模拟手段包括 ab initio 量子力学的计算结果得知锂离子的小半径周围通常是由不超过四个溶剂分子构成的溶剂笼。通过使用新的质谱技术发现锂离子的配位数与计算结果符合；对于不同的溶剂分子，不论使用 EC、PC 还是 γBL，溶剂化之后锂离子的峰对应 Li（Solv）$_{2-3}$ 的含量最多。实验观察也证明了溶剂笼的稳定性，在真空中电喷雾以及后续的离子化过程中也可以保持完整。因此，电解液中溶剂化的锂离子其结构在迁移中保持不变。考虑到阴、阳离子都可以与溶剂配位，实际上的离子传导是由于离子/溶剂配合物的定向移动。

离子的电导率 σ 代表了离子的传导能力，反映了两个方面的影响，即溶解/解离以及后续迁移，对应自由离子的数量 n_i 和离子的迁移率 μ_i，方程式为

$$\sigma = \sum n_i \mu_i Z_i e$$

式中，Z_i 是离子的价态；e 是电位电量。

对于单一盐溶液，阳离子和阴离子是仅有的带电物质。

离子电导率已经成为未来电解质的实际上的试验标准，因为可以使用简单的设备容易地得到，而且结果非常准确且可以重复。其计算的方法和测试过程中涉及的基本原理在其他的综述里有详细的介绍。另外一方面，目前还没有可靠的方法可以直接测量离子的迁移率或相关的性质和离子化程度，尤其是其锂盐浓度在实际应用范围内的电解液。

由于没有离子迁移率数据，导致估算电解质的离子电导率非常不方便，因为测量的电导率是阴、阳离子迁移的综合结果，而在锂电池中只有锂离子承载电流。锂离子运动承载的电流部分决定了电池的放电倍率，因此提出了锂离子迁移数的概念：

$$t_{Li^+} = \frac{\mu_{Li}}{\sum \mu_i}$$

为了估算非水溶剂中的锂离子迁移数，科学家们付出了巨大的努力，通过不

同手段得到的数据也有一些出入。尽管如此，通常认为在非常稀的溶液中，锂离子的迁移数在 0.2 ~ 0.4 之间，由锂盐和溶剂的性质决定。换句话说，非水溶剂电解质中阴离子比锂离子移动得快。因为阳离子半径小，其表面电荷密度更大，更倾向于溶剂化，而阴离子因为电荷分散倾向于完全裸露，所以实际上"阳离子"迁移是指锂离子与外围的溶剂笼一起，相对于阴离子更慢，即承载的电流比阴离子小。阴、阳离子的溶剂化焓变也支撑了这个观点；在典型的碳酸酯溶剂中，阴离子的溶剂化焓变低于 10kcal/mol，而阳离子的溶剂化焓变在 20 ~ 50kcal/mol 之间（1kcal = 4186.8J）。锂离子迁移数显著低于 1 肯定不是理想的性质，因为在电池运行时压倒性的阴离子运动优势以及在电极表面的富集会导致浓度极化，特别是局部黏度高时（例如在聚合物电解质中），因此在界面处会对离子传递造成额外的阻抗。幸运的是，在液体电解质中，浓度极化现象并不是很严重。

　　由于没有离子解离度和迁移率的数据，离子电导率已经被电池研究和发展行业广泛接受作为评估电解质中离子迁移能力的标准。但是必须记住，这样简单的评估标准是基于一个假设：总的离子电导率的提升是由于或至少是部分由于阳离子电导率的提升。定性地说，这个假设是正确的，因为电池中的离子电导率与功率性能通常存在一定的关系，尽管定量地分析阴、阳离子贡献无法实现。

　　为了提升电解质的离子电导率，研究者们付出了巨大的努力去提升锂盐的解离度或离子迁移率，因为这两个因素同时由锂盐和溶剂的物理化学性质决定。研究者们采取了不同的方法来研究电解质中的锂盐和溶剂的影响。在锂盐结构中，唯一不同点在于阴离子。在一个给定的非水溶剂体系中，如果阴离子可以被吸电子官能团所稳定则可以促进锂盐的解离。典型的阴离子包括 PF_6^- 或 Im^-，其对应的锂盐相比于它们母体阴离子的锂盐（LiF 和烷基酰胺锂）更容易解离。另一方面，根据 Stokes-Einstein 方程可知，离子的迁移率与溶剂化之后的离子半径成反比：

$$\mu_i = \frac{1}{6\pi\eta\gamma_i}$$

式中，η 是介质的黏度；γ_i 是离子（或者溶剂化之后离子）半径。

　　当固定阳离子种类，这种方法看起来对提高阳离子迁移率没有作用。但是，使用迁移率更低的大阴离子则体现出该方法的另一种作用，即提高锂离子的迁移数，尽管总的离子电导率会由于阴离子贡献的下降而下降。这种效应在酰亚胺及其衍生物中可观测到。这种方法的极端例子是当锂盐的阴离子是寡聚物或聚合物阴离子，则锂离子迁移数接近 1，但是总的离子电导率急剧下降。因此，在液体电解质中通过使用大阴离子来提高锂离子电导率的方法并没有受到广泛认可。

　　到目前为止，很少有通过调节锂盐的方法有效提升离子电导率的例子，因为适合作为锂电池电解质的阴离子选择性有限。相反，溶剂组分的调节是调控电解质的离子电导率的主要手段，因为存在大量的溶剂体系可供选择。在溶剂的性质和离子电导率的关系方面已经累积了可观的知识，其中最重要的是溶剂的介电常数与黏度，分别决定了电荷载体的数量和离子的迁移率。

为了让溶剂化的离子在电场下迁移，必须防止阴、阳离子形成紧密离子对。溶剂分子屏蔽离子之间吸引的有效程度和其介电常数有紧密的关系。离子对形成的临界距离 q 可以通过 Bjerrum 的近似处理计算，假设只有当离子之间的距离小于 q 才会形成离子对：

$$q = \frac{|Z_i Z_j| e^2}{8\pi \varepsilon_o \epsilon kT}$$

式中，Z 是离子的价态；ε_o 是真空的介电常数；k 是玻尔兹曼常数；T 是热力学温度。

显而易见，当在给定的盐浓度和离子解离度时，溶剂的介电常数越大，临界距离 q 越小，离子越倾向于保持自由，不形成离子对。而高介电常数的溶剂通常拥有高沸点和高黏度。当离子在电解质中迁移时，其周边分子对其的阻力可以用溶剂的黏度来衡量。因此在低黏度的溶剂中，溶剂化的离子在电场作用下可以更容易地迁移。低黏度的溶剂通常被认为是电解液的理想选择；但是它们的实际使用也受到限制，因为这些溶剂通常介电常数也较低，不能有效地解离离子防止离子对的形成。

因为高介电常数和低黏度往往不能集中在单一溶剂中，所以电池中常用的二元电解质配方中有高的介电常数，另有低的黏度以期望通过混合达到两种性质的平衡。这个概念很快被研究者们所接受，通常选择环状碳酸酯是由于其高的介电常数，而线性碳酸酯是由于其低的黏度。大多数情况下，混合溶剂中的离子电导率要优于单一溶剂中的离子电导率。

Matsuda 等人做了大量的工作系统地研究了这个混合效应的物理基础。当使用 PC/DME 体系作为模型，他们研究了溶剂组分对于蒸气压、介电常数和黏度的影响，总结了这些变量和离子电导率的关系。结果发现介电常数随着溶剂的组分接近于线性改变，有部分正向偏移，而黏度与推测的线性关系有显著负向偏移。在这样的二元溶剂体系中，溶剂混合效应对于两种性质的影响的趋于定量的结果是：

$$\varepsilon_s = (1 - X_2)\varepsilon_1 + X_2\varepsilon_2$$
$$\eta_s = \eta_1^{(1-X_2)} \eta_2^{X_2}$$

式中，ε_1 和 ε_2，η_1 和 η_2，X_2 分别是混合溶剂中各组分的介电常数、黏度以及在混合溶剂中的体积分数。

混合溶剂的介电常数和黏度都随着组分单调变化，添加剂的效应导致不同溶剂组分对应的离子电导率不同。在 PC/DME 体系中，DME 浓度较小时，该混合物有高的介电常数，因此锂盐可以解离得更彻底。但是在这个区域里，混合物的黏度大，阻碍了离子的运动，并主宰了离子传导。当 DME 含量增加，混合物的介电常数比较高，但是体系中的黏度已经明显下降时，溶剂化之后的离子拥有更高的离子迁移率。因此，离子电导率是净增长的。进一步增加 DME 的含量得到介电常数很小的混合介质，虽然黏度小有利于离子迁移，但是由于离子对的生成抑制了离子的迁移，而离子对的影响大于黏度的影响；混合溶剂中的离子电导率随着 DME 的增加而下降。最高的离子电导率实际上是介电常数和黏度两种性质相互妥协的结果。混合溶剂中这样的妥协的综合表现优于使用了单一溶剂。

　　一个基于该模型的简单数学推导再现了实验得到的不同体系中离子电导率和溶剂组分之间的关系，而且根据半经验 Walden 定律可知，在一个理想溶液中，没有离子对的存在，离子电导率的变化遵循线性关系。

$$\Lambda \eta_s = \text{constant}$$

式中，Λ 是离子电导率对于盐浓度归一化之后的结果，即摩尔电导率。Walden 产物（$\Lambda \eta_s$）可以被看作是离子电导率对于溶剂黏度和盐浓度归一化之后的结果（即没有离子对时的自由离子数目），因此该值可以当作在给定溶剂或盐时电解质中的离子解离度。尽管这个发现是来自环状碳酸酯 PC 和醚混合体系，它们对于锂电池电解质中最优的溶剂配方环状和线性碳酸酯混合物的定性研究还是可行的。最终导致 Tarascon 和 Guyomard 提出环状碳酸酯（高介电常数）和线性碳酸酯（低黏度）混合的电解质配方，可能的原因是基于 Matsuda 等人描述的电解质配方选择的基本方针。

　　进一步分析相关的研究发现，高介电常数和低黏度两种性质混合的成功也许不仅仅是由于简单的添加剂效应，而是两种溶剂的协同效应涉及的机理，即溶剂壳中的溶剂对于阳离子的偏好。在混合溶剂中溶解一个特定的盐晶格，高介电常数的溶剂分子溶剂化离子的构成相比于低介电常数的溶剂从能量的角度来讲是有利的。因此，有理由去推断，在溶液中达到溶解平衡以后，离子的溶剂笼的主要成分是高介电常数的溶剂分子。使用分子量子力学模拟的结果支持了这个假设，相对不有利的溶剂分子（低介电常数的）实际上可以被更有利的溶剂分子（高介电常数的）所取代。因此在 EC/EMC 体系中，溶剂笼的主要成分是 EC。最有利的证据是来自实验观察的结果，使用基于低能量的离子化过程的质谱技术来研究一系列基于二元组分的电解质，包括 EC/DEC，EC/DMC，PC/DEC，PC/DMC，γBL/DEC 和 γBL/DMC。在这些体系中，环状溶剂以压倒性的优势占据在锂离子的溶剂笼的结构中，配位数在 2~3 之间。

　　锂离子选择性地被高介电常数溶剂分子所溶剂化，会将低黏度的溶剂分子从溶剂笼中挤出，并留下自由的晶格和没有配位的溶剂分子。因此，离子溶剂化之后的介质主要由自由的溶剂分子构成，这时使用低黏度的溶剂分子促进溶剂化之后的离子的移动。通过这种方式，高介电常数和低黏度的溶剂协同作用于离子，达到最优的离子传导。在微观结构中，溶剂的结构不仅关系到离子的传导，而且与电解质在锂电池中的电化学稳定性相关，这类形成溶剂笼的溶剂分子，例如EC 或者 PC，不仅与离子一起移向电极表面，而且相比于非配位的低黏度的溶剂分子，例如线性碳酸酯，更多地参与到氧化还原过程中。这对电极和电解质界面的化学性质有意义深远的影响。

了解了离子的传导主要由介电常数和黏度相互影响决定，离子电导率对实际应用所关心的变量的影响就很好解释了。在深入地研究盐浓度、溶剂的组成和温度对不同电解质体系的离子电导率的影响的工作中，Ding 等人对目前锂电池相关的二元体系的研究工作最具有代表性。总结出离子电导率与盐浓度、溶剂组分和温度的关系如下：

$$\sigma = f(m, x, T)$$

式中，σ 是离子电导率（mS/cm）；m 是盐的浓度（mol/kg）；x 是 EC 的摩尔分数；T 是温度（℃）。

该关系可以帮助我们在给定温度下，通过调节盐的浓度和溶剂的组分来最大化离子电导率。

（1）盐的浓度（m）

在低浓度时（<1.0mol/L），自由离子的数量随着盐浓度的增加而增加，因此离子电导率升高在较高的浓度下达到最大值。在达到最大值之后，盐浓度的增加会导致更多的离子聚集和更高的溶液黏度，因此会同时降低自由离子的数量和离子迁移率。最大电导率与浓度轴的交点（m_{max}）由溶剂的介电常数以及温度决定。通常来讲，高的介电常数会让离子对的出现往高盐浓度的方向移动，而更高的温度会降低溶剂的黏度。这种情况下 m_{max} 都会往高的盐浓度移动。

（2）溶剂组成（x_{EC}）

在给定的温度下，溶剂的组成决定了介电常数和黏度相互作用的结果；离子电导率与 EC 组分的关系与盐浓度类似，先升后降。但是温度和盐浓度对于离子电导率的影响重大，有时可能出现离子电导率与溶剂组分成单调关系。例如，在给定盐浓度 1.6mol/L 时，含有高浓度 EC 的溶剂在高温度下离子电导率更高，因为温度高（>50℃）时溶剂的黏度更小，电导率随着 EC 浓度的增加而单调增加。在温度低（<10℃）时，这个关系就颠倒了，因为此时黏度起决定性作用。

（3）温度（T）

保持其他变量一定，离子电导率与温度成单调增关系，直到非常高的温度下溶剂的介电常数影响已经完全压倒了黏度对于离子传导的影响。但是这样的高温往往已经超过实际应用的范围。相反的是在低于常温时，尽管介电常数变高，但

149

是离子电导率由溶剂的黏度决定。

更高的盐浓度加速了离子电导率随着温度降低而减小的趋势，因为高浓度时溶剂黏度更大。高黏度和低温度同时作用导致电导率与温度的曲线非常陡。另一方面，溶剂的组成对于温度与电导率的关系有一定的影响，但是比较温和。

为了更加清晰地了解温度效应对于离子传导的作用，取摩尔电导率的对数与温度的倒数作图，符合 Vogel-Tamman-Fulcher（VTF）模型，然后通过 VTF 方程进行拟合：

$$\sigma = AT^{-1/2}e^{-B/R(T-T_o)}$$

式中，A 和 B 是常数，与传导过程有关；T_o 是电导率消失的温度，可以通过拟合得到，且与溶液体系的玻璃态转化稳定关系密切，这和我们通常的认识一致：离子在液体中或非晶型的聚合物介质中的传导与溶剂介质有关。

4.6 电解质在惰性电极表面的电化学稳定性

二次电池的寿命与电池内部化学反应的长期可逆性有关，而电化学稳定性对于保持体系中的可逆性至关重要。在电化学中，有大量的测试手段可以测量和定量分析电解质组分的电化学稳定性，其中最常用的技术是循环伏安法及其衍生物。

在循环伏安法测试中，被研究的对象（电解质溶剂或盐）在可控电压的电极表面发生氧化或还原分解，同时记录分解的电流作为评判电化学稳定性的标准。但是，与简单的离子传导或决定相界的任务不同，电化学分解是一个非常复杂的过程，不仅与热力学因素有关，而且还与动力学因素例如电极面积、扫描速度和物质的浓度有关，所以给定物质的电化学稳定性数据与其测量的方式和定义的方式关系很大。电化学稳定的上下限经常会出现不一致，与目标组分在溶液中浓度以及使用的工作电极有关。循环伏安法在三个主要的范畴内受到电池行业研究者的喜爱。

第一种是传统电化学分析中的循环伏安法。通常来讲，在支持电解质中控制目标组分的浓度非常稀，使用惰性材料制成的电极，例如玻碳电极和镍电极，稀有金属包括 Au、Ag 和 Pt。这种方式有以下 2 个优点：

1）被研究的物质在稀溶液中的扩散方式是明确的，因此其氧化还原性质可以与热力学性质更好地相关联。

2）可以分别单独研究溶剂或盐的分解行为，因此它们对于电解质总的稳定性可以被区分。但是广泛地使用该方法受到支持电解质的限制，因为支持电解质相比研究目标需要在更宽的电势范围内保持稳定。在基于锂的电解质中，宽的电化学窗口的溶剂和锂盐很难找到合适的支持电解质。该方法的另一个缺点是，惰性电极往往是不含孔的，其催化性质往往与电池实际应用中的复合电极材料的多孔结构大不相同。因此，该方法可能会高估组分的电化学稳定性。

第二种方式是对循环伏安法进行改变，使之适用于可操作电化学器件的电解质的工作环境，因此可以直接使用纯的电解质，工作电极也是电化学器件中的实际电极材料。这样得到的稳定限度可以更好地描述实际工作中目标物质的电化学行为，因为电解质组分在电极表面形成的钝化过程或这些组分在电极表面的电催化分解可能会导致电化学稳定窗口的拉伸与压缩。但是，由于纯的电解液既作为研究对象也作为支持电解质，观测的稳定性可能是所有组分共同作用的结果，而且通常很难区分电解液的稳定性是由于溶剂还是盐的分解决定的，尤其是氧化上限。由于使用高浓度的电解质，这样得到的稳定性数据通常很难用热力学解释，而且共存的可逆的氧化还原过程可能同时在电极表面发生，因此电化学稳定的限度很难判断，明显的电化学稳定性由于电极表面的钝化变得模糊不清。通过这种方式确定的锂电池电解质的稳定性仍然较少见，尽管它们很重要。

作为以上两种方法的相互妥协，第三种方法使用惰性材料作为电极同时使用纯的电解液，是表征电池、电容器和燃料电池最常用的伏安测试。其优点是在电极表面不存在可逆的氧化还原过程和钝化作用，因此通常可以得到明确的起始电流和临界电流。但是在这种方法中，关于起始分解电流的定义还存在一定的武断，给定电解质体系的稳定性不同研究者之间也有一定的出入，所以在比较不同来源的电化学稳定性时要注意。

4.6.1 锂盐阴离子稳定性

尽管阴离子容易被还原，但是其还原过程动力学较慢，难以明确定义其还原电位，而且在电极表面的还原过程通常伴随着溶剂被还原。基于这个原因，我们只对阴离子的阳极稳定性感兴趣，而锂的阴极稳定性往往由阳离子的沉积电位决定。

因为在测试中使用的溶剂往往对盐的阳极稳定性有直接的影响，所以需要排除溶剂的影响，Ue 等人在这方面做出了相对系统的工作。他们把季铵盐作为支持电解质测量了大量的阴离子的氧化电位，特别是适用于锂电池电解质的阴离子。他们使用玻碳电极进行线性扫描发现，还原界限是由季铵盐分解决定的，因为使用不同阴离子的电解质都给出了类似的还原电流，进一步分析其分解产物证实了这一猜想。另一方面，氧化界限同时由盐和溶剂决定。例如，阳极限度由不稳定的阴离子（Tf^- 和 ClO_4^-）决定，但是对于稳定的阴离子（BF_4^- 和 PF_6^-）来说由溶剂决定。当使用阳极稳定性更高的溶剂戊二腈时得到的阴离子阳极稳定性顺序为 $SbF_6^- > AsF_6^- \geqslant PF_6^- > BF_4^- > Im^- > Tf^- > ClO_4^-$。

需要指出的是阳极的稳定性是有条件的，因为这个顺序是通过上述的第二种方法测量的，阳极稳定的电位判定是有一定武断的成分，通常认为分解电流达到 $1.0mA/cm^2$。如果改变这个标准或许会得到完全不同的结果。

电解质中的溶剂和盐的耦合效应在混合溶剂中也能观察到，当使用稳定的溶剂或锂盐，电解质的稳定性也会得到相应的提高。例如室温下电解质的 LiX/EC/DEE 分解的电压顺序为

$$ClO_4^- > Im^- > Tf^- > AsF_6^- > PF_6^- > BF_4^-$$

而使用线性碳酸酯来替代不稳定的醚 DEE 时，分解的顺序变为

$$ClO_4^- \approx PF_6^- \approx BF_4^- > AsF_6^- > Im^- > Tf^-$$

这是因为 DEE 对于路易斯酸 PF_6^- 和 BF_4^- 有活性，导致电解质分解电位前移。

为了排除溶剂效应对于阴离子的阳极稳定性的影响，Koch 等人合成了一系列基于有机阳离子的盐，分别在玻碳、钨和铂电极表面测量它们不含溶剂的熔融盐的阳极稳定性。测得的本身的阳极稳定性与溶剂中的完全不同：

$$Im^- \approx AsF_6^- > PF_6^-$$

他们还提出一个可能的机理解释 PF_6^- 的不稳定性，即

$$PF_6^- - e \rightarrow PF_6^{\cdot} \rightarrow PF_5 + F^{\cdot} \rightarrow HF$$

首先 PF_6^- 失去一个电子变成自由基，然后 $PF_6^{\cdot}$ 分解成 PF_5 和一个 $F^{\cdot}$，最后 $F^{\cdot}$ 从水分或者溶剂中得到一个质子形成 HF。

当阴离子的阳极稳定性与其最高占据轨道（HOMO）建立联系时，以上的阴离子稳定性也与 ab initio 计算结果一致，但是阴离子本身的稳定性与溶剂中的稳定性的区别仍有待解释。

4.6.2 溶剂的稳定性

对于适用于高能量密度电池的理想溶剂，其电化学稳定性应该同时包括高的氧化电位和低的还原电位。对于锂电池常用溶剂来讲，碳酸酯类的溶剂抗氧化性更高，而醚类溶剂耐还原性更好。在所有的环状碳酸酯溶剂中，EC 看起来最容易被还原，这与分子轨道从头计算的对应阴离子自由基的结果一致。EC 和 PC 的还原性不同是因为 PC 上甲基的位阻效应而不是因为电子效应，即根据分子轨道从头计算对应的阴离子自由基的结果。另一方面，PC 的还原是一个动力学缓慢的过程，因为伏安扫描时大的背景电流分布在很宽的电势范围内。PC 对于阴极还原的缓慢动力学与其溶于溶剂分子一起插入石墨负极的层状结构然后分解导致石墨的剥离有关。

Aurbach 等人通过一系列的原位和非原位波谱测试分子循环伏安法测试中的工作电解质表面。基于 FT-IR、X-ray microanalysis 和 NMR 测试发现的官能团，

他们可以研究碳酸酯类溶剂的还原机理，并提出在还原过程中，这些溶剂主要形成烷基碳酸锂（RCO_3Li），而烷基碳酸锂对于电解质中的污染物非常敏感。例如，当存在 CO_2 或微量水分时则会形成 Li_2CO_3。当有环状碳酸酯时，总是可以观测到其特殊的还原产物，而且看起来似乎与工作电极的性质无关。线性碳酸酯的分解机理也与环状碳酸酯 PC 的还原机理类似，通过单电子还原。阴离子自由基是这些碳酸酯分子反应常见的中间体，其在电化学还原过程中的存在已经被实验证实。该反应似乎对于碳酸酯是通用的，而且烷基碳酸酯也被认为是电极与电解质界面形成的保护层的重要成分。

4.7 电解质在活性电极表面的电化学稳定性

满足电解质对于负极和正极的稳定性的要求通常是实现动力学稳定而不是热力学稳定。考虑高能量密度电池的电极材料的强还原性和强氧化性，存在热力学稳定的电解质的可能性非常小，通常是在氧化性和还原性表面通过化学钝化使电解质在电池工作中保持惰性。钝化的过程是起始分解产物在电极表面形成紧密的保护层防止进一步分解。电解质中分解产生这样保护层的组分，对于新电极表面的物理化学性质有决定性的影响，例如热稳定性、化学稳定性以及离子传导的阻抗。钝化层的形成构建了高能量密度电池的基础，其中包括锂电池。因为这个原因，电解质/电极的界面已经成为锂电池和锂离子电池研究的重点。

另一方面，必须指出钝化层除了有保护作用，还充当了电解质与电极界面的离子传导的壁垒。通常整个电池化学瓶颈在于钝化层。过量的钝化层是非常不希望得到的，因为它会降低电池的功率性能。对于锂离子电池来说，功率下降通常发生在正极表面。

4.7.1 锂负极的钝化

在发现金属锂可以在非水系溶剂中稳定之后，研究者马上推测这个令人意外的稳定性是由于电解质在金属锂表面的钝化作用，因为有机溶剂的还原电势远远高于金属锂。Peled 是第一个正式提出在金属锂和电解质界面存在钝化层的，并描述了该钝化层的基本物理化学性质。他认为由于锂的低电位，电解质组分与金属锂的自由接触不存在；取而代之的是在锂负极与电解质组分接触瞬间的反应，生成的固体产物形成薄膜随着反应生长在负极表面。该分解反应只有当形成的薄膜完全覆盖在金属锂的表面且达到一定的厚度才会停止。一旦形成该薄膜，它就会一直留在金属锂表面，即使在锂沉积、剥离过程之后也不能完全去除。因为该膜可以允许离子传导但是电子绝缘，类似电解质，所以 Peled 将其命名为固体电解质界面（SEI）。考虑到 SEI 的离子电导率较低，他提出氧化还原反应的速度

153

控制步骤是 SEI 中的锂离子传输而不是电极与溶液之间的电荷转移。

使用一个平行的电容模型，Peled 和 Straze 计算了一系列活性金属电极表面的 SEI 的厚度，包括 Li、Ca、Mg：

$$L = \frac{\varepsilon A}{C\pi(3.6 \times 10^{12})}$$

式中，A 是电极面积；L 是电极厚度；C 是电容；ε 是 SEI 的介电常数。

他们估算了锂在非水电解质中的平均 SEI 厚度在 2.5~10nm，因为在这个厚度时电子的隧道钻穿效应可以被抑制到最低。

通常认为 SEI 的化学组分与电解质组分密切相关。例如，在基于亚硫酰氯的电解质中 SEI 主要由 LiCl 构成，而在基于二氧化硫的电解质中主要由 $Li_2S_2O_4$ 构成，基于醚类的电解质中主要由 Li_2O 构成。在从微观尺寸观察金属与基于 PC 的电解质的表面之后，Dey 认为该表面的主要成分是 Li_2CO_3，是 PC 通过两电子反应机理的还原产物，如图 4-7 所示。俄歇电子能谱和 X 光电子能谱的结果与该结论一致。但是更多的研究表明上述过程被过度简化了，实际过程涉及不同组分还原反应的复杂竞争。

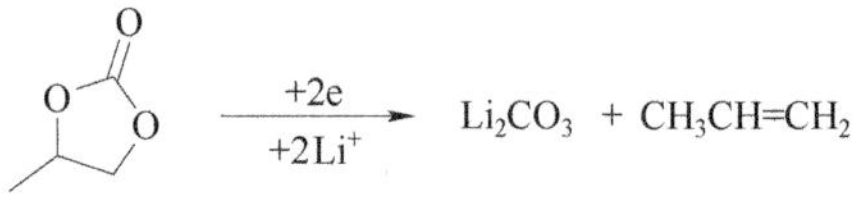

$$\text{（碳酸丙烯酯）} \xrightarrow[+2Li^+]{+2e} Li_2CO_3 + CH_3CH{=}CH_2$$

图 4-7　PC 的两电子还原机理

Aurbach 等人通过表面灵敏的光谱手段发现锂表面的 SEI 层主要成分不是 Li_2CO_3 而是烷基碳酸锂，非常可能是因为单电子还原机理。该化合物的羰基伸缩振动对应的红外吸收在 $1650cm^{-1}$，已经被证实是烷基碳酸锂 $CH_3CH_2CH_2CO_3Li$ 的特征峰。因为 XPS 也观测到了锂盐的分解产物，主要有简单的卤化锂、烷氧基锂或氧化锂，溶剂和锂盐之间明显存在竞争。但是当存在 EC 时，主要成分是烷基碳酸锂，因为 EC 在阴极更容易还原。烷基碳酸锂的形成也被另外一个单独的分析工作所证实，在支持电解质中 EC 的还原产物被 D_2O 水解然后通过 NMR 测试分析，发现主要产物是乙二醇。因此 Aurbach 等人认为 PC 和 EC 分别被还原成了以下的烷基双碳酸锂：

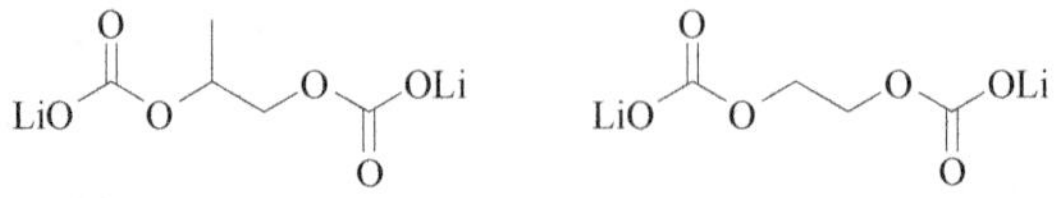

进一步研究发现烷基碳酸锂对于电解质中的污染物非常敏感，这很有可能是之前工作发现 Li_2CO_3 是 SEI 的主要成分的原因。例如，微量的水分就可以得到 Li_2CO_3，前提是锂盐的阴离子不水解（例如ClO_4^- 或AsF_6^-）：

$$2R\!-\!O\overset{\overset{\displaystyle O}{\|}}{\underset{\displaystyle}{C}}\!-\!OLi \;+\; H_2O \longrightarrow Li_2CO_3 \;+\; 2ROH \;+\; CO_2$$

但是当阴离子容易水解时（例如 BF_4^- 或 PF_6^-），生成的 HF 会消除烷基碳酸锂，最终留下 LiF 作为主要成分：

$$2R\!-\!O\overset{\overset{\displaystyle O}{\|}}{\underset{\displaystyle}{C}}\!-\!OLi \xrightarrow{\;\;HF\;\;} LiF \;+\; 2ROH \;+\; CO_2$$

烷基碳酸锂在锂负极表面长期储存也是不稳定的，很可能是由于继续发生电化学还原。因此，Aurbach 等人进一步提出 SEI 有可能采取多层结构，内部是简单的无机盐例如 Li_2CO_3 和 Li_2O，因为它们更稳定，与锂接触更近，而外层很多的是烷基碳酸锂。

Kanamura 等人通过 XPS 仔细地研究了使用基于 $LiBF_4$ 的电解质静置处理过态的金属锂或循环过程的金属锂表面。通过溅射锂负极表面，他们可以记录相关化学组分的深度剖面。他们的结论和 Aurbach 等人假设一致，即在 SEI 外层发现烷基碳酸锂，因为其 C 1s 的键能在 289.0eV，其含量随着深度逐渐下降。另一方面，O 1s 能谱被清晰地捕捉到，并且随着 Li_2O 量增加。LiF 遍布整个 SEI 层，与溅射时间无关，因为使用容易水解的 BF_4^- 阴离子。

Kanamura 等人提出了两种 LiF 形成的可能路径：

1）在 HF 和烷基碳酸锂之间简单的酸碱反应。

2）BF_4^- 直接被锂还原。

在溶剂与金属锂形成 SEI 层后，溶剂和锂负极还可能发生额外的反应，因为根据 C 1s 能谱发现有机物质在 SEI 内层的储量随着时间的延长而增加，这些有机物质可能是 PC 或其他碳酸酯形成的聚合物，而不仅是烷基碳酸酯本身。根据其 C 1s 能谱在 286eV 附近以及之前的 XPS 研究，后者反应是由于溶剂渗透到 SEI 中继续与金属锂反应。生成的聚合物薄膜很有可能是多醚结构并嵌入 LiF 晶体中。

除了伏安测试，交流阻抗也是研究锂电池非水电解质的界面性质的有力工具。它是少数的原位表征之一，所以通常与伏安法联用，被称为是电化学阻抗谱（EIS）。对称性的锂电池的阻抗由两个半圆组成。通常认为中等频率的半圆对应于 SEI 层中的离子迁移过程，其低频对应于锂表面的电荷转移，高频与 x 轴的交点对应于电解质的主体电阻。在不同电解液中研究界面电阻发现锂表面的 SEI 层随着暴露在电解质中的时间的延长而增长，溶剂和锂盐阴离子的化学性质与界面的半圆关系紧密。例如，基于 $LiPF_6$ 的电解质形成的 SEI 膜的电阻值要小于基于 $LiClO_4$ 的电解质形成的 SEI 膜，EC 的存在也使锂表面的 SEI 膜电子导电性更好。一个基于 SEI 层电阻值的经验规律：离子电导率高的电解质在锂或碳负极形成的 SEI 层电阻值小。

Naio 等人将拥有 10^{-9}g 灵敏度的质量传感器的石英微天平与伏安法联用，以检测形成 SEI 层过程中锂表面的变化。和 EIS 类似，石英微天平可以原位检测界面形成的过程，包括质量变化以及锂负极表面形貌的变化。结果发现，在循环过程之前形成的 SEI 层被重复地破坏和再建，因为随着循环的增加，SEI 层的质量持续上升。在不同溶剂和锂盐的联合测量时，基于 $LiPF_6$ 的电解质与金属锂有最快的反应动力学，因为发现锂负极的质量即使在锂剥离过程中也有净增加，意味着金属锂表面与电解质的反应足够快，以致可以补偿金属锂溶解导致的质量损失。另一方面，金属锂表面积累的净质量在基于 $LiClO_4$ 和 LiTf 的电解质中要比基于 $LiPF_6$ 的电解质要高。这两个现象指向一个结论：基于 $LiPF_6$ 的电解质可以更有效地形成保护性的 SEI 层。测量锂表面的粗糙度也揭示了 $LiPF_6$ 是更有利的电解质，因为可以形成更光滑、更均匀的 SEI 层，因此相比于其他锂盐可以最小化锂枝晶产生的可能性。

SEI 层在锂表面稳定性应从 2 个不同的角度来评估：第一，静态稳定性即长期储存时的稳定性；第二，动态稳定性即可逆性。金属锂表面形成的 SEI 层可以让锂在非水溶剂中静态下稳定存在；相反，SEI 层使锂沉积过程中形成不均匀的形貌，因此在锂剥离和沉积时表面的电流密度是分布不均匀的，这直接导致锂枝晶的生长。

SEI 层的粗糙度严重依赖电解质的化学性质。例如，有人认为由 LiF/Li_2O 构成的 SEI 层可以提供均匀的电流分布，而且大量的早期工作也发现微量水分对于锂负极的循环效率有正面影响，可以辅助形成紧密且均匀的 SEI 层。尽管如此，锂金属电池的主要挑战锂枝晶问题仍然没有解决。该电池技术比目前的锂离子电池拥有更高的能量密度，因此仍然很有吸引力，但是依赖可以抑制甚至消除锂枝晶生长的新一代电解质体系的发现。

4.7.2　碳负极的钝化

1. 碳负极的剥蚀和不可逆容量

自从 20 世纪 50 年代中期开始，研究者就发现石墨可以与锂离子形成插层化合物，其中锂离子容纳在平面的石墨烯层状结构之间。该族化合物中可以容纳最多锂离子的化学计量比为 LiC_6，其化学反应性与金属锂非常类似。有大量的不同方法制备这些化合物，例如石墨直接与熔融锂在 350℃ 下反应，或者在 400℃以上与锂蒸气反应，或者在高压下与锂粉末反应等。

另一方面，通过电化学合成 Li-石墨插层化合物（Li-GIC）非常困难。在早期的工作中，发现最常用的电解质溶剂 PC 在石墨负极上在 0.80V 还原分解，这个不可逆的过程导致石墨的物理分解。这个不可逆还原的出现抑制了锂离子插入石墨中，其实在更低的电压就会发生。石墨被 PC 破坏在不同基于 PC 的电解质体系中重复出现，该石墨结构分解的过程叫剥蚀。Besenhard 等人提出剥蚀作用是因为 PC 和锂离子一起插入石墨的平面层间结构中，然后导致石墨分解。因为多层结构的石墨只能靠弱的范德华力组织在一起，很容易因为产生的气态产物（主要是丙烯）导致的张力发生分离。

既然溶剂是导致剥蚀的关键因素，后来的研究者们尝试使用不同的极性溶剂分子例如二甲亚砜（DMSO）和乙二醇二甲醚（DME）来替代 PC，希望它们不会与锂离子一起插入石墨层间或分解；但是大部分的努力都没有能够证实 Li-CIC 可以作为有用的负极材料来替代金属锂。在 20 世纪 80 年代，唯一一个成功地通过电化学将锂离子插入石墨层之间的是 Yazami 和 Touazin 在 1983 年使用基于聚乙二醇（PEO）的聚合物电解质的工作。因为大分子溶剂 PEO 在本质上不可能一起参与石墨的插入，该电解质可以允许锂离子可逆地插入和脱出石墨负极。使用电化学滴定技术，发现 Li-GIC 的电位分为两个阶段，分别对应 0.50V 和 0.20V（相对于 Li/Li$^+$），因此证实了 Li-GIC 作为负极替代金属锂的可行性，因此只有很小的能力下降，所以基于 Li-GIC 负极第一阶段的可逆化学反应为：

$$Li_xC_6 \rightleftharpoons xLi^+ + 6C + xe$$

在理想情况下 $x = 1.0$，即利用率 100%，负极对应的容量为 372mA·h/g。尽管聚合物电解质的低离子电导率以及与石墨电极之间的高界面电阻，这个简单的通过电化学制备锂化石墨的方法实用有效。

考虑到石墨的晶型比较脆弱，在 20 世纪 80 年代末一些研究者集中精力研究碳的结构而不是电解质的配方。许多无定型碳负极都表现出差不多的性能，其中包括碳纤维、热解碳和石油焦。这类材料对于溶剂的共插入不敏感，这可能与它们无定型结构有关，其中堆叠的缺陷与微小晶体共存，可以将石墨烯层固定在一起防止循环过程中溶剂的共插入对于晶格的扩张。因此，可逆性在 0.8V 的剥蚀平台在使用无定型碳负极和基于 PC 的电解质中完全消失了，可逆的锂离子插入，不同的非水系电解质中可以达到数千次，尽管在最初的循环中经常伴随着与碳负极和电解质组分相关的不可逆的容量。这些努力最终导致了第一代商业化锂电池的产生。

但是由于不规则的负极结构也需要付出与能量密度相关的两个代价：

1）库仑效率要低于 LiC$_6$ 的理论值。

2）充放电曲线都有一定的坡度。

前者是因为无定型碳中结晶度低，石墨中锂离子可以插入高度有序的石墨烯层间，而在无定型碳中锂离子可以容纳在不同能量的活性位点，导致锂离子在插入过程中电势范围较宽。后者会导致电池的电压不稳定，对电池非常不利，综合这种结果之后发现能量密度更小的 Li-GIC 从理论上可以作为负极材料。

因此，在选择不同类型的碳材料负极时遇到了倾向于能量密度还是稳定性的两难局面，也就是说，石墨化程度更高的碳材料，锂离子插入的程度就越接近于理想状态（$x = 1.0$），其电势轮廓也可以与 Li^+/Li 更接近，而且平台更稳（对于负极材料是有利的），不过容易受到溶剂的共插入的影响。在 Dahn 等人揭示了 SEI 层对于碳材料负极可逆性的影响以及其中 EC 对于石墨化碳材料的影响之后，石墨化碳材料在锂离子电池工业中才得到重用。在了解 SEI 层的重要性之后，通过调整电解质的配方有效地提升了石墨负极的稳定性，从而直接导致了无定型碳负极逐渐从商业化锂离子电池技术中脱离。

在回顾 Dahn 开创性的工作的重要性时应该从 2 个角度来看：

1）从基础上了解碳材料在非水系电解质中的工作机理。

2）更实用的方面是专门克服关于能量密度和可逆性的两难局面。

这些知识储备指向了锂离子电池技术的发展。

在基础研究方面，Dahn 等人成功地解释了伴随着所有碳材料负极在首次循环过程的不可逆容量。他们发现在 1.2V 的不可逆容量几乎与碳负极的比表面积成线性关系，而且这个不可逆过程在接下来的循环中实质上是不存在的。所以，他们推测在非水系电解质中锂负极形成的一层钝化层也通过类似的电解质分解形成在碳负极上，而且只有形成的 SEI 是多孔的，才可以让还原过程的容量达到客观的数值。一旦形成，该钝化膜的物理化学性质应该会与 Peled 在金属表面提出的固体电解质模型类似；它既是离子导体，又是电子绝缘体，所以可以防止持续的还原分解。因此 Peled 为金属锂负极提出的钝化层术语 SEI 被沿用到碳负极材料上。

在实际应用方面，Dahn 的工作说明可以通过改变电解质的组分来消除石墨负极的剥蚀，因为 SEI 层的化学本质由电解质组分决定，特别是溶剂。该情况中有魔力的组分是 EC，从结构上只与 PC 差一个甲基取代基。而 EC 可以有效地防止石墨在 0.8V 的剥蚀，支持石墨在更低的电压下（< 0.2V）进行锂离子可逆的插入与脱出反应，其库仑效率接近于 LiC_6 的理论值。因为电解质中存在 PC，所以还是可以发现一定程度上的石墨剥蚀，但是明显 EC 可以有效地抑制石墨结构的破坏。Tarascon 和 Guyomard 通过改进电解质配方，将副反应抑制到一个可以忽略的程度，尽管由于 SEI 层的形成导致的一定的不可逆容量总是存在。

目前市场上的商业化锂离子电池在生产点已经达到了成型工艺，即已经形成了稳定的 SEI 层保证不会再有不可逆的容量。这些电池的库仑效率在其应用的特定条件下是 100%。另一方面，任何意外的误用例如过充、高温或者机械损伤都会导致已经形成的 SEI 层被破坏，会导致在充电过程中有更多的不可逆反应导致在后续的放电过程中容量降低。

2. SEI 的形成机理

根据 Peled 模型，存在 SEI 层是锂离子可逆的插入与脱出的基础。所以，一个理想的 SEI 层应该满足以下 6 个要求：

1）电子迁移数为 0，不然电子的隧道效应可能发生并且导致电解质的持续分解。

2）高的离子电导率以至锂离子可以容易地对石墨层进行插入与脱出。

3）均匀的形貌和化学组成使电流均匀分布。

4）对碳负极表面有良好的黏附力。

5）良好的机械强度和柔韧性可以允许石墨晶格在可逆的插入与脱出过程中的体积膨胀与收缩。

6）在电解质中的低溶解度保证 SEI 层不会持续地溶解，不会导致电解质的持续分解和锂源的持续消耗。

关于碳负极 SEI 层的形成机理一直存在争议，不过通常认为初始的电解质分解对 SEI 层是有用的，同时涉及溶剂以及锂盐的一系列反应之间的竞争。

Peled 模型：负极/电解质界面膜

Dahn 实际上接受了 Peled 对于金属锂表面的模型并扩展到碳负极，在该模型中，通过表面反应形成二维的钝化膜。由于锂化石墨和金属锂的电位非常接近，有人提出两种情况下 SEI 层的化学组成应该也类似。另一方面，研究碳负极表面 SEI 的形成过程，发现直到该负极电压有一定的阴极极化才会形成，因为这些负极材料的固有电位要比这些溶剂和盐的还原电位要高。当然，这个电位的极化过程导致了金属锂负极和碳负极表面 SEI 层的根本性不同。对于金属锂来说，与电解质接触的瞬间即形成 SEI 层，还原过程对于电解质中所有可能的组分是完全一样的，而碳负极表面 SEI 层的形成应该是分步的，可能会有偏好地还原电解质中的特定组分。

Endo 等人使用电子自旋共振（ESR）研究石墨负极上不同电解质的还原分解过程。在所有被研究的电解质组分中，包括 $LiClO_4$、$LiBF_4$ 和 $LiPF_6$ 盐和 PC、DMC 以及其他酯类或者醚类溶剂，在延长阴极电解后发现与溶剂相关的自由基物质是还原分解的主要中间体。在分子轨道计算的辅助下，他们发现阴离子的还原是非常困难的，由于它们的还原焓是正值而自由溶剂的还原焓 $\Delta H_r \approx -1 kcal/mol$。但是，与锂离子配位的这些溶剂分子的还原焓急剧地降低（$\Delta H_r \approx -10^2 kcal/mol$），使该反应是热力学有利的。换句话讲，如果不考虑动力学因素，碳负极形成的 SEI 层主要由锂离子溶剂笼中的溶剂分解构成。对于目前最好的电解质体系，环状碳酸酯例如 EC 和 PC 的分解是构建 SEI 层的主要物质，而现行碳酸酯的参与是无关紧要的。Wang 等人也得到类似的结论，他们使用高水平的密度泛函理论研究电解质中 EC 分子的分解机理，发现还原自由的 EC 分子可能性很小，与锂离子配位的 EC 分子从热力学角度分析可以发生单电子或两电子的还原过程形成超分子结构例如 $Li^+(EC)_n (n=1\sim5)$。

关于电解质中的特定组分可能会有偏向性在碳负极表面还原的观点，Peled 等人探索了一种可以操控 SEI 化学组分的方法，即人为添加不稳定的电解质成分。他们认为既然这些组分可以在更高的电位时被还原，那么 SEI 层在溶剂没有共插入之前已经形成，溶剂的共插入和后续剥蚀的可能性就可以降到最低。EC 由于其活性可以被看作是这样的组分。作为一种简单的测量手段，电解质中哪个组分会被还原，Peled 等人提出使用水系介质中还原速率常数的大数据库，这个速率常数与 SEI 形成的电位之间建立了一个客观的联系。因此，速率常数可以被用作选择电解质溶剂和锂盐。根据这个模型，理想的电解质配方的速率常数应该大于 $10^9 (mol/L)^{-1} \cdot s^{-1}$。根据这一标准，$AsF_6^-$、EC、VC 和 CO_2 有利于 SEI 的形成，而 BF_4^- 和 ClO_4^- 不利于 SEI 的形成。

这些模型在概念上形成了后期发展电解质添加剂的理论依据，例如 CO_2 和 VC 可以有效地抑制起始循环过程中的不可逆容量。但是到目前为止，该模型并不适用于电解质的主要成分，在高浓度组分中也必须考虑到其他因素包括离子传导和相图曲线。

Besenhard 模型：三元石墨插层化合物（GIC）

除了无差别还原与选择性还原不同外，另一种根本性的不同是在石墨负极和锂负极之间，前者层之间存在空隙可以容纳锂离子和溶剂分子。所以，一些研究者们争辩电解质与石墨负极的接触的还原分解不一定像 Peled 模型中的简单的表面反应。取而代之的是，溶剂可以在分解之前共插入到石墨烯层间，这样形成的 SEI 层会渗透到石墨的结构中间。

早期的研究发现了石墨的插层化合物中有溶剂分子的存在。在对于这些化合物和化学反应了解的基础上，Besenhard 提出了 SEI 的形成机理：涉及起始形成的三元石墨插层化合物，然后这些化合物在石墨烯平面的边缘处分解形成 SEI，如图 4-8 所示。石墨负极在阴极极化时，溶剂化的锂离子迁移到带负电的石墨表面并且在被还原之前（即在 0.80~1.0V 之间）插入到石墨烯层间。这样形成的三元 GIC，例如 $Li(EC/DME)_x C_y$，其寿命很短，在慢扫的 CV（10^4 s）的时间尺度内已经分解，因为慢扫过程中存在不可逆峰；所以，根据 Besenhard 等人的理论，这个过程通常被认为是电解质的不可逆还原。但是在特定的快速扫描下（例如 10mV/s），部分的溶剂化离子仍然可以可逆地从石墨烯层间脱出。这些共插入的溶剂分子的还原分解是 SEI 从石墨的表面的边缘扩展到层中的孔穴中。

Besenhard 等人认为形成三元 GIC 的直接证据是石墨负极的膨胀测试，发现在共插入电位时石墨晶体膨胀 150%。但是，这种由于溶剂共插入的膨胀从来没有在微观角度证实。不同研究者进行的在循环石墨负极之后得到的原位 XRD 结果也不能证明在溶剂共插入电位下层间距之间的变化。在这些实验中，石墨循环过程中（002）衍射峰位置偏移最大，其对应的客体物质尺寸 c 轴只有 0.035nm；

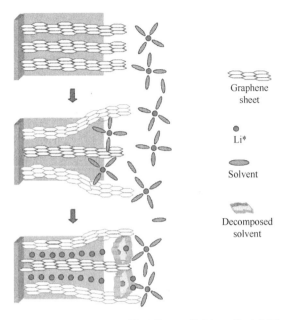

图 4-8 基于 Besenhard 模型的 SEI 形成机理的示意图

因此只有锂离子可以容纳其中。应该指出的是三元的 GIC 毫无疑问是存在的,但是它们是否可以在锂离子电池中的条件下通过电化学形成仍不明确。到目前为止,化学或电化学合成的三元 GIC 都没有能够产生基于碳酸酯溶剂的任何组分,尽管可以成功地对应 Ogumi 等人使用的醚类或者烷基亚砜类溶剂,这使得人们更加怀疑 Besenhard 模型。

Chung 等人为 Besenhard 模型辩护,他们认为三元 GIC 没有 XRD 峰是由于它们分解很快或局部分散在石墨的边缘。因为 XRD 的探知是基于同一晶格的不同衍射的平均值,三元 GIC 较宽的空间并没有被作为主体性质而检测到。

石墨在不同电解质中的原位微天平分析也挑战了三元 GIC 的形成。通过实时监测石墨在阴极极化时的质量增加,发现在理论上 GIC 稳定的电位区间 $0.5 \sim 0.8\text{V}$ 之间,单位电量的质量变化在 $27 \sim 35\text{g/F}$ 之间,与形成的 $Li_2CO_3(36.9\text{g/F})$ 吻合。如果溶剂例如 $EC(88.07\text{g/F})$、$PC(102.1\text{g/F})$ 或溶剂化的锂离子 $[Li^+(PC)_n]$ ($>300\text{g/F}$ 假设配位数为 3) 共插入到石墨烯层间中,则对应的石墨负极质量的增加显而易见地不匹配。

三元 GIC 的热力学稳定性也受到质疑。在裸露的锂离子和被分子偶极溶剂化的锂离子之间,很明显前者比后者从热力学角度上更容易插入到极大的石墨烯阴离子层间。完全锂化的 $GIC(LiC_6)$ 不会溶解在非水系的电解质溶液中,而且在溶液中合成时也发现锂离子倾向于形成二元(没有溶剂共插入)而不是三元

GIC。尽管 XRD、EQCM 和热力学都提出了疑问，但是 Besenhard 模型仍然得到了大量的试验结果的支持，而且很快成为锂电池行业研究者们普遍使用的模型。

之前的研究发现电解质溶剂在石墨负极的还原分解，其中存在气态产物丙烯。Dey 等人提出了涉及两电子的表面机理。Arakawa 和 Yamaki 定量地分析了石墨负极上 PC 电化学分解的过程中气体产生的量，发现库仑电量和丙烯的量不匹配，效率只有 50% ~ 70%，具体与电流有关。显然这样的结果与两电子还原机理不吻合，必然同时发生了其他反应。因此他们提出了基于三元 GIC 中间体的 PC 还原机理，如图 4-9 所示。首先是溶剂共插入形成三元 GIC 中间体，该中间体又会发生两种平行的竞争反应，或得到气态产物丙烯和 Li_2CO_3，或得到锂化的二元产物 LiC_x。通过该机理，Arakawa 和 Yamaki 成功地解释了气体体积的生成速率与时间的关系。

图 4-9　基于三元 GIC 中间体的 PC 还原机理

通过一个类似方法，Shu 等人使用 EC/PC 混合物而不是纯的 PC 作为电解质溶剂，他们的分析结果发现丙烯的气体的量与 Arakawa 和 Yamaki 的结果相互印证。因为电解质中存在 EC，锂离子的可逆插入可以发生在 0.8V 的长平台之后（表明 PC 分解），所以可以建立气体的体积与该不可逆过程的关系。考虑到 Aurbach 等人的波谱分析结果，Shu 等人提出了修饰之后的反应机理，其中表面反应存在竞争：既可以通过单电子生成自由基阴离子，又可以通过单电子形成三元 GIC。根据 Shu 模型中的这些中间体，会继续进行单电子还原得到 Li_2CO_3 和丙烯气体，生成的烷基碳酸通过自由基终结反应变成 SEI 层的主要成分，机理如图 4-10 所示。

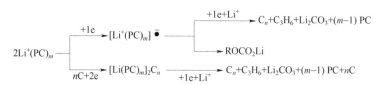

图 4-10　改进的基于三元 GIC 中间体的 PC 还原机理

在另外一个研究中，Matsumura 等人等离子波谱定量地分析了石墨负极中的锂含量，将可逆和不可逆过程中的电量与得到的结果建立起关联。通过 XPS，他们发现在石墨锂化之后，有一定量的锂不能通过电化学的方式脱出，即一直存在于石墨中。通过使用 O_2 溅射石墨样品建立深度曲线证实，这些锂非常均匀地分布在石墨的主体中。这些电化学无法脱出的锂离子的存在是因为锂与碳表面的活性位点发生了反应。但是，也存在这样一种可能：锂的信号是来自存在于石墨基底中的 SEI 层中的含锂成分。

Kim 和 Park 使用固体核磁研究了锂离子插入石墨负极中的反应机理。他们的结果也许是最直接的可以证实 Besenhard 的 GIC 模型的证据。通过加入可与锂离子形成强配位的添加剂   12-冠-4 和 18-冠-6，他们可以观测到石墨粉末[7]Li 信号的明显偏移（由于配位作用）。对同样的石墨样品进行单独的[13]C 核磁测试也发现了锂化之后的石墨中存在冠醚以及碳酸酯（很有可能是分解产物）的信号。假设石墨表面吸附的添加剂和溶剂可以被 NMR 测试之前的洗涤过程完全去除，以上的观察结果则被认为是一个证实了溶剂分子的确存在于石墨的主体中，而且与锂离子共插入是最有可能的途径。但是，因为他们没有给出任何的空白测试来证明洗涤过程的有效性，残留的溶剂分子陷入在石墨电极的多孔结构没有被完全去除的可能性并没有被完全排除。尽管如此，固态核磁被证明是研究石墨负极的主体性质的有效工具，而且更多关于 SEI 形成的机理可以通过该技术进行。

在石墨负极的原位拉曼光谱研究证实了共插入导致的石墨剥蚀。Huang 和 Frech 使用 $LiCO_4$ 在 EC/EMC 和 EC/DME 的电解质中，监测石墨在 $1580cm^{-1} E_{2g}^2$ 在 2.0V 和 0.07V 循环过程中的变化。在 EC/DMC 电解质中，可逆的锂离子插入与脱去被对应能带的偏移所证实。但是当 DME 存在时，发现石墨表面结构在 0.5~0.9V 发生了不可逆的改变，他们认为原因是大量的 DME 共插入到石墨中。更加令人感兴趣的是，基于 DME 的三元 GIC 被 Abe 和 Ogumi 等人通过电化学方式得到过并且通过了 XRD 的证实。事实上，该结构支持了 Besenhard 模型，但是同时也提出了一个疑问：尽管明显形成了 SEI，但是这样的不可逆 E_{2g}^2 能带偏移并没有在 EC/DMC 电解质中观测到。

不同的微观手段也被用来研究 SEI 的形成过程，但是测试的条件以及样品的前处理直接影响了结果的重复性。即使在一次测试中，不同研究者的解释也不尽相同。例如，Inaba 等人通过隧道扫面电镜（STM）发现石墨负极在阴极极化时表面形成了一些"水泡"，认为它们是由于溶剂共插入导致的石墨烯层的膨胀。但是，Farrington 等人在用原子力显微镜（AFM）观测到同样的现象时认为这些小岛式结构是由于溶剂的分解产物沉积在石墨表面导致的。当使用微观测试观察表面物质的分步形成的过程时也导致了同样的现象。在电位高达 1.6V 时，首先出现在高度有序的石墨表面的边缘处，然后在低于 0.80V 开始生长并且包覆整个电极。由于这些溶剂的固有还原电位更低，高电位下的边缘处的形成过程应该发生在溶剂的共插入之前。

Chung 等人对石墨电极进行了 EIS 测试，首先是预先在基于 PC 电解质中剥离之后的石墨，然后是在基于 EC 电解质中重组的石墨，两者在 EIS 测试之前进行了洗涤。他们发现相比于新鲜的石墨电极或在基于 EC 电解质中循环过的石墨电极，被剥蚀的石墨样品表现出更高的双层电容（>300%），粗略地与电解质可以接触到的比表面积成正比。基于这个结果，Chung 等人假定之前的剥离过程导致了石墨表面明显的断裂，并且被 Inaba 等人的 STM 所证实。显然，在表面反应模型和 Besenhard 模型之间，后者更容易解释比表面积的增加，因为三元 GIC 形成的直接影响就是增加了新的表面。

4.8 高温下电解质的长期稳定性

在多数情况下，电解质组分的电化学稳定是在室温下通过不同恒电流或伏安实验手段在一定的时间限度进行的，通常 $<10^5\mathrm{s}$。这样测试的时间相比于电池的寿命非常短，用这样的结果来衡量电池的稳定会带来一些不确定的因素，因为一些不可逆反应在室温下的动力学缓慢，电解质主体成分之间或电极与电解质之间的化学或电化学反应在这样短时间的测试内没有被作为影响因素考虑到。只有当电解质的稳定性在更长的时间尺度内（$t>10^6\mathrm{s}$）被研究才能明显地发现这些反应。因为缓慢的不可逆过程，锂电池的性能通常也受到影响，典型的结果就是容量持续下降，功率密度减小，电池的内压增大，这是由于有限的锂源被不可逆地消耗，高阻抗的产物沉积在电极表面以及缓慢地生成气体。

另一方面，也因为大部分的反应都是热活化的，它们的动力学随着温度的升高而加速符合阿伦尼乌斯行为。所以在一个非常短的时间范围内，这些反应的不利效应在电池的储存或运行过程中提升温度时变得很重要。在这种情况下，电解质的长期稳定性和热稳定性可以被认为是两个相互影响的独立问题。因为电池在实际运行中通常希望它们可以承受一定的高温环境，所以需要考虑锂电池中的电解质的老化问题，这使得研究温度对于电解质的稳定性的影响变得很重要。在提高温度时电解质保持运行对于实际应用非常重要，包括军事方面或空间相关以及交通相关的（例如电动汽车或混合动力电动汽车）。另一方面，提高温度也可以作为加速的手段来研究在常温缓慢的过程。

目前最优的电解质体系的固有不稳定性主要是由于环状碳酸酯与路易斯酸、HF、PF_5 或 PO_xF_y 相互作用的结果，这些路易斯酸是由于 $LiPF_6$ 与微量水分反应或自身分解产生的。而典型的电解质组分 $LiPF_6/EC/DMC$ 在合适的容器中在室温下的稳定性是无限期的，Kinoshita 等人发现在 He 气氛下 85℃时电解质有明显的分解，出现颜色消失现象，产生气体并有固体沉淀。它们估计在 85℃时反应相比于室温可以加速 10 倍。对储存的电解质溶剂进行化学分析，气相色谱发现了一系列新物质的形成，其中最主要的成分其保留时间长于 EC。通过与可信的样品的比较，发现该物质是二甲基-2，5-二氧环己烷羧酸酯（DMDOHC），明显是由于 EC 开环形成的，然后与 DMC 发生酯交换反应，如图 4-11 所示。基于 EC/DEC 混合物的电解质对应的产物是 DEDOHC。这样的酯交换反应对于锂离子电池性能的影响还未见报道。

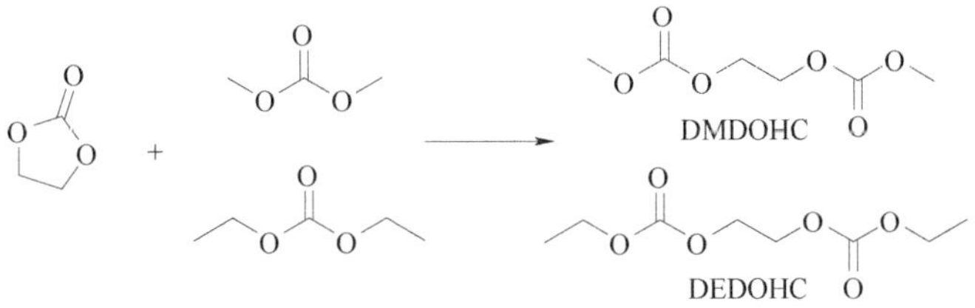

图 4-11 高温下电解质组分之间的酯交换反应

其他有更长保留时间的物质被推测为两个开环 EC 的偶联产物或是一些寡聚物。另一方面，核磁氢谱测试的结果表明在 3.746ppm 和 4.322ppm 处有两个强度相同的宽单峰，与报道的 EC 聚合产物聚碳酸醚酯类似。他们总结为 EC 因为 PF₅ 催化聚合然后发生酯交换反应。为了证实这个假设，他们引入新生成的 PF₅ 气体到 EC/DMC 混合物中。在室温下 10h 以后，类似的反应模式被色谱证实，其中混合的碳酸酯是最主要的分解产物，尽管其分度比较小。两种色谱中不能解释的微小差别是由于有锂离子的存在以及热反应过程中的高温。

随着监测 EC/DMC 比例随着时间的变换，Kinoshita 等人也注意到 EC 的减少速度要快于 DMC，很可能是因为 PF₅ 更倾向于与环状结构的 EC 反应。这个假设与 EC 的开环聚合反应相吻合，通常是由阳离子引发。聚合产物可以是醚的寡聚物和聚碳酸酯结构的混合物。

除了盐和溶液的相互作用，线性碳酸酯之间的酯交换在电池的循环过程也可检测到。Terasaki 等人首先发现了 DMC/ DEC 混合溶剂中形成的 EMC，并提出一个还原引发的机理。有趣的是，Ohta 等人提出了一个对应的氧化引发的机理，当他们使用 DEC 和 MP 混合溶剂时发现了 EMC、EP 和 DMC，如图 4-12 所示。在两种情况中，EC 都是助溶剂，电解质盐都是 LiPF₆，但是没有发现任何基于这两种组分参与的产物，很有可能是因为这两种物质

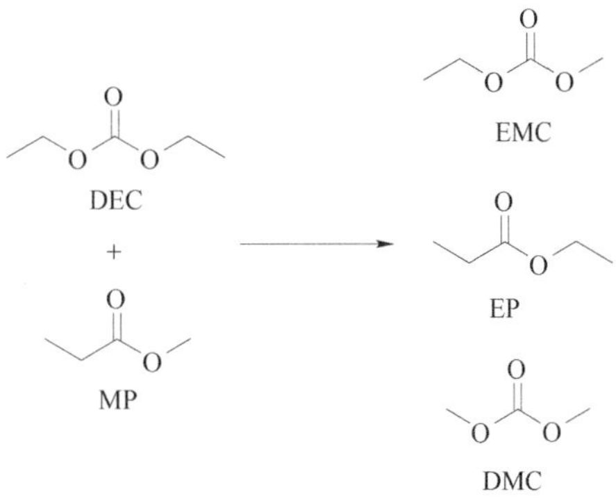

图 4-12 电解质组分之间的酯交换

在室温下反应动力学较慢或分析方法对于这些新产物的灵敏度不够。

Takeuchi 等人彻底地研究了 DMC 和 DEC 之间在 PC 和 LiPF₆ 存在时的酯交换反应。将混合溶剂暴露在不同的电池组分中，包括不同电位下带电的电极材料、盐和杂质酸（HF），通过 GC 监测 EMC 生成的量。他们总结性地证实了酯交换反应在低于 1.50V 时被锂化之后的碳负极还原引发，本质上否定了 Ohta 等人提出的氧化机理。因为 DMC 和 DEC 在 PC/EMC 混合物中锂化碳存在的条件也可以获得，说明酯交换的反应是可逆的。

为了进一步鉴定引发反应的活性物质，他们根据碳负极形成的 SEI 层的化学组分测试了一些可能的组分对于 EMC 生成的影响。这些典型的化合物包括 Li₂CO₃、LiOCH₃ 和 LiOH，而烷基碳酸酯由于其不稳定和稀有性没有用来测试。这些结果明确地表明 LiOCH₃ 可以有效地催化酯交换反应。Takeuchi 等人根据观察结果提出了一个两阶段的反应机理，其中先生成烷氧基阴离子，然后加成到线性碳酸酯上，如图 4-13 所示。换句话讲，酯交换可以与 SEI 的形成同时发生。根据这个机理，烷氧基阴离子一旦生成则会在链式反应中持续生成，而酯交换反应随着电池循环的持续与 SEI 的形成无关。但是他们发现酯交换的反应进行的程度与负极表面的钝化有关，完整的 SEI 层形成后最终会防止该反应的发生。所以，终止过程会出现在其中一个阶段，他们认为正极带电的表面可以通过氧化终结烷氧基阴离子。鉴于基于 LiPF₆ 的电解质是酸性的，通过微量酸中和烷氧基阴离子也是可能的方式。

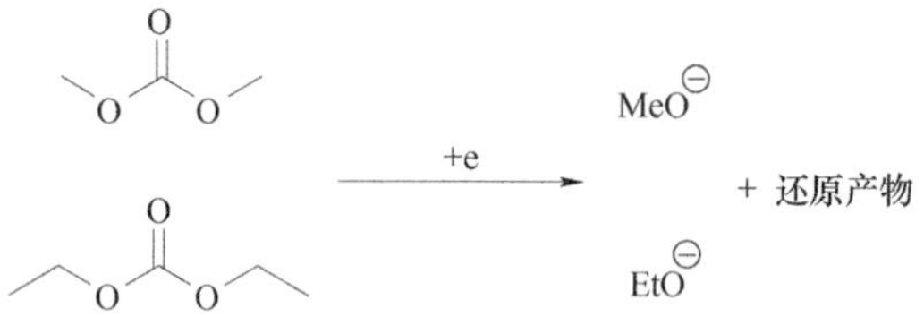

a) 第一阶段：引发

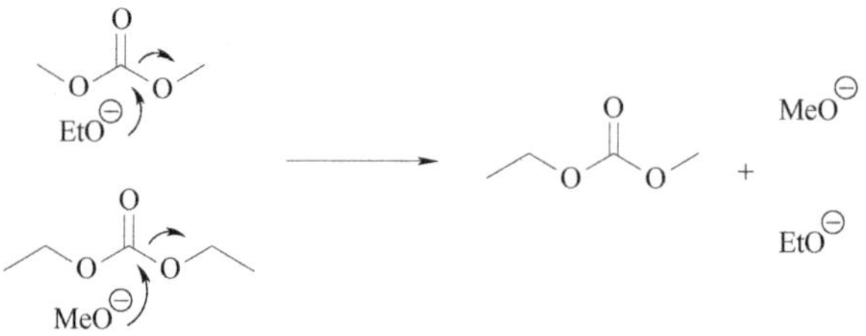

b) 第二阶段：酯交换

图 4-13　酯交换机理

有趣的是在这些报道中都没有 EC，因为人们会有这样一个疑问，基于对 EC 活性的理解，烷氧基会进攻 EC 的环状结构导致不可逆的反应。一种可能性是，使用气相色谱来鉴定高挥发性的物质（例如线性的碳酸酯）是容易且可靠的，但是鉴定 EC 最有可能的分解产物聚合物更加困难。

Endo 等人通过 ESR 监测活性自由基的产生来研究锂电池或锂电池电解质的逐渐退化过程。为了延长自由基的寿命以及分析它们超精细的结构，使用了捕获自旋的技术来稳定负极表面电解质还原分解产生的原始自由基。通过这种方式，他们可以观察自由基的结构，发现即使存在良好的、保护性的 SEI 层，烷基自由基而不是烷基阴离子在电解质中持续生成，很有可能是由于电极阴极极化引发的链式反应。换句话说，一旦在起始的阴极极化过程中产生自由基，电解质溶剂逐渐分解在不涉及电极的溶液主体中发生。这种自由基的传播不可避免地导致了溶剂的聚合。使用对于聚合物种类更敏感的液相色谱测量，证实了还原引发的基于酯类溶剂的聚合反应。

在他们提出的逐渐退化的反应机理中，自由基阴离子在形成 SEI 层时通过单电子反应首次生成，然后自由基阴离子和后续持续产生的更加活泼的烷基自由基导致逐步的聚合反应。从这个意义上看，即使是一个完美的 SEI 可以阻挡任何电子的传导，也不能防止电解质溶剂的持续退化。

167

4.9 新电解质体系

4.9.1 电解质面临的问题

目前锂电池电解质的工艺水平还不是很完美，至少在以下 4 个方面还有进步的空间。所以，研究和开发的努力一直在继续，期望得到新的电解质体系或优化目前现有的电解质体系。

（1）不可逆容量

因为正极和负极表面 SEI 层的形成，会永久地消耗一定量的电解质，将锂离子以不溶盐的形式例如 Li_2O 或烷基碳酸锂固定在 SEI 层中。因为大部分的锂离子电池的构建是基于有限的正极材料的选择，为了避免在放电结束时锂金属在碳负极的沉积，在起始循环时消耗的锂离子源会导致电池容量的永久衰减。最终电池的能量密度以及对应的成本达到妥协，因为在起始循环中会出现不可逆的容量。不可逆容量的范围由负极材料和电解质组分决定。经验表明当 PC 存在时，由于其倾向于导致石墨结构的剥蚀，非常容易导致这样的不可逆容量。另一方面，更改电解质配方或许可以减小给定电极材料的不可逆容量。

（2）温度限度

目前锂离子电解质中两个不可或缺的组分是 $LiPF_6$ 和 EC。不幸的是，这两个组分对于温度非常敏感，因此限制了锂电池的运行温度，某种极度简化的解释是一方面 EC 的使用限制了最低使用温度，另一方面 $LiPF_6$ 限制了最高使用温度。因此，在温度低于液相线时（针对大部分的电解质是 > −20℃），EC 沉积出来并且急剧地降低锂离子在主体电解质中的电导率以及通过体系中的界面膜。在放电过程中，低温会增加电池的阻抗导致较低的容量利用率，不过温度升高时可以恢复正常。但是，如果电池在低温时充电则会导致永久性的伤害，因为低温时界面电阻值升高会导致锂离子发生沉积，造成锂离子的不可逆损失。一种更差的可能性是如果锂离子持续沉积在碳表面则可能引发安全隐患。

当温度高于 60℃，电解质组分、电极材料以及 SEI 层都有发生不同的分解，其中 $LiPF_6$ 是这些过程的主要引发剂或催化剂。高温运行导致的损害是永久性的。因为气体产物的累积也很容易引发安全隐患。所以，大部分的商业化锂离子电池的常规工作温度区间在 −20 ~ 50℃，尽管能满足大部分的消费者的要求，以上温度区间会严重影响锂离子电池技术的应用范围，例如军事、太空以及车辆等。

（3）安全和危险

线性的碳酸酯统计是高易燃的，其闪点通常低于 30℃。当锂离子电池在不同程度下滥用时，容易发生热逃逸进而引发危险。尽管电极材料及其放电程度在决定后续的危险中起了更重要的作用，但是电解质溶剂的易燃性是大部分锂离子电池着火的原因。危险的严重性与电池的体积成正比，所以防火或不易燃的锂离子电解质在动力电池中有很大吸引力。

（4）更好的离子传导

在大部分的非水系电解质中，离子的电导率比水溶液更低，而且锂离子承载的电流比例通常小于 0.5。在电池的实际运行过程中，负极与电解质的界面阻抗和正极与电解质的界面阻抗远大于主体电解质的阻抗。一个很少有例外的半经验规则：电解质的离子电导率越高，形成的 SEI 层或表面层的离子导电性越好；另一方面，锂离子迁移数的提升也是受欢迎的，尽管其在液体电解质中的作用没有在固体电解质中大。

自从锂离子电池技术的引入，吸引了大量的研究通过不同方法提高目前电解质体系的工艺水平，包括电解质溶剂和锂盐的开发，以及功能性添加剂的应用。

4.9.2 功能化电解质：添加剂

与完全取代目前电解质中的造成问题的主要成分不同，一种有效的、经济的可替代方式是通过添加少量的新组分以优化电解质的特定功能，以最小化对目前现有电解质的影响。这种有特定功能的电解质组分称为添加剂。通过这种方式，电解质的主体性质尤其是已经证实的优点例如低成本和环境稳定性可以得到保持，因为新的组分在电解质主体中的含量是可以忽略的。另一方面，添加剂可以明显地改变特定的性质。这对于界面性质尤其重要，因为添加剂通常倾向于比电解质主体的主要成分更早地涉及界面的氧化还原过程。

在锂电池中使用添加剂可以提高锂负极的表面形貌以及可以防止枝晶的生成。自从 Peled 等人提出 SEI 层的概念，强调了添加剂的还原分解以及分解产物对于 SEI 层物理化学性质的影响。明显地，当碳材料取代金属锂作为负极，研究人员同样想尽一切方法通过添加不同的添加剂尝试控制 SEI 层组分。在过去的二十年里，这个方式被彻底地研究过，集中于负极表面形成的 SEI 层，尽管针对其他电池组分的添加也有报道。但是，由于直接的商业化吸引，大部分的添加剂从没有在科技期刊上发表，特别是最终在商业化锂离子电池中使用的添加剂。作为一种可替代的方式，专利和会议摘要的确展示了这方面的部分信息，但最根本的思考在这些形式的文献里还是没有。研究者们把含有添加剂的电解质称为功能化电解质。

根据需要的功能，大量被用来作为电解质添加剂的化学品可以暂时根据三种不同的策略区分：

1）为了提高电解质主体的离子导电性。

2）为了优化 SEI 层。

3）为防止电池的过充。

因为针对最后目的的添加剂主要是一些其氧化电位与正极材料工作电位接近的化合物，添加剂的研究本质上包含了锂离子电池的每一个与电解质相互作用的主要组分。

1. 电解质主体：离子传导

冠醚配位锂离子的能力很早就被认知，从空腔的尺寸来说，12-冠-4 和 15-冠-5 都是最有效的锂离子配体。当金属锂电池仍然是商业化目标时，在非水系溶剂中使用环状多醚化合物来促进锂盐的溶剂化的想法一直在继续。研究发现 12-冠-4 和 15-冠-5 可以有效地提升锂盐的溶解度，进而提升电解质的离子电导率，尤其是当溶剂的介电常数较低时。这种主体离子电导率的提升也反映在界面性质上，因为 $LiCoO_2$ 正极的电荷转移电阻值由于 12-冠-4 的存在也降低了。电化学稳定性限度受冠醚的影响不明显，但是考虑到它们的醚结构，应该担心它们在带电正极表面的长期稳定性。在基于聚合物的电解质中，12-冠-4 可以降低体系的玻璃化转变温度。

另一方面，自从锂离子与冠醚分子的配位作用提升了离子电导率，锂离子迁移数因为冠醚的存在降低了。换句话说，在非水电解质中加入冠醚其实是促进不受欢迎的阴离子传导。不过电解质中使用冠醚的主要壁垒还是它的毒性。在加工和丢弃任何含有冠醚的材料时涉及的环境影响使之不可能在工业中大规模使用。

为了发展可以选择性配位阴离子，允许锂离子自由传导的添加剂，McBreen等人追求了这样一个分子设计，通过调节合成步骤产生基于含N或含B、有强吸电子取代基的新型化合物。第一类阴离子受体是基于环状或线性酰胺的氮代醚，其中N中心因为强吸电子取代基全氟烷基磺酰基的原子成缺电子状态，所以该酰亚胺通过库仑吸引偏向性的与富电子的阴离子作用，与其没有取代的对等物正好相反。其中两个代表性的例子如图4-14所示。当在不同卤化锂的THF溶液中使用添加剂时，这些新型的

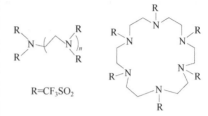

图4-14　氮代醚

化合物可以在提高锂盐溶解度的同时提升溶液的离子电导率。例如LiCl/THF溶液的离子电导率为0.0016mS/cm，在其中添加含有8个全氟烷基磺酰基取代物的线性氮代醚时（$n = 5$），溶液的离子电导率提升了900倍达到1.4mS/cm。在氮代醚与锂离子的配位能力和提升的离子电导率之间明显存在一定的联系，因为离子电导率随着分子中的吸电子取代基的数目和吸电子能力线性增长。例如甲苯磺酰基相比于全氟烷基磺酰基，吸电子能力弱，其添加剂的有效性减弱。基于这种依赖性，氮代醚确实可以在非水系溶液中作为阴离子的受体。

为了证实氮代醚与阴离子之间确定存在配位，分别在含有氮代醚添加剂和不含添加剂的LiCl/THF溶液中使用了X光微结构光谱（NEXAFS）来研究氯离子配位的对称性。结果发现在含有添加剂的溶液中产生了一个新的氯裂分，表明氯离子与缺电子的N之间的确有相互作用。进一步XRD研究从含有氮代醚的卤化锂溶液中生产的复合晶体，得到的结果与NEXAFS观察到的布拉格峰代表的晶体中更大的间距（1.5nm）相互印证。因此，得出结论这些新的氮代醚的确是阴离子受体，偏向性的与阴离子配位与传统的冠醚正好相反。在添加这些分子时，可以同时提高离子电导率和锂离子迁移数，这在非水系电解质中较为少见。

不幸的是，这些氮代醚在典型的非水系电解质中极性溶剂里溶解度有限，而且基于LiCl电解质的电化学稳定性不到4.0V，不能满足目前正极材料的工艺要求。此外还发现这些化合物与LiPF$_6$不稳定。因此，这类氮代醚化合物在实际应用中的重要性非常有限，尽管它们的合成成功地证明了阴离子受体的概念，通过取代合适的中心原子可添加强吸电子基团。

McBreen等人选择B作为缺电子中心，使用同样的策略添加吸电子基团合成了一系列新的阴离子受体。这类新的添加剂可以大概分为三类：硼酸酯（三个B—O键）、硼烷和硼酸酯（两个B—O键，一个B—C键），含硼的阴离子受体

170

如图 4-15 所示。

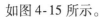

硼酸酯　　　　　硼烷　　　　　硼酸酯

图 4-15　含硼的阴离子受体

从根本上讲，含硼的阴离子受体与阴离子配位时更高效，也许是因为硼本身的缺电子特性，大部分的含硼化合物都可以有效地解离 LiF 到 1.0mol/L，而实际上在大部分有机溶剂中都达不到，在 DME 中得到的离子电导率高达 6.8mS/cm。考虑到 F⁻ 的电化学氧化电位在 5.9V，宽的电化学窗口使这种新电解质看起来很有吸引力。在玻碳电极表面，其电化学稳定性限度在 4.05～5.50 之间，通常由电解质溶剂决定，而在不同正极材料中，稳定的循环性能对应的上限电压为4.30～4.50V。提升温度下（55℃）的循环测试进一步表明基于 LiF 的电解质在这些添加剂的作用下比基于 LiPF₆ 的电解质的工艺水平更高。在碳负极表面也发现类似的稳定性，发现这些阴离子受体的存在不会干扰 SEI 层的形成，并且及时可以溶解 LiF 的热处理过程也不会导致 SEI 层的溶解。

在这三类中，含有两个烷氧基的硼酸酯化合物可以更有效地与阴离子配位，提升锂离子的稳定性，尽管其中只有两个吸电子取代基。因此推断这些阴离子受体捕获阴离子的能力不仅与中心原子的缺电子性有关，而且与中心原子取代基的位阻效应有关。只有两个取代基，中心的硼原子更加暴露，所以阴离子进入更容易。这类添加剂带来的更高的离子电导率是由于相比于其他两种含硼化合物，这类化合物在缺电子效应和位阻效应之间取得了更好的平衡。另一方面，从促进离子传导的角度来讲，其中两种比较类似，尽管硼酸酯的电化学稳定性和热稳定性都低于硼烷。

这些基于硼的添加剂的溶解度比氮代醚要高很多，并在常用的电解质溶剂混合物中研究其对离子电导的作用，包括 PC/EC/DMC 或 EC/DMC。尽管使用的 LiPF₆ 本身就可以很好地溶解在这些溶剂中，通过阴离子配位提升离子导电性也许不会像对 LiF 那样明显，但是这些添加剂的使用还是有一个明显的优点：热不稳定的 LiPF₆ 可以被三（五氟苯）硼烷（TPFPB）有效地稳定，在 55℃ 储存一个星期之后的慢扫循环伏安法测试表明了这一点。稳定作用是由于 PF₆⁻ 的配位拉长了 Li 与 F 的原子间距。这个假设被分子动力学模拟的结果所支持，其中 Tasaki 和 Nakamura 猜测，如果存在有效的阴离子配位和拉伸 Li—F 的键长，就可以抑制 Li 离子与 F 的活性。这些基于硼的阴离子受体提供了许多优点，但是其成本和毒性限制了它们的工业化生产。

2. 负极：优化 SEI

由于碳负极表面 SEI 层的核心作用，研究添加剂主要是为了调控负极/电解质界面，尽管发表的大部分相关文章在实际工业应用方面相对有限，文献中报道的主要用于优化负极 SEI 的添加剂如图 4-16 所示。

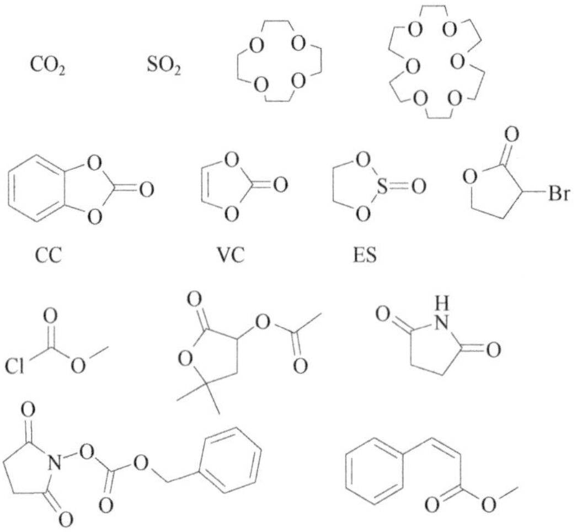

图 4-16 负极 SEI 添加剂

在通常情况下，这些针对界面的添加剂的量通常需要保持最小以致电解质的主体性质包括离子传导和液态区间都不会受到明显影响。换句话说，理想的负极添加剂只要有微量的存在就可以有效地将界面和主体性质分离。因为没有关于添加剂浓度上限的官方标准，这里讨论的不是非常恰当的标准是电解质质量或体积的 10%，超过这个限度即认定为助溶剂而不是添加剂。

针对优化 SEI 层的添加剂通常有较高的还原电位，以保证添加剂在负极表面优先于主体电解质成分被还原。换句话说，在锂离子电池第一次充电过程中，由添加剂产生的 SEI 层在主体电解质溶剂在碳材料负极表面达到还原电位之前已经形成。添加剂的分解产物需要满足特定的条件，例如电解质中不溶，膜致密，锂离子传导电阻值小。

在过去的几十年里，寻找潜在的 SEI 添加剂主要是通过反复试验的方法。直到发现了一个半经验规则辅助筛选过程，即通过特定化合物最低未占轨道（LUMO）的能级来判断一个该化合物在负极上被还原的难易程度。这个规则的基础是假设一个分子的 LUMO 能量更低则它是一个很好的电子受体，所以在带负电的负极表面活性更高。从反应活性角度将这个观点应用到界面的稳定性，该规则从概念上与 Peled 等人提出的寻找合适的电解质组分形成 SEI 层的方法相联系，尽管后者是基于分子动力学的考虑（交换电流）而不是热力学（LUMO 能级）。

通过量子计算可以得到常用溶剂以及添加剂的 LUMO 能级。对于大部分脂肪族的环状碳酸酯的 LUMO 能级基本相同，而结构上优化有芳香键，双键或卤素可以大幅降低 LUMO 的能级。这个趋势与实验发现相吻合，因为大部分表现出不错性能的添加剂都拥有这个官能团。添加剂的 LUMO 的能级和还原电位几乎是线性的关系。

目前添加剂的发展方向是两个不同的但是密切关联的目标：

1）最小化在形成 SEI 的首次循环中的不可逆容量。

2）能够在电解质中使用高浓度的 PC。

前者是为了形成更稳定的 SEI 层，后者为了调整基于 PC 的电解质适应于高度石墨化的负极材料以拓宽电池工作温度的下限，同时不降低能量密度。

在早期的锂离子电池研究时代，Aurbach 等人注意到电解质中 CO_2 的存在对于石墨负极的锂化行为有重要影响。许多被认为不能与石墨负极联用的电解质，例如基于甲酸甲酯或 THF 的电解质，在 3 ~ 6atm（1atm = 101.325kPa）的 CO_2 下表现出更好的性能。他们提出 CO_2 通过一个两电子的过程参与了 SEI 层的形成，生成了 Li_2CO_3，辅助了表面保护膜的建立。但是，在基于 PC 的电解质中，CO_2 被证明是无效的，而在基于碳酸酯混合物的电解质例如 EC/DMC 中效果可以忽略。这些工作可以被认为是 SEI 层添加剂的最早尝试。

另一方面 SO_2 被认为是更加有效的添加剂，当其浓度小于 20% 时可以有效地抑制 PC 的共插入，支撑锂离子在低电位时对石墨负极进行可逆的插入与脱出。其还原电位在 2.7V，远远高于 PC 的共插入/分解电位。因此，Ein-Eli 等人认为 SEI 层的形成主要是 SO_2 分解产物引发的。在红外分析石墨负极表面的基础上，他们提出 SEI 层除了有溶剂分级分解的产物——烷基碳酸锂，也含有源于 SO_2 的还原产物例如 Li_2S 和硫氧化锂。SO_2 的另外一个优点是其高介电常数和低黏度可以提升离子电导率。但是，SO_2 也有明显的缺点，例如其化学性质相关的腐蚀、环境以及安全隐患问题限制了它的应用。此外，它在正极材料表面不稳定的问题也没有得到解决，因为大部分的报道结构都是基于锂/石墨的半电池。

除了 CO_2 和 SO_2，其他气体例如 N_2O 也被作为添加剂使用，但是这些气体对于锂离子电池工业都没有实际价值，因为使用这些气体产物不仅会导致额外的成本以及安全问题，尤其是在延长循环过程中产生的气体会增加电池内压，而电池本身产生气体的问题已经困扰了工业化锂离子电池的生产。

在 20 世纪 90 年代初期，Wilkinson 和 Dahn 意识到冠醚除了可以提高离子电导率，而且可以减少在 0.8V 时还原过程中的涉及的不可逆容量，特别是使用基于高浓度 PC 的电解质时。Shu 等人研究了含有 12-冠-4 和 18-冠-6 添加剂的 Li-ClO_4/EC/PC 电解质体系，建立了添加 12-冠-4 与 0.8V 不可逆过程相关的气体生成量减少的关系。研究结果表明冠醚对于抑制 PC 共插入/分解的有效性与冠醚的空腔大小有关，所以 12-冠-4 相对于 18-冠-6 是更好的离子螯合剂。不像大部分的添加剂遵循 LUMO 能级的经验规则，冠醚也许不是化学参与 SEI 层的形成而是通过偏向性的溶剂化锂离子间接地影响该过程。这样，在对应 0.80V 的不可逆过程时，将 PC 分子从锂离子溶剂笼中排出而不是冠醚本身还原分解。

他们的假设被 Aurbach 等人的工作所证实，他们使用 FT-IR 仔细地研究了在含有 12-冠-4 添加剂的电解质中循环过的石墨负极表面。因为对应 12-冠-4 可能的还原峰并没有出现在波谱中，他们认为冠醚的作用不是参与 SEI 层的建立。取而代之的是，防止石墨的剥蚀很有可能是在石墨烯层间不存在 PC 分子，即没有 PC 的共插入，被从溶剂笼中被排斥出的直接结果。即使冠醚的浓度只有盐的十分之一，也可以保持这样的作用。12-冠-4 抑制 PC 共插入/分解的有效性进一步被石墨负极在基于纯 PC 的电解质中的循环性能所证明。考虑到负极表面最主要的信号在 1661cm^{-1} 是烷基碳酸锂中羰基的特性伸缩振动峰，他们提出 PC 是在负极表面通过单电子还原过程。这个结论与之前的报道只有在石墨烯结构中 PC 才会通过两电子还原过程还原并导致石墨的剥离相一致。

尽管冠醚在减小负极的不可逆容量时非常有效，尤其是基于 PC 的电解质，这类化合物的毒性仍然限制了它们在商业化锂电池中的应用。

一个含硫的 EC 类似物——亚硫酸乙二醇酯（ES）被用作基于 PC 电解质的添加剂，很明显其结构与 EC 类似，在还原条件下可以释放 SO_2，一种可以有效抑制 PC 分解的添加剂。研究表明，只有 5% 的 ES 就可消除石墨负极的剥蚀，而 10% 的 SO_2 仍然不可以。这个不可逆过程对应 ES 在 2.0V 的还原，比 SO_2 低 0.80V；但是涉及的电荷要少很多。根据观察，上述的 ES 和 SO_2 的还原电位差实际上已经排除了 Ein-Eli 提出的机理：ES 形成 SEI 的能力是先通过释放 SO_2 然后化学参与 SEI 层建立。而且，SO_2 的还原是不可逆的，而 ES 的还原看起来不是如此，鉴于没有任何的阳极电流。

另一方面，尝试使用 ES 作为主体溶剂被证明是不可行的，因为 ES 的还原导致了较高的不可逆容量，尽管锂离子插入的可逆容量看起来没有受到 2.0V 不可逆过程的影响。考虑到这些结果是在负极半电池中得到的，其中锂是过量的，应该可以意识到 ES 还原导致的不可逆还原会导致锂离子全电池容量的下降。所以，ES 应该作为少量的添加剂使用，而且研究发现 ES 的添加不会影响电解质的阳极稳定性。

在不同的添加剂中，乙烯基碳酸酯（VC）应该是锂离子研究和发展行业最著名的添加剂，尽管与之相关的出版物看起来较少。它的重要性可以从许多公司为其竞争专利权看出。VC 的活性明显来自于可以聚合的乙烯基官能团和其结构中的高表面张力，因为环状中的碳原子是 sp^2 杂化的。小浓度的 VC 可以有效地降低在几乎所有基于 PC 的电解质中在 0.80V 时的不可逆容量，它甚至可以以大浓度存在而不导致在带电电极表面的不稳定。在后者这种情况下，在 1.0mol/L 的 LiPF$_6$/PC/VC 电解质中 LiMn$_2$O$_4$ 正极可以可逆地运行至 4.3V。Aurbach 等人通过不同的技术包括 EIS、EQCM、FT-IR 和 XPS 彻底地描述了 VC 添加剂对于基于石墨负极、LiMn$_2$O$_4$ 或 LiNiO$_2$ 正极的锂离子电池的影响。根据伏安测试结果，石墨负极上没有明显的还原特征过程可以被毫无疑问地归为 VC 的还原，与其他添加剂在高电位下明显的还原过程正相反。含有 VC 和没有 VC 的电解质的唯一不同是在 0.90~0.80V 之间不可逆容量明显减小。没有直观的 VC 还原过程可能是因为分解产物在石墨负极形成的钝化层非常高效以致只需微量的 VC 还原或因为实验中使用的扫速过快（1.0mV/s）导致添加剂 VC 和负极表面的准平衡没有建立，导致 VC 的还原峰整体下移发生在更低的电位。根据一个独立的惰性电极（Au 或 GC）表面的伏安测试表明 VC 可以在 1.4V 被不可逆地还原。

EIS 的结果意味着存在 VC 时石墨表面的阻抗要小很多；但是在升高温度（60℃）时，阻抗又比不含 VC 的电解质要高。EQCM 发现伏安法（3.0~5.0V）扫描在含有 VC 电解质中质量的累积比在不含 VC 的电解质中高 50%，意味着活性的 VC 或许深度参与了 SEI 的形成。比较在不含 VC 和含有 VC 的电解质中对应的金面电极和石墨电极表面的红外波谱证实了 VC 的参与，其特征吸收在 3000cm^{-1}，代表除了通常在石墨负极观察到的烷基碳酸酯还存在可能的聚合物部分。

最后，许多研究者认为 VC 对于负极 SEI 的化学修饰非常有效。它不仅可以减小锂离子电池起始充电过程中的不可逆容量，而且可以提高 SEI 的热稳定性。因为 VC 的参与，新的 SEI 化学包含起源于 VC 的还原聚合的聚合物种类，其中含有大量的烷基碳酸酯官能团。比较性地研究该添加剂在商业化的锂离子电池的作用后会发现 VC 可以提升电池的循环寿命。

需要指出的是商业化的 VC 中通常含有少量（<2%）的抑制剂以稳定活泼的 VC 防止储存时的聚合。这些抑制剂通常是自由基清除剂例如 2,6-二叔丁基苯酚（DBC）或丁基苯甲醇（BHT）。也有报道指出抑制剂对 VC 在不同正极上的阳极稳定性有负面影响。

另外一个高度有效的负极 SEI 添加剂是邻苯二酚碳酸酯（CC）。和 VC 类似，少量（<2%）的 CC 即可抑制在 0.80V 时 PC 共插入和分解导致的不可逆容量，支撑石墨负极在 LiPF$_6$/PC/DEC 的循环。研究浓度对于不可逆容量的影响得到最优的 CC 浓度在 0.5%~2%。CC 稳定石墨负极防止 PC 导致的剥离机理应该涉及 CC 的直接参与到 SEI 层的形成，因为小浓度的 CC 不能够像冠醚一样偏向性的溶剂化。他们进一步提议电解质中的 CC 作为自由基清除剂并且淬灭了 PC 自由基阴离子，所以两电子的 PC 还原机理被抑制。

含有 2% CC 的电解质的阳极稳定性是在 LiCoO$_2$ 正极表面测试的，没有发现明显的氧化分解。但是必须指出的是这个结论是基于相对较高扫速（15mV/s）的伏安测试结果。在含有 2% 的 $LiPF_6$/PC/DEC 的全电池性能测试中发现在 2.75~4.10V 之间循环，容量只有微弱的衰减。

该方面的持续努力得到了一系列潜在的添加剂材料，包括卤代的例如溴代-γBL，其他衍生物、含有乙烯基的化合物和属于丁二酰亚胺家族的化合物。大部分添加剂都可以有效地降低首次充电过程的不可逆容量，而其中一些可以成功地消除 PC 的共插入，防止石墨负极的剥蚀。在这些工作里，Matsuo 等人开展了一个有意思的机理研究，使用 ^{13}C NMR 技术研究 γBL 衍生物对于锂离子的溶剂化的影响，发现这些添加剂可以将 PC 从锂离子溶剂笼中挤出。因此，γBL 衍生物或许可以抑制 PC 的分解通过一个机理即像冠醚一样偏向性溶剂化锂离子又可以像大多数添加剂一样直接化学参与 SEI 的形成，尽管偏向性的溶剂化作用可以忽略，因为添加剂的浓度远远小于 1.0mol/L。

锂离子电池的研究行业还在持续地研究优化 SEI 层的工作，新结构的候选物已经开始被大量地测试。因此，主要的锂离子电池生产商在其电解质配方中使用了不同的添加剂。可惜的是这些添加剂的信息都没有公开。

4.9.3 新电解质组分

电解质中加入添加剂进行优化对于工业生产有利，但是由于其在电解质中含量较低，对于电解质性能的影响主要限制于调节界面相关的性质，目前电解质的工艺水平面临的其他挑战例如温度限制、离子电导率和易燃性，仍然由电解质的主体成分的物理性质决定。提升与主体性质相关的性能只有通过使用新的溶剂和锂盐来替代电解质的主体成分，但是这样的努力也遇到了困难，因为多数情况提升单一特定的性质往往需要以牺牲其他性质为代价。这种相互伤害降低了获得提升方面的重要性，在一些情况下甚至会让努力白费。

尽管如此，该方面的研究工作一直被潜在的商业化兴趣所驱动，期望或许可以部分替代目前电解质组分，同时也意识到这种成功的概率是非常有限的，因为整个电解质体系都会改变。因此越来越多的研究者使用目前电解质的工艺水平作为创新平台，尝试接近目标而不严重地牺牲现有电解质的优点，其中至少包括：

1）容易的离子传导，其室温离子电导率高于 5mS/cm。
2）在碳负极和金属氧化物正极的电化学稳定性在 0~5V 之间。
3）与电池的其他部分例如包装材料，正、负极的集流体保持惰性。
4）对多孔隔膜以及电极材料的浸润性。
5）相对低的毒性。
6）相对低的成本。

接下来会介绍一些锂离子电池的新溶剂和锂盐在过去几十年里的发展。这些新的电解质溶剂主要集中于电池低温性能的提升，而新的锂盐主要为了提高热稳定性。这划分了追求的方向即提升目前电解质体系的使用温度的上限和下限。

1. 非水溶剂

目前电解质的工艺水平使用混合的环状和线性碳酸酯，分别为了溶解锂盐和促进锂离子的传导。关键的环状碳酸酯溶剂、EC 可以有效地在石墨负极形成保护性的 SEI 层，在金属氧化物正极表面也有可能形成类似的表面层。但是，这个不可或缺的溶剂因为其较高的熔点限制了电解质的温度使用范围，而用低熔点的溶剂时例如类似结构的 PC 在形成 SEI 层时又遇到困难。尝试解决这种两难境地导致了对 EC 或 PC 进行结构优化以得到低熔点和有利的界面化学之间达到平衡。

另外一方面，目前电解质工艺使用的线性碳酸酯、DMC、EC、DEC 和 ECM 是高熔点、黏稠的 EC 的稀释剂。它们是单一溶剂不适合作为电解质，因为不能溶解锂盐以及它们在正极氧化表面具有不稳定性，而且在锂离子电池中长期循环过程中会释放出气体。但是任何可能取代线性碳酸酯作为 EC 或 PC 助溶剂的替代物至少需要满足最基本的低黏度和低熔点的要求。

更适宜的是，新溶剂应该拥有更好的稳定性或在正极材料和负极材料界面化学有更好的作用以致新的电解质配方可以减少对于 EC 的依赖；或者它们更加不易燃。在寻找新的溶剂中，氟代被发现是一种有利的方法实现这两边的提升，因为有机分子中的 C—F 键可以对碳负极的界面化学有正面的影响，而且需要有机氟化物都可以作为阻燃剂。新型的电解质溶剂如图 4-17 所示。

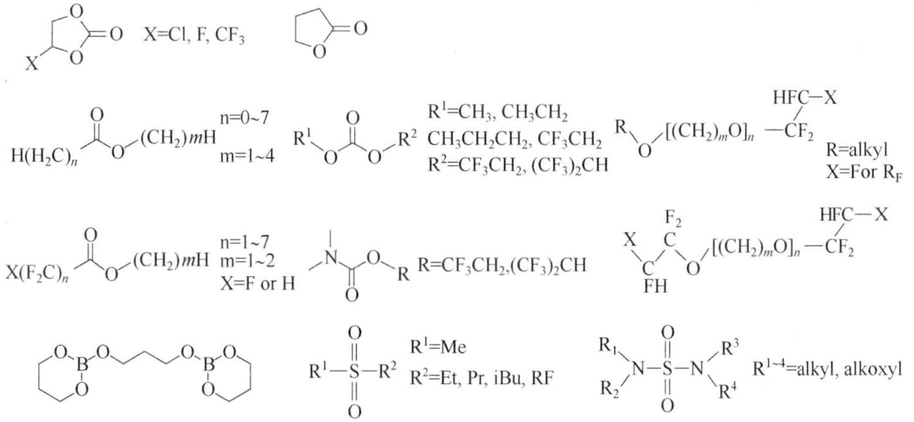

177

图 4-17 新型电解质溶剂

环状溶剂：EC 或 PC 环中碳原子的卤代被假设有两个作用：一是通过破坏分子对称性降低熔点；二是提升形成 SEI 层的能力。Shu 等人发现使用氯代碳酸二乙酯（ClEC）作为 PC 的助溶剂可以有效地在石墨负极形成保护性的 SEI 层，其首圈库仑效率与商业化锂电池电解质相当，潜在的 0.80V 的平台对应 PC 的还原分解，由于 ClEC 的存在被彻底消除，而在 1.70V 时有一个新的过程。当考虑到首圈中不可逆容量时，ClEC 的最佳浓度低于 30%，尽管在含有 EC 的三元溶剂体系中，其浓度理论上可以被最小化降至 5%。进一步电化学研究证实 ClEC 在石墨负极表面形成了紧密、均匀的 SEI 层，即使在富 PC 的电解质中也防止 PC 的共插入与后续的石墨剥蚀，这样有效的界面化学的起源是 ClEC 在 1.70V 的还原分解，生成 CO_2 为主的中间体，给出红外波谱中的明显的位于 2341cm^{-1} 吸收峰。CO_2 的命运还不是很清晰，但是很大可能性是进一步还原成烷基碳酸锂作为新 SEI 层的主要成分。因为这个过程发生的电位远高于 PC 的共插入电位，所以是石墨电极可以成功地适用于 ClEC/PC 的混合溶剂。自然而然，这样一个没有 EC 的电解质配方可以在 0℃以下提供更好的性能。

但是锂离子全电池的测试得到的结果不令人满意。尽管电池的循环寿命超过 800 次，但是只有 92% 的库仑效率，而半电池的库仑效率为 98%。最初的怀疑 ClEC 的阳极稳定性已经被排除，因为这不完美的电流效率并没有导致 ClEC 的氧化，表明 ClEC 在正极材料表面至少与 EC 一样稳定。所以，上述的库仑损失来自于正极和负极材料。Shu 等人提出了类似穿梭的机理，其中 ClEC 在碳负极被还原断裂，生成与烷基碳酸酯和 LiCl 相关的有机产物。因为 LiCl 在非水溶剂中溶剂较弱，Cl 可能会扩散到正极表面然后被氧化成 Cl_2。这个内部的化学穿梭过程消耗了电荷，其可逆性解释了长期循环测试中的恒定的低库仑效率。这个内部的自放电机理是明显不想要的，最终导致 ClEC 助溶剂不实用。

考虑到 LiF 在非水溶剂中本质上是不溶的，McMillan 等人合成了氟代的 ClEC 对应物。与期望的一样，穿梭效应由于氟代的原因被消除，给出定量的库仑效率，而一个类似的 SEI 效应得到了保持，因为 FEC/PC 混合溶剂支持石墨负极材料可逆地锂化和去锂化。但是，容量在 200 次循环后降低了 37%。后续的工作发现该溶剂应该最少化。

类似的结果优化也在 PC 上进行。三氟丙二醇碳酸酯（TFPC）被合成期望得到新的不含线性碳酸酯的配方以提升着火时的稳定性。和 ClEC 和 FEC 类似，在室温下它是液体且闪点高（134℃），但是高黏度导致了电解质中较慢的离子传导，因为最大的基于环状碳酸酯的室温离子电导率为 6.6mS/cm（LiPF$_6$，TFPC/EC 1:3），纯的 TFPC 中只有 3.0mS/cm。另一方面，负极半电池的 EIS 研究发现，ClEC/TFPC 溶剂对形成的 SEI 层电阻最小。而纯的 TFPC 的电化学行为没有被描述，基于混合溶剂的电解质的阴极稳定性在石墨负极表面测试，没有 TFPC 还原过程的特征峰出现，除了 ClEC（1.70V）和 EC（0.60V）。与 ClEC 和 FEC 的情况类似，它的存在方式说明了 PC 的共插入，但是与 PC 分解有关的不可逆容量仍然存在，解释了负极半电池中的不可逆容量 132mA·h/g，占据总容量的 40%。波谱手段包括 XPS 和 FTIR 被用来分析负极的 SEI 化学组分，发现了 C—F 键的存在，这意味着 TFPC 的分解产物的确参与了 SEI 的形成。这些电解质在负极半电池和正极半电池中的循环性能已经得到，但是没有全电池的循环性能。

在替换环状碳酸酯的有效的候选溶剂中，γ-丁内酯（γBL）看起来最有希望，所以最接近实际应用。γBL 早被认为是锂电池中可能的电解质组分之一，由于其中等高的介电常数，相对低的黏度，EC 类似结构以及优异的溶剂化能力。它的还原行为的研究在惰性电极表面、金属锂表面和石墨表面进行。但是，在早期的锂离子技术时代，Aurbach 等人发现 γBL/LiAsF$_6$ 溶液在基于石墨负极的锂离子电池中不能提供令人满意的性能，除非在 CO$_2$ 氛围中，因此限制了其可能的应用。具体的机理性研究将失效归结于锂在碳负极表面的沉积以及与 γBL 的后续反应，容易导致形成高电阻的 SEI 层。

使用 γBL 作为电解质溶剂的出版物一直很少，直到日本课题组东芝报道了基于 LiBF$_4$/γBL/EC 电解质的锂离子薄膜电极。这个新的配方与石墨化碳纤维联用表现出稳定的电池性能，其首圈库仑效率为 94%。更重要的是，它提供了比基于 LiPF$_6$ 电解质更好的热稳定性，因为充满电的电池在 85℃ 储存时容量损失可以忽略不计。低温性能比现有的电解质工艺更高，在 −20℃ 时 0.5C 倍率下容量保持为 88%。因为新的配方不含线性碳酸酯，其对热量的容忍性要优于目前商业化的锂离子电池。初步的结果表明该电解质产气的能力更加微弱，一个独立的研究使用原位 DEMS 技术证实 γBL 主宰的 SEI 形成减少了气体的生成，最终形成 γ-烷氧基-β-酮酯。波谱测试鉴定了 β-酮酯的结构，还原机理导致向低电位极化。

线性溶剂：对于为了替代线性碳酸酯的新型溶剂，它们的重点在于这样的性质例如熔点、黏度以及易燃性。这些溶剂可以大致分为 4 类：

1）线性酯或者碳酸酯。
2）氟代酯。
3）氟代碳酸酯。
4）氟代醚。

和线性碳酸酯类似，这些线性酯也不能单独作为溶剂而是作为环状组分包括 EC 和 PC 的助溶剂。这些酯类形成了二元、三元甚至四元组分，提升了低温性能。根据 Herreyre 等人的研究，基于乙酸乙酯和乙酸甲酯的三元组分在 60℃ 时正极表面的电化学稳定性达到 4.85V，而含有低分子量的乙酸甲酯则慢慢退化。Smart 等人也得到了类似的结论，他们研究了一系列的线性酯和碳酸酯作为低温电解质的组分，发现理想的 SEI 层（即低电阻且有保护性）只有在使用高分子量的酯时才可以形成，低分子量的酯在低温下由于其较低的黏度可以提供更高的离子电导率。通过评价石墨负极在四元电解质（LiPF$_6$/EC/DEC/DMC/酯）中的首次充电过程中的可逆容量，发现拥有长烷基链的酯对应的容量要明显优于低分子量酯的对应值。

丙酸乙酯（340.75mA·h/g）＞丁酸乙酯（309.46mA·h/g）＞乙酸甲酯（236.5mA·h/g）＞乙酸乙酯（214.2mA·h/g）

以上电池性能的排序几乎与低温离子电导率完全相反，明显地表明界面性质与主体性质相分离。因此，Smart 等人总结为在选择新溶剂时是 SEI 的本质而不是主体的离子电导率起主要作用。

为了提升电解质对锂负极的稳定性，不同的含氟有机溶剂被作为电解质溶剂。例如，Yamaki 等人引入了一系列部分氟代的酯，其中氟化是在羧酸部分，作为电解质的单一溶剂，而 Smart 等人也合成了一系列氟代碳酸酯。当比较它们不含氟的对等物，这些分子通过氟化作用可以得到更低的熔点，更高的阳极稳定性，提升的安全性以及金属锂负极或石墨负极表面上理想的 SEI 层。对于氟化的碳酸酯，许多电化学技术例如 Tafel 极化和微极化证实了这些氟代溶剂给予的新 SEI 化学组分有利于锂离子插入的快速动力学。从界面电阻和容量利用率角度来讲，氟代碳酸酯要优于氟代的氨基甲酸酯。

2. 锂盐

目前电解质的热不稳定性推动了基于全氟取代阴离子的新锂盐的开发，热惰性和化学惰性也被作为主要优点来衡量潜在的锂盐候补，尽管与新溶剂的选择类似，通常一方面性能的提升会导致其他同样重要的性能的牺牲。

三三氟甲磺酰甲基锂（LiMe）如图 4-18 所示。

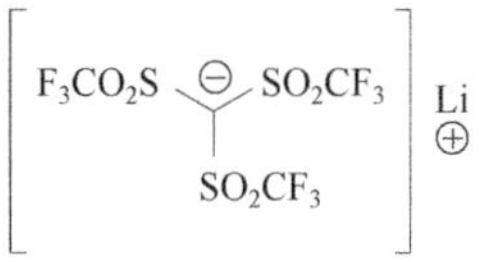

跟随 Im⁻ 的发展，Dominey 发明了基于由三个全氟取代的甲磺酰基团稳定的碳负离子的新锂盐。由于其负电荷可以有效地离域化，

图 4-18　三三氟甲磺酰甲基锂

LiMe 盐可以溶解在不同的非水介质中，表现出比 LiIm 更高的离子电导率。它的高热稳定性被热重分析（TGA）证实，在 340℃ 之前没有分解，相应的电解质溶剂可以稳定到 100℃。该盐的电化学稳定性在 THF 中研究，玻碳电极表面的循环伏安法表明主要的阳极分解过程在 4.0V。尽管根据之前报道的数据这个分解电位可能是溶剂 THF 导致的而不是盐的阴离子，他并没有进一步用更稳定的溶剂做电化学测试。起始的报道中该锂盐对于 Al 集流体惰性，但是后来发现不同的基于 LiMe 的电解质在 4.5V 会对 Al 造成一定的腐蚀，尽管不知为何腐蚀没有 LiIm 那么严重。所以，它在高压锂离子电池中的应用看起来没有可能，除非找到可以替代正极材料 Al 集流体的物质。

锂硼盐与芳香配体如图 4-19 所示。

在 20 世纪 90 年代中期，Barthel 等人基于硼酸阴离子与不同芳香性配体的螯

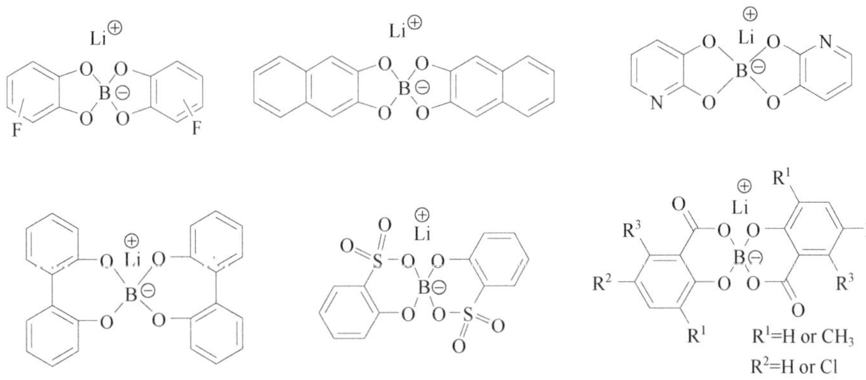

图 4-19　锂硼盐与芳香配体

合作用合成了一种新型的锂盐。这类锂盐热稳定性好，只有在很高的温度下才会分解且不经过熔化过程，尽管水分仍然可以通过水解分解这些锂盐。大部分的锂盐在非水系介质中的溶解度与芳香性配体的取代有关，根据使用溶剂的不同表现出中等偏上的离子电导率，在 0.6～11.1mS/cm 之间。该锂盐的阴离子的阳极稳定性是通过循环伏安法在不同惰性电极表面进行的，其中芳香环上吸电子取代基的数目和阴离子的阳极稳定性建立了关联（即更多吸电子基团可以更好地稳定硼酸阴离子从而得到更高的氧化电位）。这个关联可以很好地用量子化学计算得到的 HOMO 能级来解释。因此，阳极稳定电位从没有取代的硼酸酯的 3.6V 到与全氟取代和磺化的芳香性配体螯合的硼酸酯的 4.6V。Sasaki 等人也报道了一个类似关系，他们研究了不同硼酸阴离子在 Pt 电极上的氧化电位，揭示了阴离子的阳极稳定性与其芳香环上的电子密度有明显的关联，如图 4-20 所示。

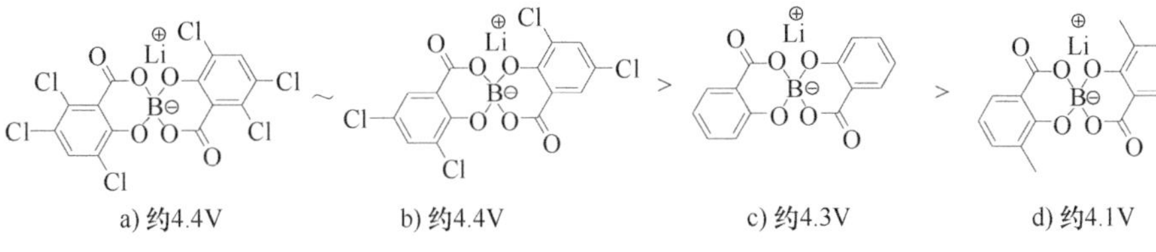

a) 约4.4V　　　　b) 约4.4V　　　　c) 约4.3V　　　　d) 约4.1V

图 4-20　不同硼酸阴离子在 Pt 电极上的氧化电位

　　除了通过热力学方面考虑，动力学对于决定阴离子稳定性也起到重要作用。例如有些盐的分解产物是聚合部分，可以有效地钝化电极表面。尽管这些阴离子的固有氧化电位不高（4.0V），它们在后续的扫描中可以稳定到 4.50V。这里需要注意，因为钝化层只有在惰性电极表面存在，而类似的钝化作用是否存在于实际的正极表面从而扩展电位区间仍然有待证明。Al 被报道在基于这些盐的电解质中稳定，至少有锂盐。Handa 等人进行的基于低电压正极材料（V_2O_5）的锂电池循环测试，其开路电压和首次放电行为与其他非水系电解质类似，没有给出更优的性能数据。决定这些锂盐是否可以用于锂离子技术的关键性质即在石墨负极形成保护性 SEI 层的能力并没有报道。

锂硼盐与非芳香性配体如图 4-21所示。

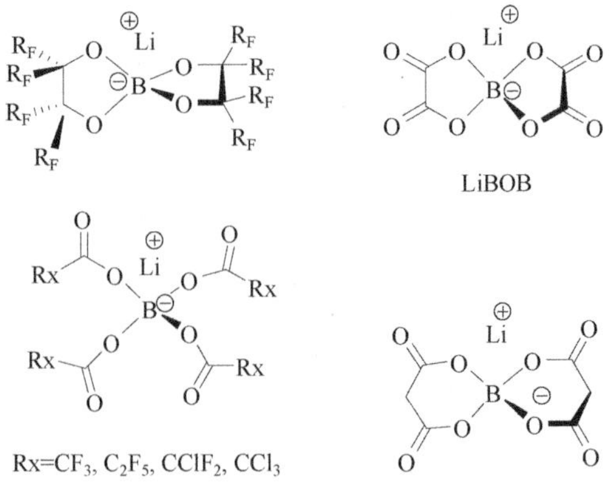

Barthel 合成的芳香性锂硼盐被认为有利于提高硼酸阴离子的熔点

Rx=CF_3, C_2F_5, $CClF_2$, CCl_3

图 4-21　锂硼盐与非芳香性配体

和碱性，但是这样导致了中等偏下的溶解性、离子电导率以及阴极稳定性。为了避免使用体积庞大的芳香性取代基，Xu 和 Angell 合成一系列基于与不同烷基两齿配体螯合的硼酸阴离子锂盐，其中吸电子基团使用氟或羰基官能团。这些锂盐可以保持一定的热稳定性，但是表现出更高的离子电导率和阳极稳定性。这类锂盐可以很好地溶解在中等介电常数的介质中，得到的离子电导率比目前锂离子电解质工艺稍低。例如在 EC/DMC 中的双草酸硼酸锂（LiBOB）和 $LiPF_6$，对应的离子电导率分别为 7.5mS/cm 和 10mS/cm。这些盐中至少有一种其锂离子迁移数高于0.5，因为其对应的阴离子体积较大。盐的浓度对于离子电导率的影响也与基于 $LiPF_6$ 或 $LiBF_4$ 的电解质的情形不同，恒温下这些锂硼盐的离子电导率在 0.5～1.0mol/L 浓度范围内保持不变，对实际应用有利。

在这些新的硼酸锂中，应该重点关注基于草酸配体的硼酸锂，因为其已经唤起了锂电池研究和发展行业强烈的兴趣。Lischka 等人也曾独立地合成并研究该锂盐。在进行深入的物理表征之后，Xu 等人对该盐进行了非常全面的电化学评估，发现 LiBOB 在碳酸酯溶剂中符合锂离子电池电解质的一整套严格的要求：

1）在正极表面的阳极稳定性达到 4.3V。

2）可以在石墨负极形成保护性的 SEI 层支持锂离子的可逆插入与脱去。

3）稳定 Al 集流体到 6.0V。

相比于 $LiPF_6$，LiBOB 还有其他一些优点，例如热稳定性好，生产成本低，环境友好，其水解产物腐蚀性更小。这些优点的组合是其他新锂盐没有的，使 LiBOB 成为锂离子技术应用中的有希望的竞争者。基于 LiBOB 电解质的稳定的性能也被延长的锂离子电池的循环测试所证实，在运行 200 次后没有发现容量衰减。

一个意料之外但是肯定受欢迎的关于 LiBOB 的发现是其特殊的正极反应。在之前已经指出，锂离子技术的基石是碳负极表面形成的保护性的 SEI 层，传统的处理方式是 PC 不与石墨负极联用，因为 PC 有很强的趋势会共插入到石墨层间距中导致石墨的剥蚀。在 LiBOB 之前，单独使用锂盐从来不能挑战这种规则。作为一个例外，LiBOB 在纯的 PC 溶剂中可以允许锂离子对不同石墨化碳负极进行可逆的插入与脱去，其容量利用率和库仑效率与目前电解质工艺相当。考虑到类似的在 PC 中稳定石墨结构之前只可以通过添加剂实现，BOB 阴离子在石墨负极的首次锂化过程中一定参与了 SEI 的形成，最有可能是通过单电子还原过程。这个保护性的 SEI 层的耐久性被严格地测试，通过基于 LiBOB/PC 或其他没有 EC 配方的电解质中锂离子电池的循环测试。研究发现，稳定的容量和定量的库仑效率可以持续到 100 次循环，与目前电解质的工艺相似。因为这些电解质配方中没有 EC，所以基于 EC 电解质所追求的低温下限可以被明显提升。

Xu 等人强调了上述意外发现的重要性，不仅是因为 LiBOB 富 PC 的溶剂才可以与石墨负极一起使用，而且 LiBOB 对于非正式地选择电解质溶剂的规则也有不同的观点，LiBOB 提供了改变锂离子电解质配方的灵活性，因为取代其中的高熔点组分 EC 不再被石墨负极的稳定性所限制。一种预形成的技术来区分 LiBOB 形成有效的保护性 SEI 层的步骤。他们系统地打乱石墨负极在 LiBOB/PC 中不同电位下的锂化，然后测试这些预形成的负极在 LiPF$_6$/PC 中的生命力，其中如果没有保护性的 SEI 层，则会出现明显的石墨剥离。研究结果证实了 BOB 阴离子在石墨负极形成保护层的重要作用，更重要的是直到 0.60V 才可以完全形成足够有效的 SEI 层防止 PC 对石墨的共插入和剥蚀。所有基于 LiBOB 的电解质都有 1.60V 的还原过程，但是该过程与形成有效的 SEI 也许没有直接的关系。

XPS 表征了 LiBOB 电解质中石墨负极的表面化学组分，从相对丰富的化学组分得到了完全不同的 SEI 结构。由于 BOB 阴离子的参与，SEI 层的主要成分与烷基碳酸锂类似，鉴于位于 289eV 明显的峰。这个烷基碳酸盐类似的种类是源自于 BOB 阴离子的草酸部分，是在石墨负极形成有效保护层的主要原因。LiBOB 还原机理如图 4-22 所示。

定性地讲，基于 LiBOB 电解质形成的 SEI 层的化学组分看起来与 LiPF$_6$ 对应的相同，因为 XPS 中 C 1s 的波谱对于碳氢化合物、含醚物质和半碳酸酯的位置在两种情况下本质上相同。这个事实说明源于目前电解质工艺中的活性试剂在基于 LiBOB 的 SEI 层也存在，尽管这些物质在 BOB 阴离子生成的 SEI 层中更普遍。

Liu 等人进一步做了用 LiBOB 替代 LiPF$_6$ 的研究，发现由于没有 HF 的存在以及 LiBOB 电解质的弱酸性，基于尖晶石 LiMn$_2$O$_4$ 的正极材料可以被稳定，而且导致 LiMn$_2$O$_4$ 容量衰减的主要原因 Mn^{2+} 的溶解也几乎被完全消除。基于 LiBOB 电解质的热安全性也与 LiPF$_6$ 进行了比较，发现 LiBOB 相比于 LiPF$_6$ 在石墨化负极是更稳定的电解质溶质，因为其与完全锂化的 MCMB 的放热反应由于 LiBOB 的存在提高到了 90℃。但是，考虑到 Maleki 等人尤其是 MacNeil 和 Dahn 的结论，

183

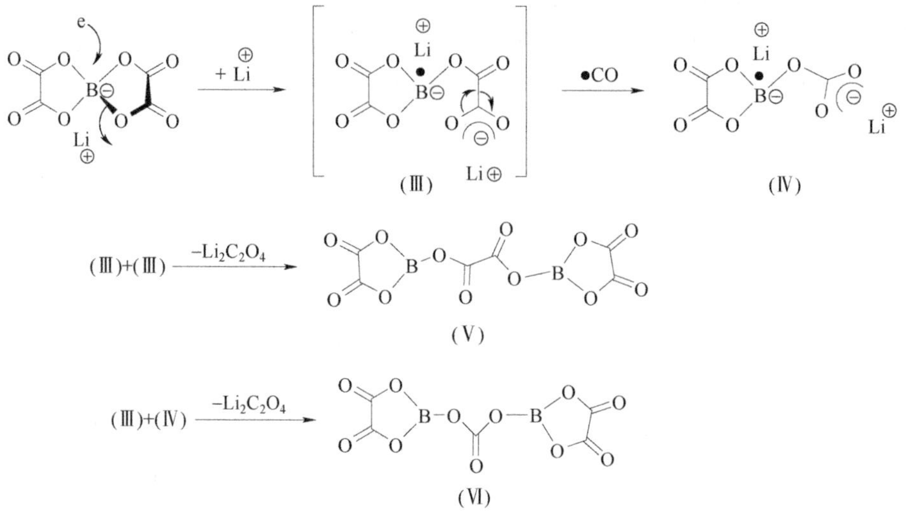

图4-22 LiBOB 还原机理

基于 LiBOB 电解质对于热逃逸的安全性主要依赖其与正极材料的相互作用。

基于发现 LiBOB 在非水溶剂中的性能以及对锂离子电池低温性能的改进，Jow 等人提出拥有更宽温度区间的电解质应该使用 LiBOB 或 LiBOB 与其他盐的组合。

Yamaguchi 等人曾经简要地报道了另外基于非螯合烷基配体的锂硼盐，其中使用全卤代的羰基作为吸电子基团。这些锂盐在线性碳酸酯溶剂中的溶解度要优于 LiBOB，因为这些盐可以溶于纯的 DMC，后者 DEC 浓度高于 1.0mol/L。这些电解质的阳极稳定性在 Pt 电极表面测试，发现与 LiBOB 相当，而 Al 基底在 4.8V 电位以下也没有发生腐蚀。但是热稳定性要差于螯合配体，不论是芳香性的还是脂肪族的，尽管其分解温度在 94~135℃ 之间高于 $LiPF_6$。在这些锂盐中，全氟羰基配体的盐性能最好，而且在 EC/EMC 中基于石墨负极的半电池循环性能在 50 次循环之内容量稳定。除了起始几圈，定量的库仑效率意味着该盐在石墨化负极材料表面稳定地防止阴极被还原。

螯合的磷酸锂如图4-23所示。

如果 Barthel 等人和 Angell 等人合成的不同的硼酸盐可以被看作是商业化锂电池中早已使用的全氟硼酸盐 $LiBF_4$ 结构上的优化，然后类似的优化也发生在锂离子电池中最常用的 $LiPF_6$ 上。Handa 等人报道了 Barthel 盐的磷的类似物，其中 P（V）与三个双齿配体作用。其热稳定性与类似的硼结构相

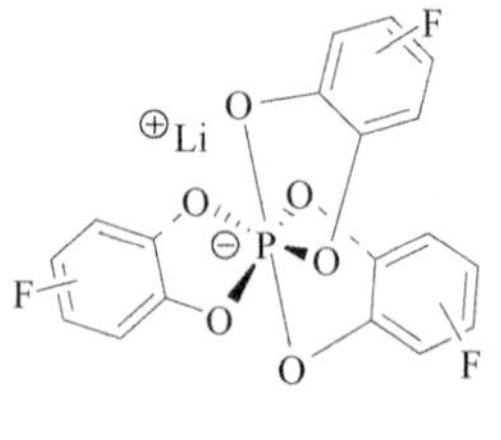

图4-23 螯合的磷酸锂

当，在非水系介质中得到中等的离子电导率。他们将不怎么令人满意的离子传导归结为较大的阴离子，增加了电解液的黏度。其阳极稳定性在 Ni 电极表面通过伏安法测试，低于 3.7V。以该盐在 EC/THF 中作为电解质，低电压 V_2O_5 为正极的锂电池的初步测试表明该锂盐是优异的电解质溶质，因为可利用的电池容量接近于理论值。

在之前锂硼盐与取代的配体螯合的经验基础上，Barthel 等人通过不同的含氟芳香性配体优化整合磷酸根阴离子。和预想的一样，吸电子基 F 的引入的确促进了盐的解离，减弱了磷酸根阴离子的碱性，提高了离子电导率和阳极稳定性。全氟芳香性配体的磷酸盐在 Pt 电极表面的阳极分解电位为 4.3V。目前这些优化之后的磷酸锂只吸引了科学界的兴趣，其将来在锂离子电池中的应用仍然需要更多详细的研究来证明。

氟代烷基磷酸锂（LiFAP）如图 4-24 所示。

因为 PF_6^- 中 P—F 键容易受到水分以及其他亲核试剂例如高电子密度的有机溶剂的进攻，它们被认为是 $LiPF_6$ 锂盐不稳定的原因。Satori 等人对于 PF_6^- 的结构进行了优化，通过使用全氟烷基部分取代 F 取代基以希望得到盐的化学稳定性，热稳定性可以因为 P—C 的惰性得到提升。因为新的取代基是强吸电子基团，$LiPF_6$ 的主要优点例如良好的溶剂性和离子电导率可以得到保持。

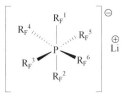

R_F=perfluorinatedalkyl or F

图 4-24　氟代烷基磷酸锂

在他们公开的专利中，Satori 等人描述了 8 个不同的全氟烷基对应的锂盐。在这些锂盐中，研究最彻底的是基于三个五氟乙基的阴离子。水解研究证实了由于体积更大的全氟烷基取代了 F，阴离子对水分的敏感度大大减小，鉴于 70h 储存过程中水分的消耗量可以忽略不计，其对应的产物 HF 的量也可以忽略。LiFAP 活性更低是由于 P—C 键活性更低，同时还存在较大的空间位阻，阻碍水分的进攻。LiFAP 在混合碳酸酯溶剂的离子电导率与 $LiPF_6$ 相比略低，很明显是由于更大的阴离子体积；但是在 Pt 电极表面的伏安测定的阳极稳定性在 5.0V 与 $LiPF_6$ 相当，尽管在 4.0V 发现一个较大的背景电流。初步的基于 $LiMn_2O_4$ 正极的半电池循环测试以 LiFAP/EC/DMC 为电解质的容量要高于 $LiPF_6$ 的，尽管两者的电池容量以类似的方式衰减。

更严格的电化学表征包括基于 LiFAP 电解质的负极界面和正极界面的 EIS、FT-IR 和 XPS 测试，研究发现，在石墨负极和尖晶石正极基于 LiFAP 电解质的容量利用率更高，循环保持性更好，但是锂离子的插入与脱出动力学较慢。动力学缓慢的原因是电极上 SEI 电阻值较大，这是意料之外的，因为 LiFAP 优异的稳定性应该没有大量的 LiF 存在。FT-IR 和 XPS 研究表明，基于 LiFAP 的电解质在惰性电极上通过阴极极化生成大量的烷基碳酸锂来模拟循环之后的石墨负极表面的化学反应，但是波谱手段没有确认 FAP 阴离子直接参与 SEI 的形成。尽管如此，基于 LiFAP 电解质的表面物质主要是溶剂的还原产物，而基于 LiPF$_6$ 电解质中阴离子也明显参与了还原分解，被 XPS C 1s 和 F 1s 所证实，而且 LiFAP 长期稳定性明显更高。

尽管没有直接通过波谱分析确认 FAP 阴离子参与表面层的形成，但是在实际过程中一定参与了 SEI 层的形成，防止了持续的分解；另一方面也造成了界面的高阻抗。这些牢固的表面层应该同时存在于正极和负极表面，主要由烷基碳酸酯构成，因为电解质中 HF 浓度很小。

Aurbach 等人也研究了 LiFAP 在 EC/DEC/DMC 中的热稳定性。与 LiPF$_6$ 相比，LiFAP 电解质的热分解温度提高了 10℃；但是，一旦反应开始自加热更加严重，即分解反应放热更多。

LiFAP 是 LiPF$_6$ 的潜在替代品，其提升的热稳定性可以保证锂离子电池的性能更加稳定，但是其功率小于 LiPF$_6$。如果 LiFAP 的生产成本可以降低，LiFAP 或其衍生物也许会是锂离子电解质溶质的有利竞争者。

基于杂环的锂盐如图 4-25 所示。

基于有机阴离子的锂盐也有零星的报道，其中阴离子的负电荷离域在整个杂环体系中，例如 4,5-二氰基-1,3,5-三唑和双三氟硼烷咪唑锂，图 4-25 所示。

186

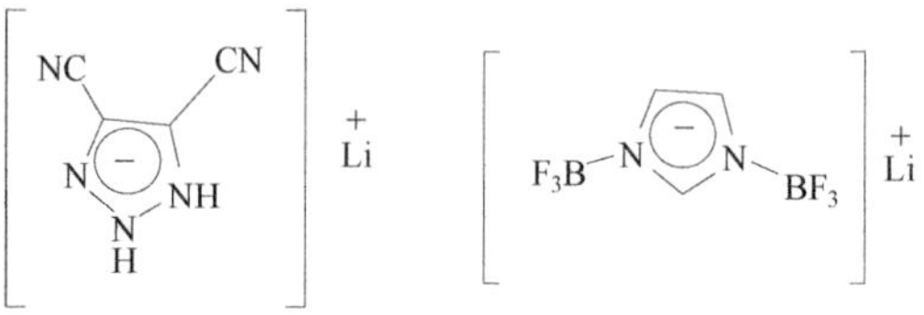

图 4-25　基于杂环的锂盐

前者作为聚合物电解质的锂盐，并没有详细的电化学数据，而后者（LiId）可以被看作是 LiBF$_4$ 与弱有机碱的路易斯酸-碱加成并应用于锂电子电池。因为阴离子中存在有机部分，对应的锂盐在低或者中等介电常数的介质中有很好的溶解度，提供的离子电导率与 LiPF$_6$ 相当，且其阳极稳定性比 LiPF$_6$ 更高，尽管在 4.0V 以上存在明显的背景电流。该盐对 LiNi$_{0.8}$Co$_{0.2}$O$_2$ 正极的兼容性可以在对应的半电池中测试，其电化学性能与 LiPF$_6$ 相当甚至更优。但是在 MCMB 负极中，需要更长的时间才能达到容量的完全利用，直到 10 圈之后两者的区别才消失。LiId 对应的电池的首圈不可逆容量更大，其库仑效率为 6.2% 而 LiPF$_6$ 为 10.2%，表明在 LiId 形成 SEI 过程中消耗了更多的电荷。另一方面，损失的容量相对于总容量可以忽略。考虑到 LiId 中阴离子中存在 B—F 键，其热稳定性和化学稳定性应该与 LiBF$_4$ 类似，其潜在的替代 LiPF$_6$ 的应用还需要更多的研究来证实。

第 5 章　聚合物电解质

尽管液体电解质的工艺水平已经比较完善，拥有较高的离子电导率，在电极表面可以形成有效的钝化膜，尤其是负极，组装的电池可逆容量高，循环寿命好，但是由于液体电解质使用大量易燃的有机溶剂，存在一定的安全隐患，限制了其在大功率器件上的应用。为了解决安全隐患，科学家们提出了固态聚合物电解质的概念。但是由于固体聚合物电解质的室温离子电导率太低，只适合高温电池使用。为了提高固体聚合物电解质的离子电导率，研究者提出一种介于液体电解质和固态聚合物电解质之间的凝胶聚合物电解质。凝胶聚合物电解质的离子电导率大大提高，接近液体电解质的水平。但是由于使用有机溶剂，导致电解质的机械强度太小，不能满足要求。为了提升凝胶聚合物电解质的机械强度，提出了通过添加无机填充物制备复合聚合物电解质。此外，聚合物电解质还有一种不同的分类方式，根据锂离子导体的不同来区分：双离子型电解质和单离子型电解质，聚合物中只有阳离子可以迁移的称为单离子聚合物电解质，由于其特殊的性质而受到极大关注。本章按照聚合物电解质的发展顺序来介绍各类电解质。由于单离子聚合物电解质的特殊性，会在第 6 章单独介绍。

5.1　固态聚合物电解质

聚合物电解质相比于液体电解质和无机固态电解质有许多优点，例如在充放电过程中缓解电极发生的形变，安全性得到提升，优异的稳定性和易于加工，而且在没有溶剂的固态聚合物电解质中，锂枝晶的生长可以被最小化。聚合物电解质的研究最早开始于 1973 年，Fenton 等人发现了聚氧化乙烯（PEO）与碱金属络合物可以传导离子。之后，聚合物电解质开始受到人们的关注。1978 年，Armand 博士预言基于 PEO 的固态聚合电解质或许可以作为电池的电解质。在随后的二十年里，研究者们付出了大量的努力研究其离子传导的机理，以及电池中电解质与电极界面的物理化学性质并取得了不错的进展。

采用固态聚合物电解质的锂离子电池可以防止使用液体电解质时出现漏液的问题，且聚合物易于加工可以向小型化发展，由于聚合物有较高的可塑性，还可以做成薄膜电池。使用聚合物电解质可以根据使用需要制作不同形状的电池结构。此外，聚合物电解质相比于液体电解质有更高的化学稳定性、电化学稳定性和热稳定性，与电极的副反应更少，同时工作温度区间也得到扩展。由于聚合物电解质的柔韧性，可以缓冲电极在充放电过程中的体积变化，稳定电池的结构。因此在液态锂离子商品化之后，基于聚合物电解质锂离子电池技术将迅速发展并且商业化。

聚合物电解质的分类方法很多，且标准也不尽相同。目前固态聚合物电解质主要根据使用的聚合物种类来区分，例如最著名的聚醚类聚氧化乙烯（PEO），还有聚甲基丙烯酸甲酯（PMMA）、聚丙烯腈（PAN）等。一般来讲聚合物电解质需要满足以下条件才可以实际应用锂离子：

1）离子电导率高。电解质应该是良好的离子导体、电子绝缘体，所以才能促进锂离子的传导同时抑制自放电的发生。离子电导率直接关系到电池的内阻以及不同充放电倍率下的电化学性能。一般来讲，液体电解质的离子电导率可以到 10^{-2} S/cm。为了实现室温下的快速充放电，聚合物电解质的离子电导率需要达到 10^{-4} S/cm。

2）可观的锂离子迁移数。在理想状态下，锂离子迁移数为 1 最优，因为锂离子迁移数越大，充放电过程中的浓差极化越小，所以越有利于大倍率充放电。减小阴离子的迁移率可以有效地调高锂离子的迁移数，目前已经有两种有效的方法：第一种，将阴离子通过共价键固定在聚合物骨架上，这也是通常制备单离子聚合物电解质的方法；第二种，在电解质中可以添加阴离子受体，抑制阴离子的迁移。

3）良好的机械强度。聚合物电解质的机械强度是大规模生产锂离子电池最需要考虑的因素。聚合物电解质不应该像某些无机陶瓷一样易碎，在生产组装或使用过程中遇到张力时可以有弹性地伸缩，可以通过一些可行的方法来增加电解质隔膜的尺寸稳定性，例如添加无机填充物、相互交联、聚烯烃膜的物理支持等。

4）宽的电化学窗口。电化学窗口是指发生氧化反应的电位和发生还原反应的电位之差。对于电解质来说，基本的要求是对正负极保持惰性，即氧化电位要高于锂离子在正极中的嵌入电位，还原电位要低于金属锂负极。因此聚合物电解质的电化学窗口需要达到 4V（相对于 Li/Li$^+$），才可以与电极材料兼容。

5）优异的化学稳定性和热稳定性。聚合物电解质应该对电池的所有组分保持稳定，包括电极、隔膜、集流体、添加剂和电池的包装材料。优秀的热稳定性可以保证电池的安全使用，尤其是在短路、过充或过热情况下。

5.1.1 聚合物电解质的相结构

在目前的聚合物电解质体系中，高分子聚合物在室温下都有明显的结晶性，这也是室温下固态聚合物电解质的电导率远远低于液态电解质的原因。聚合物中的晶体大部分都是球晶，球晶之间是无定型区域，通常认为，锂离子的传导主要发生在无定型区域。因此，了解聚合物的相结构对锂离子传导机理的研究有帮助。

对于二元聚合物电解质体系来讲，其相结构主要有两种：晶体区和无定型区。其中晶体区的形成由动力学主导，与具体的制备条件和时间直接相关。严格来讲，由于聚合物体系中晶体区的存在，且晶体区随着条件变化较大，所以对不同工作的聚合物电解质之间的导电性能进行比较不是很科学。不过如果在一定条件下，晶体区的生长变化较慢，离子电导率偏差在一个可接受的范围内，电导性能的比较也是可以接受的。这也是为什么我们经常会拿不同的结果进行比较。

由于聚合物形成的球晶的生长与时间相关，因此在温度低于聚合物熔点时的离子电导率与时间相关。此外，聚合物电解质的锂离子电导率与加热速率、冷却速率以及松弛时间都存在一定关系。例如松弛时间越长，聚合物的晶型越完善，结晶度越高，从而导致离子电导率随着松弛时间的延长而逐渐下降至最小值。同理，如果冷却速度越慢，结晶越完整，对应的离子的电导率也会逐渐降低至最小值。

以 PEO 和 $LiClO_4$ 二元聚合物电解质为例，该结构中存在多种相结构。首先 $LiClO_4$ 与 PEO 可以形成多种络合物，包括 PEO_6-$LiClO_4$、PEO_3-$LiClO_4$、PEO_2-$LiClO_4$ 和 PEO-$LiClO_4$。其中当 $O:Li = 10:1$ 时，PEO_6-$LiClO_4$ 可以与 PEO 形成共熔体，熔点在 50℃。此外当温度升高至 160℃ 可以形成大的共熔体。大的共熔体在冷却过程中会产生三种不同的球晶：第一种，在 120℃ 以上发生熔融，含盐量高；第二种，在 $45 \sim 60$℃ 范围内发生熔融，含盐量低，而且形成动力学缓慢；第三种，熔点略低于主体聚合物，形成动力学较快。通过研究分析认为：第一种球晶应该是 PEO_3-$LiClO_4$；第二种球晶可能是 PEO_6-$LiClO_4$ 和 PEO_3-$LiClO_4$ 两种络合物的混合体；第三种球晶对应于 PEO 本身。此外，锂盐的含量以及热处理的过程都会导致结构发生变化。

不同锂盐包括 $LiPF_6$、$LiBF_4$、$LiCF_3SO_3$ 和 $LiAsF_6$ 与 PEO 形成的络合物基本上与 $LiClO_4$ 类似，即锂盐的种类对于与 PEO 形成的络合物的种类没有直观的影响。其中 $LiBF_4$ 与 PEO 可以形成 PEO_4-$LiBF_4$ 和 $PEO_{2.5}$-$LiBF_4$ 两种络合物，其中在 O 与 Li 的比值在 $20 \sim 16$ 之间时，$PEO_{2.5}$-$LiBF_4$ 可以与 PEO 形成共熔体；$LiPF_6$ 也可以与 PEO 形成两种络合物，PEO_6-$LiPF_6$ 和 PEO_3-$LiPF_6$；$LiAsF_6$ 与 PEO 形成的两种络合物与 $LiPF_6$ 类似，只是相对熔点更高；对于大阴离子的锂盐也可以与 PEO 形成络合物，只是动力学更加缓慢。

此外，压力的大小也一定程度上影响晶体的生长。压力大时促使球晶的生长，减少无定型区域，对应锂离子电导率下降。

5.1.2 聚合物电解质的离子传导机理

因为聚合电解质的存在，多种络合物已经同时存在晶体区和无定型区，结构复杂，所以其电导机理的研究比较困难。此外锂盐在聚合物中还存在一定的解离，会形成各种离子对及多合离子等。常用的研究聚合物锂离子传导的机理的模型主要有阿伦尼乌斯方程（Arrhenius）、VTF（Volgel-Tamman-Fulcher）方程、自由体积模型、WLF（Williams-Landel-Ferry）方程、动态键渗透模型、Meyer-Nelded 法则和有效介质理论等。

Arrhenius 方程描述聚合物电解质中最常用的模型，它描述锂离子运动与温度的关系：

$$k = Ae^{-E_a/RT}$$

式中，A 是常数；E_a 是活化能；R 是理想气体常数；T 是绝对温度；k 是锂离子的运动速率。

锂离子的运动速率直接与锂离子的电导率相关，所以可以取锂离子电导率的对数与温度的倒数作图，得到线性关系，而且可以容易地计算出锂离子运动的活化能：

$$\ln\sigma \sim \frac{1}{T}$$

VTF 方程是基于聚合物玻璃态转化温度的模型：

$$\sigma(T) = AT^{-0.5}e^{-(B/T-T_o)}$$

式中，$\sigma(T)$ 是锂离子电导率；A 和 B 是均匀常数；T_o 是基准温度，与玻璃态转化温度有关。

该模型是假设电解质全部发生解离，只考虑了离子的扩散因素。当聚合物玻璃化转换温度 T_g 越低，即 T_o 越小，得到的锂离子的电导率越高。VTF 方程中认为锂离子的传导是通过聚合物链的热运动实现的，而且聚合物提供了一定的自由体积，允许锂离子扩散的发生。研究表明，聚合物提供的自由体积还与压强等条件相关，可以进一步进行引入参数细化。

自由体积模型认为离子在聚合物电解质中的扩散除了与温度相关，还与自由体积也相关，而体系中的自由体积受到聚合物种类、电解质的解离与形成的离子对的种类、体系中的压强等相关。但是自由体积模型不是以微观结构为基础提出的，而是宏观概念，所以无法解释与微观结构相关的问题，例如离子对、溶剂化和极化对于锂离子传导的影响。

WLF 方程式是 VTF 方程的具体化，主要用来描述无定型材料的松弛过程，给定温度下的松弛过程 R 都可以用以下方程来描述：

$$\lg\frac{R(T)}{R(T_{ref})} = \lg(a_T) = -\frac{C_1(T - T_{ref})}{C_2 + T - T_{ref}}$$

式中，T_{ref}是参考温度；a_T是迁移因子；C_1和C_2是常数。

值得一提的是当$C_1C_2 = B$，$C_2 = T_{ref} - T_o$时，WLF 方程可以转化为 VTF 方程。不过需要注意的是，尽管在 WLF 方程中T_{ref}的选择没有限制，但是实际上T_{ref}的温度至少要高于聚合物玻璃化转换温度50℃。

动态键渗透模型是基于局部动力学而提出的简化模型，主要考虑了微观结构中物质之间的相互作用，尤其是化学作用力，认为离子随着聚合物链的运动在不停地跳跃迁移。该模型的优点在于可以同时处理多种离子，包括阳离子和阴离子。

有效介质理论是将渗透的概念引入 EMT 方程中得到一种变形：

$$\frac{f(\sigma_1^{1/t} - \sigma_m^{1/t})}{\sigma_1^{1/t} + A\sigma_m^{1/t}} + \frac{(1 - f)(\sigma_2^{1/t} + \sigma_m^{1/t})}{\sigma_2^{1/t} + A\sigma_m^{1/t}} = 0$$

式中，σ_1和σ_2分别是两相的离子电导率；σ_m是复合相的离子电导率；A是常数，与两相介质有关；f是填料体积分数；t与f以及填料粒径相关。

该模型认为聚合物电解质是以聚合物为主体，其中形成的络合物分散在主体中组成准两相结构，电导率因为电解质与填料界面存在的空间电荷层而提升。

与液体电解质一样，聚合物电解质的离子电导率还可以用 Nernst-Einstein 方程来表达：

$$\sigma = D[Nq^2/(kT)]$$

式中，D是离子的扩散系数；N是体系中离子有效的浓度；q是离子所带电荷；k是玻尔兹曼常数；T是温度。根据 Nernst-Einstein 方程，离子的电导率与离子的运动、离子的浓度以及所带电荷有关。在给定的体系中，离子种类一定，即所带电荷一定，因此离子的电导率与离子的运动和浓度有关。在一定浓度范围内，增加离子的浓度可以提高离子电导率；但是离子浓度过大时，则会形成离子对，离子的扩散系数明显减小，而且实际载流体浓度也会下降，这时离子的电导率随着离子浓度的增加反而下降。例如在 PEO 体系中，当锂盐浓度较大，即 $Li^+/O > 1/8$ 时，有明显的离子对生成，被[7]Li NMR 所证实。在聚合物电解质体系中，当锂盐浓度过大时，除了会形成离子对降低实际载流子的浓度和扩散系数，还会因为锂盐和聚合物之间的相互作用抑制聚合物的热运动，进一步减小体系的离子电导率。因此不能依靠提高锂盐的浓度来提升聚合物电解质的离子电导率，而是通过调节聚合物，提升聚合物的链段的松弛能力以及介电常数。

5.1.3 PEO 基

1973 年发现了 PEO 可以传导离子，然后逐渐发展应用于固态器件中。在 20 世纪 80 年代研究者们做了大量的基于 PEO 合成及其表征的工作。研究发现 PEO 可以与大部分的锂盐形成络合，其中常用的锂盐包括 $LiClO_4$、$LiBF_4$、$LiPF_6$、

LiAsF$_6$、LiCF$_3$SO$_3$ 和 LiN（CF$_3$SO$_2$）$_2$ 等，因此 PEO 是理想的聚合物电解质基底材料。PEO 强大的溶剂化能力是由其独特的分子结构所决定的，其中—CH$_2$—CH$_2$—O—由于氧原子的存在可以很好地溶剂化锂离子，且本身醚键的结构保证了聚合物链的柔性，因此可以很好地溶解锂离子。

由于 PEO 可以很好地溶剂化锂离子，因此锂盐在基于 PEO 的聚合物电解质中也会发生电离，形成阴阳离子，而且存在一定的紧密离子对。离子对还可以结合阳离子或阴离子，形成三合或多合离子。离子对以及多合离子对于聚合物电解质的离子电导率贡献很小，此处不再详细说明。PEO-LiX 体系的聚合物电解质的离子电导率主要决定于 Li$^+$ 在 PEO 链中的迁移。因为 PEO 中氧原子含有两对孤对电子，而 Li$^+$ 的 2s 轨道是空的，所以 PEO 与 Li$^+$ 很容易形成配位，而且该配位作用已经被傅里叶变换红外光谱和拉曼光谱所证实。Li$^+$ 在聚合物中的传导是通过不断地与氧进行配位再解离的过程进行的。锂离子在 PEO 基聚合物电解质的传导机理如图 5-1 所示。其中 Li$^+$ 可以在 PEO 的链内迁移，也可以在不同的 PEO 链之间进行迁移。该迁移过程主要发生在 PEO 的无定型区域，与 PEO 链的热运动和松弛时间直接相关，一般符合 WLF 和 VTF 方程。通常来讲，无定型的 PEO 基的离子电导率更高，比晶体 PEO 高 1~2 个数量级。不过也存在一定的争议，有人认为 Li$^+$ 在晶体 PEO 主体内的离子电导率更高，只是因为晶界处离子电导率较低，影响了整体锂离子在晶相 PEO 中的传导。但是在电池实际应用中，对电解质的电导率要求是其整体表现出的离子电导率，所以认为无定型 PEO 基离子电导率更高也是正确的。

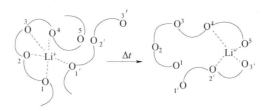

图 5-1 锂离子在 PEO 基底中传导机理的示意图

聚合物电解质的离子电导率与锂盐的种类也有直接的关系，其中有两个重要指标，离子的迁移率和锂盐的解离度。常见的锂盐在 PEO 基底中的解离常数及其离子在 PEO 基底中的迁移率的顺序为：

锂盐的解离常数：LiN（CF$_3$SO$_2$）$_2$ > LiAsF$_6$ > LiPF$_6$ > LiClO$_4$ > LiBF$_4$ > LiCF$_3$SO$_3$

离子迁移率：LiBF$_4$ > LiClO$_4$ > LiPF$_6$ > LiAsF$_6$ > LiCF$_3$SO$_3$ > LiN（CF$_3$SO$_2$）$_2$

锂盐的解离常数与锂盐对应阴离子的电荷离域程度（也是稳定性）顺序一致，即阴离子电荷越分散，其在 PEO 中的解离常数越高；解离之后离子的迁移率与阴离子的体积的大小相关，即阴离子体积越小，对应的离子迁移率越高。

由于 PEO 基聚合物电解质中离子传导主要是根据 PEO 链段的热运动，因此温度对于 PEO 基聚合物的离子传导影响很大。研究表明，在 $P(EO)_n$-LiX 中，当 $n \leqslant 3$，温度提升至 100℃ 时，该复合物其实是低共熔体，离子的传导与锂盐的晶体相关，锂离子的迁移数接近 1。如果使用 Sorensen-Jacobsen 方法详细分析该复合物的离子传导过程，也可以得到类似的结果。当 $n \leqslant 3$ 时，复合物中锂离子的传导有两种主要方式：一种是锂离子在无定型相中的传导；另一种是锂离子在锂盐晶相中传导。两种传导方式的存在都已经被 ^{7}Li NMR 测试所证实。

由于聚合物形成晶体的动力学较慢，因为聚合物电解质的离子电导率和聚合物电解质的制备条件相关，尤其是溶剂的影响。因为溶剂不仅影响聚合物电解质成膜的形貌，而且影响了迁移离子的结构与数量。因此，在聚合物电解质研究中，需要留意不同电解质膜制备方式之间的差异。

锂离子在 PEO 基中的扩散系数与 PEO 的分子量有关，因此为了得到理想的离子电导率需要选择分子量合适的 PEO。例如，在 PEO-LiCF$_3$SO$_3$ 二元体系中，当 PEO 的分子量超过 3200 时，锂离子的扩散系数与 PEO 分子量存在明显关系；而当 PEO 的分子量小于 3200 时，锂离子的扩散系数随着分子量的减小而增加。可能的原因是当 PEO 分子量小于 3200 时，不同 PEO 链间缠绕程度减小，链段热运动更活跃，促进锂离子的迁移。此外，分子量直接影响二元体系的黏度，分子量越大，体系的黏度越大，离子的传导阻力越高。例如在小分子量 500 的聚乙二醇二甲醚中添加稍大分子量 1000 的聚乙二醇二甲醚，体系的离子电导率随着 1000 分子量聚乙二醇二甲醚的添加逐渐减小，而体系中的锂离子的活性和活化能变化不大，说明体系黏度的增加直接抑制了离子的传导。

锂离子与聚合物基底之间的作用力不可以太大也不可以太小，如果太小，则锂离子不能被有效地溶剂化形成自由离子；如果太大，则锂离子不能快速与聚合物基底交换。锂离子与聚合物基底之间合适的作用才能保证锂离子的快速迁移，对于锂离子电池的快速充放电的能力、深度放电能力、能量密度以及循环性能起到至关重要的作用。一个简单的判断标准是锂离子与聚合物的交换速率是否超过 $10^{-8} s^{-1}$，如果大于该数值可以认为锂离子在聚合物基底中可以自由移动，否则认为锂离子相对固定。

尽管 PEO 中存在晶区和无定型区，但是固态核磁测试发现晶区和无定型区的 PEO 化学位移相同，即所处的化学环境是一样的，区别仅在于晶体区是长程有序、规则地排列而无定型区是无序的、热运动（链段运动）更加显著。而且晶区中锂盐的溶解度也相对较小。因此锂离子传导主要在 PEO 无定型区。不过因为 PEO 熔点较高，且容易结晶，所以 PEO 基聚合物电解质的离子电导率较小，室温下一般小于 10^{-6}S/cm，限制了 PEO 基聚合物电解质在室温下的应用。

在固态聚合物电解质中，离子只能在玻璃化转换温度以上形成的无定型区内随着链段热运动而迁移。因此，离子的迁移主要受两个因素影响：第一，聚合物基底中无定型的比例；第二，聚合物的玻璃化转换温度 T_g。为了提高 PEO 基聚合物电解质的离子电导率主要有共混、共聚、相互交联、加入无机填充物等。这些方法可以抑制 PEO 的结晶，降低玻璃化转换温度 T_g，因此可以提高聚合物的热运动。

1. 聚合物共混

聚合物共混是最常用的制备电解质隔膜的方式，只需要将目标物质一起溶解在特定的溶剂中，然后干燥即可以得到共混膜。其操作简单，效果明显。PEO 与其他聚合物共混的目的是利用高分子链间的相互作用力来打乱 PEO 的规则排列，增加无定型区域的比例，降低玻璃化转换温度。

常用的与 PEO 共混的聚合物包括聚乙二醇（PEG）、聚苯醚（PPO）、聚 2-乙烯基吡啶、聚丙烯酰胺（PAAM）、聚醋酸乙二酯、聚甲基丙烯酸甲酯（PM-MA）和聚苯乙烯（PS）等。它们的共混体系与 $LiClO_4$ 组成的二元聚合物电解质的室温离子电导率可以达到 10^{-5} S/cm。例如将 Flemino 聚合物和 PEO 进行共混，离子电导率为 10^{-5} S/cm。此外还有报道使用改性橡胶与 PEO 进行共混，共混体系中锂离子的迁移率也可以达到 $10^{-6} \sim 10^{-5}$ S/cm。但是通过共混方式提升离子电导率的同时往往会减小聚合物的弹性和柔韧性。

锂离子在共混体系中的传导受到多方面的影响。例如在聚（双酚 A-共-3-氯-1,2-环氧丙烷）与 PEO 的共混体系中，锂离子与体系中氧原子形成的络合物存在多种形式，并且相互转换，由于体系中存在熔融相、黏相和黏弹相，这些络合物在不同相中的传导阻力亦有所区别。在 PEG 与苯乙烯-马来酸酐的共聚物的共混物中，Li^+ 更倾向于在 PEG 上溶剂化。研究表明 PEG 的玻璃化转换温度与锂盐的量有关，锂盐量越大，PEG 的 T_g 越高。此外锂盐的解离程度随着锂盐量的增加而减小。

共混的聚合物之间互溶性也明显影响锂离子的传导。例如 PEO 与聚 ε-己内酯（PCL）可以较好地互溶，形成比较均匀的体系，因此加入 PCL 可以有效地减小 PEO 的结晶度，促进锂离子的传导。但是当 PCL 加入的量过大，不能与 PEO 完全互溶，则会产生新的相，抑制锂离子的传导。因此在 PEO-PCL-$LiClO_4$ 三元共混电解质中存在离子电导率最大值为 6.3×10^{-7} S/cm，对应的组分质量比为 PEO:PCL:$LiClO_4$ = 60:15:25。

2. 形成共聚物

由于简单的机械共混很难达到分子级别的混合，对于抑制 PEO 结晶性的效果不是很令人满意。因此提出了 PEO 与其他聚合物形成共聚物。共聚物可以进一步降低 PEO 的结晶度，促进锂离子的传导。但是共聚物也需要满足一定的要求：

　　1）共聚物中所有部分都要有足够的电化学稳定性。

　　2）共聚物中应该还有极性基团，可以帮助锂盐的解离，同时提供一定的力学性能。

　　3）共聚物不可与锂离子作用力太强，导致阳离子捕获。

　　4）共聚物与锂盐有良好的兼容性。

　　共聚物的种类主要可以分为嵌段共聚物、无规则共聚物、梳形共聚物和星形共聚物。

　　（1）无规则共聚物

　　最早提出的共聚物是将形成低分子量的 PEO 和与之兼容的共聚单元例如类似结构的—OCH₂—基团进行共聚，得到 $[—(OCH_2CH_2—)_mOCH_2—]_n$（$m = 5 \sim 10$）结构，PEO 结构的规整形没有明显破坏，但是结晶度得到明显的抑制。由于—OCH₂—基团的引入，该共聚物在室温时即完全处于无定型状态。此外环氧乙烷（EO）和环氧丙烷（PO）也可以形成良好的共聚物，研究发现当 PO 含量超过 11% 时，形成共聚物中 PEO 的规整形则会被严重破坏，形成完全无序的结构。采用 X 衍射和 DSC 测试分析发现，复合物中没有明显的 PEO-LiX 结晶络合物的存在，只存在少量的 PEO 结晶相。当调节共聚物和锂盐的比例时，在 O/Li = 7.4 时，体系中的晶相可以完全消失，保持整个体系的无定型性。这样形成的聚合物电解质的离子电导率较高，室温下可以达到 10^{-4} S/cm。此外还发现在主链和侧链上的 EO 基团都可以溶剂化锂离子、帮助离子的传导，但是由于侧链更短，热运动更加明显，所以侧链 EO 对于锂离子传导贡献更大（对于同样数量的 EO 基团）。通过优化侧链 EO 链长度，可以提升聚合物的离子电导率，相比于线性 PEO 高 2 ~ 3 个数量级。

　　除了与 EO 类似的 MO 和 PO，也可与其他结构不同的聚合单元形成共聚物。常用的聚合单元包括聚氨酯、聚苯乙烯或苯乙烯与丁二烯的嵌段共聚物。但是研究发现这些组分对于 PEO 的结晶性没有明显影响，而且它们本身的玻璃化转变温度也相对较高。这些材料中研究较多的是 PEO 与聚甲基丙烯酸甲酯（PMMA）和聚丙烯酰胺（PAAM）的共聚物。

　　PEO 与 PMMA 共聚的方式对于共聚物的离子电导率影响较大，其中以加热共聚效果最好，室温下离子电导率可以达到 $10^{-5} \sim 10^{-4}$ S/cm。大分子量的 PEO 与甲基丙烯酸共聚可以形成接枝共聚物，类似于梳形共聚物。此时，甲基丙烯酸链可以被看作增塑剂，提高 PEO 主链的柔性以及链段的自由运动，同时减少不同 PEO 链之间的纠缠，降低 Li⁺ 的交联程度，促进锂离子的传导。形成的 PMMA 链的结构也影响离子的传导，如果形成的是无规聚合物或间规聚合物，则可以与 PEO 完全互溶形成共熔体，不能抑制 PEO 的结晶度；而如果形成等规聚合物，则会与 PEO 形成部分相分离，可以一定程度上抑制 PEO 的结晶度。其室温离子电导率可以达到 9×10^{-5} S/cm。与 DSC 的测试结果相对：体系中存在 2 个玻璃化转换温度，一个对应于结晶的 PEO，另外一个比 PEO 温度低，对应于 PMMA 辅助的 PEO 无定型区。

聚丙烯酰胺（PAAM）相比于 PMMA，其链的柔性更高，链段热运动更明显，因此离子传导更容易。而且 PAAM 中酰胺官能团比 PMMA 中的酯官能团极性更大，可以提高共聚物的介电常数，促进锂盐的解离。但是 PAAM 与 PEO 不能有效地兼容，存在明显的相分离。DSC 测试发现体系中存在两个玻璃化转换温度，一个对应于 PEO 相，一个对应 PAAM 相。其中 PEO 相的 T_g 相比于纯 PEO 有所下降，说明 PEO 的结晶性受到抑制。但是由于体系中存在氨基氮原子也可以与 Li$^+$ 络合，因此 Li$^+$ 在体系中的传导存在竞争。以 PEO-PAAM-LiClO$_4$ 体系为例，其中只至少存在 3 种不同的络合物：

1）EO 基团与 Li$^+$ 的络合物 PEO-Li$^+$-PEO；

2）EO 基团和氨基氮原子与 Li$^+$ 共同作用的络合物 PEO-Li$^+$-PAAM；

3）氨基氮原子与 Li$^+$ 的络合物 PAAM-Li$^+$-PAAM。

因此锂盐和 PAAM 的量都直接影响共聚物中络合物的种类。当 PAAM 含量较小时，Li$^+$ 主要形成第一种络合物；当 PAAM 逐渐增加，Li$^+$ 形成的第二种络合物的量开始增加，并逐渐成为主要成分；当 PAAM 在体系中的引入超过临界值（20% 体积分数）则会与 Li$^+$ 形成第三种络合物。在形成的三种络合物中，第二种络合物可以明显抑制 PEO 的结晶度，降低其玻璃化转换温度，促进离子的传导，离子电导率最高为 4×10^{-5} S/cm。形成第三种 Li$^+$ 络合物时，总体的离子电导率反而下降，可能原因是 PAAM 对 Li$^+$ 的作用太强，不利于离子的迁移。

交流阻抗测试（EIS）表明体系中在中频区还存在一定的电容（$10^{-8} \sim 10^{-7}$ F/cm），这可能是因为醚键氧原子与氨基之间形成了氢键，此外氢键还可能捕获阳离子，抑制离子的迁移。为了验证该猜测，将氨基上的氢原子用甲基取代，得到取代的 PAAM。将甲基取代的 PAAM 与 PEO 进行共聚，共聚物的柔性得到明显增加，离子电导率也有一定提升。即使当 PAAM 量超过 25%，即超过临界值，复合体系的室温锂离子电导率也可以达到 3.5×10^5 S/cm，间接证实了氨基与醚键之间的氢键的确抑制了锂离子的传导。

与 PEO 共聚得到的共聚物电解质的离子电导率大小顺序为：PAAM > PAA/PMA > PMMA，其中 PAAM 因为其氨基的存在与锂离子络合能力强，且聚合物骨架柔性高，链段热运动显著。

除了上述聚合物，还可与聚氨酯共聚。例如 PEG 先与二苯基甲烷二异氰酸酯反应形成寡聚物，然后再与 3,5-二氨基苯甲酸反应得到聚氨酯。该聚合物中含有柔性链和刚性链，随着 LiClO$_4$ 的加入，柔性链部分的 PEG 与异氰酸形成氢键，脲羰基减少，共聚物的机械强度增加。交联谱测试发现柔性链和刚性链之间相分离的程度直接影响离子电导率，相分离程度高时，离子电导率也高。

PEO 也可以与不含官能团的基团例如偏氟乙烯、六氟丙烯形成共聚物，共聚物中存在明显的相分离，离子电导率较高。共聚物中加入 $LiCF_3SO_3$ 锂盐，得到的最高室温离子电导率可以达到 $10^{-4}S/cm$。

（2）嵌段共聚物

嵌段聚合物是将聚合物链直接接枝到 PEO 的链上，降低 PEO 的规整性，抑制其结晶度。以聚苯乙烯-氧化乙烯和氧化丙烯为例，由于 PS 和 PPO 的存在破坏了 PEO 的规整性，抑制了结晶度，因此嵌段共聚物的离子电导率也高于纯 PEO 基的电解质。而且 PS 和 PPO 的引入也提高了嵌段共聚物的机械强度，因此力学性能也有所提高。此外还可以与硅氧烷形成线性的嵌段共聚物，如图 5-2 所示，由于硅氧烷玻璃化转变温度低，柔性大，在抑制 PEO 结晶的同时，可以显著地降低整体的玻璃化转换温度，大幅提升链的柔性，促进离子的传导，这种嵌段共聚物的离子电导率比纯 PEO 基高接近两个数量级。图 5-2 中嵌段共聚物的玻璃化转换温度分别为 $-60℃$ 和 $-123℃$，与 $LiClO_4$ 形成聚合物电解质的室温离子电导率均可以达到 $10^{-4}S/cm$。

197

$$\begin{matrix} & CH_3 & & CH_3 & & CH_3 \\ \overset{|}{+}Si-(CH_2)_3-O-(CH_2CH_2O)_m-(CH_2)_2-\overset{|}{Si}-O\overset{}{+}_n & & \overset{|}{+}Si-O-(CH_2CH_2O)_m\overset{}{+}_n \\ \overset{|}{OCH_2CHClCH_3} & & \overset{|}{OCH_2CHClCH_3} & & \overset{|}{CH_3} \end{matrix}$$

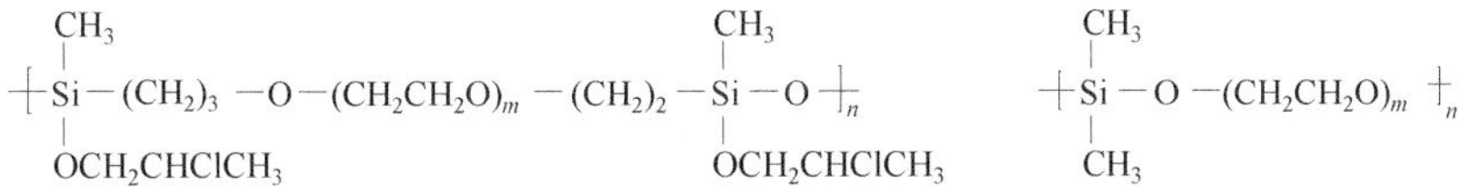

图 5-2　含有硅氧烷嵌段的嵌段共聚物

在嵌段共聚物中，如果主链中间为极性的 PEO 链，两端是非极性的烷基链，则该共聚物容易通过自组装形成有序的类似液晶的结构，即非极性的基团堆叠在一起，极性接团堆叠在一起，这种有序排列的共聚物也表现出良好的离子电导率。

例如聚（氧化乙烯）$_9$ 甲基丙烯酸酯-接枝-聚（二甲基硅氧烷）的嵌段共聚物由于存在极性链和非极性链所以会出现微相分离，通过高分辨电镜观察可以确认，相区大约在 25nm。该嵌段共聚物与 $LiCF_3SO_3$ 组成的聚合物电解质的离子传导行为与 PEO 类似。PEO 与其他柔性聚合物形成的嵌段聚合物或接枝聚合物也得到类似的结果。例如使用聚氧化乙烯甲基醚甲基丙烯酸酯和苯乙烯形成嵌段共聚物，由于极性基团和非极性基团的不兼容性导致微相分离。微相分离可以抑制 PEO 的结晶度，降低玻璃化转换温度，而且不破坏 PEO 的规整性，所以对于离子传导是有利的。在 30℃ 时，使用 $LiCF_3SO_3$ 锂盐的离子的电导率达到 $2×10^{-4}S/cm$。而对于两端为离子传导区的嵌段共聚物，锂离子可以在结构中跳跃、快速传导，即使在 $-10℃$ 时离子电导率仍然可以达到 $4×10^{-5}S/cm$。

此外，不同的嵌段组分对应的嵌段聚合物的结果并不相同。例如使用聚甲基丙烯酸酯与聚乙二醇丙烯酸酯形成的嵌段共聚物，虽然因为链结构相似可以互溶得到纯相，但是在加入锂盐之后仍然出现微相分离。

（3）梳形共聚物

梳形共聚物即通过在聚合物主链接枝一些低分子量 PEO 的侧链，形成梳状结构，这样的共聚物通常是非晶态的。由于侧链小分子量 PEO 的存在，主链 PEO 的结晶性下降，共聚物的玻璃化转换温度明显降低，有利于离子的传导。制备梳状共聚物通常有两种方式：第一，使用氧化乙烯的寡聚物进行聚合或者缩合；第二，对氧化乙烯的寡聚物进行接枝。由于侧链含有小分子量的 PEO，其玻璃化转换温度低，低温下链段运动仍然显著，所以形成的梳形共聚物可以有效地溶剂化锂盐，传导锂离子，其锂离子电导率相对于不悬挂侧链的 PEO 基可以提高将近两个数量级。

对于以小分子氧化丙烯为侧链的梳形共聚物，由于氧化丙烯相比于氧化乙烯结晶度更低，所以其低温下锂离子电导率要高于悬挂氧化乙烯侧链的梳形共聚物。但是在高温时（>85℃）悬挂氧化乙烯的梳形共聚物离子电导率更好。

梳形共聚物中侧链的长度对于结晶度有直接的影响。侧链太短，不能有效地抑制主链 PEO 的结晶；侧链如果太长，侧链之间也相互影响，不利于链段的自由运动。此外，侧链还可以由两种或者多种结构组成，可以扬长避短。

在梳形共聚物中，如果侧链悬挂有络合能力的含氮官能团时，N 原子也会与 Li^+ 进行配位，并参与锂离子的传导。如图 5-3 所示的梳形共聚物中，Li^+ 可以同时与氧和氮进行配位，并且氮原子的配位能力强于氧。当加入 $LiClO_4$ 之后，共聚物的玻璃化转换温度升高，表明体系中出现了交联结构。该电解质体系中最大离子电导率与锂盐的浓度有关。

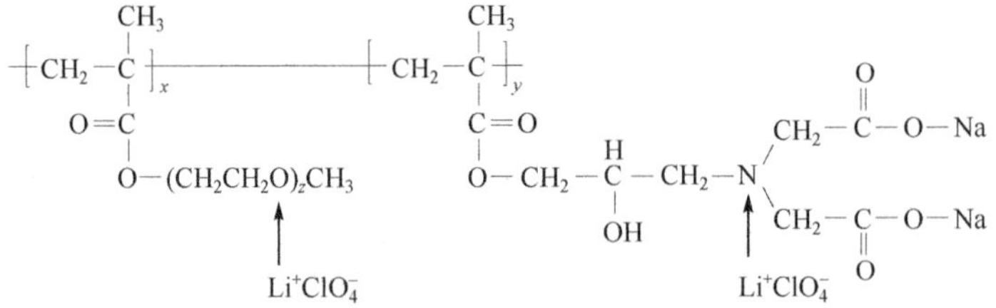

图 5-3 梳形共聚物中 Li^+ 与 N、O 配位示意图

梳形共聚物还可以与其他聚合物进行共混来进一步改性。例如使用以下结构的梳形共聚物与聚四氢呋喃共混，如图 5-4 所示，共混之后离子电导率在 20℃可以达到 6×10^{-4} S/cm。但是研究发现该共混电解质的离子电导率不仅与两者的结构有关，而且与制备条件相关。

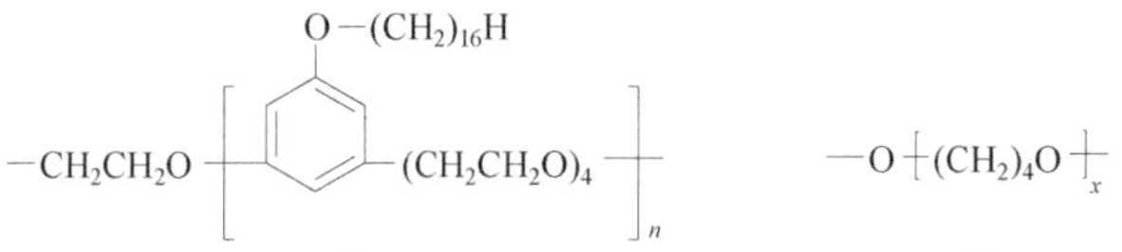

图 5-4　梳形氧化乙烯共聚物和聚四氢呋喃

还可以对嵌段共聚物的主链进行修饰。一个典型的例子是主链是丙烯酸酯，侧链悬挂有氧化乙烯基团，可以在主链再引入吸电子的丙烯腈，提高聚合物的介电常数，提升锂盐溶剂化的能力，同时可以提高聚合物的机械强度。分子结构如图 5-5 所示。此外，研究还发现丙烯腈中的氮原子可以与锂离子配位。因此该嵌段聚合物与锂盐形成的电解质中含有多种络合物。

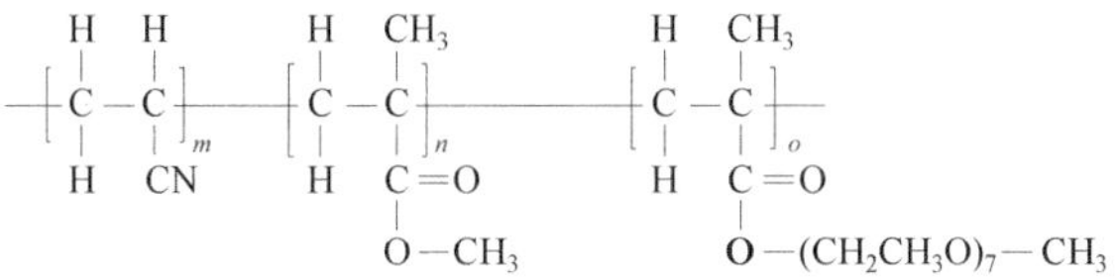

图 5-5　对嵌段共聚物主链引入丙烯腈进行修饰

除了对嵌段共聚物主链进行修饰，还可直接选择柔性聚合物作为主链，其中比较有代表性的是聚膦嗪和聚硅氧烷。这两类聚合物玻璃化转换温度分别在 $-70\,℃$ 和 $-123\,℃$，在室温下是无定型的，是理想的柔性骨架。

（4）聚膦嗪骨架

聚膦嗪的结构如图 5-6 所示。从结构来讲，聚膦嗪实际上是聚偶氮膦，只是因为聚膦嗪通常以六氯膦嗪为原料制备，所以习惯地称为聚膦嗪。最早制备的聚膦嗪中侧链中的烷基均为 $—CH_2\,CH_2\,OCH_2\,OCH_3$。由于聚膦嗪是柔性最大的聚合物之一，加之侧链也悬

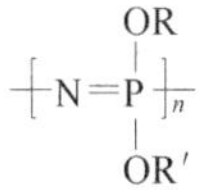

图 5-6　聚膦嗪结构示意图

挂有柔性的基团，所以该聚合物中链段运动明显，分子对称性很低，玻璃化温度为 $-83\,℃$，在室温下完全处于无定型状态。此外，侧链悬挂有极性的烷氧基，可以帮助锂盐的解离与锂离子的传导。因此，离子电导率高，室温下其离子电导率比纯 PEO 基高接近 3 个数量级。与锂盐 $LiCF_3SO_3$ 构成的电解质的离子传导遵循 VTF 方程，室温下可以达到 $10^{-5}\,S/cm$。此外，研究发现该聚合物电解质的离子电导率与锂盐的浓度相关。进一步分析发现锂盐含量的不同，对应体系中形成的离子种类与数量也各异，尤其是阴、阳离子的数量。

聚膦嗪的合成步骤主要有 2 步：第一步，六氯膦嗪受热聚合形成聚（二氯膦嗪）；第二步，选用合适的烷氧基取代聚（二氯膦嗪）中的氯原子，得到聚膦

嗪。简单流程如图 5-7 所示。该方法的优点是合成聚（二氯膦嗪）中间体可以合成一系列不同的烷氧基取代的聚膦嗪。由于聚（二氯膦嗪）中间体的重要作用，研究者们提出了其他的合成聚（二氯膦嗪）方法，例如使用阳离子聚合反应制备，流程如图 5-8 所示。

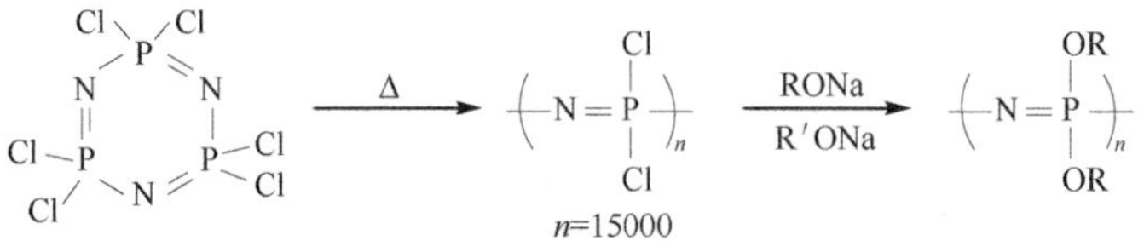

图 5-7　聚膦嗪合成步骤

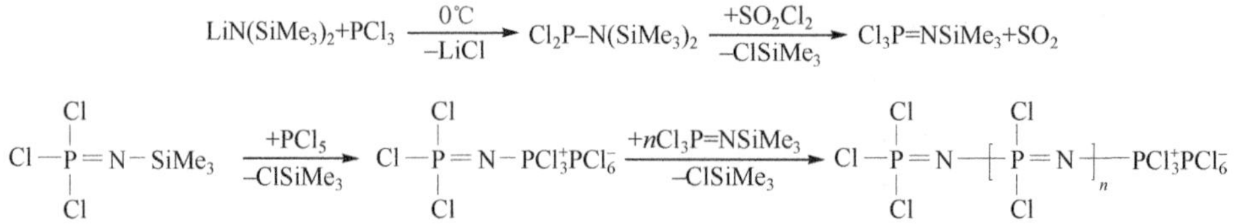

图 5-8　聚（二氯膦嗪）的阳离子法合成步骤

由于聚膦嗪的高柔性，机械强度小，在受到外界应力时会发生形变，所以在电池生产中容易导致短路。为了改善聚膦嗪的机械性能，可以形成交联结构。形成交联结构的简单方式是对聚膦嗪的侧链进行修饰、发生交联。对于上述的烷氧基侧链来讲，由于其中含有大量的 C—H 键，所以可以通过紫外线或 γ-射线照射的方式使 C—H 键发生均裂形成自由基，再由自由基相互反应得到交联结构。在发生交联之前，可以先加入锂盐三氟甲磺酸锂，混合均匀之后进行交联反应。结果发现在交联前后锂离子电导率没有明显变化，但是机械性能显著提升。除了可以通过自由基反应进行交联，还可以使用聚醚进行交联。

当侧链的 $—O(CH_2CH_2O)_nCH_3$ 中 EO 基团的数量逐渐增加时（从 $n=1$ 到 $n=16$），对应的离子电导率没有发生显著变化。当 n 从 1 增加到 6、7 时，聚合物电解质的离子电导率随着 n 的增加有微弱提升，到 $n=6$ 或 7 时，达到最大值，然后随着 n 的继续增加缓慢减小。这是因为当 n 太小，侧链之间相互传导锂离子相对困难；当 n 太大时，侧链趋向于结晶化，所以出现了最大值。

鉴于 PEO 主链的结晶性可以通过支化来抑制，所以聚膦嗪侧链的烷氧基也可以采用类似的方法抑制其结晶度。结果发现侧链支化之后，其离子电导率并没有明显增加，表明聚膦嗪的侧链的 PEO 短链的结晶性不高。不过因为支化之后侧链相互渗透更显著，所以聚合物的机械性能有了一定的提升。

还可以通过改变侧链来调节聚合物电解质中的自由体积。例如当一侧的烷氧基团换成—O(CH₂)ₙCH₃，溶剂极性基团和非极性基团的不兼容性导致聚合物电解质体系中的自由体积增加，且玻璃化转换温度下降。但是结果发现电解质的离子电导率下降了，这说明侧链的 EO 基团对于锂盐的解离和传导的贡献大于自由体积对于离子传导的贡献。

测量上取代基的分布对结构也有显著影响，即使取代基的种类与数量相同。例如图 5-9 中两种聚合物，如果酚氧基和低聚氧化乙烯基分别在聚膦腈主链的两侧，这样的聚合物容易加工但是离子电导率不高；如果酚氧基和低聚氧化乙烯基组合在一起对称地分布在聚膦腈主链的两侧，这样得到的聚合物玻璃化转换温度 T_g 低，离子电导率高。

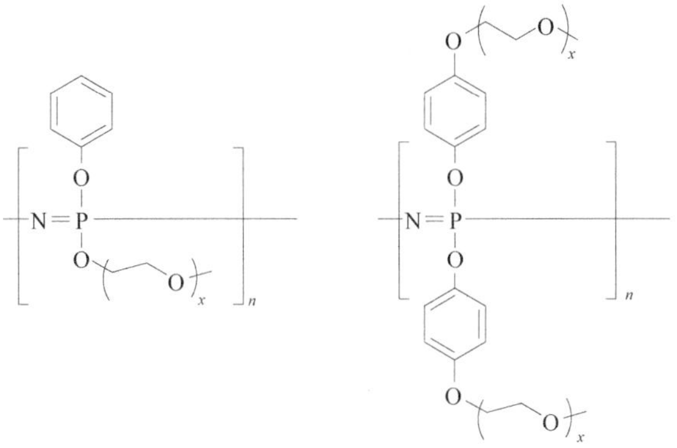

图 5-9   取代基不同的聚膦腈结构示意图

一般来讲，聚膦腈基聚合物电解质其室温离子电导率在 $10^{-5} \sim 10^{-4}$ S/cm，在固体聚合物电解质中处于较高水平，但是离实际应用还有一定的距离。可以通过加入无机填料形成复合聚合物电解质进行进一步提升，其作用机理等会在复合聚合物电解质中详细介绍。

（5）聚硅氧烷骨架

聚硅氧烷和聚膦腈类似，其玻璃化转变温度下，骨架的柔性非常高，有利于离子的传导。将聚硅氧烷作为主链、侧链悬挂 EO 的寡聚物也可以得到室温下无定型的材料。部分结构如图 5-10 所示，这些梳形聚合物的室温离子电导率可以达到 10^{-5} S/cm 以上，如果是主链两侧都是梳状结构，则室温离子电导率可以进一步提升至 10^{-4} S/cm。

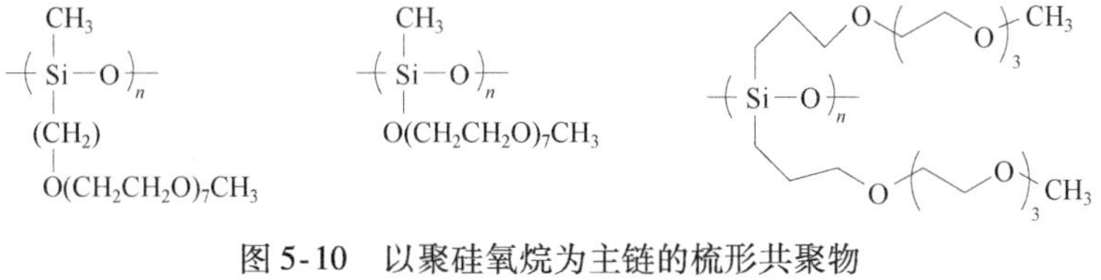

图 5-10   以聚硅氧烷为主链的梳形共聚物

除了使用聚硅氧烷作为主链，还可以将聚硅氧烷和聚氧化乙烯共聚作为主链，侧链悬挂氧化乙烯的低聚物，这样制备的梳形共聚物也可以有效地抑制PEO的结构，降低玻璃化转化温度，其室温离子电导率也可以达到 10^{-4} S/cm。

此外还可以对聚硅氧烷主链进行修饰，例如接枝吸电子基团，提升聚合物电解质的介电常数，促进锂盐的溶解，提高聚合物的离子电导率。如图 5-11 所示，可以将悬挂氰基的聚硅氧烷和悬挂 EO 基团的硅氧烷进行共聚。此外还可以使用含有不饱和键的硅氧烷进行封端处理，在紫外光照射

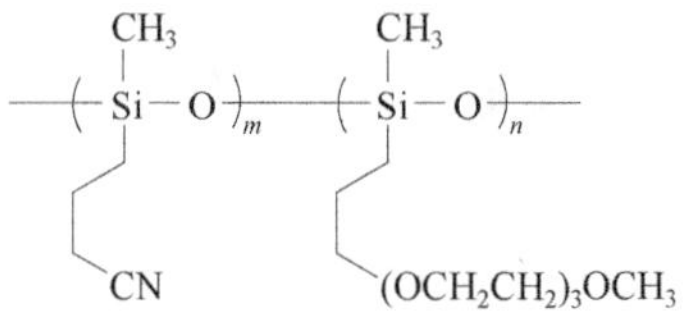

图 5-11 悬挂有氰基的聚硅氧烷
梳形共聚物

下发生自由基聚合，得到交联产物提升聚合物的力学性能。这样制备的聚合物电解质在 20℃ 时离子电导率达到 1.15×10^{-5} S/cm，温度提升至 60℃ 时达到 10^{-4} S/cm。而且电化学稳定性达到 5V（相对于 Li/Li$^+$），聚合物的机械强度也得到显著提升。

3. 形成交联聚合物

形成交联网状结构是提升聚合物电解质机械强度的有效手段。但是为了交联产物有较高的离子电导率，要发生交联反应的聚合物电解质必须具备良好的离子传导性能和一定的机械强度。在发生交联以后，不仅可以抑制 PEO 的结晶性，促进离子传导，而且可以提升聚合物的整体机械强度，弥补使用柔性主链导致的力学性能的下降。

常用的交联手段包括化学交联、热交联、紫外线（γ射线）辐射交联和离子溅射交联等。其中化学交联大致可以分为两种：缩合聚合和自由基聚合。缩合聚合需要借助可以发生缩聚反应的官能团例如异氰酸酯、聚硅氧烷、酰氯等，因此缩合聚合往往会引入新的官能团，所以需要考虑新引入官能团对于电解质整体性能的影响。自由基聚合交联与缩合聚合不同点在于可以不引入官能团，但是反应过程可控制度相对较低。化学交联的优点在于制备流程简单，设备要求低，对于基础研究很有帮助。

例如 EO-PO 的嵌段共聚物可以通过辐射使侧链 C—H 键发生均裂形成自由基发生交联，交联产物的室温离子电导率可以达到 5×10^{-5} S/cm。同样 EO-PO 的无规共聚物也可以发生类似的交联反应，结果发现交联产物的玻璃化转变温度没有明显变化。但是发现加入锂盐的量对链段运动有直接影响，可能的原因是 Li$^+$ 充当了交联剂的作用，导致了 Li$^+$ 的迁移系数非常小（在 0.05~0.13 之间）。聚氧化乙烯二丙烯酸酯的交联产物的离子电导率与未交联聚合物中的丙烯酸酯的含量有关，丙烯酸酯含量越高，对应交联之后的离子电导率越大。加入锂盐的量对于组成的聚合物电解质的离子电导率也有影响，当 EO/Li$^+$ = 8:1 时，对应的

室温离子电导率可以达到 $1.7 \times 10^{-5} S/cm$。在优化丙烯酸酯的含量之后，聚合物电解质的离子电导率在30℃时，可以提升至 $5.1 \times 10^{-4} S/cm$。侧链悬挂有 EO 基团的甲基乙烯基醚/顺丁烯酸酐的共聚物也可以进行交联，交联产物的热稳定性可以提升至140℃，且其室温离子电导率达到 $1.38 \times 10^{-4} S/cm$。

除了通过 EO 基团的辐射交联，还可以使用其他交联剂，例如马来酸酐、硼酸以及甘油酯。马来酸酐可以与 PEO 进行酯化作为交联剂，提升离子电导率；硼酸也可以进行类似的酯化过程，对 PEO 进行交联，得到的交联产物在30℃时离子电导率达到 $5.8 \times 10^{-5} S/cm$，此外还一定程度上提升了聚合物的热稳定性和电化学稳定性；甘油酯可以与 PEO 进行共聚，接着与丙烯酸进一步酯化，然后通过紫外照射得到交联网状结构，该电解质的离子电导率在30℃时可以达到 $1 \times 10^{-4} S/cm$。

PEO-LiX 聚合物电解质系中由于 PEO 缓慢结晶，导致长期储存之后离子电导率明显下降。为了抑制该结晶过程，提升有效的储存时间，可以将 PEO 与低聚二氧化乙烯基苯乙烯和丁腈橡胶进行热交联。交联之后有效地抑制了 PEO 的结晶度，得到产物的结构稳定性大大提升。

还可以使用硅氧烷与 C＝C 双键的加成反应，对 PEO 进行交联。首先对 PEO 使用烯丙基进行封端处理，然后与硅氧烷在催化剂（例如 Pt）存在下进行交联，得到三维网络结构，如图 5-12 所示。聚硅氧烷接枝含有羟基的 PEO 侧链，通过与多异氰酸酯进行缩合也可以得到类似的三维网络结构。与 $LiClO_4$ 组成的电解质其离子电导率在 $10^{-6} \sim 10^{-5} S/cm$。如果在硅氧烷主链中使用聚氨酯作为连接基团，形成的三维网络结构的室温离子电导率可以提升至 $10^{-4} S/cm$，而且兼有良好的力学性能。

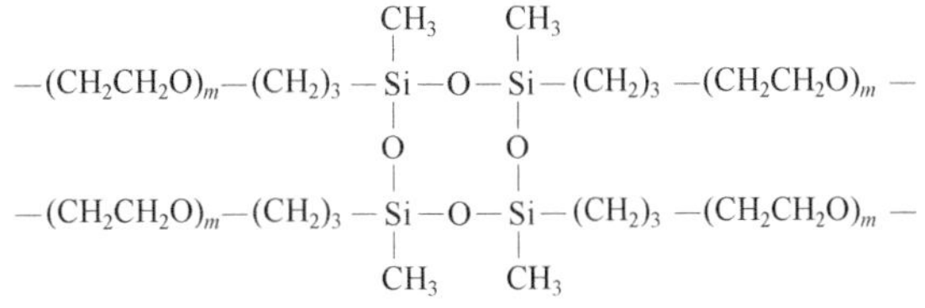

$$-(CH_2CH_2O)_m-(CH_2)_3-\overset{\overset{\displaystyle CH_3}{|}}{Si}-O-\overset{\overset{\displaystyle CH_3}{|}}{\underset{\underset{\displaystyle O}{|}}{Si}}-(CH_2)_3-(CH_2CH_2O)_m-$$

$$-(CH_2CH_2O)_m-(CH_2)_3-\underset{\underset{\displaystyle CH_3}{|}}{Si}-O-\underset{\underset{\displaystyle CH_3}{|}}{Si}-(CH_2)_3-(CH_2CH_2O)_m-$$

图 5-12　基于硅氧烷加成反应的 PEO 三维网络结构示意图

由于异氰酸酯基团与羟基的反应活性高，所以含有两个或者多个异氰酸酯基团的化合物是 PEO 或 PPO 的理想的交联剂。反应过程不需要使用溶剂，交联之后的产物可以直接作为聚合物电解质使用，其热稳定可以达到220℃。由于交联抑制了 PEO 的结晶性，所以在低于60℃时，交联的聚合物电解质比纯 PEO 基离子电导率高。同样也可以作为 PEO-PPO 共聚物的交联剂，交联之后聚合物的结晶度减小，玻璃化转换温度下降，机械强度得到提高。

在形成简单的三维网络结构的基础上，还可以形成相互渗透的网状结构。相互渗透的网络结构可以由不同性质的聚合物构成，因此可以兼具不同聚合物的优点，扬长避短。早在1987年，研究者们就合成出拥有相互渗透的网络结构的电解质。例如在环氧树脂聚合（EPO）之前，将PEO-LiX组成的聚合物电解质与环氧树脂前体混合，等环氧树脂聚合之后PEO-LiX可以较好地嵌入在环氧树脂形成的三维网状结构的孔径内。这样制备的聚合物电解质有2个明显的优点：第一，环氧树脂作为骨架，力学性能良好；第二，PEO-LiX嵌入在三维网络结构的孔径中，可以作为良好的离子通道。当调节EPO和PEO-LiX的比例为3:7时，这样相互渗透的网络结构的聚合物电解质离子电导率最高，室温时达到10^{-4}S/cm。

聚硅氧烷与三维网络结构也可以形成类似的相互渗透的网络结构。当与锂盐组成电解质时，室温离子电导率达到10^{-4}S/cm。由于聚硅氧烷的玻璃化温度低，因此即使在-10℃时离子电导率也可以达到10^{-5}S/cm。而且电化学稳定性达到5V（相对于Li/Li$^+$），与金属锂负极组成的可充电电池的性能优于传统的PEO基电解质。此外，聚氧化乙烯与聚氨酯的共聚物和聚丙烯腈形成的相互渗透的网络结构也表现出良好的性能。从微观角度分析，这样的聚合物体系中存在两相即PEO-PU相和PAN相，这两相可以传导离子，只是前者主要传导阳离子，后者主要传导阴离子。与锂盐组成的电解质的离子电导率在$10^{-10} \sim 10^{-6}$S/cm之间，而且离子传导的行为与温度有关。在温度<0℃时，离子传导符合阿伦乌斯方程；当温度>0℃时，离子传导符合VTF方程。此外离子传导的形成与锂盐的浓度也有关，当锂盐浓度增加时，聚合物从半晶转变为无定型，玻璃化转变温度降低，小于室温，在$-50 \sim -20$℃之间，是比较理想的聚合物基底材料。

4. 枝状聚合物

枝状聚合物与梳形聚合物类似，只是梳形聚合物存在明确的主链结构而枝状聚合物没有明确的主链。枝状聚合物可以有效地抑制PEO的结晶度。枝状结构的聚合物种类繁多，而且枝化单元也可以分为刚性结构（例如3，5-二羟基苯甲酸）和柔性结构（例如脂肪族的烷氧基），如图5-13所示。其中使用刚性枝化单元的聚合物电解质室温下离子电导率提升不高，只有10^{-6}S/cm，其中末端使用吸电子基团例如乙酰基对应的离子电导率要高于末端为给电子基团例如甲基对应的离子电导率。当该枝化聚合物与PEO进行共混时，可以抑制PEO的结晶度，促进离子的传导。共混物与锂盐组成的电解质的离子电导率与枝化聚合物的分子量无关，但是与枝化聚合物分子量的分布有关。当枝化聚合物的分子量分布范围较宽时，离子电导率相应的减小。此外还发现如果对末端基团进一步枝化后，该体系的离子电导率会进一步降低。但是延长EO基团的链对于提升锂离子的传导是有利的。相比于使用刚性枝化单元的枝状聚合物，使用柔性枝化单元的枝状聚合物的离子传导能力更强，在室温下与锂盐组成的电解质的离子电导率达到 10^{-4}S/cm。但是如果对聚合物进行交联，则离子电导率会有所下降。可以加入添加剂三 2-［2-（2-甲氧基乙氧基）乙氧基］乙氧基硼烷，有效地提高聚合物的离子电导率、离子的迁移系数以及电解质与电极的界面性能。

还可以使用异氰酸酯将 PEG 和 SiO_2 进行交联形成枝状聚合物。但是由于交联反应使用了 SiO_2 表面的羟基，致使 SiO_2 对锂离子的作用力减弱。不过得到的枝状聚合物可以与 PEO 有效地互溶。

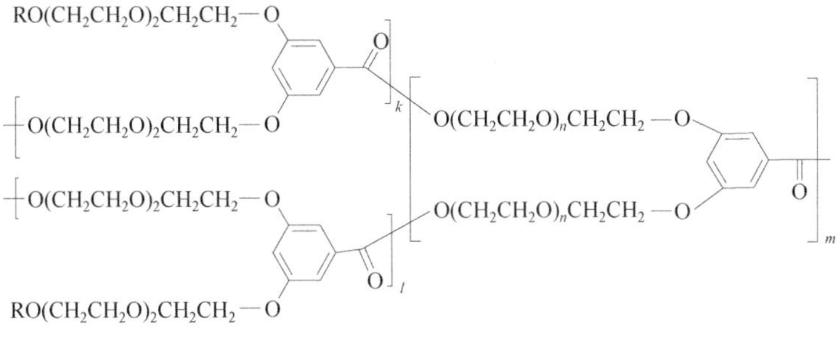

a) 使用刚性枝化单元的枝状聚合物

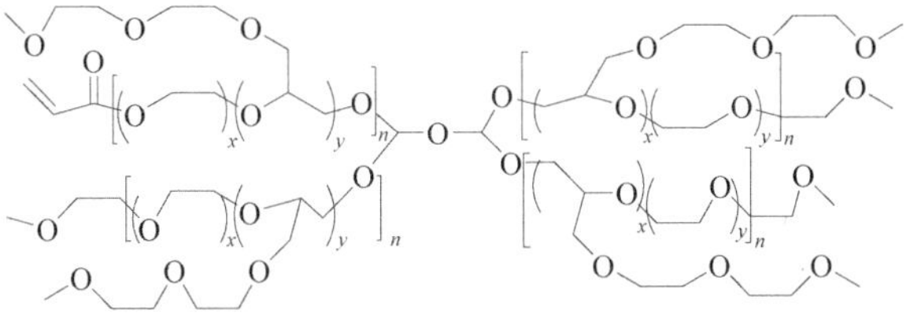

b) 使用柔性枝化单元的枝状聚合物

图 5-13　使用刚性和柔性枝化单元的枝状聚合物示意图

5. 锂盐的选择

与液体电解质类似，固体聚合物电解质也需要选择合适的锂盐作为电荷的载体。聚合物电解质中的锂盐的选择需要满足的基本条件：可以与聚合物基底形成低共熔体，降低电解质的玻璃化转变温度和熔点，离子电导率高。理论上满足聚合物锂离子电池的阴离子包括 ClO_4^-、$CF_3SO_3^-$、BF_4^-、PF_6^-、AsF_6^-、BPh_4^-、I^-、SCN^-、$(R—C \equiv C)_4B^-$、$(R = C_4H_9—$、$C_5H_{11}—$或 $C_6H_5—CH_2CH_2CH_2—)$、$AlSi(CH_3)_2^-$ 和全氟磺酰亚胺阴离子例如 $[N(CF_3SO_2)_2]^-$。但是实际上可选择的阴离子数量更少，例如 $LiAsF_6$ 和 $LiPF_6$ 容易分解产生路易斯酸，催化聚合物的断裂反应；ClO_4^- 因为其高氧化性仅限于基础研究使用；$LiCF_3SO_3$ 与聚合物组成的电解质容易结晶，不利于提高聚合物的无定型区，离子电导率较低；I^- 和 SCN^- 有一定的还原性，与锂离子电池的正极材料不匹配。因此，只有全氟取代的双磺酰亚胺阴离子比较适合，其优点在于其阴离子电荷分散程度高，稳定性好，与聚合物基底络合能力弱，不容易结晶，大小构型也合适，可以与聚合物基底发生相分离，抑制聚合物的结晶度，降低其玻璃化转化温度，提升离子传导能力。但是双磺酰亚胺阴离子合成相对困难，且会对正极集流体 Al 造成严重的腐蚀，因此限制了其在电池中的应用。

有人提出了基于 sp^3 杂化铝的锂盐 $LiAl[OCH(CF_3)_3]_4$，但是相比于其他锂盐，铝酸锂中阴阳离子作用力加强，解离度小，且锂盐含量较低。不过铝酸锂的加入不会显著影响聚合物的玻璃化转变温度，因此可以适当提高铝酸锂的含量以提升聚合物电解质的离子电导率。此外，研究还发现铝酸锂可以形成稳定的保护层，改善界面性能。

在聚合物电解质中加入两种及以上锂盐也可以显著地增加载流子的数量，提升离子电导率。例如在 PEO 中同时加入硼酸锂和铝酸锂，组成的电解质离子电导率在40℃时可以达到 1×10^{-4} S/cm。还可以对铝酸锂中烷氧基进行氟化，提升拉电子性能，促进负电荷的分散，弱化锂离子与阴离子的库仑作用力，提升锂离子的迁移率。

氯代硼酸锂($Li_4B_7O_{12}Cl$)是一种非常稳定的锂盐，在空气中可以稳定存在。与聚氧化乙烯组成的电解质，30℃时的离子电导率为 1.6×10^{-6} S/cm；当温度提高至 80℃ 时，离子电导率达到 2.0×10^{-5} S/cm。如果在体系中添加 $LiN(SO_2CF_3)_2$，聚合物的离子电导率可以进一步增加。

$LiCF_3SO_3$ 与 PEO 组成的电解质容易结晶，形成螺旋结构，锂离子处在螺旋结构中，而阴离子在螺旋外，因此阴离子可以在体系中相对自由地移动，导致电池的自放电。如果使用锂盐的阴离子体积大，则可以减少阴离子的迁移，抑制自放电现象。

6. 有机无机复合共聚物

实际上有机无机复合共聚物的种类繁多，不过这里主要介绍硅氧烷和硼氧烷与有机物形成的共聚物，尤其是硅氧烷。倍半硅氧烷寡聚物多面体（polyhedral oligmeric silsequionanes，POSS）是由 SiO_2 核外围环绕有机物配体。POSS 通用的分子式为 $(R-SiO_{1.5})_n$，其中 R 可以是一系列的不同有机官能团，n 通常等于 6、8 或 10，Si 与 O 的比例是 1.5:1。复合的好处在于无机部分可以提供良好的机械强度，且抑制有机部分的结晶度，而有机部分可以提供良好的离子传导通道，且复合材料易于加工，涂布性能好。

硅氧烷与 PEO 复合形成的共聚物的颗粒大小与 PEO 的链长有关。PEO 的链越短，形成的颗粒越小，反应越完全，分子量分布越窄；相反 PEO 的链越长，形成的颗粒越大，反应越不充分，分子量分布越宽。前者可以与锂盐形成均匀聚合物电解质，室温离子电导率可以达到 10^{-5} S/cm，且离子电导率不受厚度的影响。这样复合共聚物的离子电导率主要取决于载流子的数量。在优化有机无机组分的比例之后与锂盐组成电解质，离子电导率有最大值，而且通常拥有不错的机械强度。

一个典型的例子是使用柠檬酸，四乙基硅氧烷和乙二醇进行聚合得到有机无机共聚物，结构如图 5-14 所示。该复合共聚物在 −45℃还可以保持无定型状态，与锂盐复合可以制备出均一透明的电解质隔膜。其离子电导率随着锂盐含量的增加而提高，最高可以达到 10^{-5} S/cm。

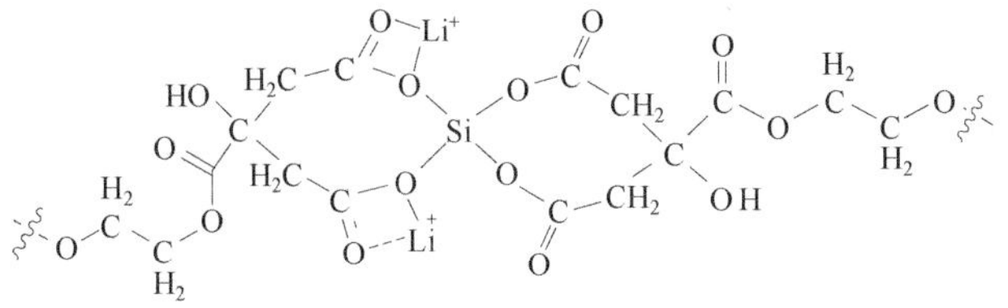

图 5-14 硅氧烷有机无机共聚物结构示意图

硅氧烷可以与丙烯酸酯复合共聚。Lee 等人基于硅氧烷和丙烯酸酯合成了一些枝状和线性的有机无机复合共聚物。研究发现，枝状共聚物与锂盐 LiTFSI 组成的电解质离子电导率要高于对应的线性共聚物，因为枝状结构增加了电解质体系的自由体积，有利于链段运动。当电解质中含有 21%（摩尔分数）的丙烯酸酯与硅氧烷复合物时，离子电导率最高。Lee 等人还研究了基于有机无机复合的星形聚合物和聚乙二醇接枝的硅氧烷与锂盐 LiTFSI 组成的电解质的电化学性能。该复合电解质在 30℃的离子电导率为 4.5×10^{-5} S/cm，电化学稳定性达到 4.2V（相对于 Li/Li^+）。一般来讲，固体聚合物基底与无机材料复合之后的与同样锂盐组成的电解质的离子电导率相比于未复合之前可以提升 1~2 个数量级。

7. 聚合物盐电解质

想通过提高锂盐的浓度来提升固体聚合物电解质的离子电导率导致了这样一个"反相"结构，即聚合物盐电解质（polymer-in-salt）。聚合物盐电解质的定义是少量的高分子量聚合物混合在锂盐中，其中锂盐的含量要超过 50%。在聚合物盐电解质体系中，锂盐或锂盐混合物必须有较低的玻璃化转换温度，可以在加入聚合物之后形成类似橡胶的物质而不是类似玻璃的物质。聚合物盐电解质也可以称为橡胶电解质，因为 Angell 等人最早发现橡胶与锂盐组成的聚合物盐电解质。橡胶电解质同时拥有聚合物电解质的优点，例如优异的力学性能，又有无机盐的快速离子传导，而且只有阳离子迁移。基于聚丙烯腈及其共聚物的橡胶电解质受到人们的重点关注，因为氰基与锂离子之间的作用可以有效地稳定高导电性的无定型离子团簇。PAN-LiAlCl$_4$ 组成的橡胶电解质在室温下离子电导率可以到 10^{-4} S/cm。而且橡胶电解质中的锂离子迁移数也应该较高。

根据使用锂盐的数量，橡胶电解质还可以分为单一锂盐体系、双锂盐体系和三锂盐体系。Wang 等人研究了 PAN-LiTFSI 的单锂盐体系，并加入了一定量的 PC 溶剂。阻抗测试发现电解质体系的离子电导率与盐的含量密切相关。随着锂盐含量的增加（增至摩尔比 LiTFSI/PAN = 4:1）明显观测到传统的聚合物电解质到聚合物盐电解质的转变。Zygadlo-Monikowaska 等人将两种锂硼盐 LiBF$_4$-LiD-FOB 进行 1:1 混合，与丙烯腈和丙烯酸丁酯的共聚物组成橡胶电解质。这样制备的双锂盐电解质的离子电导率在室温可以达到 10^{-5}S/cm，比单独使用 LiBF$_4$ 的单锂盐橡胶电解质高 3 个数量级。这是因为在单一锂盐体系中，阴、阳离子之间的相互作用比较强，解离度较小，导致自由离子数量少。当加入两种及以上锂盐时，锂盐之间容易发生复合，不仅可以抑制各自锂盐的结晶度，增加无定型区域，而且因为无机离子之间的相互作用可以大大提升锂盐、离子对等的解离度，增加自由离子的数量。

研究者基于丙烯腈和丙烯酸丁酯的共聚物与单锂盐 LiTFSI 或双锂盐 LiI-LiTFSI 组成的聚合物盐电解质，探索了老化效应对于性能的影响。这个聚合物盐电解质在氩气氛围中储存时间延长之后，明显观察到体系的玻璃化转化温度升高，离子电导率下降。而且在锂盐含量超过 84% 的电解质体系中明显出现沉淀物。在丙烯酸和丙烯酸丁酯共聚物与双锂盐形成的电解质体系中，当锂盐含量达到 65%（其中 LiI 含量为 16%，LiTFSI 含量为 84%）时，体系的离子电导率最大，而且比使用单锂盐 LiTFSI 的体系更加稳定。Fan 等人制备了基于 PEO 的三锂盐体系，即 LiClO$_4$-LiNO$_3$-LiOAc。在三锂盐体系中，LiOAc 是关键组分，是玻璃化转变温度升高的主要原因。对于橡胶化温度在 20～130℃ 之间的材料，与锂盐组成的电解质室温电导率可以达到 10^{-3}S/cm。

为了解释聚合物盐体系的离子传导机理，研究者们付出了大量的精力。目前一个普遍接受的离子传导机理与聚合物盐电解质中高度聚集的离子有关。而且在一些电解质体系中关于离子团簇或者聚集体如何传导已经达成一些共识。Mishra 等人将离子电导率随着盐浓度的增加而增大的原因归结于在聚合物基底中形成了渗流路径。Forsyth 等人提出了 PAN-LiCF$_3$SO$_3$ 电解质模型，认为离子团簇的连通性渗流作用与主体体系的链段运动无关。Bushkova 等人认为当锂盐的含量达到一定浓度，形成的离子团簇达到一个临界值，所有单独的离子团簇都会相互接触，因此形成了无限大的离子团簇，促进了整个电解质体系中的快的阳离子传导。

尽管聚合物盐电解质体系的离子电导率比固态聚合物电解质高，但是它们也存在一些缺点，例如随着锂盐浓度的增加，机械性能变差。为了提升聚合物电解质的机械强度，研究者们提出了三维网络结构。Walker 等人合成了两种基于复合 LiTFSI 锂盐的聚乙二醇和相互交联的聚乙二醇-聚二甲基硅氧烷共聚物的可调的网络结构。这样制备的网络结构即使在锂盐浓度很高时仍然可以保持橡胶状态，在 30 ～ 90℃ 温度区间内可以保持稳定。聚乙二醇网络结构中锂盐浓度最大时（EO:Li = 1:1，物质的量之比）对应的离子电导率最高，在 30℃ 时可以达到 $6.7 \times 10^{-4} S/cm$。Lee 等人使用聚羟乙基甲基丙烯酸酯，$LiCF_3SO_3$ 和 HCl 制备了网络结构的聚合物电解质。因为聚羟乙基甲基丙烯酸酯形成了网络结构，所以该聚合物盐电解质可以保持高的离子电导率，同时机械性能得到了一定的提升。

对于聚合物盐电解质来讲，其离子电导率最高可以达到 $10^{-3} S/cm$，部分甚至可以达到 $10^{-2} S/cm$。但是由于该体系中使用的锂盐往往对铝箔有严重的腐蚀性，所以限制了它们的广泛应用。

5.2　凝胶聚合物电解质

由于固态电解质的室温离子电导率还达不到 $10^{-3} S/cm$，限制了其在实际锂离子电池中的使用。因此有人提出了凝胶聚合物电解质的概念，凝胶聚合物电解质实际上是固态聚合物电解质和液态电解质相互妥协的产物。它集中了两种电解质的优点，和固态电解质一样易于加工，又具备液体电解质的高离子电导率，因此可以直接作为锂离子电池的电解质而不再需要额外的隔膜。此外，聚合物由于其优异的可塑性，可以小型化或薄膜化，还可以根据需要制造成特殊的不规则形状，应用范围更加广泛。

早在 1975 年就有了关于凝胶聚合物电解质的报道，研究者采用了聚丙烯腈（PAN）和偏氟乙烯-六氟丙烯的交联产物作为聚合物基底，加入 NH_4ClO_4 和 PC 形成凝胶。但是直到 1994 年 Bell-core 公司宣布使用凝胶聚合物电解质应用于锂离子，凝胶聚合物电解质才得到飞速的发展。

在凝胶聚合物电解质中，离子的传导与固态聚合物差别较大，与液态电解质比较接近，主要发生在液态的增塑剂（即有机溶剂）中，尽管部分聚合物也有锂离子传导特性，但是相比于增塑剂作用较小。在凝胶聚合物电解质中，聚合物的主要作用是提供骨架，保证电解质的机械性能。

由于聚合物种类繁多，因此形成的凝胶聚合物种类也很丰富。从结构上来分，可以分为交联聚合物和非交联聚合物。通常来讲，由于增塑剂的添加导致非交联聚合物的机械强度很小，基本上不能满足锂离子电池的生产要求。所以聚合物锂离子电池中使用的电解质绝大多数是交联聚合物基。还可以根据使用的基底材料来分，主要包括聚醚类例如 PEO，聚丙烯腈，聚甲基丙烯酸甲酯（PMMA），聚氯乙烯（PVC），聚偏氟乙烯（PVDF）以及它们的衍生物等。

5.2.1　凝胶聚合物电解质的增塑剂

凝胶聚合物电解质中增塑剂就是传统的液体电解质，即包括锂盐和有机溶剂两部分，这与上一章液体电解质的种类基本相同。在凝胶聚合物电解质中增塑剂的主要作用是离子传导，保证体系的离子电导率。所以通常需要满足以下要求：

1）拥有高离子电导率，通常要求大于 10^{-3} S/cm。

2）拥有良好的化学稳定性，对正负极保持惰性外还需要不与聚合物发生化学反应。

3）拥有良好的电化学稳定性。

4）拥有良好的热稳定性。

5）可以有效地浸润聚合物以至均匀地分散在聚合物电解质中。

6）保持液体的温度区间较宽，理想值在 $-40 \sim 70℃$。

7）可以有效地帮助锂盐的解离，形成自由离子。

8）毒性小，闪点高，安全性能好。

9）容易制备，生产成本低。

10）可以与电极形成稳定的钝化膜，保持电极的可逆反应。

基于液体电解质的增塑剂很难满足以上所有要求，所以从实用的角度而言，只要增塑剂满足离子电导率、化学和电化学稳定性以及对聚合物基底的良好浸润性即可。这样筛选出来的凝胶聚合物电解质的增塑剂与传统的锂离子液体电解质基本相同，主要是基于 $LiPF_6$ 和混合碳酸酯（包括环状碳酸酯和线性碳酸酯）的体系。

凝胶聚合物电解质的离子电导率与增塑剂（包括溶剂的组成、锂盐的种类以及浓度）密切相关。而且聚合物基底本身的玻璃化转变温度对于其在聚合物锂离子电池中的应用也是一个重要考虑因素。因为凝胶聚合物电解质使用的有机溶剂量比液体电解质要低，所以凝胶聚合物的挥发性相比液体电解质有所下降，有利于提高安全性能。

5.2.2　增塑剂的改性

尽管增塑剂的主体基本就是传统的液体电解质，但是随着科技的不断发展以及产品质量的不断提升，凝胶聚合物电解质中的增塑剂也有一定的改进，主要集中在以下5个方面：

1. 改善 SEI 层

在前面已经讲过 SEI 层对于电池长期运行的重要性，所以凝胶聚合物电解质中增塑剂的改善主要在使用添加剂改善 SEI 层的界面性能。

乙烯基乙烯碳酸酯（VEC）与 EC 和 PC 结构类似属于环状碳酸脂，但是 VEC 比 EC 和 PC 更容易被还原得到 Li_2CO_3 和 1,4-丁二烯，而 Li_2CO_3 可以提升 SEI 层的稳定性。因此加入一定量的 VEC 可以有效地改善 SEI 层的稳定性，提高电池的循环寿命。

四氯乙烯可以在石墨负极形成保护性的 SEI 层，而且其还原电位高于 PC，所以添加适量的四氯乙烯不仅可以形成稳定的 SEI 层还可以防止 PC 对石墨负极的共插入，而 PC 的使用可以扩宽增塑剂的液态温度范围，有利于其低温性能的改进。此外，四氯乙烯的阳极稳定性超过 4.5V，可以稳定地存在于聚合物锂离子电池的正极表面而不会分解。

2. 提高离子电导率

凝胶聚合物中离子的传导主要是基于增塑剂的离子导电性，所以提升整体的离子电导率与提升液体电解质的方法类似，即促进锂盐的溶解和解离。按照作用对象可以分为：阳离子配体和阴离子配体。

阳离子配体主要基于 N 原子和 O 原子的官能团，例如胺、酰胺、冠醚等。冠醚与锂离子作用在第 4 章中有介绍，这里不再做详细的介绍。值得注意的是一些小分子量的烷基胺或酰胺可以与锂离子发生强烈的配体作用（强于 EO 基团对于锂离子的溶剂化），从而减少碳酸酯溶剂对其的溶剂化，减小其"自由离子"的半径，促进离子的传导，从而提升体系的离子电导率。此外还有一类分子也受到许多关注例如硼酸酯。由于硼本身就是缺电子的，如果硼酸酯上接有强吸电子集团，则硼所带的正电荷会进一步增加，可以有效地与锂盐的阴离子相互作用，促进锂离子的解离，可以显著地提高离子电导率。常见的硼酸酯如图 5-15 所示。此外，还发现硼酸酯的加入可以有效地改善 SEI 的界面性能，提升电池的循环稳定性。

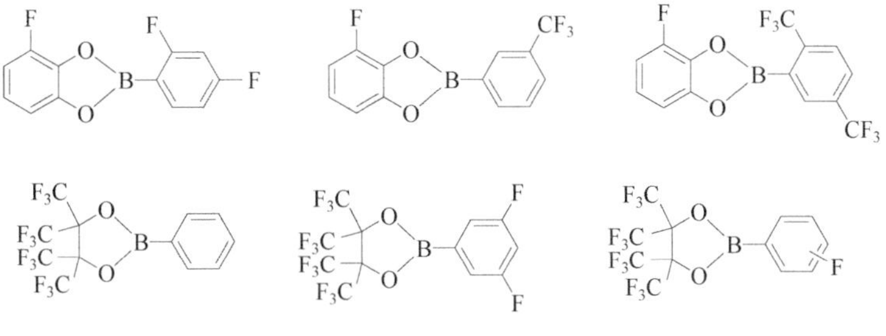

211

图 5-15　带有吸电子的硼酸酯

阴离子配体主要是通过吸电子取代得到带正电荷的配体，这在上一章内容中有所介绍。此外还可以加入无机填充材料，例如 SiO_2，其表面的官能团可以与锂盐的阴离子进行作用，提升锂离子的解离度，促进离子的传导。此外，无机填充物还可以明显地提升聚合物电解质的机械强度。具体的作用机理会在复合聚合物电解质部分做详细介绍。

3. 提高耐过充性能

电池的耐过充性能也是电池安全性能一个重要指标。在电池充电过程中，在负极材料容纳锂离子已经饱和的情况下继续充电，会导致锂离子进一步嵌入负极中，破坏其稳定结构，还通常伴随着锂枝晶的形成；此外过充时的锂离子部分来自电解质（因为正极材料和负极材料可以容纳的总锂离子数量基本一致），导致电解质中锂离子的消耗，实际载流子的数量减小，所以必须严格控制充电电压防止过充，这在锂离子电池的实际应用系统中是通过电路控制的。从电池的角度来讲，如果添加某一种物质，在正常电压范围内不受影响；当充电电压过高时，这种物质可以在正极表面被可逆地氧化，随着其在电池中的扩散，到负极表面又可以被可逆地还原，如果反复地在正负极表面氧化还原可以将电极表面的过量电荷消耗掉，防止过充，从而可以有效地提高电池的安全性能。由于其穿梭在正负极之间，带走多余的电荷，所以可以称为穿梭的氧化还原剂。这类添加剂的主要特点有：

1）在液态电解质中有一定的溶解度，最重要的是有足够快的扩散速度，即使在大电流下也可以提供一定的保护作用。

2）在电池的工作温度区间内保持足够的稳定性，不会发生其他副反应。

3）与正极和电解质体系同时匹配的阳极氧化电位，即高于正极的充电电位，低于电解质的分解电位。

4）氧化还原可逆性好，而且氧化还原的产物对电池所有组分保持惰性。

5）本身对电池所有组分保持惰性。

但是满足以上所有条件相对困难，因此只要满足最核心的安全性能的添加剂即可作为电池的耐过充剂。例如联苯，当电池过充到 4.5 ~ 4.75V（相对于 Li/Li$^+$）时，联苯可以在正极表面进行氧化聚合，形成电子导电膜。随着过充时间的延长，联苯持续被氧化聚合，甚至可以延伸至负极区域导致内部短路，防止电压持续升高。此外，加入适当量的联苯对于增塑剂的电化学性能没有明显损害，只是这种耐过充剂容易被消耗，而且对电池性能产生不良的影响。聚噻吩也可以起到类似的结果，防止过充。如果使用 LiFePO$_4$ 正极材料，其工作电压在 3.4V 左右，可以使用 2,5-二叔丁基-1,4-二甲氧基苯（氧化电位在 3.9V），在正负极之间穿梭防止过充和过放。

4. 提升倍率性能

电池的倍率性能即电池的快速充放电能力与使用的电解质的离子电导率关系密切，而电解质的离子电导率除了受到锂盐本身的影响之外，还受到有机溶剂的影响。因此尽管锂盐的选择有限，但是可以通过调节所使用的溶剂来促进离子的迁移，提升离子电导率。例如使用 3-甲氧基丙腈替代传统的 EC/DMC 混合溶剂，发现三氟甲磺酸锂的离子电导率和电化学窗口基本没有变化，但是与偏氟乙烯-六氟丙烯-三氟氯丙烯的共聚物形成的凝胶聚合物电解质，电荷转移电阻值更小，倍率性能明显高于使用 EC/DMC 的电解质。

5. 提升安全性能

电池安全性能的指标之一就是电解液与电极，尤其是负极接触之后的放热温度。当使用传统的 $1mol/L$ $LiPF_6$ 的 EC/DMC 电解质时，与锂化石墨进一步形成 SEI 层的放热温度为 $140℃$，而与锂化石墨持续剧烈反应的放热温度为 $280℃$，通常电解质与石墨负极的放热温度在 $140 \sim 280℃$ 之间。如果使用二氟醋酸甲酯替代 EC/DMC，与锂化石墨持续剧烈反应的放热温度可以提升至 $400℃$，安全性能得到显著地提升。但是二氟醋酸甲酯与石墨负极形成的 SEI 层的电阻值较大，导致可逆容量偏低。不过两种电解质体系在石墨负极表面都有良好的循环稳定性。

除了使用安全性能更高的有机溶剂，还可以通过阻燃的添加剂，例如磷酸酯。从 DSC/TG 测试结果以及产生的可燃性气体的量可以看出，磷酸酯是有效的阻燃剂，而且阻燃的效果直接与磷酸酯的量有关。例如将六甲基磷酰胺（HMPA）加入 $LiPF_6$ 的电解质中，电解质的阻燃性能明显提高。但是发现 HMPA 的加入降低电解质的离子电导率，还影响电池的容量保持率。这可能是由于 HMPA 与锂离子发生络合作用，影响锂离子的迁移，且随着锂离子的运动参与了电极表面 SEI 层的形成，导致 SEI 层的稳定性下降。硅氧烷是新型的阻燃添加剂，不仅可以保证电池的安全性能，电池的循环稳定性，而且可以优化界面形成。

5.2.3　PEO 基

在过去的几十年里，研究者们在 PEO 基电解质体系上付出了大量的努力。自从 1973 年 Wright 教授发现了 PEO 与碱金属盐复合物可以传导离子之后，只用了 5 年的时间在 1978 年就推出了商业化的聚合物锂离子电池。聚合物电解质的优点是易于加工，但是固态聚合物电解质的室温离子电导率很低，只有 $10^{-8} S/cm$。为了提升 PEO 基的室温离子电导率，Kelly 等人研究了不同的添加剂的作用。他们发现使用小分子量的 PEG 部分取缔的 PEO 体系可以促进聚合物-锂盐结晶络合物的溶解，同时可以有效地降低聚合物的熔点和玻璃化转变温度。Ito 等人正式提出使用聚乙二醇（PEG）作为 $PEO\text{-}LiCF_3SO_3$ 复合物的增塑剂。他们发现体系的离子电导率随着 PEG 含量的增加而升高。进一步分析发现离子电导率的提升主要是由 PEO 结晶度的下降以及体系自由体积的增加造成的。相反，随着离子电导率的提高，体系的机械强度逐渐下降，这是由于小分子 PEG 含有大量的末端羟基。为了避免这个问题，研究者们开始尝试用甲氧基来取代 PEG 的末端羟基。此外还有研究者提出使用冠醚作为凝胶聚合物电解质的塑化剂提升离子电导率，因为冠醚不存在羟基。Nagasubramaniam 和 Stefan 使用冠醚作为塑化剂，可以提升 $PEO\text{-}LiBF_4$ 体系离子电导率至 $7 \times 10^{-4} S/cm$。除了提升离子电导率，12-冠-4 的加入还可以明显降低体系中的电荷转移电阻。通过核磁技术分析 $(PEO)_8$-

213

LiCF$_3$SO$_3$复合物无定型相中阴、阳离子的扩散系数，并大概计算阴、阳离子迁移数，发现在无定型相中阴、阳离子都是可以移动的。

Fauteax 等人报道了应用于电化学器件的基于高分子 PEO 的固态聚合物电解质的电化学稳定性和离子电导率，发现高分子的 PEO 与锂盐 LiClO$_4$ 或者 LiCF$_3$SO$_3$ 组成的电解质拥有良好的机械性能和高离子迁移率。Benedict 等人探索了使用邻苯二甲酸二丁酯（DBP）作为 PEO-LiAsF$_6$ 电解质体系的塑化剂的可能性。他们发现在体系中添加 0.09mol 的 DBP 可以客观地降低体系的活化能。

PEO-LiCF$_3$SO$_3$复合物的完整相图是通过 XRD 测试和 DSC 分析辅助完成的。根据相图可以推断出聚合物和锂盐之间至少可以形成三种不同分子量的加成产物，而且发现了高对称性的锂盐的相变温度在 179℃。

Song 等人研究了 PEO 和不同锂盐形成复合物的导热性。结果表明 PEO-LiCF$_3$SO$_3$体系的导热性与体系中的锂盐浓度无关。但是发现体系的导热性随着无定型区域的增加而减小。

Shadai 等人分析了 PEO-LiCF$_3$SO$_3$体系与一系列塑化剂包括碳酸乙二醇酯和碳酸丙二醇酯在空气氛围和氩气氛围中的热稳定性。他们的研究结果表明基于 PEO 的电解质在空气中质量损失很快，但是在氩气氛围相对缓慢。因此他们认为空气中的氧气可以降低 PEO 的分解温度，并加速 PEO 的分解。

研究者们使用不同的塑化剂例如四缩乙二醇二甲醚、碳酸乙二醇酯、碳酸丙二醇酯合成了一系列基于 PEO-LiTFSI 体系的凝胶聚合物电解质，并研究了不同温度和 LiTFSI 锂盐浓度对于聚合物电解质的影响。发现 PDMAEMA/PEO/LiTFSI/四缩乙二醇二甲醚的室温离子电导率可以达到 4.74×10^{-4}S/cm，高于使用 EC + PC 作为塑化剂的离子电导率。这是因为四缩乙二醇二甲醚对锂离子的作用力较弱，有利于形成自由的锂离子。低分子量的聚乙二醇二甲醚与 LiCF$_3$SO$_3$ 复合物中离子的解离度可以使用拉曼光谱和红外光谱进行分析。结果发现离子对和高度相互关联的离子的相对浓度与 CF$_3$ 的对称性形变模式的链长和 SO$_3$ 的对称性伸缩模式的链长有关。

Appetecchi 等人合成并表征了 PEO-双全氟乙磺酰亚胺锂（LiBETI）组成的聚合物电解质。通过 XRD 和 DSC 测试分析发现 PEO-LiBETI 电解质的热性能与它们的离子电导率相关。PEO-LiBETI 电解质因为其无定型相拥有很高的离子电导率。

基于 PEO 和 PEO-PMMA 的共聚物的电解质各方面性能包括离子电导率、离子迁移数、DSC 和 NMR 测试、热性能、极化和电池的循环性能。Egashire 等人合成了一种新型的 PEO 基电解质，使用 4，5-二氰基-1,2,3-三氮唑锂。这样制备的 PEO 基聚合物电解质相比于其他 PEO 基电解质有更高的离子电导率，更好的电化学稳定性和热稳定性以及高锂离子迁移数。有人提出了基于 PEO 基的凝胶聚合物电解质的低成本的锂离子全电池 LiFePO$_4$｜PEO 基凝胶电解质｜天然石墨。

该体系表现出优异的容量保持率和良好的倍率性能，适用于混合动力电动汽车方面。

在 20 世纪 80 年代初，少数研究者还探索了聚氧化丙烯（PPO）体系。PPO 与不同锂盐的复合物的一系列性质包括波谱测试、NMR 测试、热稳定性和高压电子导电性、与金属锂负极的界面性能、离子电导率。

众所周知的是聚合物拥有高介电常数，而锂盐的晶格较小时有利于无机锂盐在聚合物中的溶解。但是，锂盐和 PPO 形成的无定型相的锂离子电导率要明显低于 PEO 与锂盐的混合物，因为 PPO 的介电常数较小，并且聚合物链上的甲基阻碍了链段运动，因此电导率低。

由于 PEO 加入塑化剂之后机械强度明显降低，所以研究者们提出了 PEO 与其他聚合物共混，形成复合电解质。例如将聚氧化乙烯和聚苯乙烯进行共混，共混之后的聚合物电解质的机械强度明显提升。PEO 还可以与 PVDF 共混，使用 EC 和 PC 作为增塑剂，共混之后的离子电导率有所提高，电化学稳定性达到 4.4V。聚丙烯腈的热稳定性好，力学性能好，所以与聚丙烯腈共混之后形成的凝胶电解质热稳定性提高至 300℃，且离子电导率没有受到明显影响。

除了共混，还可以与其他聚合物进行共聚。例如 EO 和 PO 形成的无规共聚物，在加入 EC/PC 增塑剂之后可以形成良好的凝胶聚合物电解质，具有吸液能力强、力学性能好等优点。例如当吸液量达到 80%（质量分数）时，拉伸 100% 之后剪切模量仍然可以达到 0.4MPa，与 PVDF-HFP 基的凝胶聚合物电解质的机械强度相当。与 $LiBF_4$ 组成的电解质室温离子电导率达到 2.5×10^{-3} S/cm，导电行为基本上复合 VTF 方程。

还可以将聚氧化乙烯作为梳形聚合物的侧链，为了进一步提升机械强度，可以使用烷基进行封端处理，与液体电解质（70%）组成的凝胶聚合物电解质，离子电导率在 20℃ 时为 $10^{-2.5}$ S/cm。此外由于侧面封端用的烷基之间有较强的作用力，所以体系形成了微相分离。

由于线性 PEO 在有机溶剂中有一定的溶解性，且力学性能不佳，难以形成自支撑的电解质隔膜。为了增强机械强度，可以对 PEO 进行交联。例如使用末端连有异氰酸酯的枝状聚氧化乙烯和枝状的聚氧化乙烯通过加热交联，可以形成均匀透明的电解质薄膜。当加入 50% 的 1.5mol/L $LiClO_4$/PC 形成凝胶聚合物电解质在 60℃ 离子电导率为 1.51×10^{-3} S/cm，相比于没有交联之前有所下降。

与固体聚合物电解质类似，PEO 基的凝胶聚合物电解质也可以形成相互渗透的网络结构。例如使用 EO 链为主体形成的三维网络结构，在加入大量的液体电解质之后仍然可以保持良好的机械强度，不会严重影响离子的电导率。为了进一步增加力学强度，可以使用 PVDF 和 PEO 共同形成相互渗透的网络结构，在含有 60% 的 PC 时，电解质的弹性模量仍然可以达到 10MPa。不过离子电导率有所下降，室温离子电导率为 $5 \times 10^{-4} S/cm$。

5.2.4 PAN 基

在所有的聚合物主体中，基于 PAN 的电解质是研究最早、最透彻的凝胶聚合物电解质。PAN 基凝胶聚合物电解质可以分子级别地分散锂盐和增塑剂中得到均相的混合电解质薄膜。Watanable 等人使用 EC 和 PC 的组合作为 PAN-LiClO₄体系的增塑剂，并将塑化剂和 LiClO₄ 的物质的量之比相联系。PAN 主体对于离子传导没有贡献，仅作为稳定结构的基底材料。

Abraham 和 Alamgir 发现 PAN 凝胶聚合物电解质中各组分的物质的量之比为 EC:PC:LiClO₄:PAN = 38:33:8:21 时，对应的离子电导率最高。Appetecchi 等人报道了完全无定型的凝胶聚合物电解质 PAN-LiClO₄-EC，其室温离子电导率为 $10^{-3} S/cm$。而且 PAN 基凝胶聚合物电解质中锂离子迁移数通常大于 0.5，因为体系中不存在氧原子。此外，如果使用阴离子较大的锂盐例如 LiTFSI 和 LiTFSM 时，锂离子迁移数可以超过 0.7。

Hong 等人报道了 PAN 与锂盐形成复合物的离子电导率与温度（15~55℃）的关系。结果表明该体系的室温离子电导率为 $10^{-4} S/cm$，锂离子迁移数为 0.36。电导率和锂离子迁移数都相对较低，但是与金属锂的兼容性很好。可以使用三元混合溶剂（EC-PC-MEOX）提高 PAN 基凝胶聚合物电解质的离子电导率。

PAN 基凝胶聚合物电解质通常是将溶解在塑化剂 EC 和 PC 中的锂盐包括 LiTFSI、LiAsF₆、LiCF₃SO₃ 和 LiPF₆ 溶液封装在 PAN 聚合物中。循环伏安测试法表明该电解质固有的电化学稳定电位超过 5V（相对于 Li/Li⁺）。

Croce 等人通过使用不同锂盐包括 LiClO₄、LiAsF₆、LiN(CF₃SO₂)₂ 来固定 PAN 基底，研究了组成的凝胶聚合物电解质的电化学性能。这些电解质表现出高离子电导率、高离子迁移数。但是由于其与金属锂界面的不稳定性限制其在二次聚合物锂电池中的应用。

Appetecchi 等人制备了两类基于 PAN 主体的凝胶聚合物电解质，使用 EC 和 DMC 的增塑剂组合分别与 LiPF₆ 或 LiCF₃SO₃ 共用。结果表明形成的聚合物电解质隔膜拥有高的离子电导率、宽的电化学稳定性，这些优异的性能使之适用于锂离子电池。

使用拉曼光谱和红外光谱研究含有不同浓度的 LiClO₄ 的 EC 溶液发现 EC 分子中的羰基的振动频率和相对强度与溶液中的 LiClO₄ 的浓度有关。确认了 EC 与 Li⁺ 之间的确存在很强的相互作用。他们还研究了含有 EC 塑化剂的 PAN 以及 PAN-LiClO₄ 复合物的拉曼光谱、不同 PAN 和 LiClO₄ 质量比的聚合物电解质的红外光谱。结果发现锂离子与 PAN 中的氰基存在很强的作用。但是当锂离子含量只有 5% 时，由于 PAN 中 CN 的特征峰强度大，很难观测锂离子与 PAN 的作用。

Wang 等人使用拉曼光谱和红外光谱研究了 LiClO$_4$-塑化剂体系和 LiClO$_4$-塑化剂-PAN 体系，其中塑化剂包括 DMF 和 PC。通过比较波谱，发现在液体电解质或者凝胶聚合物电解质中锂离子与 DMF 的关联性比 PC 更大。而且发现 PAN 加入到 LiClO$_4$-DMF 溶液中对于锂离子与溶剂的关联影响要小于在 LiClO$_4$-PC 溶液中。

　　Starkey 和 Frech 通过比较红外波谱研究基于 PAN-PC-LiTf 体系中塑化剂与聚合物，锂盐以及离子缔合物的相互作用。结果发现三氟甲磺酸锂是高度缔合的，锂离子与 PC 的相互作用要强于 PAN。研究表明锂离子的局部结构被 PC 分子的三个氧原子和一个三氟甲磺酸根的氧负离子配位，此外与 PAN 中的 CN 有弱的相互作用。使用室温离子电导率为 2×10^{-3} S/cm 的 PAN 基电解质组装 Li/LiMn$_2$O$_4$ 半电池和 C/LiNiO$_2$ 全电池。这些组装的电池的室温电化学性能与使用液体电解质的电池相当。

　　Akashi 等人通过优化聚合物、EC 和 PC 组合和锂盐 LiPF$_6$ 的比例提出了一种基于 PAN 的新型防火凝胶电解质。LiPF$_6$ 的引入显著地减少了凝胶聚合物电解质在燃烧之后的碳化点和增加残留的碳材料。

　　Sun 和 Jin 使用 12% 的 PAN，40% 的 EC，40% 的 PC 和 8% 的 LiClO$_4$ 制备了典型的 PAN 基凝胶聚合物电解质。该聚合物电解质的室温离子电导率高达 2×10^{-3} S/cm。当使用该凝胶聚合物电解质组装 Li/LiMn$_2$O$_4$ 半电池和 Li/LiNi$_{0.5}$Mn$_{1.5}$O$_2$ 半电池，发现 Li/LiNi$_{0.5}$Mn$_{1.5}$O$_2$ 半电池的容量保持率和循环曲线要优于基于 LiMn$_2$O$_4$ 正极的半电池，这是因为镍的掺杂提高了 LiMn$_2$O$_4$ 尖晶石的稳定性。

　　Ferry 等人使用波谱和核磁测试研究了 PAN-LiCF$_3$SO$_3$ 复合物。研究发现在玻璃化转变温度附近有明显的离子运动。红外-拉曼光谱可以直接用来探索局部的化学阴离子环境以及锂离子与 PAN 的相互作用。Forsyth 等人使用正电子湮灭能谱来估算 PAN 基 LiCF$_3$SO$_3$ 电解质的自由体积行为。研究发现室温下相对自由体积的孔径尺寸随着锂盐浓度的增加而减小。

　　尽管 PAN 基电解质有许多优点，例如高离子电导率，在 20℃高达 10^{-3} S/cm，良好的电化学稳定达到 4.5V 和锂离子迁移数达到 0.6，但是与金属负极的不兼容性限制它们的实际应用。其他研究表明金属锂负极与 PAN 基电解质接触时会发生严重的钝化反应，并且影响循环，最终导致安全隐患。因此必须对 PAN 进行改性，常用的改性方法有共聚和交联两种。

　　丙烯腈可以与乙酸乙烯酯进行共聚，然后加入 LiPF$_6$ 的 EC/PC 的电解液进行塑化，该凝胶电解质的室温离子电导率可以达到 4×10^{-3} S/cm，即使在 -20℃时也可以达到 0.7×10^{-3} S/cm。整体导电行为符合阿伦尼乌斯方程。此外当加入少量甲基丙烯酸甲酯（物质的量之比 6%）形成共聚物与 80% 增塑剂组成凝胶聚合物电解质，与金属锂负极的兼容性显著提高，而且对离子电导率没有明显影响。如果使用 PC 作为增塑剂，则在 -30℃ 时也可以保持在 $10^{-3}\,S/cm$。还可以再引入苯乙烯形成三元共聚体系（PAN-PMMA-PS），与增塑剂形成凝胶聚合物电解质，相比于 PAN 基凝胶电解质，与负极的界面稳定性大大提高。在锂对称电池 Li｜凝胶电解质｜Li 中，前十天电池内阻逐渐增长了 1 倍，在接下来 10～30 天没有明显的变化。由于 PEO 的吸液性好，因此 PAN 也可以与 PEO 进行共聚。

除了共聚对 PAN 进行交联，常用的方法是在 PAN 中引入两个及以上丙烯酸酯单元，然后通过聚合得到交联产物。由于交联产物无法溶解于常用的溶剂中，因此交联之后很难塑性。所以为了得到合适厚度的电解质隔膜，需要先混合好再进行原位聚合。

5.2.5　PMMA 基

在 1985 年，Iijima 和 Toyoguchi 发现聚甲基丙烯酸甲酯可以形成凝胶。后来 Appetecchi 等人集中研究了添加不同塑化剂的 PMMA 基凝胶聚合物电解质，凝胶电解质的电化学窗口和聚合物与锂盐形成的复合物有关。尽管 PMMA 基凝胶电解质的延展性要优于 PAN 基，但是伏安测试结果和效率测试表明在循环过程中部分锂离子流失了，所以为了保证最终的电池寿命在可接受的范围内，需要添加大量的锂。

Bohnke 等人研究了 $PMMA\text{-}LiClO_4\text{-}PC$ 组成的凝胶电解质隔膜的流变特性和电化学性质。添加不同 PMMA 的比例会持续提高高分子溶液的黏度。相反，离子电导率随着 PMMA 的加入明显地下降。但是凝胶电解质的室温离子电导率保持不变而且与液体电解质相当。DSC 测试表明电解质的隔膜的热稳定性在 110～240℃ 之间。该凝胶聚合物电解质中的聚合物浓度对电导率以及黏度的影响：在室温下，发现离子电导率随着 PMMA 的加入而下降，位于 $5 \times 10^{-3} \sim 5 \times 10^{-5}\,S/cm$ 之间。当 PMMA 浓度较低时，凝胶电解质可以认为是液体电解质封装在聚合物基底中。但是 PMMA 浓度高时，由于 PMMA 链与电解质的作用导致离子电导率下降、活化能升高。PC 和 PMMA 对离子对中的锂离子的溶剂化作用以及锂离子在高 PMMA 浓度导致的相互交联：一方面，使用 20%（质量分数）的 PMMA 凝胶电解质可以认为是液体电解质封装在惰性的聚合物基底中；另一方面，当 PMMA 的质量分数提高到 45% 时观察到聚合物链和离子之间存在强烈的相互作用。

Stallworth 等人使用 DSC 和 NMR 研究了 PMMA 与塑化剂 EC 和 PC 和不同锂盐（包括 $LiClO_4$、$LiAsF_6$、$LiN(CF_3SO_2)_2$）组成的凝胶电解质的玻璃化转变温度。DSC 测试表明凝胶电解质表现出单一的玻璃化转变温度，并且在玻璃化转变温度附近核磁的线宽明显变化。这些结果与其他 PMMA 基凝胶电解质是一致的。

　　Vondrak 等人制备了一系列 PMMA-PC-MClO$_4$ 凝胶电解质，M 可以是不同的阳离子包括锂。结果表明使用锂离子的凝胶电解质离子电导率最高因为锂离子的离子半径最小，迁移最快。此外还在塑化剂 LiBF$_4$-PC 中进行甲基丙烯酸酯的原位聚合得到弹性、黏稠的聚合物电解质，并研究了其离子电导率。

　　由于 PMMA 基的凝胶聚合物电解质的机械强度小，限制了其在电池中的应用。为了提升其机械性能，可以对 PMMA 进行改性，例如共混、共聚或交联。

　　常用的共混聚合物主要有 PVC 和 ABS（丙烯腈-丁二烯-苯乙烯共聚物）。当PMMA 和 PVC 按照一定的比例混合制备凝胶电解质时，其离子电导率随着 PMMA量的增加而提高。不添加 PVC 时，对应的离子电导率最高，但是无法形成自支撑的电解质隔膜。当加入 30% ~ 50% 的 PVC 时，共混聚合物电解质隔膜的离子电导率和机械性能综合情况较优。

　　此外还可以对 MMA 单体（或者衍生物）进行修饰得到含有两个或者多个丙烯酸链（例如与丙三醇酯化）的化合物，然后交联聚合形成三维网络结构，与1. 1mol/L LiPF$_6$ 的 EC/PC/EMC/DEC 的电解质组成凝胶电解质，机械强度明显提升，而且离子电导率没有受到明显影响，在 20℃时达到 5×10^{-3} ~ 6×10^{-3} S/cm。

5.2.6　PVC 基

219

　　Sukeshini 等人将聚氯乙烯（PVC）和 LiTFSI 复合并加入塑化剂邻苯二甲酸二丁酯（DBP）和己二酸二辛酯（DOA）形成凝胶电解质。电解质隔膜的离子电导率随着 PVC 含量的下降而明显升高，其导电行为介于阿伦尼乌斯方程和VTF 方程之间。在 Ni 的超微电极表面进行循环伏安法测试发现 60℃时电解质隔膜的电化学稳定性接近 4.0V，受到了阴极锂沉积和剥离过程和阳极聚合物氧化的限制。此外发现在锂沉积（放电过程）之后的剥离（充电过程）效率较差，这是由于 DBP 或者 DOA 与锂发生了反应。

　　Alamgir 和 Abraham 研究了 PVC 基凝胶电解质离子电导率与温度的关系以及与 LiMn$_2$O$_4$ 组成的半电池在 20℃时的循环性能。结果发现，PVC:PC:LiTFSI 的质量分数之比为 15:80:5 时，离子电导率在 20℃时可以达到 1.1×10^{-3} S/cm。

　　PVC 与电极的兼容性不好，因此 Rhoo 等人和 Stephen 提出了 PVC-PMMA 共混聚合物电解质。因为 PMMA 在塑化剂介质中溶解度很小而且发生相分离，为电解质隔膜提供了牢固的刚性结构。当 PMMA 和 PVC 以 7:3 进行共混并加入70% 的塑化剂时，电解质隔膜的机械强度和离子电导率综合最优。尽管 PVC 的添加可以提升共混电解质的机械强度，但是由于 PVC 容易与负极发生反应，导致界面性能差，影响循环稳定性。在电解质隔膜中使用三种锂盐分别为 LiClO$_4$、LiBF$_4$ 和 LiCF$_3$SO$_3$，发现使用 LiBF$_4$ 的离子电导率最高，这是由于锂盐中含有氟。

5.2.7 PVDF 基

由于聚偏氟乙烯（PVDF）中存在强吸电子基 CF_2，所以 PVDF 阳极稳定性高，介电常数大，利于锂盐的溶解并支持高浓度的载流子。早期的研究发现 PVDF 与塑化剂 EC 或 PC 和适量的锂盐比例可以形成均匀混合薄膜。Tsuchida 等人研究了塑化之后 PVDF 与 30%（物质的量比例）$LiClO_4$ 组成凝胶电解质。结果表明塑化剂的添加对于离子电导率的作用中黏度的影响要高于其介电常数的贡献。但是这些凝胶电解质在提高温度时的离子电导率比较低，在 10^{-5} S/cm，这是由于电解质隔膜在室温或温度更低时的不均匀性造成的。

Choe 等人报道了 LiTFSI-PC 塑化剂的 PVDF 基凝胶电解质，30℃时离子电导率达到 1.74×10^{-3} S/cm，氧化稳定性在 $3.9 \sim 4.3$ V 之间。最后，他们提议在固体聚合物电解质中加入塑化剂可以提高离子迁移率 $2 \sim 4$ 个数量级。还可以通过热挤压的方式制备 PVDF-EC-PC 与不同锂盐（$LiCF_3SO_3$、$LiPF_6$、$LiN(SO_2CF_3)_2$）的凝胶聚合物电解质。制备的凝胶电解质的机械强度依赖于 PVDF 的含量且差别较大。添加的 PVDF-EC-PC 的质量百分比和锂盐的种类直接影响介质的黏度和载流子的浓度，决定了电解质的离子电导率。研究发现 PVDF-EC-PC-LiTFSI 电解质体系中金属锂负极的静态条件下的稳定性更高。尽管 PVDF 基电解质拥有优异的电化学性能，但是由于氟与锂反应导致该含氟聚合物与金属锂界面稳定性差。使用电化学交流阻抗谱（EIS）研究 Li｜PVDF 基凝胶电解质｜Li 电池的电阻与时间的关系，发现静态条件下该凝胶聚合物电解质与金属锂在室温下有良好的兼容性，储存 72 天之后，阻抗变化很小，表明该电解质的保质期较长。但是对电池进行充放电，随着循环的进行室温下也可以形成 LiF。此外循环伏安法研究也表明，PVDF 基电解质更适合一次金属锂电池而不是二次金属锂电池。

使用 PVDF-PC-LiClO$_4$ 凝胶电解质和聚乙炔薄膜正极材料进行组装的二次聚合物电池，该电池体系对小电流器件提供小功率是可行的。但是，凝胶聚合物电解质的离子电导率和电池性能的衰减以及聚乙炔薄膜与聚合物电解质的黏附性等问题需要被解决。

Shiao 等人发现在含有一定量甲苯的新三元和四元溶剂中添加 PVDF 主体底物之后离子电导率有所下降。但是离子电导率要保持快速下降至少要在 -40℃。因此加入甲苯形成的四元溶剂体系不仅可以提高 SEI 的阳极稳定性还可以减小 PVDF 在塑化剂中的溶解以及溶胀。使用 PVDF-四元溶剂体系的电池在 -40℃容量约为室温下的一半。最近还有一些关于 PVDF 聚合物主体的电化学性质和介电常数性质的报道。

由于 PVDF 的对称性高，结构规整，很容易形成结晶。为了抑制 PVDF 的结晶度，可以与六氟丙烯形成共聚物。此外还发现 PVDF-HFP 相比于 PVDF 可以更好地形成凝胶，且离子电导率更高。Capiglia 等人通过调节共聚物 PVDF-HFP 的含量与塑化剂 EC-DEC-LiTFSI 制备了凝胶聚合物电解质。研究发现锂盐浓度的改变直接影响了离子电导率，在 $10^{-2} \sim 10^{-8}$ S/cm 之间变化。锂离子的扩散系数和含氟的酰亚胺阴离子的扩散系数都随着聚合物含量的增加而减小。

Stephan 等人研究了 PVDF-HFP 基凝胶和 EC、PC 塑化剂组合以及 3 种锂盐（$LiCF_3SO_3$、$LiBF_4$ 和 $LiClO_4$）构成的电解质离子电导性、热稳定性和兼容性。该凝胶电解质的离子电导率随着聚合物的加入而提高。在研究的体系中，使用 $LiBF_4$ 制备的电解质薄膜拥有最大的离子电导率，因为 $LiBF_4$ 在 3 种锂盐中晶格能最小。但是与此相反，使用 $LiBF_4$ 制备的隔膜与金属锂的兼容性最差，原因是在惰性层中形成了 LiF。

Saika 和 Kumar 系统地研究了两类聚合物电解质体系，分别为基于共聚物 PVDF-HFP-PC-DEC-LiClO$_4$ 和 PVDF-PC-DEC-LiClO$_4$ 的离子电导率和离子迁移性质。结果表明使用 PVDF-HFP 的电解质薄膜相比于 PVDF 薄膜有更高的离子电导率和更高的锂离子迁移数。通过 FT-IR 和 XRD 研究发现 PVDF-HFP 隔膜的高离子电导率是由于体系中极性单元（VDF）与非极性单元（HFP）的不兼容性导致了微相分离，抑制了 PVDF 的结晶度，促进离子的传导。

Kim 和 Moon 报道了 PVDF-HFP-EC-PC-LiTFSI 的凝胶电解质与正极 $LiCoO_2$ 组成的半电池以及 $LiCoO_2$ 正极、MCMB 负极组成的全电池的电化学性能。研究发现 MCMB | 凝胶聚合物电解质 | $LiCoO_2$ 的全电池容量和库仑效率要高于对应的半电池。

5.3 复合聚合物电解质

最早添加无机填充物是为了提高 PEO 基固体聚合物电解质的力学性能。在加入填料之后，除了可以增强电解质的机械强度，还可以抑制 PEO 的结晶度，提升离子电导率。常用的无机填料包括晶相的 $BaTiO_3$、TiO_2、SiO_2、MgO 以及无定型的 Al_2O_3 和 SiO_2 等。

加入 10%（体积分数）的 α-Al_2O_3 到（PEO）$_8$-LiClO$_4$ 电解质体系中，机械性能得到明显提高，离子电导率基本不受影响。在（PEO）$_8$-LiN$(SO_2CF_2CF_3)_2$ 体系中加入微米级别的 γ-LiAlO$_2$，使用拉曼光谱测试发现阴离子的化学环境没有受到明显影响，离子电导率也基本没变。

如果在体系中加入 SiO_2，除了可以增强聚合物的机械强度，抑制 PEO 的结晶度，还可以提升离子电导率。进一步研究发现 SiO_2 与锂盐的阴离子发生了作用，促进了锂盐的解离。像这样的填料质量分数在 10% ~ 20% 时，对应的聚合物电解质离子电导率最高。当无机填料过多时，容易形成相分离并且稀释载流子的浓度。此外除了无机填料的含量，填料的颗粒尺寸需要是微米级（一般小于 $10\mu m$）才可以有效地提升离子电导率，提升锂离子的迁移数。

随着研究的深入，发现无机填充材料对于电解质体系也有不好的影响：会提高聚合物电解质的玻璃化转变温度，阻碍聚合物链段的运动，降低离子电导率。因此无机填料的加入存在一个最优值。当使用导体陶瓷 $Li_{1.3}Al_{0.3}Ti_{1.7}(PO_4)_3$ 作为无机填料时，室温离子电导率可以达到 $10^{-5}S/cm$。加入 $BaTiO_3$ 也可以提升复合聚合物电解质的离子电导率，主要的原因有两点：第一，可以抑制 PEO 的结晶度；第二，与聚合物主体存在偶极之间的相互作用。

将纤维状的无机填料例如导电陶瓷 $14Li_2O\text{-}9Al_2O_3\text{-}39TiO_2\text{-}39P_2O_5$ 加入 PEO-$LiN(SO_2CF_2CF_3)_2$ 体系中，由于导电纤维可以穿过电解质隔膜的界面，提供长程的锂离子通道，所以电解质隔膜的离子电导率得到了显著提升。当陶瓷含量为 20% 时，复合电解质的室温离子电导率高达 $5\times10^{-4}S/cm$。锂离子的迁移数为 0.7。更重要的是该复合电解质与金属锂有良好的兼容性。

这些都是基于微米级别的无机填料，后来有人提出使用纳米级的无机填料。发现与微米级的无机填料效果不同，使用纳米级的无机填料可以将离子电导率提升一个数量级。主要的原因有两个：第一，纳米颗粒小，可以更均匀地分散在聚合物基底中抑制 PEO 的结晶度，降低 PEO 的玻璃化转变温度；第二，无机氧化物弱化了锂离子与聚合物之间的作用力，减小了离子迁移阻力。

将 10nm 左右的 $\delta\text{-}Al_2O_3$ 加入 PEG 中，发现聚合物的玻璃化转变温度以及熔点没受到显著的影响，但是离子的迁移率明显增加。随着氧化铝纳米颗粒的加入，聚合物电解质体系中的无定型相比例明显增加。当纳米离子的摩尔分数为 10% 时，离子传导的活化能最小，对应的离子电导率达到最大值 $4.5\times10^{-6}S/cm$。而微米级别的氧化铝（$5\mu m$ 左右），其提升 PEO 基电解质的离子电导率的主要原因是氧化铝可以与 PEO 的末端羟基发生作用，促进锂离子的解离，而通过抑制 PEO 结晶度促进锂离子传导的贡献相对较小。如果将 PEO 末端使用烷氧基封端，则微米级别的氧化铝对于体系的离子电导率基本没有影响。

当纳米级的硅胶粒子加入到不同分子量的 PEO 中，形成的复合电解质中主要存在两相：$20\sim60nm$ 的纳米颗粒和大块颗粒。如果 PEO 的分子量较小，形成的纳米颗粒是没有空隙的，但是大块颗粒是介孔的，形成一定的自由体积，促进离子的传导；如果 PEO 的分子量较大，纳米粒子数量较少，主要形成大块颗粒，而且大块颗粒内部发生闭合没有自由体积，不参与离子传导。但是由于增加了界面面积，离子电导率还是有一定的提升。

为了探索 SiO_2 与 PEO 之间是否存在相互作用，在 SiO_2 表面与 PEO 进行原位反应。研究表明 SiO_2 表面的羟基与 PEO 的醚键氧原子以及锂盐中的阴、阳离子的确存在相互作用。所以锂离子迁移数提升至 0.56，阴离子迁移数变小了。

在 PEO-LiN($SO_2CF_2CF_3$)$_2$ 电解质体系中加入纳米级（7～12nm）的气相 SiO_2 后，拉曼光谱没有发现阴离子的化学环境发生变化，体系的离子电导率、锂离子迁移数都没有发生明显变化，意味着纳米级 SiO_2 的加入没有对体系产生作用。而其他研究表明 PEO-LiN($SO_2CF_2CF_3$)$_2$ 体系温度低于 80℃，SiO_2 对于锂离子迁移数有明显影响，而且发现温度越低时，提高的比例越大。因此有这样一个猜测，因为 PEO 与锂盐的电导率与制备的过程有关，所以无机填充材料对于复合聚合物电解质的影响可能也与制备的过程相关。当温度低于熔点时，SiO_2 的加入不仅可以提升聚合物的机械性能，而且可以抑制 PEO 的结晶度，促进离子的传导。

由于固体电解质的室温离子电导率偏低，研究者们开始把主要精力转移到凝胶聚合物电解质上。而所有的凝胶聚合物主体一旦加入塑化剂之后就失去它们的机械强度。而且离子电导率的增加伴随着机械性能的下降导致了与金属锂负极的兼容性较差，与金属锂的高活性导致电池的循环性能存在严重问题并最终导致安全问题。为了保持凝胶聚合物电解质的机械强度，凝胶电解质隔膜可以通过化学或者物理方法进行固化，但是后处理的固化程序会导致加工成本高。

此外 Bellcore 课题组提出了一种新型的相反转技术合成多孔的聚合物电解质隔膜应用在聚合物离子电池中。这种合成方法要求严格控制组装电池时的湿度以保证聚合物电解质隔膜的机械强度。Stephan 等人深入地研究了 PVDF-HFP 电解质隔膜的生产过程。不幸的是，大部分的结果表明这种方式制备的电解质隔膜通常情况下倍率性能较差。

最近的研究表明，复合聚合物电解质可以提升聚合物锂离子电池中电解质与电极的兼容性，减小安全隐患。其中提升聚合物电解质形貌和电化学性能的最有前途的方式之一是加入无机填充物。人们研究了高导电的无机填料、沸石以及电中性的无机填料。无机填料可以提升聚合物主体的离子电导率，提升与金属锂负极的界面性能，已经被大家广泛接受。离子电导率的增加是因为聚合物链的无定型程度提高，抑制了重结晶。他们还研究了对称电池 Li｜复合聚合物电解质｜Li 在 90℃时的阻抗与时间的关系。此外复合聚合物电解质也可以作为质子导体应用于燃料电池。但是在所有情况中，无机填充物的粒子大小和本性在电解质的电化学性能方面有重要影响。

通常来讲，聚合物基底中的无机填充物可以大致分为两类：活性的和惰性的。活性组分参与离子的传导过程，例如 Li_3N 和 $LiAlO_2$，而惰性组分例如 Al_2O_3、SiO_2 和 MgO 不参与离子的传导过程。选择活性还是惰性无机填料是随意的。

在一个开拓性的研究工作中，Weston 和 Steele 首次证实了 PEO 体系中加入惰性填料（α-Al_2O_3）的作用。结果表明无机填料的添加显著地提升了聚合物体系的机械强度和离子电导率。而且在 PEO 体系或 PEO 的共混体系中加入氧化铝填料引起的熵变对于体系离子电导率的影响也有报道。Wieczorek 等人发现无机填料的引入可以改善对离子电导率有重要影响的 PEO 的结晶度。PEO-LiClO$_4$-二甲醚（DEE）-二乙二醇体系中分子结构和动力学可以用红外光谱进行分析。关于类似体系包括 NaClO$_4$、PEO-NaI-Al$_2$O$_3$、LiClO$_4$-吡啶、NH$_4$SCN 的研究也有报道。他们还报道了无机填料 AlBr$_3$、AlCl$_3$ 和 α-Al$_2$O$_3$ 加入 PEO-LiClO$_4$ 中基于路易斯酸碱相互作用对于离子电导率和超微结构的影响。路易斯酸碱作用在复合电解质体系中不同的化学部分之间都存在。AlCl$_3$ 与聚醚类的相互作用形成 AlCl$_3$-PEO络合物，因此加固了聚合物电解质，而且 ClO$_4^-$ 阴离子与 AlCl$_3$ 的络合可以充当塑化剂。路易斯酸的添加可以降低 PEO 基电解质的结晶度，从而提升离子电导率。路易斯酸碱相互作用被 DSC 的数据所证实。

Panero 等人使用 DSC、^{7}Li NMR 和电化学阻抗研究低分子量 PEG 和锂盐构成的电解质时，发现加入 30% 质量分数的惰性填料 γ-LiAlO$_2$ 可以显著地提高机械强度，但是对于离子电导率的影响微乎其微。Kumar 和 Scanlon 评述了目前复合聚合物电解质的工艺水平的离子电导率、离子迁移数以及电极与电解质的界面反应。此外，他们还证实了无机填料例如氮化物与金属锂的界面性能要优于 SiO$_2$或 Al$_2$O$_3$，因为氮化物与金属锂形成的钝化层中形成了可以促进离子传导的 Li$_3$N。他们也证实了纳米级的无机填料相比于微米级填料与金属锂负极有更高的兼容性。在 PEO-LiN(CF$_3$SO$_2$)$_2$ 体系中加入 10%（质量分数）的 SiO$_2$ 可以将锂离子迁移数从 0.1 提升至 0.2。但是，Liu 等人发现在 PEO-LiBF$_4$ 体系中加入 SiO$_2$ 可以将锂离子迁移数提升至 0.56。在一个类似的研究中，Kim 等人将三甲基硅烷包覆的 SiO$_2$ 加入 PEO 基的电解质中可以提升离子电导率，使用的锂盐是双全氟乙磺酰亚胺锂。该复合聚合物电解质在 25℃ 时离子电导率达到 1.5×10^{-5} S/cm，并且电化学稳定性超过 4.8V。离子电导率的提高是由于包覆之后的 SiO$_2$ 在体系中分散更好，且没有阻碍作用。Krawiec 等人将 SiO$_2$ 作为惰性填料加入 PEO 中，发现基于 PEO 的层状纳米聚合物电解质因为硅酸盐和聚合物之间存在明显的协同作用，所以可以提供更好的电化学性能。在 PEO 基电解质中加入 γ-LiAlO$_2$ 不仅可以显著地降低电解质的结晶度，而且可以提升电解质与金属氟的界面性能。

在一个开创性的研究中，Golodnitsky 等人发现在 PEO-LiI 体系中加入 EC、PMMA 和 PAN 是有益的，而加入 PMA、聚丙烯酸丁酯和 PVDF，尽管可以加固电解质，但是降低了离子电导率。锂盐浓度对于不同体系的摩尔离子电导率的影响也有报道。PEO-LiClO$_4$ 体系的离子电导率得到了提升。根据 DSC 和 FTIR 的测试结果，他们总结为离子电导率的提高是由于聚醚中氧原子，无机填料中的酸、碱中心和锂离子之间存在路易斯酸碱相互作用。填料的作用在于改变了离子团簇的形成，在离子电导率得到提升的区域发现了紧密离子对和大团簇的比例相应地下降，这是由于填料分子位于锂离子配位球体的附近。该机理在低分子量的PEG 体系中也同样适用。

关于聚醚复合电解质和 PVDF 基凝胶电解质的研究也有报道。Kim 等人尝试将 PEO 与 29 种不同的惰性无机填料组成的电解质与其玻璃化转变温度和熔点进行关联。在研究中发现这些参数并不是独立变化的。

基于 PEO 与 $LiClO_4$、$LiBF_4$、$LiPF_6$、$LiCF_3SO_3$ 以及铁电材料包括 $BaTiO_3$、$PbTiO_3$ 和 $LiNbO_3$ 组成的复合电解质的电化学性能也有报道。结果表明在加入铁电材料之后，体系的离子电导率显著增加。这种现象可以根据阴离子与锂离子之间关联的趋势和由于铁电材料特殊的晶体结构导致的自发性极化来解释。

Qian 等人以铂和不锈钢作为电极使用电化学阻抗测试分析 $PEO-LiClO_4-Al_2O_3$ 复合固体电解质聚合物。研究表明加入 Al_2O_3 之后，室温离子电导率有所提升。在实验中使用直流电发现阻抗谱中高频区域的半径增加，而低频区域的直线的斜率下降。

Kumar 等人探索了在 $PEO-LiBF_4$ 体系中使用 MgO 填料的可能性。他们根据 DSC 和离子电导率数据提出了结构与电导率的关系。他们还发现 MgO 的加入不仅降低了 PEO 的熔点而且阻碍了 PEO 结晶的动力学。但是当无机填料达到 30%（质量分数）时反而会导致离子电导率的下降。

在 PEO 接枝的 PMA 聚合物主体中加入无机填料 $LiAlO_2$，不仅可以提升体系的离子电导率而且可以提升离子的迁移率。当使用 $LiClO_4$ 作为锂盐时，在聚合物主体中加入 $LiAlO_2$ 可以提升离子电率。但是如果锂盐换成 $LiCF_3SO_3$，无机填料的加入对离子电导率影响很小。Bloise 等人使用 ^{1}H 和 ^{7}Li NMR 测试研究陶瓷填料和炭黑填料对于 PEO 链迁移率的影响。研究结果表明在使用 α-Al_2O_3 无机填料的复合电解质中 Li-F 之间的相互作用要弱于使用 γ-Al_2O_3 的复合电解质。Chung 等人也报道了一个类似的研究，基于 $PEO-LiClO_4$ 体系与 TiO_2 或者 Al_2O_3 的复合电解质。核磁研究揭示了离子电导率的增加，不是因为聚合物链段的运动增加，而是因为无机填料导致的聚醚与锂离子之间的作用的弱化。

无机填料颗粒的尺寸对于 $PEO-LiBF_4$ 体系晶体-无定型转变的影响可以通过 DSC 测试来分析。这些试样在室温和 100℃ 之间进行热循环（即重复加热、冷却），DSC 的测试结果揭示了纳米级的无机填料对于减少基于 PEO 的聚合物主体是最有效的。该课题组还使用 DSC 测试分析了 TiO_2 和 ZrO_2 对于 $PEO-LiBF_4$ 体系的晶体-无定型转变的影响。Scanlon 等人确认了聚合物链与无机填料之间的相互作用可以促进离子的传导。研究还发现这种相互作用受到无机填料尺寸和质量的影响。这种相互作用的本质被认为是偶极-偶极之间的作用，被介电常数梯度所驱动。这种相互作用也受到另外一个重要因素的影响，即温度。聚合物相被确认是导电离子的传输介质以及储备池。无机填料还可以通过影响聚合物链的构象来提升载流体的传输。基于在 $PEO-LiBF_4$ 体系中添加纳米级 MgO 和 $BaTiO_3$，无机填料在聚合物主体中对于离子电导率有一定的影响。无机陶瓷填料促进更好的离子传导、与聚合物相发生作用，而这种作用的本质与粒子的尺寸有关。通过优化无机填料的尺寸可以得到无定型的 PEO-LiBF$_4$-LiPF$_6$-Al$_2$O$_3$ 复合聚合物电解质。纳米级的 Al$_2$O$_3$ 相比于微米级别的 Al$_2$O$_3$，可以更有效地减小 PEO 的结晶度。有人发现使用两种锂盐而不是一种可以更好地稳定聚合物的无定型相。Munichadraiah 等人利用阻抗测试、循环伏安、差热分析、红外以及扫描电镜系统地研究了沸石的加入对于 PEO-LiBF$_4$ 体系的物理性质以及电化学性质的影响，发现沸石的加入可以有效地降低体系的结晶度，将室温下电导率提升两个数量级。

　　基于聚醚的大部分研究都是在中等温度下，电解质可以表现出宏观的均匀性。相对较少的研究关注了室温以下的离子电导率。而且，他们的研究揭示了这个复合电解质的导电行为从室温到玻璃化转变温度之间符合阿伦尼乌斯方程，而高温部分符合 VTF 方程。

　　与所有的研究相反，Kasemagi 等人将近似球体的 α-Al$_2$O$_3$ 纳米颗粒加入 PEO-LiX（X 可以是 Cl、Br、I）体系中，离子电导率反而下降。离子电导率的下降是由于该特殊体系中的离子对和离子团簇的作用。

　　Croce 等人提出了这样一个模型来解释无机陶瓷填料在 PEO 基聚合物电解质中对于离子传导的作用。这个模型被电化学测试包括离子电导率、锂离子迁移数等所证实。他们总结了无机填料在聚合物主体中的作用不仅可以防止聚合物链的结晶而且促进无机材料表面基团与 PEO 的链段和电解质中的离子之间特定的相互作用，提高部分自由锂离子的运动。Dissnayake 等人基于路易斯酸碱理论提出了一个新的模型，发现无机填料并没有涉及离子电导率的提高。他们发现离子电导率的提升是因为离子簇和无机填料表面基团之间的相互作用导致的。他们进一步解释了离子电导率的提高是因为这种相互作用产生了额外的位点，并且为 PEO-LiTFSI-Al$_2$O$_3$ 体系提出了一个定性的模型。无机填料表面拥有酸性基团比碱性或者中性基团可以更好地提升复合聚合物电解质的离子电导率。该课题组还发现 PEO-LiCF$_3$SO$_3$-Al$_2$O$_3$ 复合体系中离子与惰性无机填料表面的 O 或 OH 之间存在一种类似的相互作用。Choi 等人将 SiC 加入 PEO-LiClO$_4$ 体系中观测到对于离子电导率相反的两种作用。SiC 的引入显著地降低了体系的玻璃化转变温度，增强了聚合物的链运动，增加了无定型相的比例，明显地促进了离子的传导过程。

　　Dai 等人使用高分辨的 NMR 发现在 PEO-LiI 体系中至少存在两种化学环境：一种被 PEO 溶剂化了；另一种在离子簇中。电导率的提升和锂的电荷表明在高浓度电解质体系中的离子传导机理与稀释的聚合物电解质大不相同。Wieczorek 等人使用路易斯酸碱理论来分析聚醚和碱金属组成的固体电解质的超微结构和离子电导率。在 PEO-LiClO$_4$ 体系中使用了三种不同的无机填料即路易斯酸（AlCl$_3$）、路易斯碱（聚 N，N-二甲基丙烯酰胺）以及路易斯酸碱两性物质（α-Al$_2$O$_3$）。因为 PEO 是路易斯碱，锂离子是路易斯酸，所以在复合聚合物电解质中存在不同路易斯酸碱反应的平衡。该课题组还证实了聚合物-锂盐组成的固体电解质中离子的传导只发生在无定型相中。在体系中同时存在有机填料（聚丙烯酰胺）和无机填料（Al_2O_3）时两种填料作用正好相反：无机填料可以提升体系的玻璃化温度，而有机填料可以降低体系的玻璃化温度。

一些研究者集中考察了复合聚合物电解质与金属锂负极的界面性能。Apprtechi 等人通过新型干法（即不使用溶剂）制备了 PEO 与两种锂盐（$LiBF_4$ 和 $LiCF_3SO_3$）和 γ-$LiAlO_2$ 无机填料组成的复合聚合物电解质。该合成流程不仅可以有效地分散无机填料还可以提供复合聚合物电解质与金属锂负极之间优异的稳定性。而且，这些固态聚合物电解质的库仑效率非常高（达到 99%）。这反过来也表明该电解质适合二次聚合物金属锂电池的生产。在一个类似的研究中，Li 等人研究了 PEO 和两种不同锂盐 $LiClO_4$ 和 $LiN(CF_3SO_2)_2$ 组成电解质的界面性能。结果表明含有 $LiClO_4$ 的复合聚合物电解质的界面阻抗要高于含有 $LiN(CF_3SO_2)_2$ 的，即使在 80℃ 退火。根据 Kumar 等人的研究，纳米级的填料比微米级的填料兼容性更好，可以明显地降低界面阻抗。在 PEO 基电解质中加入填料 $BaTiO_3$ 之后，离子电导率至少可以提升一个数量级。在聚合物电解质中加入无机填料从而提升锂离子迁移数和离子电导率可以通过 $BaTiO_3$ 特殊晶体结构导致的自发性极化来解释。此外 $BaTiO_3$ 填料的加入还可以极大地提升电解质与金属锂界面的稳定性。Golodnitsky 等人认为传导机理发生在晶界处，而晶界处的传导一直被人所忽视，根据 SEM 和 ECS 的数据讨论了 CaI_2 的掺杂、Li/EO 比例的变化和无机填料的浓度对于离子传导的影响。在 PEO-$LiClO_4$-SiO_2 或者 TiO_2 体系中，Scrosati 等人和 Croce 等人发现惰性无机填料的添加不仅可以增加体系的机械强度而且作为聚合物链的"固体塑化剂"，从动力学上抑制 PEO 在室温下的结晶和重组，同时还可以作为"固体溶剂"与锂盐中的离子相互作用。

与上述结果相反的是，Shin 和 Passerini 在 PEO 基电解质中加入无机填料之后，体系的离子电导率和离子迁移数没有发生显著的变化。事实上，7nm 的 SiO_2 显著地降低了离子的扩散系数，因此 PEO 基电解质中加入 SiO_2 之后锂离子迁移数要明显低于不加填料和含有 γ-$LiAlO_2$ 填料的电解质。Wang 等人实现了一种新型的复合电解质，锂离子迁移数达到 0.7，同时离子电导率最高。更令人感兴趣的是，Ji 等人将导电陶瓷填料 $La_{0.055}Li_{0.35}TiO_3$ 引入聚合物主体中。由于导电陶瓷是纤维结构，所以认为其可以穿过电解质隔膜，提供长程有序的离子通道，提升离子电导率。

大部分的研究工作都是基于 PEO 基电解质，而基于其他聚合物主体例如 PAN、PMMA 和 PEG 的报道相对较少。Chen 等人报道了一系列含有 α-Al_2O_3 的 PAN 基复合电解质，表现出高室温离子电导率和机械强度。在 PAN-$(LiClO_4)_{0.6}$ 体系中加入 7.5% 的 α-Al_2O_3 时对应的离子电导率最大。制备的 PAN 基电解质从压力和张力的角度可以与电极形成良好的界面。PAN-LiClO$_4$-Al$_2$O$_3$纳米复合电解质已经被合成出来，并且其红外光谱也被报道。纳米陶瓷的加入可以帮助锂盐的溶解和 Li$^+$-CN 的解离。根据相互作用的路易斯酸碱种类，体系中存在多种竞争：Li$^+$ 和 H 在纳米氧化物酸性表面的竞争以及ClO$_4^-$ 和 O 在纳米氧化物碱性表面的竞争，这些竞争反应促进了 Li$^+$ClO$_4^-$ 离子对的解离。与此同时，这些竞争反应也促使了 LiI-CN 相互作用的解离。这些作用提升了电解质中的自由载流体，提升了复合聚合物电解质的离子电导率。基于 PAN 的复合聚合物电解质的拉曼光谱和交联阻抗分析也有报道。Chen 和 Chang 发现在 PAN-LiCF$_3$SO$_3$体系中添加十二烷基吡啶盐酸盐修饰的蒙脱土可以提升离子电导率两个数量级。使用 FT-IR、固体 NMR 和 DSA 测试研究了硅酸盐层与氰基和锂离子的相互作用，发现在硅酸盐层和 LiCF$_3$SO$_3$体系之间存在很强的相互作用。PAN-LiCF$_3$SO$_3$体系中离子电导率和自由体积的关系可以使用正电子湮灭光谱进行研究。

Best 等人研究了完全无定型的三官能团聚醚和聚环氧乙甲烷与两种锂盐形成的络合物与纳米级 TiO$_2$ 和 Al$_2$O$_3$ （20nm）之间的微观作用。TiO$_2$ 的加入可以提高体系的离子电导率半个数量级，而 Al$_2$O$_3$ 的作用则导致了离子电导率的下降，并忽视结晶的影响，根据与填料介电常数相关的静电作用，对聚合物与填料之间的相互作用和离子与无机填料之间的作用进行了讨论。

Itoh 等人制备了一种新型的超枝化聚合物，使用 3，5-双［（3′,6′,9′-三氧癸基）氧］苯甲酰基封端的聚双乙二醇苯甲酸酯，并且使用该聚合物与 LiN（CF$_3$SO$_2$）$_2$构成电解质以及复合电解质。研究发现含有枝化结构的封端基团对应的离子电导率要高于使用现行封端基团（例如乙酰基）的离子电导率，在 80℃时可以达到 7×10^{-4} S/cm，30℃时为 1×10^{-6} S/cm。聚合物末端的枝化结构的存在显著地提升了超枝化聚合物电解质的离子电导率。该电解质的隔膜在 70℃时的电化学稳定性仍然高达 4.2V，而电解质薄膜的热稳定性达到 300℃。

Kim 等人报道了聚甲基丙烯酸酯与聚乙二醇二丙烯酸酯的共混电解质与碳负极和 LiCoO$_2$正极的组成电池的循环性能。该电池在高倍率 0.5C 下，反而可以提供更高的放电容量。PEG 基电解质的离子电导率可以提供 DSC、NMR、XRD 进行分析。聚合物电解质的结晶性变化可以与 DSC 数据相关联。Fauri 等人报道一个基于 PEG 基电解质引入有机填料和无机填料的系统研究，包括离子电导率、形貌、电化学和光谱测试。Singhal 等人也报道了一个类似的体系，即锂蒙脱石复合的 PEG 电解质。Chiang 等人发现在 PVDF 主体与 LiPF$_6$组成的电解质中，加入 TiO$_2$纳米管可以提升离子电导率一个数量级。使用光电子能谱发现 PVDF 在加入 TiO$_2$纳米管时 C 1s、F 1s 位置发生变化且 F 1s 自旋轨道发生了分裂。该结果揭示了 PVDF 中氟原子和 TiO$_2$中的氧原子通过路易斯酸碱作用共同与解离的锂离子进行配位。

在聚乙二醇甲基醚和聚乙二醇二甲基醚中与 Al_2O_3 的复合体系中形成的不同离子团簇可以用三种不同的方法进行表征。前两种方法是根据高氯酸阴离子 FTIR 波数 $624cm^{-1}$ 和拉曼波数 $930cm^{-1}$ 进行反褶积。而第三种涉及离子电导率与锂盐浓度的关系。通过结果来看，聚乙二醇二甲醚基电解质要优于聚乙二醇甲基醚的电解质，因为后者末端的极性羟基与离子和无机填料表面的相互作用对体系是不利的。

第6章 单离子导体电解质

传统的固态聚合物电解质通常由小分子的锂盐和高分子量的聚合物主体构成，体系中阴、阳离子都可以移动。因为锂离子经常与聚合物基底中的路易斯碱位点存在相互作用，所以阳离子的可迁移性要低于对应的阴离子。这也是在双离子固态聚合物电解质中锂离子的迁移数通常低于 0.5 的准确原因。在传统的固态聚合物电解质中，电池放电时，阳离子和对应的阴离子在聚合物基底中向相反方向移动；但是由于阴离子在电极表面没有电化学反应容易聚集在负极形成浓度梯度。浓度梯度则会导致极化，因此弱化电池的电化学性能包括电压降低、内阻增加以及副反应的发生，最终导致电池发生故障。另一方面，已经证明当锂离子迁移数接近 1 时（形成单离子导体），根据 Monroe 和 Newman 的模拟结果，溶液相中不会出现浓度梯度而且电极活性物质的利用率可以保持接近 100%，即使使用相对大电流进行充放电。此外，根据 Chazaviel 模型，电池循环过程中锂枝晶的产生可以被避免。计算表明，如果电解质中的锂离子迁移数等于 1，即使电导率减小 90%，其性能也与双离子电解质相当。所以单离子导体聚合物相比于传统的双离子聚合物电解质有明显的优势。

在 20 世纪 80 年代初期，Bannister 等人提出两种合成单离子导体聚合物电解质的方法。第一，将阴离子变成聚合物的侧链。如果阴离子被通过化学键固定在聚合物骨架上，则对应的阴离子迁移数接近 0，只有锂离子承载电荷的流动。第二种方法是使用二元酸的锂盐（例如六氟戊二酸锂）抑制阴离子的迁移率。但是羧酸锂的解离度较小，自由锂离子数量较少，所以即使在温度 60℃时锂电导率也只有 10^{-6}S/cm。从那时起，研究者开始设计并合成了不同的化学结构以提升单离子聚合物电解质的电化学性能。目前已有的单离子聚合物电解质大致分为两类：基于聚合物主体的单离子导体电解质和有机-无机复合单离子导体电解质。

6.1 基于聚合物的单离子导体电解质

到目前为止，已经有大量的基于聚合物的单离子导体电解质的报道。早在 1995 年 Armand 等人就已经发现了阴离子电荷分散程度对于电解质的离子电导率的重要作用。他们将烷基磺酸根阴离子进行氟化以分散磺酸根上的负电荷，发现对应的锂离子解离度增加。根据阴离子种类（阴离子不同，负电荷分散程度也不同），基于聚合物的单离子导体电解质主要可以分为羧酸盐、磺酸盐、磺酰亚胺盐和硼酸盐等。

6.1.1 羧酸盐

基于羧酸锂的单离子导体电解质早在 20 世纪 80 年代就有报道。聚丙烯酸酯是理想的聚合物主体，因此可以对丙烯酸酯进行修饰，在酯基末端接枝羧酸锂，典型结构如图 6-1 所示。Tsuchida 等人将含有羧酸锂的低聚氧化乙烯悬挂在聚丙烯酸酯的侧链上形成单离子导体电解质。由于结构中只含有柔性的 EO 基团且与羧酸锂直接相连，有利于自由锂离子通过 EO 链的传导。因此该电解质的离子电导率要比其他基于羧基锂的单离子导体与 PEO 共混的电解质的离子电导率要稍高一些，在 60℃时可以达到 10^{-8}S/cm。Bannister 等人将全氟烷基羧酸锂悬挂在丙烯酸锂的侧链制备单离子导体电解质。由于强吸电子的存在分散了羧基上的负电荷，促进了锂离子的传导。与 PEO 共混形成的电解质隔膜的离子电导率在 60℃达到 10^{-6}S/cm，比普通的烷基羧酸锂的离子电导率高两个数量级。这两个例子表明以羧酸锂为锂离子源的电解质，如果羧酸锂上连接强吸电子基团可以有效地促进锂离子的解离，提高离子电导率。但是如果在同一聚合物链中悬挂柔性的 EO 链，则可以明显地促进离子电导率的提升。这是因为同一聚合物链中柔性的 EO 链可以有效地溶剂化锂离子促进锂离子的解离，提升体系的离子电导率。因此在 60℃时对应的离子电导率可以达到 10^{-6}S/cm，相比于聚合物主体上只有单链的羧酸锂侧链提升了两个数量级。通过这三个例子比较得出结论：羧酸锂连有强吸电子基团和主体侧链同时悬挂柔性的 EO 链都可以有效地提升体系的离子电导率。

231

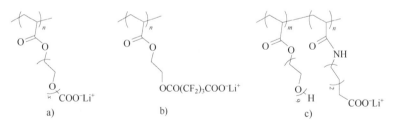

图 6-1 基于丙烯酸酯侧链悬挂羧酸锂的单离子导体电解质结构示意图

除了可以在丙烯酸酯末端悬挂羧酸锂，还可以直接使用丙烯酸锂作为锂源，与其他聚合物共聚得到单离子导体电解质，典型结构如图 6-2 所示。由于 EO 基团有良好的离子传导特性，所以可以在丙烯酸上引入 EO 基团然后与丙烯酸锂进行共聚，得到图 6-2a 所示的结构。该单离子导体电解质在 60℃时电导率为 10^{-6}S/cm。最近还有报道在体系中引入聚苯乙烯（PS）嵌段（图 6-2b）。聚苯乙烯嵌段的引入不是为了锂离子的传导，而是为了有效地增强聚合物的机械强度实现自支撑电解质隔膜，同时不会显著影响离子电导率。为了进一步提升体系的离子电导率，可以在体系中引入一些柔性链以增强链段运动。例如在丙烯酸侧链引入柔性基团例如十二烷基（图6-2c）或聚硅氧烷（图6-2d），然后与丙烯酸锂进行共聚以提升聚合物体系的柔性。这样制备的单离子导体电解质由于链段运动得到了一定提高，离子电导率在60℃可以达到 10^{-5} S/cm。此外，不同极性的链之间存在微相分离，可以提升电解质隔膜的力学性能。

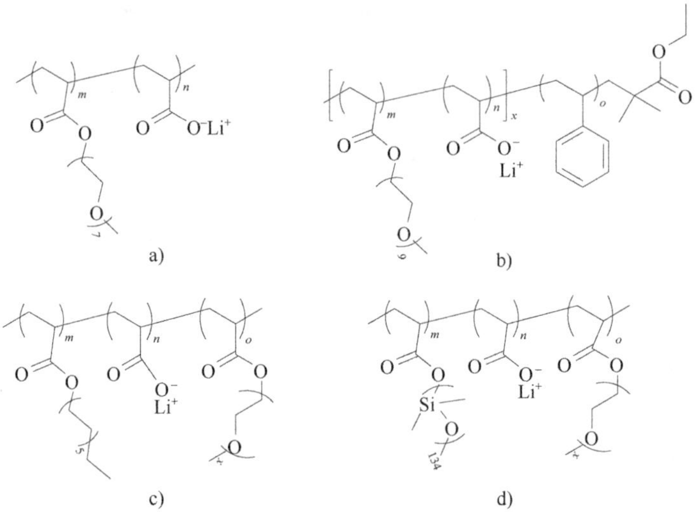

图6-2 基于丙烯酸锂的单离子导体电解质结构示意图

由于丙烯酸链的柔性不是很大，为了促进链段的运动，可以使用柔性更大的聚硅氧烷作为聚合物的主链。Huang 等人将羧酸锂引入聚硅氧烷的侧链，得到了如图6-3所示结构的单离子导体。与 PEO 共混的电解质隔膜在室温下可以达到 5×10^{-6} S/cm，且锂离子迁移数达到 0.91，符合单离子导体行为。该电解质的离子电导率相比于使用聚丙烯酸酯主链的电解质高两个数量级，说明聚合物主链柔性对于体系中离子传导的重要性。

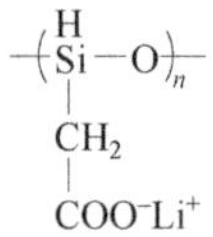

图6-3 基于聚硅氧烷主链的单离子导体结构示意图

尽管可用各种方法在一定程度上提升基于羧酸锂电解质的离子电导率，但是由于 COO^- 与 Li^+ 存在强烈的相互作用，该类电解质的室温离子电导率仍然较低，一般在 10^{-6} S/cm。为了提高羧基阴离子负电荷的离域化程度，有人提出可以添加强路易斯酸，例如 BF_3，通过路易斯酸碱反应分散负电荷，这样可以提升 Li^+ 与 COO^- 的解离度，提升室温离子电导率至 10^{-5} S/cm。但是 BF_3 活性很高，也可能与电池中其他组分发生反应；而且 BF_3 对于湿度非常敏感，与空气或溶剂中微量的水反应得到腐蚀的 HF；更重要的是 BF_3 属于高毒性物质，严重限制了其在商业化电池中的使用。

这些结果表明即使对聚合物骨架和空间结构进行不同的修饰，由于锂离子与羧酸根离子存在强烈的相互作用，羧基锂也不适合构建高电导率的单离子导体电解质。此外，由于羧酸根离子的负电荷比较集中，其阳极稳定性也相对较差，在锂离子电池中，特别是使用正极材料的工作电位为 4V 时，电解质的稳定性也成为一个问题。所以继续花费时间和精力研究基于羧酸锂的单离子导体是实现不了目标的，除非其在离子电导率和与正极的兼容性方面取得突破性的进步。

6.1.2　磺酸盐

相比于羧酸根阴离子，磺酸根阴离子的负电荷的离域化程度更高，因此在单离子导体电解质中占据了重要一席。在 20 世纪 90 年代，Zhang 等人在丙烯酸酯的酯上引入磺酸锂制备单离子导体电解质（图 6-4a）。但是发现该聚合物的玻璃化转变温度高达 265℃，共混之后的聚合物电解质的室温离子电导率仅为 10^{-7} S/cm。除了使用聚丙烯酸酯作为主链，还可使用聚乙烯亚胺（PEI）（图 6-4b）和聚苯乙烯（PS）（图 6-4c）作为主链，悬挂磺酸锂基团。发现使用聚苯乙烯为主链的电解质的室温离子电导率只有 10^{-8} S/cm，低于丙烯酸酯主链的电解质，这很可能是因为 PS 是刚性结构，链段运动被抑制。使用聚乙烯亚胺主链的单离子电解质与聚乙烯亚胺接枝的聚乙二醇共混之后的聚合物电解质的室温离子电导率可以达到 4×10^{-4} S/cm，比以丙烯酸酯为主链的电解质高两个数量级，这是因为聚乙烯亚胺的结构可以促进离子对的解离。

磺酸锂不仅可以悬挂在聚合物的侧链，还可以直接接入在聚合物的主链上，例如图 6-4d 和图 6-4e 所示的结构。Ohno 等人合成了一系列的基于 PEO 的单离子导体电解质，主要是通过在 PEO 的一端或者两端引入苯磺酸锂或者磺酸锂基团。研究发现通过调节 PEO 的分子量可以得到高离子电导率和高锂离子迁移数。例如当 PEO 分子量为 350g/mol 时，对应的离子电导率在 30℃时可以达到 10^{-5} S/cm，锂离子迁移数为 0.75。但是这类分子的机械强度太小，无法做成自支撑的电解质隔膜，限制了它们的进一步研究。除了可以将磺酸锂引入 PEO 的末端，还可以引入联苯环上，然后与含有 EO 基团的联苯进行聚合得到单离子导体电解质。这样制备的单离子电解质的力学性能很好，但是由于其刚性结构极大地抑制了链段运动，导致其室温离子电导率只有 10^{-8} S/cm。

在羧酸锂基单离子导体电解质体系中，提升聚合物电解质的离子电导率有三种方式：与氧化乙烯寡聚物构成的柔性链共聚；含有强吸电子基团；使用高柔性的聚合物骨架。这三点在磺酸锂基电解质中也有很好的体现。例如 Tada 等人使用高柔性的聚膦嗪骨架，然后在侧链悬挂磺酸锂基团（图6-5a）。但是尽管聚膦嗪骨架提供了高度的灵活性，但是其室温离子电导率只有 7.1×10^{-8} S/cm，这很有可能是因为聚合物中没有合适的离子传导基底。当氟代烷基磺酸锂和适合离子传导的氧化乙烯低聚物共同接枝在柔性的聚硅氧烷侧链上（图6-5b），其室温离子电导率最高可以达到 10^{-5} S/cm。这是由于该电解质结构中可以提升离子电导率的三种方式都存在：柔性骨架（聚硅氧烷）；强吸电子基团（全氟烷基）；共聚物中存在柔性的离子传导基底（氧化乙烯寡聚物）。

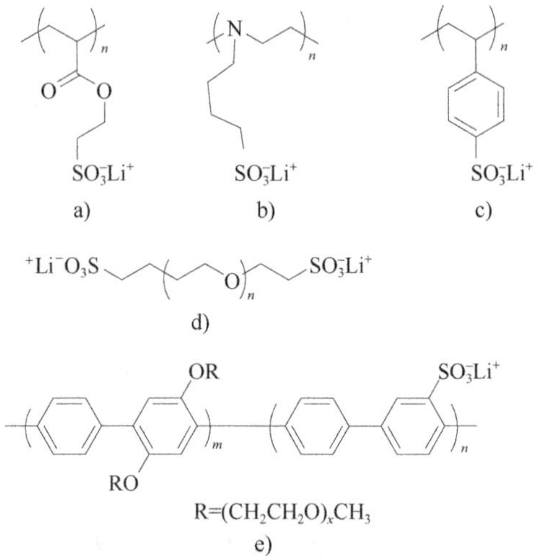

图 6-4　基于磺酸锂的单离子电解质结构示意图（一）

常用的磺酸锂基团包括烷基磺酸锂（图6-5c）、苯磺酸锂（图6-5d）和氟代烷基磺酸锂（图6-5e），这些基团都可以与丙烯酸酯形成共聚物。由于共聚物中都含有柔性的 EO 链，所以这些电解质的室温离子电导率都大于或等于 10^{-7} S/cm。对于有强吸电子基团的结构（图6-5e），其室温离子电导率可以进一步提升至 10^{-6} S/cm。

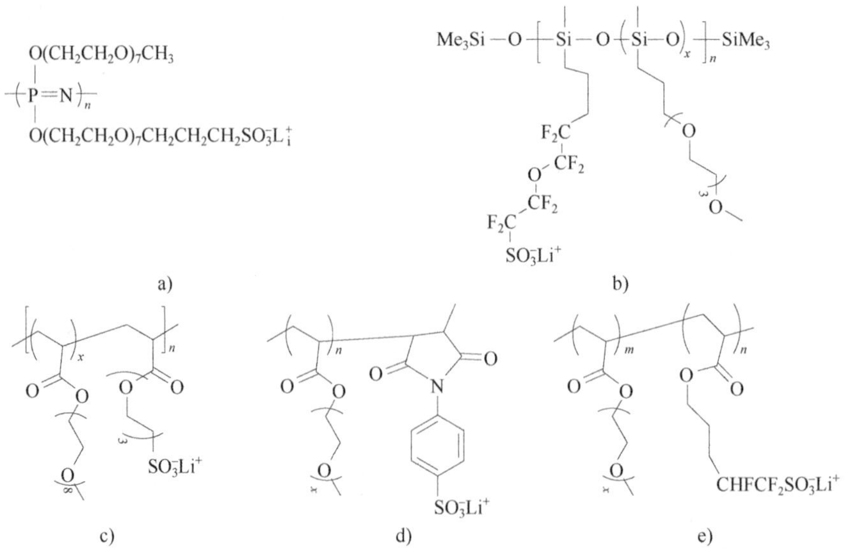

图 6-5　基于磺酸锂的单离子电解质结构示意图（二）

6.1.3　磺酰亚胺盐

由于磺酰亚胺阴离子中负电荷是高度离域的，因此磺酰亚胺锂的解离度较高，有利于形成自由的锂离子，该结构是单离子电解质中重要的一类，常见的磺酰亚胺锂结构如图6-6所示。最早的关于磺酰亚胺阴离子的研究是 Armand 等人提出的双磺酰亚胺锂作为液体电解质的新型锂盐，由于双磺酰亚胺阴离子所带的负电荷离域化在一个较大的共轭体系中（包含4个氧和1个氮），且可以与聚合物主体良好地兼容，所以表现出较高的离子电导率。

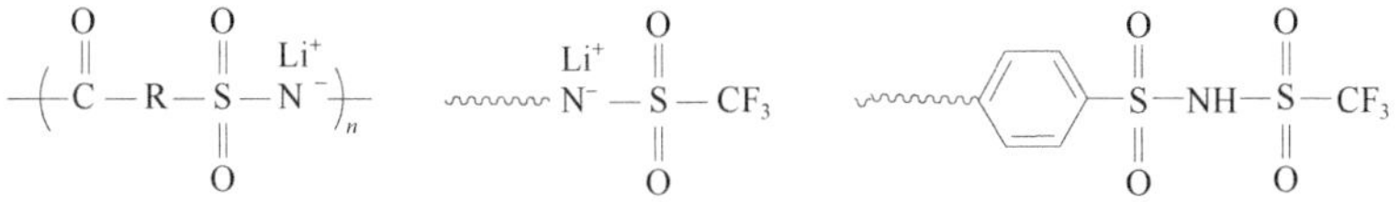

图6-6　单离子导体电解质中常见的磺酰亚胺锂结构示意图

从2000年开始，Watanable 等人报道了一系列基于磺酰亚胺锂的单离子导体电解质。其中有代表性的是聚（2-氧-1-二氟乙磺酰亚胺锂）即 LiPI 和聚（5-氧-3氧-4-三氟甲基-1,2,4-五氟戊基磺酰亚胺锂）即 LiPPI，如图6-7所示。制备的电解质锂离子迁移数为1，但是离子电导率并没有预期的那么高，在100℃时也只有 10^{-6} S/cm，可能是因为结构刚性大。因为氟代烷基从构型和构象的角度来讲其自由度小于对应的烷基。这些材料的低离子电导率表明通过氟代提高负电荷的离域化并不一定可以提升离子电导率，因为氟化对于结构也有影响。因为 LiTFSI 有良好的离子电导率，比 LiPI 或 LiPPI 要高很多，所以推断在 LiTFSI 结构中除了负电荷离域在大共轭体系中可以促进离子电导率，其结构的灵活性对于保持高离子电导率同样重要，尽管结构灵活性的贡献很难量化。

图6-7　LiPI 和 LiPPI 结构示意图

DesMarteau 等人将氟化的双磺酰亚胺锂接枝在不同分子量的 PEO 寡聚物上得到不同的单离子电解质。其中当 EO 的聚合度等于11.8时对应的室温离子电导率最高达到 7.1×10^{-6} S/cm。这类结构再一次证明了提高阴离子负电荷的离域度可以有效地促进离子的传导。但是由于低分子量的 PEO 机械强度很小，不能制备自支撑的电解质隔膜。

由于三氟甲磺酰胺阴离子在小分子锂盐 LiTFSI 和聚合物电解质中表现出优异的电化学性能。因此研究者开始将三氟甲磺酰胺阴离子通过共价键连接到不同

235

聚合物主体上，例如聚硅氧烷、聚膦嗪和聚甲基丙烯酸酯。由于强吸电子基团三氟甲磺酰根的存在促进负电荷的离域化和柔性离子传导基底 EO 链的存在导致这类聚合物电解质室温离子电导率可以达到 10^{-5} S/cm。

双磺酰亚胺阴离子的成功引入是单离子导体电解质发展的重大突破。从 2011 年开始，Armand 等人就报道了基于双磺亚胺阴离子的共混电解质或共聚物电解质，其中双磺酰亚胺一端连接在苯环上，一端为强吸电子的三氟甲基。该结构有两个显著的优点：负电荷离域化程度高和结构灵活性大。但是早期的单离子导电聚合物研究忽视了双磺酰亚胺阴离子，因为 LiTFSI 对于 Al 集流体的腐蚀已经深入人心，这种惯性思维抑制了双磺酰亚胺阴离子在单离子导体电解质中的应用。

磺酰亚胺阴离子负电荷的高度离域化可以最小化离子对之间的作用，这在单离子导体电解质中显露无遗。例如把磺酸根阴离子（SO_3^-）中的 1 个 O 用 F 或 CF_3 取代，可以进一步提高阴离子的离域化程度。当电解质与聚合物介质相混合，锂离子可以容易地从高度离域化的阴离子上解离出来，所以离子电导率被显著提升。在 70℃时这些聚合物与 PEO 共混之后的电解质的离子电导率顺序：聚对苯乙烯磺酸锂 LiPSS（10^{-7} S/cm）＜聚对苯乙烯磺酰三氟甲磺酰亚胺锂 LiPSTFSI（10^{-6} S/cm）＜聚对苯乙烯磺酰三氟磺酰亚胺锂 LiPSFSI（10^{-5} S/cm）。这是因为磺酰亚胺阴离子结构的灵活性、电荷离域性和无定型本质导致的，不仅可以弱化离子对，增加自由离子的数量，而且可以提高聚合物的无定型程度，提升离子电导率。需要重点指出的是当使用吸电子基团 F 或 CF_3 取代 TFSI 阴离子中的氧时可以克服 LiTFSI 对于铝箔的腐蚀性问题。这为设计基于双酰亚胺阴离子的单离子导体电解质开辟了道路。此外由于阴离子电荷的高度离域化导致磺酰亚胺的阳极稳定性很高，可以与高压正极材料联用。其他值得注意的是直接用 F 取代 O 的 LiPSFSI 与 PEO 共混的电解质隔膜与金属锂的兼容性要优于其他两者，这很有可能是由于 FSO_2^- 基团的作用，这种类似的作用在其他含有 FSI 基团的聚合物电解质中也可以观察到。

基于与 TFSI 同样的阴离子中心，随机共聚物和含有柔性基团的三嵌段共聚物被制备出来。通过比较发现，当体系使用更加柔性的氧化乙烯寡聚物链替代高结晶度的大分子量 PEO 时，离子电导率可以得到提升。例如，聚对苯乙烯磺酰三氟甲磺酰亚胺锂与甲氧基聚乙二醇丙烯酸酯共聚物 Li［PSTFSI-co-MPEGA］和聚对苯乙烯磺酰三氟甲磺酰亚胺锂-聚氧化乙烯-聚对苯乙烯磺酰三氟磺酰亚胺锂三嵌段共聚物 LiPSTFSI-b-PEO-b-LiPSTFSI，这两种电解质的离子电导率在 70℃时可以达到 10^{-4} S/cm，比对应的共混电解质 LiPSTFSI/PEO 离子电导率（9.5×10^{-6} S/cm）要高一个数量级。研究聚氧化乙烯-聚对苯乙烯磺酰三氟甲磺酰亚胺锂嵌段共聚物 PEO-b-LiPSTFSI 的离子电导率和形貌后发现，这些嵌段聚合物电解质的离子传导和分子结构与其他嵌段共聚物外加锂盐组成的电解质不同。在嵌段聚合物中，离子传导依赖于提供离子传导路径的 PEO 嵌段的体积分数与储存锂离子的 LiPSTFSI 嵌段之间复杂的相互作用。

在后续的工作中，Long 等人通过可逆加成-断裂链转移聚合法（RAFT）制备明确的 A-BC-A 三嵌段共聚物如图 6-8 所示，该结构中存在微相分离，机械强度好，离子电导率高。柔性的 BC 嵌段由聚对苯乙烯磺酰三氟甲磺酰亚胺锂与低玻璃化转变温度的二乙二醇甲基醚甲基丙烯酸酯构成，其中前者可以提供高移动性的锂离子而后者是高柔性的离子传导基底，促进离子的传导。而外部嵌段物聚苯乙烯即使在高离子浓度时也可以保障体系的机械强度。因此，该嵌段聚合物的室温离子电导率可以达到 10^{-5} S/cm，同时弹性模量达到 10^8 Pa，在能量储存器件应用方面引人注目。

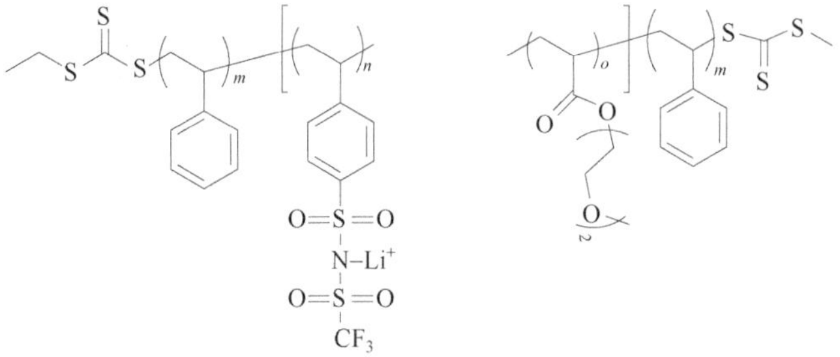

图 6-8 A-BC-A 三嵌段共聚物结构示意图

Shaplov 等人通过可逆加成-断裂链转移聚合法（RAFT）合成了类似的单离子导体嵌段共聚物。这些嵌段聚合物也含有锂存储单元脂肪烷基磺酰三氟加磺酰亚胺锂和离子传导单元聚乙二醇甲基醚丙烯酸酯。制备的单离子电解质有较低的玻璃化转变温度（ $-60 \sim 0.6$ ℃），较高的离子电导率（在 25℃ 和 55℃ 时电导率分别为 2.3×10^{-6} S/cm 和 1.2×10^{-5} S/cm），高电化学稳定性〔达到 4.5V（相对于 Li/Li^+）〕以及高锂离子迁移数（0.78）。值得一提的是，基于脂肪烷基磺酰三氟甲磺酰亚胺锂的嵌段聚合物电解质的离子电导率要低于相对的苯磺酰三氟甲磺酰亚胺锂的离子电导率，这可能是由于苯磺酰三氟甲磺酰胺亚胺阴离子的电子离域化程度更高。

6.1.4 硼酸盐

基于硼酸酯的单离子导体电解质是单离子电解质家族中重要的一员。开发基于硼酸酯的单离子导体电解质是受到早期小分子硼酸锂的启发。草酸硼酸锂（LiBOB）的优异性能在第 4 章有详细的描述，这里只介绍其结构。草酸硼酸阴离子也是一个大共轭体系（四个氧，一个硼），因此硼上的负电荷高度离域化。由于硼本身缺电子，所以负电荷往往更集中在共轭体系中的氧上而不是硼上。因此该体系与磺酰亚胺类似，负电荷高度离域，与锂离子作用力较弱，所以锂离子的迁移率更大。硼酸酯基单离子导体电解质可以分为两类：基于脂肪族配体的和基于芳香族配体的。

Angell 等人使用不同分子量的 PEG 来取代 LiBOB 的一侧草酸基团制备单离子导体电解质。研究发现，当氧化乙烯的聚合度为 14 时对应的离子电导率最高。在不加塑化剂的条件下，室温离子电导率可以达到 10^{-5} S/cm，电化学窗口为4.5V。Sun 等人将双马来酸硼酸锂接枝在烯丙基上，然后与梳形的聚丙烯酸酯（或者聚丙烯酸酯醚）进行氢化硅烷化得到三维网络结构的单离子电解质。该单离子电解质在加入塑化剂 EC/DMC 之后室温离子电导率为 7.9×10^{-6} S/cm。

Zhu 等人基于聚丙烯酸（PMA）或聚丙烯醇（PVA）与硼酸、草酸和氢氧化锂合成了新型的单离子导体电解质 LiPVAOB 和 LiOPAAB，结构如图 6-9 所示。这两个分子与 LiBOB 结构类似，将一端的草酸用聚丙烯酸（或聚丙烯醇）代替，得到阴离子固定的单离子导体。在加入塑化剂 PC 之后，电解质隔膜的室温离子电导率为 10^{-6} S/cm，电化学稳定性达到 7.0V，在高压锂离子电池应用方面很有前景。与此同时，Wang 等人使用酒石酸为前体与硼酸和氢氧化锂制备了单离子导体 PLTB。PLTB 与 PVDF-HFP 共混之后制备的电解质隔膜在加入塑化剂之后室温离子电导率为 10^{-4} S/cm。两类电解质离子电导率的巨大差异是因为两者制备隔膜时的方法不同。前者直接自己单独成膜，后者加入 PVDF-HFP 制成了电解质隔膜。PLTB 的电化学窗口室温下在 5.0V，也满足一般高压正极的要求。还可将PLTB 与 $LiMn_2O_4$ 正极组成电池，结果发现 $LiMn_2O_4$ 的循环稳定性得到明显增强。

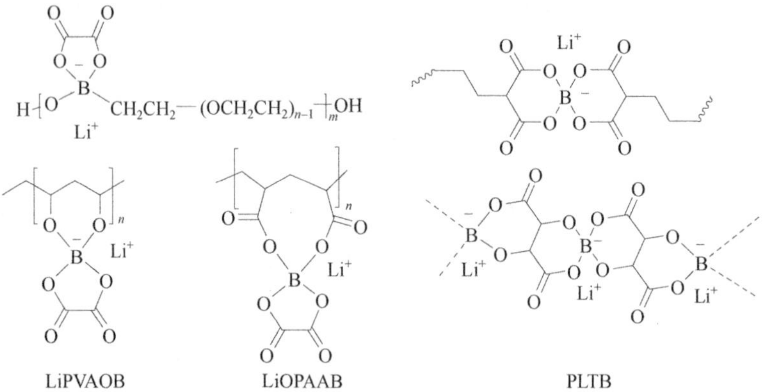

图 6-9 基于脂肪族配体的硼酸锂单离子电解质结构示意图

除了使用脂肪族配体外，基于芳香族配体的硼酸酯基单离子电解质也受到许多关注。Cheng 等人报道了一系列基于芳香羧酸和酚的单离子电解质，主要结构如图 6-10 所示。使用芳香族羧酸配体的硼酸酯制备通常需要经过两步：第一步，需要对羧基进行硅甲基化；第二步，硅甲基化之后的羧酸与小分子 $LiB(OCH_3)_4$

发生聚合反应。该合成步骤的优点是适用于所有含有两个及以上羧基的脂肪族或者芳香族羧酸,结构变化更多。制备的单离子电解质在加入塑化剂 EC/PC 之后离子电导率为 $10^{-4} \sim 10^{-3} \text{S/cm}$,电化学稳定性在 $4.0 \sim 4.2\text{V}$,比基于脂肪族配体的要低一些,不过已可满足离子电池的要求。这种合成步骤需要预先对羧酸进行硅甲基化,合成流程相对较长。为了简化流程,Cheng 等人提出使用酚类直接与小分子的 $\text{LiB}(\text{OCH}_3)_4$ 发生聚合。酚类单离子电解质中比较有代表性的是以聚对乙烯基苯酚、苯酚和 $\text{LiB}(\text{OCH}_3)_4$ 得到的 LiPVPPB。在加入塑化剂 EC/PC 之后,电解质的室温离子电导率为 $4.4 \times 10^{-4} \text{S/cm}$,电化学窗口达到 4.5V。更重要的是由于含有聚苯乙烯结构,与 PVDF-HFP 共混之后的电解质隔膜与电极有良好的兼容性。在以 LiFePO_4 为正极的组装的半电池中,倍率性能可以达到 $3C$。

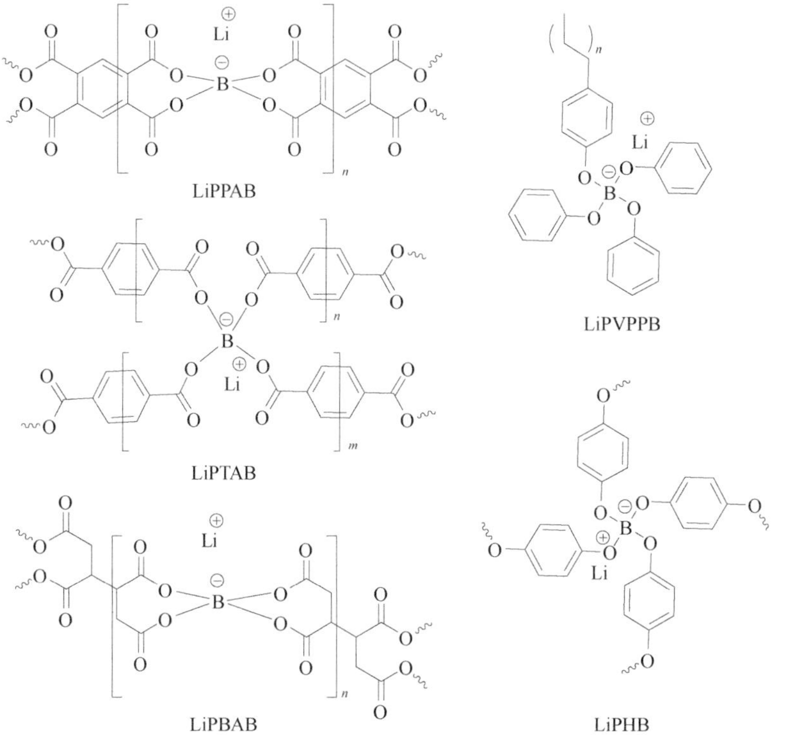

239

图 6-10 基于芳香族配体的硼酸酯单离子电解质结构示意图

6.1.5 其他阴离子

P 和 Al 也可以与羧酸形成类似 LiBOB 的结构,如图 6-11 所示。在 20 世纪90 年代,Shriver 等人报道了基于聚醚连接的四烷基铝酸盐网络结构的钠离子导体电解质。后续的研究工作包括使用基于硅酸盐、硅铝酸盐和硫代铝酸盐的单离子导体电解质。这些合成的单离子电解质的室温离子电导率都可以到达到 $10^{-5}\,S/cm$，但是机械性能较差。基于磷酸酯的电解质在聚合之前表现出不错的室温离子电导率，但是聚合之后离子电导率显著下降，总体来讲离子电导率偏低。

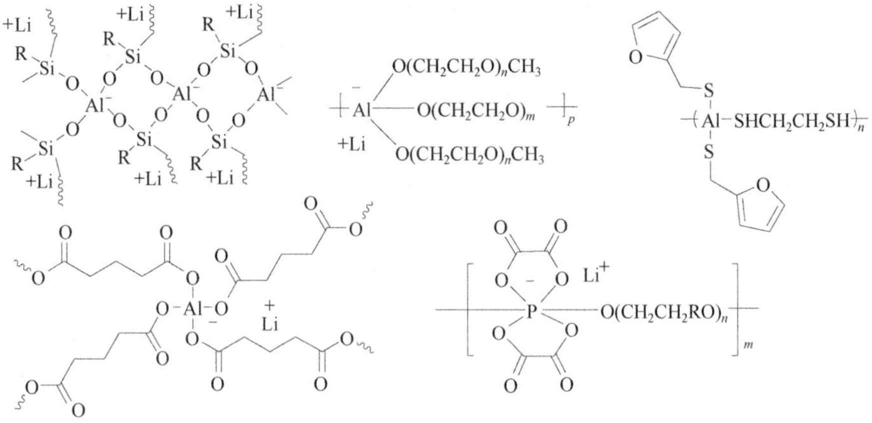

图 6-11 基于其他阴离子的单离子电解质结构示意图

6.2 基于有机无机混合材料的单离子导体电解质

在传统的固体聚合物电解质中，有机无机材料的组合得到了较好的应用。例如加入纳米无机填料可以显著地提升聚合物电解质的机械性能，而且部分无机填料还可以提升离子电导率。这在第 5 章中有详细的介绍。

在最近的几年里，研究者们提出了基于纳米无机材料的新型混合电解质。Vioux 等人使用溶胶-凝胶法在低聚硅氧烷接枝磺酸锂基团然后与 PEO 进行共聚得到单离子电解质。其中低聚硅氧烷同时连接 PEO 聚合物和磺酸锂基团，充当体系中的交联剂、无机填料和锂离子源。制备的电解质表现出优异的机械强度（剪切模量达到 6MPa）但是离子电导率较低，在 60℃ 时只有 $10^{-8}\,S/cm$。这是因为磺酸根阴离子与锂离子之间的作用力较强。

Liu 等人将基于苯磺酸锂的聚合物电解质接枝在无极 SiO_2 颗粒上与聚乙二醇二甲醚共混制备电解质隔膜。由于阴离子被固定在 SiO_2，只有锂离子可以迁移形成单离子导体。但是该共混电解质在 60℃ 时离子电导率仅为 $10^{-7}\,S/cm$。为了提高离子电导率，可以将聚氧化乙烯丙烯酸酯与对苯乙烯苯磺酸锂进行共聚，由于 EO 基团的存在促进了锂离子的解离以及传导。60℃ 时离子电导率可以提升至 $10^{-6}\,S/cm$。此外还可以使用离域程度更高的三氟磺酰亚胺锂替代磺酸锂，60℃ 时离子电导率可以进一步提升至 $10^{-5}\,S/cm$。这些结果表明阴离子电荷的离域化可以促进锂离子与阴离子的解离，提升电解质体系中可自由移动的锂离子浓度，

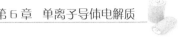

提升电导率。

Armand 等人使用电荷离域程度非常高的苯磺酰三氟甲磺酰亚胺阴离子制备了性能优异的有机无机混合电解质。他们将甲基苯磺酰三氟甲基苯磺酰亚胺锂接枝在 SiO_2 或 Al_2O_3 颗粒上然后再接枝聚乙二醇链。该复合聚合物电解质即使在高温时也表现出单离子行为，但是只有中等的离子电导率，在 60℃时只有 $10^{-4}S/cm$。

基于无机纳米材料的单离子导体电解质为开发新型的单离子导体电解质开辟了一个新的方向。

6.3　基于阴离子受体的单离子导体电解质

一种提高离子迁移数的方法是通过引入中性阴离子受体来部分固定阴离子。该策略的基本原理本质上就是基于路易斯酸碱的相互作用。更确切地说是与阴离子相互作用，提升负电荷的离域化程度，从而增强锂盐的解离度。在一些特殊的情况下，阴离子受体还与锂盐的阴离子之间存在氢键作用。

在 20 世纪 90 年代，Mehta 等人合成了不同的基于硼酸酯的路易斯酸阴离子受体。这些阴离子受体是以 B/O 交替形成的六元环为中心，如图 6-12a 所示，阴离子中酯基可以是一些低分子量的聚氧化乙烯，但是其末端使用甲基封端；低分子的氧化乙烯可以直接接聚得到聚合物。在 $LiCF_3SO_3$ 与聚甲基丙烯酸酯的共混电解质体系中加入质量分数为 40% 的阴离子受体，结构如图 6-12a 所示，锂离子迁移数可以提升至 0.80，但是室温离子电导率也同时下降，从 $10^{-5}S/cm$ 下降至 $10^{-6}S/cm$，与单离子聚合物电解质相当。这是因为阴离子受体与阴离子之间强相互作用限制了阴离子的移动，减少了载流体的数量，降低了离子电导率。当使用类似结构的聚合物阴离子受体时，对应的锂离子迁移数和离子电导率也发生了类似的变化，不过聚合物阴离子受体与进行共混的聚合物基底之间的兼容性更好。另外需要指出的是，硼酸酯结构在水中是不稳定性的。

Matsumi 等人制备了另一种基于硼的阴离子受体，如图 6-12b 所示。其中 B 中心原子与两个氧原子、一个碳原子形成共价键，C—B 优异的稳定性可以提升该中心的稳定性。此外与 B 相连的 C 原子两个邻位存在两个甲基，从空间上可以一定程度上保护 B 不被亲核试剂进攻，进一步提升结构的稳定性。该受体与 $LiCF_3SO_3$ 共混电解质的锂离子迁移数为 0.5，要低于其他阴离子受体。这很有可能是因为上述两个稳定 B 中心原子的因素导致了 B 与阴离子之间作用力的下降。

而且 Scrosati 等人提示使用超分子的杯芳烃作为阴离子受体。在 PEO-LiI 组成的电解质中加入杯芳烃之后，锂离子迁移数从 0.25 提高至 0.50。杯芳烃由于其特殊的结构可以捕获特定大小的阴离子形成稳定的络合物，降低阴离子的迁移率。这类杯芳烃对于三氟磺酸锂也同样有效。加入杯芳烃还可以抑制金属锂负极表面的 SEI 层的增长。Johansson 等人通过计算得到类似结构的杯吡咯与阴离子

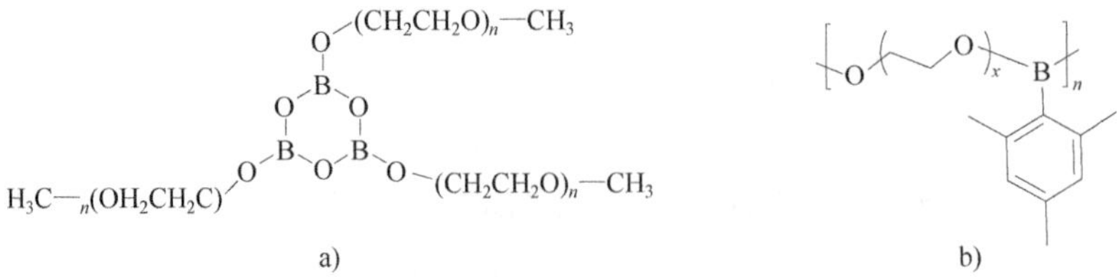

图 6-12　基于硼的阴离子受体结构示意图

存在较强静电作用，而对阳离子亲附力很小，因此也可以起到类似的作用。

在杯芳烃下边缘引入不同活性基团得到的衍生物可以有效地捕获碘负离子和三氟甲磺酸阴离子，可以有效地提高 LiI 和 LiTf 的锂离子迁移数。但是必须加入大百分比的杯芳烃才可以达到，而较多的杯芳烃会影响所研究的电解质体系离子电导率。主要原因可能是由于杯芳烃空间体积较大，导致了溶液黏度的提升，增加了离子传导的阻力。所以 Kalita 等人选择了体积相对较小的杯吡咯作为阴离子受体，在 PEO-LiBF₄ 组成的电解质中可以显著地提升锂离子迁移数。在 70℃时加入 25%（摩尔分数）的杯吡咯可以将体系的锂离子迁移数从 0.3 提升至 0.8。该复合电解质的锂离子迁移数对所加入的杯吡咯的浓度依赖较小。由于可以使用较小浓度的杯吡咯，所以在提升锂离子迁移数的同时并没有像杯芳烃一样显著地降低离子电导率。

在杯吡咯的后续研究中，Siekierski 等人比较了杯吡咯阴离子受体对于 PEO-LiTF 和 PEO-LiTFSI 组成的电解质体系物理化学性质和离子传导的影响。研究表明，杯吡咯的加入对于 LiTf 基的固体电解质的性质影响较大。与之相反，LiTFSI 与阴离子受体没有明显的相互作用，而且锂盐的存在导致杯吡咯和 PEO 基底的互溶性降低，形成杯吡咯的聚集体。这种观察到的巨大差异是因为 TFSI⁻ 阴离子的表面电荷离域化明显高于 Tf⁻。

Stephan 等人对杯吡咯进行了修饰，在杯口引入非极性的苯环。修饰之后的杯吡咯可以显著地提升 PEO-LiTf 电解质的锂离子迁移数（从 0.23 到 0.78）。此外，该阴离子受体的加入还提升了电解质与金属锂负极的界面性能。

Bronstein 等人报道了含有机-无机复合物的 PEG-LiTf 的固体聚合物电解质，其中无机组分为含有硼的二氧化硅网络结构。有机-无机复合中硼原子与三个路易斯酸配位，形成强亲电试剂，因此相比于二氧化硅可以更好地与三氟磺酸根阴离子相互作用。在合适的硼浓度时可以同时提升离子电导率和锂离子迁移数。最优的三乙基硼酸酯浓度可以形成更小的有机-无机复合物，可以暴露出更多的硼位点与阴离子作用。当含有物质的量分数 10% 的三乙基硼酸酯时，体系的离子电导率为 4.3×10^{-5} S/cm，锂离子迁移数为 0.89。

在使用阴离子受体来提高锂离子迁移数时，阴离子受体的差选择性和自聚集是限制其在实际应用中的主要问题，进一步的研究需要关注阴离子受体与电极材料的兼容性。

第7章 无机陶瓷电解质

无机陶瓷电解质是一种无机固态电解质，因为不使用易燃的有机溶剂，且本身热稳定性很高，所以安全系数很高。无机陶瓷电解质中锂离子迁移数通常接近于1，是明显的单离子导体，且无机固体电解质的机械强度通常较大，因此无机陶瓷电解质理论上可以完全消除锂枝晶的形成与生长，是理想的电解质材料，尤其是与金属锂负极联用。一般来讲，无机陶瓷电解质的电化学窗口都高于5.0V，可以与高压正极联用，极大地提升电池的能量密度。此外，部分无机陶瓷电解质的电导率已经接近液体电解质的水平，有了锂离子电池实际应用的基础。

7.1 固体中离子传导的基础

固态离子导体是由可以移动的离子、金属与非金属离子构成，其中金属与非金属离子通常与配体构成多面体组成晶体的骨架。周期表中超过一半的元素被尝试用于固态导体。许多阳离子和阴离子可以在固体中传导包括 H^+、Li^+、Na^+、K^+、Cu^+、Ag^+、Mg^{2+}、F^-、Cl^-、O_2^-。其中最早的拥有高离子电导率的固体导体之一是 AgI，是跟随钠离子导体 β-Al_2O_3 和 NASICON 等快速锂离子导体发展得到的。最近的研究表明二价阳离子，例如 Mg^{2+} 在电子和离子混合导体 $Mg_xMo_6T_8$（T 是 S 或 Se）和离子导体 $Mg(BH_4)$-(NH_2) 中拥有合理的迁移率。一些阴离子也可以在卤化物和氧化物中移动，例如在提高温度时的阳离子导体。许多金属和非金属离子可以构建多面体网络骨架，而硫族元素、卤素和氮可以作为配体。在第一列和第二列的前期过渡金属例如 Ti^{4+}、Zr^{4+}、Nb^{5+}、Ta^{5+}（其中 d 轨道上没有电子，因此没有明显的电子电导率）和来自第三主族ⅢA 的离子（例如 Al^{3+} 和 Ga^{3+}），第四主族ⅣA 的离子（例如 Si^{4+} 和 Ge^{4+}），第五主族ⅤA 的离子（例如 P^{5+}）与配体形成12 配位、8 配位、6 配位和4 配位的多面体。为了形成晶体的骨架，这个多面体可以通过不同方式组织，例如有序地构成单独的多面体结构例如 γ-Li_3PO_4，与 NASICON 一样共用顶角，或与 garnet 类似共用边缘/顶角。这些多面体可以出现在无定型的固体中，但是缺少晶体结构中的长程有序结构，其中一个例子是无定型的 LiPON。

在晶体结构中，离子的价态和尺寸都会严重地影响离子电导率。由于自由离子与阳离子之间提升的静电相互作用而形成的骨架结构，离子的离子电导率和扩散随着价态的增加而减小。价态对于一价、二价和三价离子的扩散系数的影响可以用 Li_2SO_4 以及异价取代的 Li_2SO_4 很好地说明。在硫酸锂中从一价离子到三价离子，其对应的扩散系数下降了三个数量级，随着明显的活化能的增加，一价离子包括阴离子、钠离子和锂离子表现出最高的离子电导率并不令人惊讶。相反，这些离子在室温的水溶液中的迁移系数与离子价态也有类似的趋势，但是在晶体中由于不同的离子传导机理导致扩散系数对于价态的依赖性较小。

除了迁移离子的价态，离子尺寸也可以显著地改变离子电导率。例如，Pb^{2+} 的扩散比 Mg^{2+} 的扩散大一个数量级，Mg^{2+} 的活性化比 Pb^{2+} 的活性化大两倍。有趣的是，扩散与离子半径的关系并不是单调的，与价态提高扩散变慢相反。例如最优的离子尺寸（钠离子）在给定的结构中，$\beta\text{-}Al_2O_3$ 是所有一价离子中扩散率最快、活化能最小的。要得到最快的扩散率，离子在给定的结构中既不能太大也不能太小。当可移动的阳离子太小，阳离子会占据拥有较大静电井的位点，与周边的对应阴离子更近，导致高的活化能和慢的扩散率。另一方面，当可移动的阳离子太大时，在结构骨架中扩散过程会遇到"瓶颈"位置更大的阻力，导致减小的迁移率和高的活化能。因此设计快速的锂离子导体需要调节合适的晶体结构以得到最佳的离子扩散通道。

244

7.2 离子传导的机理和性质

固体导体中的离子传导机理与液体电解质传导机理大不相同。本章主要比较锂离子传导在晶体和非极性溶剂中的区别。锂离子在非极性液体电解质中的传导涉及溶剂化的锂离子在溶剂介质中的移动。锂离子在非质子性电解质中的电导率的提高可以使用更高介电常数的溶剂来提升盐或离子的解离，使用低黏度的溶剂促进溶剂化离子的迁移。由于溶剂化的分子和溶剂分子之间有较快的交换，锂离子在非质子性电解质中的电位曲线比较平。相反，可移动物质在晶体结构中的扩散需要穿过周期性的瓶颈点，决定了其在最低能量路径中周期性地存在能垒。这个能垒通常被认为是迁移能或动能，极大程度上影响了离子的迁移率和离子电导率，其中低的能垒可以得到高的离子迁移率和电导率。

晶体的离子电导率还与晶隙、空位和部分占据的晶格和晶隙有关，这些直接决定了离子能量缺口或缺陷形成能。此外，晶隙和缺陷可以通过异价阳离子取代来制造，其形成的能量由捕获能决定。在固体和外在环境中，由活化能决定的离子电导率同时与缺陷形成能和迁移能相关。固体晶体中的锂离子电导率可以表达为可移动的单位体积的阴离子，锂离子电荷二次方和锂离子绝对迁移率的乘积。考虑到没有相互作用的锂离子，其绝对迁移率与锂离子扩散系统的关系可以通过 Nernst-Einstein 方程构建：

$$D = D_o = e^{-E_a / k_B T}$$

$$\mu = \frac{D}{k_B T}$$

式中，T 是绝对温度；k_B 是玻尔兹曼常数。

锂离子电导率可以表达为

$$\sigma = \frac{\sigma_o}{T} e^{-E_a / k_B T}$$

式中，E_a 是扩散的活化能。在超离子导体中，可移动离子的浓度与温度无关，E_a 可以认为是迁移能。

例如在 α-AgI 中，当温度高于 146℃ 时的离子电导率比低温下高四个数量级，是因为存在了部分占据的类似熔融状态的阳离子亚晶格。对于可移动的锂离子在固有的和取代的锂离子导体中，活化能等于迁移能和缺陷能之和的一半。对离子电导率取对数与温度的倒数作图可以得到锂离子传导的活化能，而且锂离子迁移数在固体晶体也接近 1。但是常用的液体有机电解质的锂离子迁移数在 0.2 ~ 0.5 之间，使得固态导体中离子电导率比液态电解质小 67% ~ 84%。

尽管锂离子的电导率可以随着可移动锂离子的浓度在通过异价离子取代制造间隙或空位的方式下一起增加达到最大值，然而当可移动组分含量过大占据晶格，与锂离子之间形成相互作用时离子电导率开始下降，此时可移动的锂离子浓度不再与锂离子浓度有关。最优的异价取代之后，离子电导率的下降是由于取代导致的局部结构扭曲或超过可移动锂离子的最优浓度和外在缺陷导致的迁移能的上升。在一个临界的取代浓度以上，晶格的扭曲非常明显导致迁移能的下降或外在缺陷的下降超过了可移动离子浓度提升的贡献，因此总的离子电导率下降。

245

7.3　固体电解质

目前常见的固态导体结构包括 LISICON 型、硫银锗矿、石榴石、NASICON 型、氮化锂、氢化锂、钙钛矿、卤化锂，其代表的离子电导率如图 7-1 所示。从图中可以知道，氮化锂、NASICON 型、石榴石、硫银锗矿和 LISICON 型的代表物质其离子电导率已经达到 10^{-3} S/cm，尤其是 LISICON 型和 Aygyrodite 代表物质已经超过液体电解质的电导率，加之优异的安全性能，作为锂离子电池的电解质很有前景。

7.3.1　LISICON 型

LISICON 和硫代 LISICON 化合物的晶体结构与 γ-Li_3PO_4 结构类似，如图 7-2 所示，是正交晶系属于 Pnma 空间群，其中阳离子是四面体配位。这个结构可以

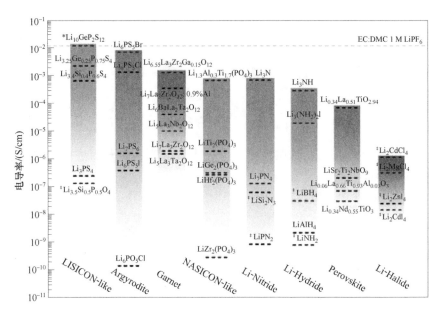

图 7-1　室温下常见的固态锂离子导体的电导率

被认为是扭曲的氧原子紧密堆积形成的六方晶型，堆积的平面与 c 轴正交，其中阳离子（例如 Li_3PO_4 中的锂离子）分布在两种晶体学不同的四面体晶隙中，沿着 a 轴形成一维的平行链。位于 LiO_4 四面体中的锂离子在这些四面体和 PO_4 四面体的间隙之间扩散。使用 Si^{4+} 或者 Ge^{4+} 进行异价取代 γ-Li_3PO_4 中的 P^{5+} 可以制造这个的组分例如 $Li_{3+x}(P_{1-x}Si_x)O_4$，导致锂离子快速传导。通过取代造成的过量锂离子不能完全容纳在结构中的四面体位点，则会占据晶隙位置，导致临近的锂离子距离不同，提高了离子电导率。使用 S 取代 O 可以形成硫代 LISICON 族 $Li_{3+x}(P_{1-x}Si_x)S_4$，可以进一步提高锂离子电导率三个数量级。

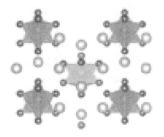

图 7-2　LISICON 晶体结构示意图

$Li_{10}MP_2S_{12}$（M = Si、Ge 或 Sn）和 $Li_{11}Si_2PS_{12}$ 家族在室温下拥有最高的锂离子电导率，其中 $Li_{10}GeP_2S_{12}$ 结构属于 $P4_2/nmc$ 空间群，由独立的 PS_4 四面体和

GeS₄四面体构成的正方晶系，其中占据了两个不同晶体学位点：2b 位点完全被磷占据，4d 位点由磷和锗 1:1 共享。锂离子分布在四个晶体学位点（4c、4d、8f、16h）。八面体配位的锂（即 4d 位点）沿着 c 轴与（P/Ge）S 四面体的 4d 共用边缘，沿着 a 轴和 b 轴与 PS₄四面体的 2b 共用顶点，形成结构的骨架。

八面体 4d 位置的锂离子比其他两个四面体配位（8f 和 16h）的锂离子移动性更低，因为四面体通过共用边缘形成了一维链。计算得出的一维孔径中迁移能较小只有 0.17eV，而在 ab 平面的扩散较大为 0.28eV，因为连接扩散通道的 LiS₆八面体中锂离子的移动性相对较差。但是，最近的计算表明锂离子除了可以在孔道中沿着 c 轴扩散还可能存在于 ab 平面，因为 ab 平面与一维的孔道实际是由 4c 位点相连接，但是 4c 位点一直被忽视。拥有最优的孔道大小是获得高锂离子电导率的关键。该优异的结构使得 Li₁₀Ge₂P₂S₁₂ 的电导率在 27℃达到 12mS/cm，可以与液体电解质相媲美。与液体电解质相比，其稳定的工作温度区间可以大大拓展至 −110 ~ +110℃。在 Li|电解质|Au 构成的电池中评估电解质的电化学稳定性。在 −0.5 ~5V 区间的伏安测试结果中没有观察到明显的分解电流，表明该电解质在区间可以稳定存在。进一步研究该电解质中的电池性能，构建以 LiCoO₂为正极，金属 In 为负极的全固态电池。在 14mA·h/g 电流下，该电池的放电容量达到 120mA·h/g，且从第二圈开始库仑效率接近 100%，表现出优异的电化学性能。但是该电解质与金属锂不稳定，不能直接用于锂电池。

当使用 Sn 取代 Ge 时，因为锡比锗体积更大所以得到 Li₁₀SnP₂S₁₂ 的晶胞体积更大。尽管 XRD 测试表明 Li₁₀SnP₂S₁₂ 与 Li₁₀GeP₂S₁₂结构相同，同属于 P4₂/nmc 空间群。但是由于 Sn 离子体积大，导致锂离子的分布产生了变化。锂离子仍然分布在四个位点，但是发现有两个在 16，一个在 4d，一个在 4c。所有的部分占据的 Li1 位点和 Li2 位点都位于孔道中与晶体的 c 轴平行。这些位置的锂离子可以通过晶格直接跳跃到部分占据的位点，而不是必须要通过没有占据的间隙位点，这样的锂离子占总锂离子数量的 60%。有 20% 的锂离子占据在 Li3 位点位于孔径中与 a 轴平行，剩下 20% 的锂离子在沿着 b 轴的孔道里。这些锂离子需要穿过被占据的间隙位置才能有效地移动。该电解质的离子电导率在 27℃只有 4mS/cm，相比于 Li₁₀GeP₂S₁₂有所下降。不过电解质的成本相比于 Ge 的对应物有了大大降低。不过由于没有给出相关的电池数据，其在电池中的实际应用仍待考证。

除此以外，Whiteley 等人还合成了 Si 的对应物 Li₁₀SiP₂S₁₂。相比于 Ge 的对应物，晶胞体积有了一定的减小。根据 XRD 分析确定合成的 Li₁₀SiP₂S₁₂同属于 P4₂/nmc 空间群，但是也发现合成的样品中存在第二相，阻碍了超离子导体相的形成，因此室温的离子电导率也有一定的下降，为 2.3mS/cm。该电解质的电化学稳定性是直接在金属锂表面使用伏安法测定，在 0 ~5V 区间内没有明显的分

解电流，表明该电解质拥有宽的电化学窗口。进一步研究电解质与金属锂的兼容性，通过周期性测量 Li | $Li_{10}SiP_2S_{12}$ | Li 电池的阻抗，结果发现 $Li_{10}SiP_2S_{12}$ 比 $Li_{10}GeP_2S_{12}$ 的钝化层电阻要小，这是因为含 Si 物质对金属锂的稳定性和其分解产物的电子绝缘性更好。以预先原子沉积的 Al_2O_3 层的高压材料 $Li(Ni_{1/3}Mn_{1/3}Co_{1/3})O_2$ 为正极，金属锂为负极组装半电池。该电池在 0.1C 倍率下，75 次充放电之后容量保持率接近 90%，表现出优异的电化学性能。

除了分别单独使用 Ge、Sn、Si 以外，还可以使用三元混合物 $Li_{10}(Ge_{1-x}M_x)P_2S_{12}$（M = Si、Sn），对于 Sn，$0 \leqslant x \leqslant 1$，对于 Si，$0 \leqslant x < 1$。其中最高的离子电导率对应的组成是 $Li_{10}Ge_{0.95}Si_{0.05}P_2S_{12}$，达到 8.6mS/cm，拥有最优的离子通道与 $Li_{10}GeP_2S_{12}$ 类似，并已经被分子动力学从头计算所证实。

7.3.2 硫银锗矿

Li_6PS_5X（其中 X = Cl、Br 或 I）是一种新发现的锂离子快速导体，其中 Li_6PS_5I 的离子电导率高达 7mS/cm。其结构与 Cu_6PS_5X 和 Ag_6PS_5X 相同，基于阴离子四面体紧密堆积形成晶体骨架，属于 $F\bar{4}3m$ 空间群，如图 7-3 所示。在这个紧密堆积的结构中，磷原子填充在四面体的间隙中，形成了独立的 PS_4 四面体网络结构（与硫代的 LISICON 结构类似），而锂离子随机地分布在剩余的四面体间隙中（48h 和 24 个位点处）。锂离子的迁移是通过部分占据的位点形成的六面体笼，在 Li_6PS_5Cl 中，该六面体笼由卤素离子周围的间隙位点相互连接，在 Li_6PS_5I 中，由硫阴离子周围的间隙位点相互连接。其对应的活化能非常低，在 0.2~0.3eV 之间，这是因为部分占据位点形成的六面体非常适合锂离子的迁移。锂离子在六面体笼不同的连接位点中分布以及亚晶格中的 S^{2-}/X^- 的无序同样存在于氯化物和溴化物中，但是不存在于碘化物中，这也解释了为什么 Li_6PS_5I 的离子电导率明显低于 Li_6PS_5Cl 和 Li_6PS_5Br。离子电导性的不同突出了无序在提升离子电导率方面的重要性。此外，在结构中使用氧取代硫也导致离子电导率下降几个数量级，这个趋势与在 LISICON 型和硫代 LISICON 型导体中发现的类似。初步结果表明，这些 Li_6PS_5X（X = Cl、Br 或 I）的电化学窗口非常宽，在 0~7V（相对于 Li/Li⁺）。不过需要指出的是这些样品通常都是高能球磨之后高温煅烧结晶获得，其样品的离子电导率也与球磨时间和煅烧温度直接相关，通常在一定范围内随着温度的升高而升高。Rao 等人进一步研究该电解质在电池中的电化学性能，以 $Li_4Ti_5O_{12}$ 为正极，锂片为负极组装全固态电池。该电池在小电流下表现出良好的电池稳定性，在 60 次充放电循环过后容量没有明显衰减。不过电极容量不到理论值的一半，还有待提升。

7.3.3 NASICON 型

NASICON 骨架通常是斜方六面体，属于空间群 $R\bar{3}c$，如图 7-4 所示，尽管

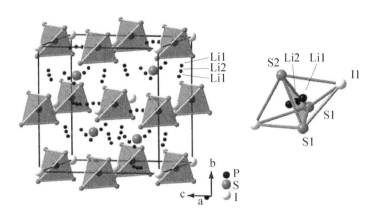

图 7-3　Li_6PS_5I 晶体结构以及含有 Li1 和 Li2 的共面 S_3I_2 双四面体

也有单斜晶系和正交晶系。$Li_{1+6x}M_{2-x}^{4+}M'_x^{3+}(PO_4)_3$ 磷酸盐（其中 L 可以是 Li 或 Na，M 可以是 Ti、Ge、Sn、Hf 或 Zr，M'可以是 Cr、Al、Ga、Sc、Y、In 或 La）通常由单独的 MO_6 八面体与 PO_4 四面体共用顶点相互交替连接而成。其中结构中的锂离子占据 2 种不同的位置：在 2 个 MO_6 八面体之间的六配位的 M1 位点和位于 2 类 MO_6 八面体中间的 8 配位的 M2 位点。锂离子的迁移是通过在这 2 个位点之间的跳跃完成的，所以这 2 种位点处的部分占据的锂离子对于锂离子的快速传导非常重要，尤其是对于结构中锂离子的传导过程需要通过空位的连接点才能实现体系中的三维扩散的化合物。提升锂离子电导率的方法主要有 2 种：第一，改变网络结构的大小可以极大地影响锂离子的传导，而锂离子传导的瓶颈通常在于这两处位点之间的迁移。例如，使用更大体积的金属离子 M 例如从 Ge^{4+}（0.053nm）、Ti^{4+}（0.0605nm）到 Hf^{4+}（0.071nm）可以增大瓶颈处的体积，所以对应的锂离子电导率可以提升四个数量级。而且，M1 和 M2 位点之间的瓶颈尺寸还直接与锂离子在 $LiMM'(PO_4)_3$ 传导的活化能相关，在一定范围内瓶颈尺寸增加，活化能线性下降，这进一步证实了瓶颈尺寸的优化对于实现离子快速传导有至关重要的影响。第二，通过异价阳离子 M'^{3+} 的掺杂例如 Al^{3+} 和 Sc^{3+} 可以极大地增加自由锂离子的浓度以及迁移率，从而提升离子电导率。但是，掺杂的程度应该低于 15%（即 $x=0.3$），因为这些异价阳离子半径明显小于原有的阳离子，在结构中不能有效地占据之前阳离子的位置，如果含量超过限度，很容易从结构中溢出形成单独的相，这在之前已经有过报道。在这些结构中，$Li_{1.3}Al_{0.3}Ti_{1.7}(PO_4)_3$ 拥有最高的室温离子电导率，达到 3mS/cm。另外 NASICON 型的导体在不仅在空气中和水中有很好

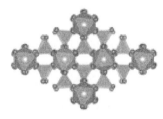

图 7-4　NASICON 晶体示意图

的稳定性，而且阳极稳定性也很高。但是，与钙钛矿类似。含钛的 NASICON 导体在低电位时容易被还原。但是必须指出的是尽管这类材料可以达到较高的离子电导率，但是并没有任何的电池数据的报道，其电池性能还有待研究。

7.3.4 石榴石

拥有通用的 $A_3B_2(XO_4)_3$ 配方的氧化物，例如 $Ca_3Al_2(SiO_4)_3$，由石榴石结构演变而来，如图 7-5 所示，是立方晶系属于空间群 $Ia\bar{3}d$。位点 A 是八配位的（反棱柱的位点），位点 B 是六配位的（八面体位点）和位点 X 是四配位的（四面体位点）。在锂离子导体的石榴石中，锂离子占据了四面体位点，与 $Li_3Nd_3Te_2O_{12}$ 结构一致。但是，为了得到室温下可观的离子电导率，可以通过调节 A 和 B 的价态引入更多的锂离子，得到几个不同化学计量比的锂离子导体石榴石例如 $Li_3Ln_3Te_2O_{12}$（Ln = Y、Pr、Nd、Sm-Lu），$Li_5La_3M_2O_{12}$（M = Nb、Ta、Sb），$Li_6ALa_2M_2O_{12}$（A = Mg、Ca、Sr、Ba；M = Nb、Ta）和 $Li_7La_3M_2O_{12}$（M = Zr、Sn）。在 $Li_3Ln_3Te_2O_{12}$ 石榴石结构中，锂离子只存在于四面体位点，所以离子电导率很低。此外，在石榴石结构中引入高价阳离子 M^{5+} 也可以引入额外的锂离子，例如 $Li_5La_3M_2O_{12}$，锂离子分布在四面体和扭曲的八面体位点。通过二价离子取代 La^{3+} 且 M = Zr^{4+} 时，得到的 $Li_6ALa_2M_2O_{12}$ 和 $Li_7La_3M_2O_{12}$ 结构中锂离子的浓度更高。通常来讲，石榴石结构中的锂离子浓度越大，对应的锂离子传导越快。但是，使用异价离子 Ba^{2+} 取代 La^{3+} 所提升的离子电导率的程度无法用锂离子浓度的增加来解释。例如从 $Li_5La_3Ta_2O_{12}$ 到 $Li_6BaLa_2Ta_2O_{12}$，其锂离子电导率提升了一个数量级。这或许是因为异价离子的掺杂会导致锂离子在四面体和八面体分布位点发生变化。从 $Li_3Ln_3Te_2O_{12}$ 到 $Li_7La_3M_2O_{12}$，锂离子电导率提升了 9 个数量级，说明占据在扭曲八面体位点的锂离子在提高总的离子电导率方面起到了关键作用。使用异价离子 Sb(20%)、Ta(50%) 或者 Nb(100%) 取代 Zr 时可以显著地提升 $Li_7La_3Zr_2O_{12}$ 的离子电导率，在 Sb 情况中是通过优化锂离子的分布，在 Ta 情况中是通过增加锂离子的浓度。LLZO 的立方结构对于获得高离子电导率非常关键，其中锂离子在四面体和八面体上分布是无序的。

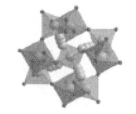

图 7-5　石榴石晶体示意图

Al 的微量（0.9%）掺杂可以有效地稳定 LLZO 的立方晶相，相比于没有掺杂的四方晶系的 $Li_7La_3Zr_2O_{12}$，锂离子电导率提升了两个数量级，活化能也明显降低（掺杂之后的活化能 0.34eV，未掺杂的活化能 0.49eV）。因为在没有掺杂的 $Li_7La_3Zr_2O_{12}$ 中，锂离子有序地分布在四面体和八面体位点处。此外，在晶界处形成的 $LiAlSiO_4$ 和 $LiGaO_2$ 也可以一定程度上促进 Al 掺杂的 LLZO 和 Ga 取代的

LLZO 的高离子电导率。进一步研究发现，这些石榴石锂离子电解质其热稳定性高达 900℃，更重要的是可以对金属锂稳定，尽管有些工作发现石榴石结构对正极不稳定。

7.3.5 钙钛矿

理想的钙钛矿结构拥有 ABO_3 的通用配方，是立方晶胞，属于空间群 $Pm\overline{3}m$，如图 7-6 所示。其中位点 A（通常是碱土金属或者稀土金属）在立方体的顶角，B 位点（通常是过渡金属离子）在中心，氧原子在面心位置。位点 A 是 12 配体，位点 B 是 6 配位，而且通常共用顶点。锂离子可以通过异价掺杂被引入钙钛矿的位点 A 处，生成组分例如 $Li_{3x}La_{2/3-x}M_{1/3-2x}TiO_3$。引入新的锂离子同时修饰了结构中锂离子和空穴的浓度以及空穴与它们的相互作用（导致了锂离子/空穴在与 c 轴正交的平面中的有序性），可以明显地影响离子电导率。锂离子的扩散是通过在 ab 平面内穿过由构成八面体顶角的氧原子形成的平面正方形瓶颈跳跃至临近的空位。一个最近的计算研究表明：如果正交于 c 轴的层状中位点 A 处没有明显有序性，在这样的情况下锂离子可以沿着 c 轴扩散，这与实验得到的离子电导率可以更好地符合。瓶颈处的尺寸可以通过在位点 A 处使用大的稀土或碱土金属来增加，可以明显地提高离子电导率。在 400K 时稀土金属离子尺寸的增加（$Sm^{3+} < Nd^{3+} < Pr^{3+} < La^{3+}$），与系统的增加主体离子电导率和减小活化能可以相关联。例如，在 $Li_{0.34}M_{0.55}$

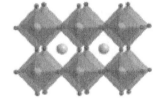

图 7-6 钙钛矿晶体示意图

TiO_3 中使用 La^{3+} 替代 Nd^{3+}，其对应的室温离子电导率提升了四个数量级。在钙钛矿家族中，$Li_{0.34}La_{0.56}TiO_3$ 拥有最高的锂离子电导率，总电导率达到 $7 \times 10^{-5}\,S/cm$，主体电导率达到 $10^{-3}\,S/cm$。除了调节瓶颈的尺寸，改变位点 B 处阳离子和氧原子的键强也可以影响离子电导率。但是，对于 Al^{3+} 取代 Ti^{4+} 只有在很窄的浓度范围内可以提升离子电导率。尽管 LLTO 的阳极稳定性很高，但是在低电位 1.5V（相对于 Li/Li^+）左右时被还原，导致该电解质不适用金属锂或石墨负极。

251

7.4 结 构 改 性

7.4.1 通过取代调节晶格体积

对于许多结构来讲，增加晶格体积可以提高锂离子电导率，减小活化能。当比较异价取代提升的锂离子电导率时，在给定晶体结构中提升单位锂原子的晶格体积导致了离子电导率的提升、活化能的下降，这适用于 LISICON 型的 $Li_{3.5}$ $M_{0.5}M'_{0.5}O_4$，NASICON 型的 $LiM_x M'_{2-x}(PO_4)_3$ 以及钙钛矿结构的 $Li_{3x} M_{2/3-x}$ $M'_{1/3-2x}TiO_3$。值得注意的是 NASICON 结构 $LiM_x M'_{2-x}(PO_4)_3$ 中单位锂原子的晶格增加对应于锂离子传导中瓶颈尺寸的增加。而且钙钛矿结构中在位点 A 处使用大体积的稀土金属离子（Sm < Nd < Pr < La）导致的晶格增加与锂离子电导率的提升和活化能的减小相关。

7.4.2 通过机械张力调节晶格体积

调节晶格体积还可以通过对离子导体施加拉力或者压缩应力来实现。密度泛函理论研究发现立方相的 $Li_7La_3Zr_3O_{12}$（LLZO）和 LGPS 的各向同性的压缩应力会显著地降低锂离子的电导率而拉伸张力没有造成任何的离子电导率的提高，表明这两种导体中的单位分子的晶格体积已经接近最优或继续增加单位分子的晶格体积不能显著地减低锂离子穿过瓶颈点时的活化能。实验证明通过调节张力提升离子电导率的可能性很小，这是由于锂的高蒸气压和沉积过程中形成的异相结构导致制备晶体薄膜非常困难。最近锂离子导体薄膜生长的技术的发展表明可以通过晶格与基底的不匹配导致的张力来调节锂离子电导率。例如，生长在 $NdGaO_3$（NGO）上的 $Li_{0.33}La_{0.56}TiO_3$ 晶体薄膜沿着 a 和 b 轴表现出各向异性的离子电导率，这是由于 NGO 在两个晶体方向施加的拉伸力不同。但是，由于测量的离子电导率之间差异较小，需要进一步研究来证实张力对于锂离子电导率的影响。

更多使用张力来调节锂离子电导率的例子存在于氧离子导体薄膜中。例如，在 1nm 厚度的钇稳定的氧化锆（YSZ）薄膜中氧离子的扩散对应的迁移能随着 Al_2O_3 对 $KTaO_3$ 基底施加的拉伸张力的增加而明显地减小。这个趋势被实验测得的氧离子在 YSZ 薄膜中的离子电导率的活化能所证实，Sc_2O_3 施加的压缩应力导致了活化能的增加或氧化铝施加的拉伸张力导致活化能的下降。对于 YSZ/Al_2O_3 和 YSZ/Y_2O_3 样品与基底之间有名无实的小张力 4% 和 3%，当拉伸张力增加时活化能下降。由于基底施加的拉力随着薄膜厚度的增加而减小，观测到的活化能随着厚度的增加而减小。得到的最小的活化能对应于 Al_2O_3 基底上 6nm 的 YSZ 薄膜，转换成离子电导率即在 300℃ 离子电导率提升了 1.5 倍。评价这些薄膜的离子电导率时需要很谨慎。第一，不同基底生长的薄膜在不同研究中差比很大，例如在 MgO、Al_2O_3 或 $SrTiO_3$ 单晶基底和 YSX/CeO_2 多层结构上生长 30~300nm 的 YSZ 薄膜时，没有观测到氧离子电导率的变化；第二，除了张力的其他因素例如界面处氧亚晶格之间的金属-氧键性质的变化，可以移动离子的浓度和界面处生成的新相都需要考虑到。

第8章 水系电解质

自从 1799 年物理学家亚历山德罗·伏特发现伏打电堆开始，水系电解质一直处于统治地位。1859 年发明的以硫酸水溶液作为电解质的铅酸电池，1989 年发明的以氢氧化钾水溶液作为电解质的镍-氢电池，占据统治地位长达一百年，而且目前仍然活跃在部分领域。

尽管水作为电解质历史悠长，但是水的热力学稳定性限制了电池的电压。比利时化学家 Marcel Pourbaix 提出了"Pourbaix diagram"（布拜图），又称电位-pH 图（图 8-1）。布拜图可以准确描述水的电化学稳定窗口为 1.23V，即在析氧的阳极电位和析氢的阴极电位之间，不管 pH 如何变化。对于单体电池而言，其能量等于电压与容量的乘积，即 $E = \int Q \mathrm{d}V$。对于水系电池而言，其工作电压受到先天的限制，因此能量密度包括质量能量密度和体积能量密度都存在瓶颈。有机系锂离子电池由于使用电压很低的负极，例如金属锂或者锂化石墨，使其能量密度相比于水系大幅提升，所以自从 1990 年出现以来，很快就席卷了电池市场，取代了有统治地位的镍-氢电池，广泛应用于智能手机、笔记本电脑等便携式电子产品。

但是基于碳酸酯类有机溶剂和 $LiPF_6$ 作为锂盐的有机系锂离子电池存在显著的安全隐患，如果热失控则会导致电池鼓包膨胀甚至着火。为了解决安全隐患，1994 年水系锂离子电池开始进入视野。

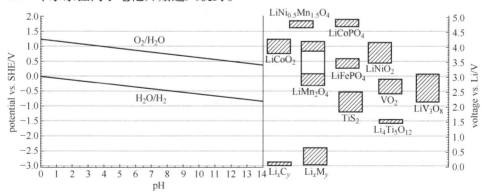

图 8-1　水的 Pourbaix diagram 和常见锂离子电池电极的锂化电位

8.1 水系电解质的优势

理想的电解质材料应该拥有一系列的性质，例如良好的电子绝缘性、高离子传导、宽化学窗口、良好的热稳定性和安全性、快速的反应动力学、适合大规模的生产、低成本、环境友好、低毒。可惜的是还没有电解质可以满足以上所有要求。现有的电解质包括有机电解质、聚合物电解质、无机固体电解质、离子液体电解质和水系电解质各有千秋。其中水系电解质在离子传导、环境友好和浸润性方面表现突出。

考虑到电化学储能装置的安全和性价比，使用水系电解质的水系电池由于不使用易燃易爆的有机电解质和不涉及复杂的组装过程，受到广泛的关注。此外，由于水的高介电常数和低黏度，水系电解质的离子传导要显著高于有机电解质，利于电池的高倍率性能和大功率放电。但是水系锂离子电池与有机系锂离子电池在能量密度上存在明显差别，从而限制了水系锂离子电池的大规模应用并减弱了其在电动汽车领域的低成本和高安全性的优势。

8.2 水系电解质的不足与解决策略

水系锂离子电池的低能量密度主要是源于水的电化学窗口窄导致电池的输入电压低。此外，水系锂离子电池中由于水的大极性会导致电极材料的溶解从而影响长期的循环稳定性。理论上物质的溶解是一个热力学有利的过程，不管溶液是酸性还是碱性。除了电化学窗口窄和电极溶解，水系锂离子电池还会因为电极与水或者氧之间的副反应变得不稳定。而且水在不同温度区间的相变也抑制了水系锂离子电池在高温和零下温度区间的应用。

上述问题可以通过调节溶液的 pH，使用高浓度液体电解质、凝胶电解质或者混合溶剂电解质进行缓解。

1. 调节 pH

在水系电解质中，pH 直接影响 HER 和 OER 的电位从而影响水系电解质的电化学稳定窗口。此外，水系电解质的 pH 和水以及氧气都会影响电极的稳定性，特别是负极：

$$Li(\,intercalated) + \frac{1}{4}O_2 + \frac{1}{2}H_2O \leftrightarrow Li^+ + OH^-$$

$$Li(\,intercalated) + H_2O \leftrightarrow Li^+ + OH^- + \frac{1}{2}H_2$$

Xie 等人通过调节 LiOH 的浓度调节 5mol/L LiNO$_3$ 溶液的 pH，发现 pH = 8.5

时，水系锂离子电池 $CuV_2O_5/LiMn_2O_4$ 拥有最好的循环性能。

2. 高浓度电解质

液体电解质由溶剂和盐组成，而盐浓度对于溶剂化结构、黏度、离子的迁移率以及总的电解质结构都有影响，从而影响电化学稳定窗口、离子传导、电极/电解质界面。基于此，盐浓度的调控是一种简单且有效的调节液体电解质的方法。增加液体电解质中盐的浓度会增强阳离子与阴离子/溶剂之间的作用力，进而减少自由溶剂分子的数量，从而导致与传统稀溶解电解质不同的物理化学和电化学性质。高浓度电解质可以分为 water-in-salt electrolytes（WiSEs）、water-in-binary salt-electrolytes（WiBSEs）以及 regular-super concentrated electrolytes（RSCEs）。

（1）Water-in-salt electrolytes（WiSEs）

2015 年 Wang 和 Xu 课题组报道了重大发现，提出 water-in-salt electrolytes（WiSEs）。WiSEs 盐的浓度很高，具体是在溶剂-盐的二元体系中盐的质量和体积远超于溶剂，使锂离子的溶剂化层中含有阴离子（图 8-2），且在负极表面被还原从而形成致密的界面。在 21mol/L LiTFSI 水溶液形成的 WiSEs 中，水的电化学活性被显著抑制了，因此电化学稳定窗口提升至 3.0V，使工作电压在 2.3V 的 $Mo_6S_8/LiMn_2O_4$ 电池可以稳定循环 1000 次。自此以后，WiSEs 在提升水系电池的能量密度、拓宽水系电池的工作温度区间方面表现出通用性。为了进一步提升能量密度，Wang 和 Xu 课题组将 WiSEs 应用到同时含有卤素转化-插层反应的水系锂离子电池中，在平均 4.2V（相对于 Li/Li^+）的电压下放电容量达到 243mA·h/g。如果在石墨负极表面人为制造 SEI，4V 的水系锂离子电池的能量密度可以达到 460W·h/kg。

255

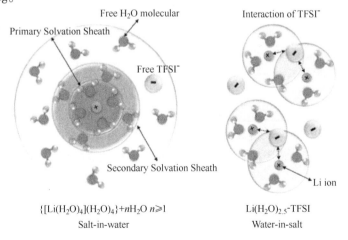

图 8-2 Salt-in-water electrolytes 和 water-in-salt electrolytes 溶剂化层结构示意图

WiSEs 不仅抑制了水的电化学活性，即抑制了 HER 和 OER 反应，拓宽了水的电化学稳定窗口，而且抑制了电极在电解质中的溶解。例如锂-硫电池，当使用 WiSEs，硫黄的放电中间体多硫化物不会溶解在 WiSEs 中，从而抑制了穿梭效应。此外，WiSEs 还可以降低氧气的扩散，从而减少水中氧气的溶解、抑制 ORR 的动力学。因此，基于 WiSEs 的电池可以采用开放式结构，拥有优异的散热、排气效果，从而减小爆炸的可能性。除了可以增加稳定性，WiSEs 还可以拓宽水系电池的工作温度区间。

（2）Water-in-binary salt-electrolytes（WiBSEs）

WiBSEs 的提出是由于 WiSEs 中锂盐的溶解存在上限，于是想通过加入另一种含有类似阴离子结构的锂盐，增加总的锂离子的浓度，从而达到单一锂盐无法达到的阳离子/水分子比。例如 Xu 等制备了总浓度 28mol/L 的水系电解质，含有 21mol/L LITFSI 和 7mol/L LiOTf。相比于 WiSEs，锂离子浓度进一步增加。增加的锂离子浓度可以进一步减少自由水分子的含量，从而拓宽水系电解质的电化学稳定窗口，使 2.5V 的 TiO_2/$LiMn_2O_4$ 电池（平均放电电压 2.1V）稳定工作，能量密度达到 100W·h/kg。此外，醋酸根可以取代 FSI^- 起到类似的作用，从而降低电解质的成本。

（3）Regular super-concentrated electrolytes（RSCEs）

通常来讲 Li^+/H_2O 的摩尔比大于 2，但是没有形成 WiSEs 或者 HMEs，此时称为常规的高浓度电解质（RSCEs）。Pan 等人通过分子模拟和光谱分析研究了基于 $LiNO_3$ 的 RSCEs（$LiNO_3$:H_2O = 1:2.5，摩尔比），发现 Li^+ 与水分子相互作用形成类似（$Li^+(H_2O)_2$）$_n$ 聚合物的链状结构，而不是水分子中常见的氢键结构，从而将水的电化学稳定窗口拓宽至 2.55V。

简单来讲，高浓度电解质是一种普遍的提升水系电解质能量密度、提高循环稳定性、拓宽工作温度区间的策略，但是大量使用锂盐增加了成本从而限制其大规模应用。因此在实际应用中需要综合考虑成本与性能的关系。

3. 凝胶电解质

凝胶电解质主要是水凝胶电解质，由相互交联的聚合物链以及处于空隙中的水分子构成，从而使其拥有类似固态但柔韧的性能。由于其优异的物理性质以及丰富的化学选择空间，水凝胶电解质在柔性、可拉伸电池方面有良好的应用前景。此外，水凝胶电解质拥有自愈能力、形状记忆效应和可伸缩性，使其在可穿戴电子设备中有良好的应用前景。水凝胶中常用的聚合物主体包括聚乙烯醇（PVA）、聚丙烯酸（PAA）、聚丙烯酰胺（PAM）、明胶、海藻酸、聚壳糖、聚氧化乙烯-聚氧化丙烯共聚物等。

（1）降低水的含量

最早的水凝胶电解质是为了让电解质拥有类似固态的性质，但是后续的研究发现水凝胶可以进一步减少水的含量从而扩展水的电化学稳定窗口。在 WiSEs（21mol/L LiTFSI）中加入 PVA 制备凝胶电解质，以 LiVPO$_4$F 作为正极和负极得到的柔性、可穿戴设备使用的对称水系锂离子电池能量密度达到 141W·h/kg，且可以稳定循环 4000 次。2020 年 Lu 课题组报道了一种基于 LiTFSI 锂盐和聚乙二醇（PEG）的凝胶电解质，该电解质中由于 PEG 与水的强烈相互作用，改变了水分子之间的氢键结构，从而降低了水的活性，这种现象称为"分子拥挤"。研究发现 LiTFSI、PEG 和水组成的"分子拥挤"电解质最优比例是 2mol/L LiTF-SI-94% PEG-6% H$_2$O，水的电化学窗口可以拓展至 3.2V，尤其是可以显著抑制析氢反应，使 Li$_4$Ti$_5$O$_{12}$/LiMn$_2$O$_4$ 电池可以稳定充放电 300 次，能量密度在 75 ~ 100W·h/kg。此外，羧甲基纤维素（CMC）和海藻酸钠也有类似的作用。

（2）拓宽水系电解质的温度工作区间

水凝胶电解质本身就有防冻结的功能，可以保证水系电解质在低温下稳定运行。一种新型两性离子聚合物凝胶电解质不仅保证了 0℃ 以下的高离子传导性，而且保持了凝胶电解质的柔韧性。两性离子聚合物链上的阴、阳离子可以促进 LiCl 的解离，而锂盐的浓度直接影响电解质的离子传导和防冻结性能。研究发现该电解质中锂离子的传导机理是在两性离子聚合物的官能团的孔道中跃迁。在 −40℃ 时最大离子电导率达到 12.6mS/cm。优异的离子传导是由于两性离子官能团和锂离子之间的静电作用以及形成了类似聚合物的 Li$^+$(H$_2$O)$_n$ 的水合结构。

4. 混合溶剂电解质

在 WiSEs 中形成的 SEI 膜主要源于无机氟化物，来源为充电过程中电解质解离的阴离子 TFSI$^-$ 或者 OTF$^-$ 在负极被还原。但是在水系电解质中会发生这样一个现象：当负极电位较高时（>2.5V，相对于 Li/Li$^+$），在充电过程中阴离子在电场作用下可以在负极表面发生还原反应；但是当负极电位较低时（<0.5V，相对于 Li/Li$^+$），由于负极存在大量负电荷，在充电过程中阴离子受到排斥难以在负极表面发生还原反应。因此，WiSEs 拓宽的电化学窗口仍不足以满足低电位负极例如 Si、石墨等的工作要求。而使用低电位负极提升电池的工作电压是提升电池能量密度的有效手段，因此需要进一步拓宽水的电化学稳定窗口。借助有机系锂离子电池可知，有机溶剂在负极表面被还原，于是提出了水系/非水系溶剂混合电解质。

（1）与有机非质子性溶剂混合

当碳酸二甲酯（DMC）与 LiTFSI 混合制备 WiSEs 时，可以在负极引入除了 LiF 以外的第二种组分（烷基碳酸酯）。这样由 LiF 和烷基碳酸酯组成的混合界面可以使电解质稳定至 1.0V（相对于 Li/Li$^+$），从而满足 3.2V 锂离子电池 Li$_4$Ti$_5$O$_{12}$/LiNi$_{0.5}$Mn$_{1.5}$O$_4$ 的工作要求。当 LiTFSI-DMC/水混合电解质应用于双离子电池（$Li_4Ti_5O_{12}$/石墨），Li^+在$Li_4Ti_5O_{12}$侧发生脱嵌与嵌入，$TFSI^-$在石墨侧发生嵌入与脱嵌。此外，还有课题组将DMC引入LiTFSI + LiOTf的WiBSEs获得了宽电化学稳定窗口和优异的稳定性，应用到Nb_2O_5/KS6 graphite双离子电池中，容量、循环稳定性、倍率性能、放电电压等综合性能良好。

（2）与离子液体混合

除了锂离子电池常用的有机溶剂碳酸二甲酯，离子液体由于其优异的性质也可以与水混合作为水系锂离子电池的溶剂。将LiTFSI和1-乙基-3-甲基咪唑双三氟磺酰亚胺锂（EMIM-TFSI）和极其少量的水混合制备水系电解质（水:LiTFS:EMIM-TFSI = 1:1:2，摩尔比）。在该电解质中，在保证高离子传导的同时，水的电化学稳定窗口被显著拓宽，允许商业化Nb_2O_5负极在低电位下工作（ $-1.6V$，相对于Ag/AgCl）。除了典型的离子液体，由路易斯酸碱对构成的低共熔体系（deep eutectic solvents）也可以与水混合制备水系电解质，扩宽水的电化学稳定窗口。低共熔体系相比于离子液体而言结构多样，成本低廉。

（3）与低凝固点溶剂混合

有些有机溶剂凝固点较低，适量添加可以有效降低水系电解质的凝固点，有效增加低温性能。例如乙腈，凝固点 $-48℃$，同时介电常数大（35.9），氧化电位高（ $>5V$，相对于Li/Li^+），与水互溶性好，与水混合制备的水系电解质可以保证$Li_4Ti_5O_{12}$/$LiMn_2O_4$电池在室温和0℃均有良好的电化学性能。此外，聚乙二醇（PEG）由于其高沸点和较低的凝固点（ $-12℃$）广泛用于发动机冷却剂中的抗凝剂。当与水混合之后，混合体系的凝固点可以进一步降低，甚至可以降到 $-40℃$。

第9章 隔膜与黏结剂

9.1 隔 膜

隔膜在电池中起到分隔正负极的作用：一方面正负极接触会发生短路；另一方面，隔膜还具备让电解质离子通过的作用。隔膜采用不导电材质，它的物理化学性能对电池性能产生很大的影响。不同的电池采用不同的隔膜。锂电池系列的电解液是有机溶剂体系，所以采用的隔膜材料需耐有机溶剂，在通常情况下有着高强度和薄膜化特点的聚烯烃多孔材料成为主要选择。综上所述，不同种类的电池所需要的隔膜性能也不一样，这就要用不同种类的隔膜材料。

9.1.1 隔膜的类别

根据制造材料不同，隔膜可以分为无机材料、高分子材料等种类。根据隔膜材料的加工方法和特点的差异，隔膜材料可分为编织隔膜、有机材料隔膜、陶瓷隔膜和毡状膜等种类。

根据电池的隔膜材料不同，隔膜可分为半透膜和微孔膜两大类。半透膜可以是天然的离子膜，例如水化纤维素膜和玻璃纸等，也可以是高分子合成膜，例如聚乙烯醇膜。微孔膜可以分为有机材料和无机材料两大类。尼龙布、PP 微孔膜、尼龙毡、棉纸等都属于有机材料，而陶瓷隔板、石棉纸、玻璃纤维纸、氮化硼纤维纸等都属于无机材料。

9.1.2 隔膜的性能

隔膜除了具备隔离正负极防止短路的作用外，而且还具备吸附电化学反应中需要的电解液的作用，确保离子的电导率高，好的隔膜还能避免对电池有害的物质在正负极间来回迁移，同时能在电池出现异常的时候终止反应，保证电池使用的安全性。隔膜应该具有如下特性：

1）要有好的电绝缘性。

2）电阻值要小，使电解质离子穿透率高。

3）化学稳定性以及电化学稳定性高，不会与电解质产生反应。

4）对电解质吸附性强。

5）机械强度尽量高，厚度尽量小。

影响隔膜性能的主要有：外观、厚度、紧度、定量、电阻、抗拉强度、孔径、孔率、吸液率、吸液速率、耐电解液的腐蚀力、胀缩率等。不同种类、系列、规格的电池需要不同性能的隔膜。一般检测隔膜性能的方法如下：

1）紧度：可用密度计测量隔膜紧度的指标。

2）孔径：可用电子显微镜测量半透膜。孔径大于 $10\mu m$ 可用气泡法测量。

3）抗拉力程度：可用纸张拉力机检测干态以及湿态的拉力程度。

4）电阻：直流法或交流法可以测定隔膜的电阻。

5）吸液率：先将干试样称重，然后将其浸泡在电解液中，待吸收平衡后，取出湿隔膜再称重。利用公式

$$\eta = \frac{m_2 - m_1}{m_1} \times 100\%$$

6）隔膜的耐电解液腐蚀力：将隔膜浸泡在 $50^\circ\!C$ 的电解液中 $4 \sim 6h$，将其取出洗净、烘干后，再与干的样品比较。

7）胀缩率：测试浸泡于电解液 $4 \sim 6h$ 的隔膜尺寸，减去原干样品尺寸，差值除以原干样品尺寸即为胀缩率。

由于锂电子电池使用非水溶剂，其离子电导率比水系溶剂要低 $1 \sim 2$ 个数量级。因此对隔膜有特殊的要求：

1）隔膜对电解质体系包括锂盐和溶剂惰性。

2）隔膜厚度小，在电池结构中所占体积小，而且可以制备薄膜电池。

3）隔膜的机械强度大，包括拉伸强度和穿刺强度。

4）孔隙高，有利于离子的传导，通常商业化隔膜的孔隙率在 $30\% \sim 70\%$，孔径在 $0.03 \sim 0.05nm$。

电池多采用多微孔膜作为隔膜材料，它一般是由合成树脂、非织物或纤维素纸制成。锂离子电池通常采用聚烯烃多空膜材料，因其具备薄膜化、高强度的优点。常用的隔膜有聚丙烯微孔隔膜、PP 微孔隔膜和 PE 微孔膜。

9.1.3 隔膜性能的评价

两种具有代表性的隔膜材料基本特征见表 9-1。

表 9-1 两种具有代表性的隔膜材料基本特征

牌号	Celgard#2400	Celgard#2300
构造	PP 单层	PP/PE/PP 三层
厚度/mm	25	25
孔隙率（%）	38	38

（续）

透气度/s	35	25
穿刺强度/g	380	480

隔膜的物理性质表征参数如下：

（1）厚度

目前通常要求的隔膜厚度为 $25\mu m$，单层隔膜材料要求的厚度可达 $40\mu m$，可以用多层或与无纺布叠层的方式来制造出要求较厚的隔膜材料。

（2）透气度

隔膜的透气度即为 Gurley 值，是指在一定条件（测定面积、压力）下，定量的空气穿过隔膜材料所需要的时间。电池的性能会被隔膜的结构、厚度、孔率以及孔的大小所影响。因其测试方法相对简单，透气度经常作为评价隔膜材料对电池性能影响的重要参数。用 ASTM 方法测量透气度，其值需在 30s 左右，用 JIS 方法测量，其值需在 750s 左右。

（3）电性能

可以用绝缘耐压性来评价隔膜的绝缘性。隔膜材料绝缘性的高低影响着电接触耐压力的高低。在电池上施加电压后再注入电解液，此时如果有电流，即说明产生了电接触。当然，隔膜强度、电池装备的条件，尤其是电极的设计直接影响到测试结果。补充电解液时高电阻隔膜会影响到电池的性能和容量特性，所以此时的隔膜电阻一定要低。电解液的不同影响着电阻值的大小，锂盐在 PC/DME 中的阻抗值为 $\Omega \cdot cm^2$ 数量级。

（4）机械强度

有两个参数决定着隔膜材料的机械强度：一个是在长度方向和垂直方向隔膜材料的拉伸强度；另外一个是在厚度层面上隔膜的穿刺强度。隔膜的拉伸强度一般比较高，这是因为无论是干法还是湿法制成的隔膜都是利用拉伸形成的微孔材料。$25\mu m$ 厚的隔膜在其长度方向拉伸强度高于 $1000kg/cm^2$。单轴拉伸在厚度方向上拉伸强度较小，仅为长度方向的十分之一。而在电池实际应用中，只要求隔膜在其长度方向有一定拉伸强度，可以满足隔膜从卷中拉出，承受横切面剪裁时的拉力即可。对于厚度方向的拉伸强度没有什么要求，因为在生产和使用过程中都不需要承受巨大的冲力。目前商业化的隔膜都可以满足电池在生产中的要求。

（5）穿刺强度

电极板表面粗糙程度影响着隔膜的穿刺程度，使用不同材料的电极要求不同穿刺强度的隔膜。例如：细且没有棱角的碳材料颗粒要求隔膜材料的穿刺强度较低，粗大并且有尖锐棱角的碳材料则要求隔膜的穿刺强度较高。

1. 透气性与隔膜电阻之间的联系

（1）透气性

隔膜的透气性反映出其孔径大小、孔隙率等内部结构。

用 SEM 可观察出孔的大小，并根据不同孔径的数量制作孔径分布。不过因为隔膜是电子绝缘体，所以在进行 SEM 观察之后需要通过喷金或铂来提高隔膜的电子导电性。当然需要注意是，SEM 观察的区域相对电池中使用的面积非常小，得到的结果只能作为评价隔膜整体孔径的参考，和实际情况可能存在一定的偏差。

用压汞法可以测出孔径大小，压迫汞通过这些微孔，因为压力和微孔大小影响着汞的体积，所以测试汞的体积可得出孔的大小。

这种方法所得到的数值比 SEM 直接观察出的数值偏大，大体上有着线性关系。单轴延伸法和双轴延伸法得到的隔膜在孔径的分布上有明显的差别。单轴的延伸法制备的 PP 膜，其宽度为 0.04 μm，高度为 0.12 μm，宽高比接近 0.33。

此外隔膜的孔隙率与原料最终成品的密度有关，孔隙率等于孔的体积除以隔膜体积。市面上商业化隔膜的孔隙率通常在 35% ~ 60%。

微孔隔膜材料内部的孔结构是一个重要的特性，其特性用曲折系数表示，即用膜的厚度比上液体或气体在实际通过膜的过程中的路径。

电池循环、放电以及 Shutdown 特性都受到孔结构（孔率和孔的大小）的影响。用湿法制造出的隔膜，其构造为纤维状三维晶体结构，所以其曲折系数较高。而用干法制造出的隔膜在其厚度方向上比较深且贯通，因此曲折系数较小。低曲折系数的隔膜电阻低，所以电池的放电性能好；而高曲折系数的隔膜有利于短路的 Shutdown 性能。

（2）透气性与电阻的关系

测定孔的大小以及曲折程度都不是很方便，而测定孔的透气程度却相对简单。根据膜的孔隙率 ε、孔的直径 d、隔膜材料中孔曲折度 τ、膜厚 l，可按照以下公式算出透气度

$$t_{GUR} = 5.18 \times 10^{-3} (\tau^2 l / \varepsilon d)$$

利用透气度与电阻的关系，可计算出隔膜的电阻

$$R_m A = (\rho_{elect} / 5.18 \times 10^{-3})(t_{GUR} d)$$

式中，R_m 是电解液中隔膜材料的电阻；A 是隔膜的面积（cm^2）；ρ_{elect} 是电解液比电阻值。

透气度和孔大小的乘积是成比例的，有关数据分析，用湿法生产出来的隔膜材料的曲折系数大约为 8，用干法制生产出来的隔膜材料大约是 3。

2. 电流的切断性特点（Shutdown）

（1）Shutdown 特性

Shutdown 特性是指当电池外部发生短路，或者有大量电流在短时间内通过电池时，隔膜微孔出现闭塞，从而电流经过电池中的回路被切断的功能。

　　Shutdown 的温度是衡量隔膜特性的另一个重要方面。Shutdown 温度受到很多因素的影响，影响最大的是隔膜所使用材料的分子量、分子结构等。例如，聚乙烯的熔点为 125℃，聚丙烯的熔点为 158℃，以它们为材料的隔膜 Shutdown 温度有所不同。孔的结构、孔径大小、孔率都会影响 Shutdown 特性，曲折度越高、孔径越小的隔膜安全性就越高。

　　为了解决隔膜材料 Shutdown 范围小，Shutdown 后机械性能差的问题，开发者开发出了复合隔膜 PP/PE/PP，这种隔膜中的 PE 熔点较低，当电池温度逐渐升高时它会首先出现 Shutdown，此时熔点高的 PP 材料仍可发挥它良好的性能。复合材料综合了两者的优点，这种 PP 材料夹着 PE 材料的多层隔膜结构，Shutdown 特性、穿刺强度以及熔融指数都有显著的提高。除了这种多层复合结构隔膜外，开发者还开发了 PE 分散于 PP 基的隔膜。

　　（2）评价 Shutdown 性能的方法

　　评价 Shutdown 特性的方法有两种：一种是静态的方法，将电解液缓慢加热后，测定其透气度的变化，这种方法也是热电池法；另一种是动态方法，即在实际应用中，电池外部发生短路，外加电压可能还会形成电流，此时测定其温度变化的方法。

　　1）热电池法，这种方法是将隔膜用电极夹住构成简易电池，将电池升温后，再测量隔膜材料的电阻。可以用铂板或镍板作为电极的材料，将整个电池芯浸没在电解液中，再将其放入槽中，利用加热器加热。测定隔膜的电阻值（代替测定其透气度）来说明其 Shutdown 特性。

　　利用 30kHz 交流电来测定隔膜材料阻抗的实验表明，单层的 PP 和 PE 材料当温度接近熔点时，其阻抗值加速上升，到达最大值以后开始下降，隔膜材料的微孔产生闭塞是阻抗上升的原因，表面此时 Shutdown 已经开始发生。而隔膜的熔融是电阻值下降的原因，此时正负极产生了直接的接触。而三层复合隔膜材料在 Shutdown 发生后很长一段温度范围内仍然可以维持良好的性能，能更好地承受短路带来的热惯性，因为其从 Shutdown 开始到隔膜材料熔融间有一个很宽的范围，这是单层材料所不具备的优势。

　　PP、PE 三层复合材料隔膜，当温度达到 PE 熔点时就开始发生 Shutdown，当 PP 开始融化时结束，期间温度范围超过 30℃。日常在使用电池时，温度最高不能达到 Shutdown 范围最低的温度，锂金属起火温度为 190℃，Shutdown 范围最高温度应低于 190℃。

　　2）模拟短路的测试，即在电池中装入隔膜和电极，让电池外部短路，并在电池外部加上电压来进行试验，也就是让电池的结构和实际电池相同，电池外部电阻零欧姆短路。当使用金属锂薄膜来模拟电池中的情况时，需要外加一个电场。在电场作用下，锂枝晶可以定向生长，与电池中实际情况类似。

需测定电池壳的温度以及电流值作为参数，通过气孔阀的压力数值变化来得出电池内部压力的增强。试验结果表明，PP膜会达到125℃，而PE膜或复合膜的温度上升至110℃则不再提高。造成这种区别是因为PP膜的气孔阀压力临界值较小。当温度升高时，隔膜的内部压力开始上升，因为PP膜的气孔阀压力临界值较小，优先达到，然后开始泄压，温度继续升高；而其他隔膜气孔阀压力临界值较大，温度升高也不会打开，所以温度不再上升，因此PE膜和复合膜可以将温度控制得更低。进一步分析PE膜在电池包中（多电池串联和并联）的Shutdown特性，结果表明PE膜在并联电池包中的Shutdown特性与在单电池中无异；在串联电池中，PE膜的Shutdown温度比单电池中还要低。所有PE膜的安全性能要优于PP膜，不论在单电池中还是在电池包中。

3）热机械特性的分析，是评价隔膜材料熔融指数的方法之一。加热定量的一小片隔膜，当温度超过隔膜熔点后，样品产生断裂时的温度被称为熔融破断温度。试验表明，PE膜的熔融破断温度不如PP膜的高。多层复合隔膜的熔融破断温度接近于PE膜。

9.1.4 电池隔膜的制造技术

锂电池采用的是多孔性聚烯烃材料隔膜，所以形成多孔化是薄膜制造技术的关键。多孔化技术方法常见的有发泡法、抽出法和延伸法等。添加能产生气体的添加剂是化学发泡法，而将过量挥发性气体溶于聚合物后发生气化是一种物理发泡法。抽取法可分为相分离法和混合分离法。目前，实际加工隔膜已经用到的方法有延伸法和相分离方法。

1. 相分离法

相分离法（湿法）的制造流程：首先通过加热将高分子溶解在溶剂中形成均一溶液，接着冷却固化，然后结晶成膜，最后除去溶剂。

在工业制造中，用吹气法、T型模具法将高分子化合物和溶剂混合液制作成膜，再用挥发性的溶剂溶解混合溶液，抽提后形成所需的多孔材料。如果想要得到三维结构的孔，可以在自结晶成膜步骤进行一维延伸或二维延伸。

通常采用高密度聚乙烯与溶剂混合，常见的溶剂有乙醇、烷烃、石蜡、酞酸酯等。可以单独或与不挥发溶剂混合使用这些溶剂，在高温度情况下溶解聚乙烯。除此之外，在某些情况下需添加无机粉末来促进孔形成、控制孔径或作为晶种。

2. 延伸造孔的方法（干法）

延伸法（干法）制作的流程：首先将高分子和溶剂制成均一黏稠溶液，接着将高分子溶解进行薄膜化处理，结晶成型，然后通过热处理重结晶，最终在定向延展作用下促使晶体晶面之间发生剥离，形成多孔结构。工业上的薄膜化处理通常是通过将高分子黏稠溶液从模具中挤出，快速移动基底使其明显拉伸得到薄膜化，然后通过热处理重结晶得到有序结构，然后经过低温延伸和高温延伸使晶体晶面发生剥离，形成微孔结构。延伸造孔法也适用于有结晶性的高分子，例如聚烯烃，通过熔融挤出成膜，重结晶后低温延伸得到一定的空隙，然后高温延伸得到微孔。用这种方法也可以将聚乙烯以及聚丙烯制造成微孔隔膜材料。高分子聚合物的结晶性直接影响着多孔材料的结构，通常来讲在延伸方向由于受力形成长圆孔，而在厚度方向则是相互连通的结构，此外单轴延伸工艺制备的薄膜物理性质各向异性。不过该法不使用溶剂，无需去溶剂过程，比相分离法步骤简单，只是孔结构比较单调。

9.2 黏 结 剂

9.2.1 黏结剂的分类

通常情况下，电池黏结剂为高分子化合物，常用的黏结剂有：

（1）聚乙烯醇（PVA）

PVA 由乙烯醇聚合而成，聚合度通常是 700～2000，PVA 是亲水性的白色粉末，其密度是 $1.24～1.34g/cm^3$。其他水溶性高分子聚合物可以与 PVA 混溶，如 CMC、淀粉、海藻钠等都可以与其很好地混溶。

（2）PTFE（聚四氟乙烯）

俗称为"塑料王"的聚四氟乙烯是一种白色的粉末，它的密度在 $2.1～2.3g/cm^3$，发生热分解温度是 415℃。PTFE 具有电绝缘性好，耐氧化，耐酸及耐碱的优势。PTFE 通过聚合四氟乙烯而成。锂离子中经常使用浓度 60% 的 PTFE 作为黏结剂。

（3）CMC（羧甲基纤维素钠）

CMC 是一种溶于水后形成透明溶液的白色粉末，它具备良好的分散力和结合能力，同时具有吸水以及保水的能力。

（4）聚烯烃类（PP、PE 和其他聚合物）

（5）具有良好粘接性的改性 SBR 橡胶

（6）PVDF/NMP 以及其他溶剂体系

（7）氟化橡胶

（8）聚氨酯

9.2.2 适合锂离子电池的黏结剂

由于锂离子电池中使用非水系溶剂导致锂离子电导率偏低，所以要求电极面积尽可能大，而在电池组装过程中使用卷式结构，所以电池的性能不仅取决于电极本身，而且对于电池制作过程中所使用的黏结剂也有一定要求。

1. 黏结剂的性能及作用

1）保证电极制作过程中活性物质的均匀性与安全性。

2）有效地粘接活性物质。

3）把活性物质有效地粘接在集流体上。

4）有利于在石墨负极形成保护性的 SEI 膜。

2. 黏结剂性能的要求

1）在干燥过程中保持足够的热稳定性。

2）可以被电解液有效浸润。

3）易于加工。

4）不易燃烧。

5）对电解液中的锂盐 $LiClO_4$、$LiPF_6$ 和副产物 Li_2CO_4 保持稳定。

6）具有较高的电子导电性和离子导电性。

7）成本低廉，使用量少。

以前使用较多的镍镉、镍氢电池以水溶性电解液体系为电解液，可以用 PVA、CMC 等水溶性材料作为黏结剂，也可以使用水分散乳液 PTFE。而锂离子电池电解液是碳酸酯类，其极性大，所以溶解和溶胀能力高，因此，所使用的黏结剂不能被碳酸酯溶解，并且以上几点要求都要同时满足，特别重要的是其电化学稳定性能，当正极过充产生氧气时不会被氧化，当负极处于负电位时不会发生还原反应。此外，在电池充放电过程中，锂离子会在活性物质中嵌入/脱出，因此引起活性物质膨胀/收缩，这个过程要求黏结剂能起到一定的缓冲作用。干燥锂电池的电极最高能达到 200℃，所以要求黏结剂能在此温度下保持稳定。

3. 黏结剂影响电池的性能

可以看出，黏结剂的性能直接影响着锂电池的性能，制造锂离子电池的工艺通常是涂布，用辊涂布或刮刀的方法，利用刀口之间的缝隙来制作所需厚度的黏结剂。锂电池所需黏结剂层很小，因此刀口间隙也很小，所以不能有大颗粒团聚物存在于浆料中。通过辊压、切分、卷绕的顺序制作成电极，然后再将其放入电池壳体之中，不能有活性物质粉末或片在这个过程中脱落下来。

锂电池的正负极材料密度差别很大，正极材料密度一般在 $4g/cm^3$ 左右，而负极则不会超过 $2g/cm^3$，用稀释或增稠黏结剂的方法来配合不同活性物质的密度，以确保浆料中的活性物质稳定悬浮的状态。

用氧化指数反映黏结剂的不燃性，从而体现黏结剂的安全性能。例如下面黏结剂氧化指数是：聚乙烯黏结剂 2.8%～5.7%，聚酰胺黏结剂 24%～29%，PTFE 黏结剂>95%，就不燃性而言，氟化树脂的安全性最高。

9.2.3 聚偏二氟乙烯

锂电池常用的黏结剂有聚偏二氟乙烯（PVDF）与偏二氟乙烯（VF_2）的均聚物，或者 VF_2 的共聚物 VF_2/HFP。PVDF 是最常见的含氟黏结剂之一，其中含氟量达到 59.3%，而 PTFE 的含氟量为 75%。由于 PVDF 含氟量高，其化学稳定性良好且热稳定性好。此外与 PTFE 相比，其机械强度大且热塑性好，易于加工，因此，PVDF 黏结剂在锂电池中被广泛运用，特别在制作薄电极的过程中，利用其可溶性的性能，实现浇铸或酱料涂布工艺过程，大大地提高了生产效率。

1. PVDF 黏结剂的性能

VF_2 单体经过聚合反应成为 PVDF 聚合体，它的结构是相间连接的 CF_2 键和 CH_2，具有一般含氟聚合物所具备的稳定特性，在 PVDF 链上有交互基团，导致独特的极性产生。这个极性不但影响聚合物溶解度，也影响着锂离子、金属集流体和活性物质间相互的作用力。

高分子 VF_2/HFP 和 PVDF 是高结晶的共聚物，结晶度一般可以达到 60%，聚合体的性能直接受到其结晶程度的影响，如聚合体的绝缘性能、脆性、熔点、渗透性能和抗拉性能等。

HFP 会在 VF_2/HFP 聚合体中阻止其有序排列，因而使 VF_2/HFP 聚合体的结晶度降低。通常情况下，结晶度会随 HFP 量的增加而下降。

PVDF 聚合物的介电常数比较高，单聚体聚合物的物理性能：当其平均摩尔质量增加时，其熔点不受影响，但结晶度随之下降。

VF_2/HFP 共聚体的熔点随其中 HFP 含量的增加而降低，但 HFP 的含量对共聚体的结晶度影响不大。而在 VF_2/CFFE 共聚体中，共聚体的熔点受 CFFE 的含量影响不大，但其结晶度随 CFFE 含量的增加而降低。

用 PVDF 作为电池黏结剂时，需要使用可以溶解 PVDF 黏结剂的有机溶剂。此类溶剂可以分为活性、中间、助溶剂。在室温条件下的活性溶剂可以溶解或溶胀 PVDF 黏结剂，这类溶剂有 N-甲基吡咯烷酮（NMP）、二甲基乙酰胺（DMAc）、二甲基甲酰胺（DMF）、丙酮、乙酸乙酯（ETAC）、碳酸丙烯酯（PC）、异佛尔酮、环己酮、二甲基亚砜、甲乙酮等。

在室温条件下的中间溶剂不能溶解或溶胀 PVDF 黏结剂，但当温度升高时便可以溶解 PVDF，温度冷却到一定程度后，溶液中仍可以保留 PVDF。属于中间溶剂的有卡必醇乙酸盐、丁内酯 65℃、异佛尔酮 75℃。

在室温条件下的助溶剂不能溶解或溶胀 PVDF 黏结剂，但当温度升高时便可以溶解 PVDF，温度冷却到一定程度后，PVDF 便会结晶沉淀。属于助溶剂的有：己二醇醚酯、己二醇醚、n-乙酸丁酯、二异丁基甲酮、乙酰乙酸己酯、磷酸三乙酯 100℃、甘油三醋酸酯 100℃、双丙酮醇、PC80℃、己二醇甲基丙基醚 115℃、邻苯二甲酰二丁酯 110℃、环己酮 70℃、甲基异丁基酮 102℃。

在锂电池中比较适合 PVDF 黏结剂的是 NMP 溶剂，温度在 35℃ 时，NMP 中 PVDF 的溶解度高于 100%。

PVDF-NMP 的黏度直接影响了锂离子电池的性能。在 NMP 定量的情况下，PVDF-NMP 的黏度随 PVDF 含量的增加而增强。

在锂电池制造的过程中，黏结剂的黏度选择可参照电极上活性物质的密度，如果正极活性物质的密度高，则采用高黏度的黏结剂，以此来避免浆料不稳定问题。实际制作工艺中，活性物质与黏结剂的比例范围从 96:4 到 88:12。

PVDF 在黏结剂溶液中的浓度需控制在 $(12.0 \pm 0.1)\%$，黏度是 (550 ± 100) mPa·s。

在制浆的过程中，先将黏结剂完全溶解于 NMP 中后，过滤去除溶剂中的微凝胶，将活性物质均匀混合于黏结剂溶液中，再将其黏度调整至一定范围内，运用涂布工艺到集流体上，通常情况，低聚合物黏结剂的效果强于高聚合物黏结剂的效果。

2. PVDF 聚合物的膨胀性受电解液的影响

不同的电解液对 PVDF 聚合物的膨胀率影响不同，线性结构溶剂体系中的 PVDF 聚合物膨胀率受温度影响较小；环状结构溶剂体系中的 PVDF 聚合物膨胀率受温度影响较大。

测试电池黏结剂的耐热性和耐久性的方法：在 80℃ 温度下保存三天，间隔相同时间测试其膨胀率。

分别在 25℃、40℃ 和 60℃ 下测试锂离子电池循环寿命，结果发现，在其他条件相同的情况下，温度越高，锂离子电池的循环次数就越少，这是由于 PVDF 黏结剂在 60℃ 情况下过度膨胀的关系。

PVDF 在一般的电解液中不会发生膨胀的现象，所以它适合做黏结剂。

将 PVDF 浸泡在 $LiPF_6$、$LiClO_4$ 的碳酸丙烯酯电解液中研究其稳定性，用 FT-IR 观察，没有发现什么明显的变化，然而多次循环使用后，PVDF 可能会受到导电盐和有机溶剂的分解物影响。

3. PVDF 的实际应用

在锂电池实际加工工艺中，PVDF 的主要用途是作为正极或者负极的黏结剂以及作为锂离子聚合物的隔膜。

（1）正负极黏结剂

在调制正负极浆料的过程中，将 PVDF 加入 NMP 电解液中溶解后，将锂盐

（如 LiClO$_4$、LiBF$_4$、LiPF$_6$ 等）加入有机溶剂（如 EC/PC 等）中后，将两者混合调制成正极浆料；或将 PVDF 加入 NMP 电解液中溶解后，与石墨或者 MCMB 等负极活性物质混合后调制成负极浆料，再将浆料均匀涂抹于金属集流体上就可以制成电极薄膜。

例如，正极薄膜制备的方法：将 3g PVDF 与 30g NMP（比例 1:10）调配成黏结剂溶液，在 50℃ 恒温条件下存放两小时后，加入 45.5g 的 LiClO$_2$，1.5g 的乙炔黑，32g 的 MNP，在室温下用磁棒搅拌 15min 后，再以 2000r/min 的速度搅拌 3min，在铝箔上涂上得到的浆料后，将烘干箱调成 120℃ 干燥浆料，直到薄膜的厚度逐步减到大约 120μm 为止。

负极薄膜制备的方法：将 3g 的 PVDF 与 30g 的 NMP（比例 1:10）调配成溶液，在 60℃ 恒温条件下存放两小时后，将 30g 的负极活性物质 MCMB（与 PVDF 比例为 10:1）混合到 PVDF-NMP 溶液中，将其调制成浆料后均匀涂附在铜箔上，膜厚度需控制在 200μm 以内，将烘干箱调成 150℃ 后烘干 30min。

电极浆料的性能直接受到浆料的黏度影响。浆料黏度过大会导致电极活性物质无法分散，影响电极的质量；相反，浆料的黏度太小会导致活性物质沉淀，时间变化也会影响浆料黏度，导致浆料性能不稳定，同样也会影响电极性能。

综上所述，浆料黏度主要受到浆料内部的配比以及电极活性物质的不同性能（例如表面积、形态、粒度等）的影响。

（2）隔膜

在锂电池实际加工工艺中，利用发泡技术，可以制成厚度大约为 110μm，孔径范围在 50%~60% 的胶状微孔隔膜。这种胶状微孔膜可以采用气相二氧化硅、PVDF、DDP 等作为发泡介质。

第 10 章　锂离子电池的安全性问题、解决策略和测试标准

　　锂离子电池由于其优异的性能已经广泛应用于便携式电子设备以及部分电动（混动）汽车。随着锂离子电池市场的进一步扩大，随之而来的安全性问题也更加凸显，进而限制了锂离子电池的市场扩张。

　　锂离子电池的安全性主要由电池化学反应、工作的环境以及对滥用行为的耐受性决定。锂离子电池内部的故障是由电化学系统的不稳定造成的。因此了解电池内部的电化学反应、材料的特性以及可能发生的副反应对于评估电池的安全性是至关重要的。电压和温度是控制电池反应的两大重要因素。安全事故的发生通常伴随着持续的发热和气体的产生，而这两者会导致电池结构的破裂以及可燃性物质的点燃。外界环境是导致电池内部扰乱的直接因素，因此电池工作所处的外界环境对电池安全性能有重要作用。

　　为了提升电池的安全性，相应的安全标准和测试应运而生。2001 年，全国汽车标准化技术委员会颁布了我国第一个电动汽车的锂离子电池测试指导性技术文件 GB/Z 18333.1—2001《电动道路车辆用锂离子蓄电池》，该标准制定时参考了国际电工委员会（IEC）颁布的 IEC 61960-2：2000《便携式锂电池和蓄电池组　第 2 部分：锂电池组》，仅限于 21.6V 和 14.4V 两种电池。2006 年，工业和信息化部颁布了 QC/T 743《电动汽车用锂离子蓄电池》，被行业广泛使用。随着锂离子电池市场的进一步扩大，其重要性进一步凸显。2014 年，国家标准化管理委员会发布了我国首部锂离子电池安全测试国家标准 GB 31241—2014《便携式电子产品用锂离子电池和电池组　安全要求》，后于 2022 年颁布新的国标 GB 31241—2022（现行）；2015 年，国家标准化管理委员会颁布针对电动汽车用动力电池的安全要求和测试标准，例如 GB/T 31485—2015 和 GB/T 31467.3—2015，后于 2020 年颁布新的国标 GB 38031—2020（现行），之前的 GB/T 31485—2015 和 GB/T 31467.3—2015 同时废止；2021 年，工业和信息化部组织起草了我国首部储能用锂电池安全强制性国家标准《电能存储系统用锂蓄电池和电池组　安全要求》。

10.1　安全性问题

　　即使在正常工作条件下，电池产生的热也很难完全移除，特别是在气温比较高或者电池组比较大时。如果电池的温度持续上升，则会导致副反应的发生，造

成热失控。如果存在机械应力（例如挤压、撞击、弯曲）、电滥用（例如过充、过放、短路）或者热冲击导致局部过热，热失控发生的速率会更快，从而导致事故。所以了解锂离子电池在不安全条件下的表现是非常重要的。

10.1.1　副反应

在正常的电压和温度区间，只有锂离子在电解质中迁移并在正、负极发生嵌入和脱嵌。在高温和高电压条件下，电化学反应就变得复杂，例如固体-电解质界面（SEI）的分解，正极的氧逃逸以及电极和电解液之间的副反应。而固体-电解质界面的分解和副反应会进一步加速温度的升高，进一步增加正极氧逃逸的可能性。这些反应最终会导致锂离子电池的热失控，造成电池的破裂甚至爆炸。

10.1.2　热失控

热失控对于电池安全的危害性是最大的，它的起因很多，包括机械损伤、过热或者电滥用导致的电极、电解质、隔膜以及界面的损坏。其中隔膜的损坏导致的短路和正极中氧的逸出是导致电池热失控的最根本原因。导致热失控的大致原因可以分成五个：第一，由于内部热量的产生导致正极中氧逃逸，从而导致无数的副反应；第二，由于受热收缩或者机械损伤导致的隔膜破裂，从而造成电池内部短路和能量的快速释放，并伴随着副反应的发生和产生大量的热；第三，电滥用，正极侧电解质的分解，特别是在高荷电状态下，会逐渐导致热量的累积以及后续正极中氧的逃逸，并会损坏隔膜；第四，局部过热导致副反应的发生进而加剧了热量的产生，造成隔膜在特定位置发生收缩甚至破裂；第五，由于机械损伤导致电池短路或者空气进入电池中。

10.1.3　机械损伤

锂离子电池能量密度高，由于外界影响例如碰撞导致局部损伤会释放大量的热，这很容易导致热失控。尤其是随着路上行驶的电动汽车的数量越来越多，发生碰撞导致的安全隐患逐渐凸显。

每个电池都包含一个由铝塑薄膜或者不锈钢制作的壳层和一个由正极、负极以及隔膜组成的卷筒。在外力作用下，电池最脆弱的点容易发生损坏。目前基于机械损伤的研究主要是基于理论模拟。

电池的外壳是电池的第一重保护，它要能承受机械应力而不损坏，同时保证内部结构在一定变形条件下不遭到破坏。由于电池的外壳在电池受到机械应力时首当其冲，其机械性能对于锂离子电池的整体机械性能至关重要。如果外壳发生破损，空气就会进入电池体系与电极或者电解质发生反应。即使电池壳不损坏只发生变形，锂离子电池内部成分也有可能严重受损。例如伸缩性较差的集流体和隔膜可能会发生破裂，从而导致正负极的直接接触。当局部内部短路产生的热量足够引起周围区域的内部短路，则会引起整个电池的热扩散。

挤压变形导致的电池损伤可能会撕裂隔膜，从而导致短路。这样导致的电池损伤结果与尖刺结果迥异。Pan 等人模拟了锂离子电池受到平面内压缩时的变化。在压缩变形过程中，在 8.5% 的张力下，弯曲点附近的剪切带界面没有观察到空隙；当张力增加至 34% 时，样品上方（即直接受到压缩的一面）空隙明显减小，小于样品下方的区域。当电池发生轻微的扭动，则会导致张力剧增并引发隔膜的损坏。Wang 课题组发现当电池扭动 12°，张力增加超过 77%，直接导致隔膜的部分滑动从而造成短路。在一些更加极端的情况下，电池壳以及隔膜被刺穿，少量空气进入电池，从而引发剧烈的氧化反应，释放出大量的热无法及时排出导致缺口附近温度升高。理想的情况是当针刺发生时，只产生少量的热同时电极表面快速钝化，这样才能避免电池着火。Doh 等人尝试了 $LiCoO_2$ 电池的针刺实验，发现电极着火，电压突然下降到 0V，同时温度急剧上升至 420℃。在针刺发生的瞬间，电池产生一个非常大的放电电流，同时产生大量的热，并导致隔膜的收缩。当然其剧烈程度与电池电极材料的特性、电池的容量以及荷电状态直接相关。

10.1.4 电滥用

当电池过充、过放或者外部短路时，我们称之为电滥用，此时会发生一系列副反应。

有很多原因会导致电池的过充，其中最重要的原因是电池芯之间的不一致性，这在电池组中显得尤为重要。对于单一电芯而言，如果电池管理系统无法有效检测电芯的电压，那在充电过程中就存在过充的危险。所以在电池组中，当所有电池先充电到一个特定的荷电状态（SOC），此时由于电芯之间的差异，部分电芯达到了更高的荷电状态。那么此时该电池组进一步充电，部分电芯就会发生过充现象。过充首先会导致正极附近的电解质分解，然后是正极脱嵌过量的锂离子，从而导致正极材料的不稳定并发生氧逃逸（大部分层状金属氧化物正极如果过量脱嵌锂离子，会导致结构的不稳定，这在第 2 章有详细介绍）。而过量的锂离子会在负极沉积形成锂枝晶。这些副反应会产生大量热和气体，从而导致电池过热和破裂，造成安全事故。Ouyang 等人总结了 $40A \cdot h \ Li_yMn_2O_4/Li_yNi_{1/3}Co_{1/3}Mn_{1/3}O_2$ 电池的过充过程：第一阶段，电池电压平稳增加然后超过截止电压，表明电池过充的开始；第二阶段，当电池电压超过满负荷状态 1.2V 时，副反应开始发生；第三阶段，电池的温度快速升高并开始膨胀；第四阶段，电池壳破裂并导致隔膜的损坏，造成锂离子电池热失控。造成过充的一个直接因素就是充电的速率，因为充电电流密度直接决定了热的生成速率，电流越大，热量产生得就越快，从而增加电池的安全隐患。

过放的原因与过充类似，由于电池芯之间的不一致性，部分电池先达到了设置的放电状态（SOD）。所以当电池组进一步放电时，部分电池芯进一步放电造成过放。强制过放会导致负极持续释放锂离子，从而改变负极石墨的结构，并摧毁固体-电解质界面（SEI）。在深度放电的状态下，负极集流体铜会发生氧化，释放出来的铜离子会沉积在正极表面。过量的铜沉积则会导致电池的短路。一个25A·h 石墨/NCM 锂离子软包电池的过放曲线可以分成三个阶段：第一阶段，低于放电状态 11%，随着锂离子从负极脱嵌并在正极嵌入，电池电压快速下降；第二阶段，低于放电状态 20%，铜箔开始氧化，电压变得平稳；第三阶段，深度过放，由于铜枝晶造成电池短路，电池电压降为 0V。Li 等人研究发现 SEI 溶解是过放至低电压时电池性能衰减的主要原因。

当外部短路时，电子和离子不再分开传输，取而代之的是电子和离子在同一个地方传输，导致电池的能量快速释放，从而造成安全事故。研究表明，短路行为可以简单分成三个阶段：第一阶段，在大电流下（274C）快速放电；第二阶段，放电速率下降到 50~60C，传质成为限制步骤，同时温度骤升至 77~121℃，导致电池破裂、电解液泄漏；第三阶段，电流持续降低。其中外部电阻与内部电阻的比值直接影响放电速率。

273

10.1.5　过热

电池过热通常是局部温度过高，如果此时周边有易燃物质则可能导致着火。电池内部局部温度过高通常是由于设计不合理导致产生的热量不能有效快速释放，从而造成锂离子电池存在温度梯度。因为电池温度升高会产生放热的副反应，进而会进一步提高温度，所以会进入一种类似"自催化"过程，从而导致热失控的发生。理论上，电池循环过程不会导致安全事故，因为正常的氧化还原反应不会导致电池温度骤升。但事实上，电极产生热量的速率高于冷却的速率，所以在电池充放电过程中我们经常可以直观地感受到电池温度升高。如果电池工作出现故障，热量持续累积、温度持续升高，则会进入"自催化"过程，导致热失控。

10.2　解　决　策　略

电池的安全性主要取决于三个方面：电池反应本身、热的产生与释放和对外力的承受能力。所以电池安全性分析应当先从电池反应即电极、电解质、隔膜这些因素开始。其次为了减轻过热和电滥用导致的后果，为电池设计合理的结构以及管理系统也是至关重要的。

10.2.1 提升电极与电解质的稳定性

1. 正极材料修饰

（1）表面涂层

表面涂层可以防止正极与电解液的直接接触，减少副反应、抑制相变，提高正极结构的稳定性。理想的涂层材料需要优异的化学稳定性和热稳定性，常见的材料包括磷酸盐、氟化物和固体氧化物等。

磷酸盐中由于 P—O 键键能大，所以结构很稳定，是良好的涂层材料。Li 等人制备了 3wt% $LiFePO_4$ 包覆的 $LiCoO_2$ 正极，相比单纯的 $LiCoO_2$ 正极，包覆的正极表现出更好的电化学性能和热稳定性。Cho 等人制备了纳米级 $Mn_3(PO_4)$ 均匀包覆的 NCM622 正极，减少 NCM622 与电解质的接触，显著提升了正极的热稳定性。

除了磷酸盐，氟化物由于其高温时优异的稳定性也是良好的涂层材料。实验发现 AlF_3 包覆的 NCM 正极在过热测试中发生热失控的起始温度被延后至少 20℃。另外的研究表明 ZrF_x 包覆也有类似的结果。

固体氧化物也是提升正极热稳定性的良好涂层材料。研究表明纳米级 SiO_2 包覆的 NCM622 正极放热减少 35%。此外由于 SiO_2 的包覆减少了正极与电解液之间的副反应，提升了电池的循环性能。另外的研究表明 ZrO_2 包覆也有类似的效果。

此外，使用温度响应涂层也是一种有效的策略。Ji 等人将一种拥有正温度系数效应（positive temperature coefficient，即材料电阻随着温度线性增加）的聚（3-辛基噻吩）涂布在集流体 Al 和正极 LCO 之间，该材料在 90 ~ 100℃ 电阻值变得很大从而切断电池的对外输出。

（2）掺杂

元素掺杂可以有效提升正极的稳定性。Zhou 等人研究发现 Ni、Al 部分取代 Co 的三元正极材料 Li（$Ni_{0.4}Mn_{0.33}Co_{0.13}Al_{0.13}$）$O_2$ 的热稳定性明显提升，虽然 Al 不提供容量，但是由于 Ni 含量的增加，正极整体放电容量与未取代的相当。

2. 负极材料修饰

负极也可以采取与正极类似的策略。Jung 等人在石墨负极通过原子沉积涂布一层 Al_2O_3，从而显著提升电池负极的循环性能和热稳定性。Baginska 等人尝试将一种热响应的高分子微球引入负极表面，当温度升高，高分子微球会熔化然后阻隔负极表面的离子传输。此外，还可以在电解质中添加合适的添加剂帮助负极表面形成稳定的 SEI，从而提升负极的稳定性。

3. 电解质体系修饰

电解质含有大量易燃的碳酸酯类溶剂，所以锂离子电池的安全很大程度上受到电解质的影响。研究人员一直致力于开发更稳定的电解质体系以提高锂离子电池的安全性。提升碳酸酯电解质的稳定性主要依赖于添加剂或者更换锂盐。研究人员开发了基于离子液体、聚合物、无机陶瓷等新型电解质体系。需要注意的是热稳定性提升的同时需要综合考虑电池的寿命、放电容量等问题。有些材料虽然拥有良好的热稳定性，但是会导致电池的寿命或者放电容量显著下降，因此不商业化使用。

（1）碳酸酯类电解质添加剂

电解质添加剂按照功能可以分为溶剂替代添加剂、辅助形成 SEI 添加剂、阻燃添加剂、过热保护添加剂和过充保护添加剂。

部分替代易燃易挥发的溶剂可以提升电池的安全性能，氟代碳酸酯例如氟代乙烯碳酸酯（FEC）由于 C—F 键稳定性好，FEC 的加入可以有效减小电解液的易燃性，提升电解液的热稳定性。

添加可以形成稳定 SEI 的添加剂是一种有效且经济的方法，可以减少 SEI 的分解以及后续的危害。常见的添加剂包含碳酸亚乙烯酯（VC）和碳酸乙烯亚乙酯（VEC）。为了保持电池的电化学活性，总体添加剂的量不超过电解液的 10%（质量比或者体积比）。

阻燃添加剂可以降低热失控时的着火可能性。阻燃添加剂的工作原理是消灭热失控时释放出来的高活性自由基，或者在表面形成致密的绝热层。含磷或者卤素的材料是最常见的阻燃添加剂。磷酸酯和烷基膦酸酯包括三甲基磷酸酯（TMP）、三苯基磷酸酯（TPP）、甲基膦酸二甲酯（DMMP）的阻燃性已经被研究所证实。但是添加这类磷酸酯会导致电化学性能降低，从而限制了商业化应用。

过热保护添加剂主要是促进液体电解质在高温时的固化，从而切断电池的电路。Xia 等人报道了一种可以热聚合的单体双马来酰亚胺，在 110℃时可以固化，从而有效地阻隔电极之间的离子传输，进而停止电池反应。

（2）其他锂盐

$LiPF_6$分解产物 HF 和 PF_5会催化溶剂和 SEI 的分解，因此研究人员一直想寻找可以替代 $LiPF_6$的锂盐。基于酰亚胺的锂盐在商业化应用上表现出潜在优势，其中最著名的为双三氟磺酰亚胺锂（LiTFSI）。LiTFSI 拥有比 $LiPF_6$更好的热稳定性、化学稳定性和电化学稳定性，因此可以显著提升电池的安全性能。但是 LiTFSI 不能在 Al 集流体上形成钝化层，所以对 Al 集流体有一定的腐蚀。基于螯合硼酸盐结构的锂盐在过去的二十年也表现出良好的性能，其中双草酸硼酸锂（LiBOB）最有代表性，它具有低毒性、良好的电化学稳定性和热稳定性，且生产成本低，与石墨负极有良好的兼容性。但是 LiBOB 与高氧化性正极例如 Li-CoO_2则会降低正极的热稳定性。

275

（3）新型的电解质体系

为了提升电池的安全性，可以使用离子液体、聚合物电解质或者固体电解质等替代现有的液体电解质。离子液体由于低挥发性和阻燃性可以提升电池的安全性能，但是离子液体通常离子电导率低且与电池其他构件（包括电极和隔膜）兼容性差。所以离子液体通常与碳酸酯类溶剂混合使用。聚合物电解质包括固体聚合物电解质和凝胶聚合物电解质，其主要问题是低离子电导率。固体电解质不含易燃的有机溶剂、机械强度大，被认为是解决电池安全问题的终极方法。但是目前固体电解质还有一系列问题亟须解决，包括低离子电导率、电解质电极界面兼容性差、可输出功率小。

4. 隔膜修饰

现行的商业化隔膜 PP 或者 PE 在高温时会发生收缩，进而导致电池内部短路。为了提升高温时隔膜的稳定性，可以在隔膜表面涂布一层陶瓷从而提高隔膜发生收缩的温度。常见的黏结剂 PVDF 可以有效地将陶瓷粉末粘连在 PP 或者 PE 隔膜上。此外还可以用可自愈的共聚酯或者多巴胺来替代 PVDF，进一步减小隔膜的热收缩。研究人员还尝试使用其他材料例如聚酰亚胺（PI）来替代 PP 或者 PE 以获得更高的稳定性。研究发现 PI 发生收缩的温度超过 200℃，而发生坍塌的温度超过 500℃。此外，PI 在电解液中有良好的浸润性并表现出良好的离子电导率。但是目前 PI 的制备主要是通过静电纺丝，生产效率较低且成本较高。

10.2.2　温度控制系统

电池的高温运行以及电池之间的温度不一致性会加速电池的老化，从而引发热失控等安全问题，所以结构合理的冷却系统对于电池的安全有直接的影响。冷却系统需要将电池的温度控制在 15～35℃，从而在保证电池安全的同时延长电池的使用寿命以降低成本。电池冷却系统的原理是将产生的热通过热传导的方式释放出去，常见的方法包括：①依靠风扇带动空气流动；②基于水、乙二醇的液体冷却；③相变材料；④热管等。这些方法各有千秋。

基于空气流动的冷却体系结构简单、运行成本低。这样的系统可以根据是否需要外界驱动力分为"自然"冷却系统和"强制"冷却系统。"自然"冷却系统主要依靠电池与外界之间的温度差，电池与空气之间进行热交换。但是当电池升温速率过快，自然的热交换不能有效快速移除电池内部产生的热量，此时需要风扇或者吹风机来强制空气快速流动，从而促进电池与空气的热交换。

液冷系统主要是使用水或者乙二醇等液体作为冷却剂与电池进行热交换。与空气相比，液体有更大的热传导率、更薄的界面和更大的热容。根据是否与电池直接接触可以分为直接冷却和间接冷却两种。冷却剂的选择直接影响冷却的过程、电池的结构、电芯的排列以及冷却剂的进出管路。在特斯拉液冷系统中，水和乙二醇按照质量比 1:1 混合作为冷却剂，管路排布在 18650 电池包之间以高效地带走热量。Zhao 等人发现基于风扇的空气冷却系统在风扇安装在电池模块上方时换热效果最好，且按照立方排列可以综合考虑到冷却效果和成本。为了进一步提升冷却效果，可以优化电池模块内部电池包之间的距离。

基于相变材料的冷却系统是选择合适熔点的相变材料，当电池温度过高，其熔化并吸收热量，当温度过低，其凝固并释放出热量。这种方法主要依靠材料的相变热，所以涉及被动的循环过程。相变材料通常热传导率较低 [0.1 ~ 0.3W/(m·K)]，而且在电池模块之间也很难装填大量的相变材料，所以相变材料提供的热量交换容量有限，常常需要与其他冷却方法共同使用。为了提升相变材料的热传导率，研究人员尝试了多种方法，包括嵌入金属材料，复合多孔媒介，设计成鳍状结构。Lin 等人将相变材料包裹在电池表面，然后在电池之间添加石墨片以提升整体的热传导率，这样可以有效地控制电池包之间温度的一致性。

10.2.3 电池补偿系统

由于电池生产、组装过程以及外界环境的差异导致生产完全一致的电池单体非常困难。而在电池运行过程中，电池单体之间的微小差异会逐渐放大并累积。因此如果没有合适的平衡系统，电池单体之间的电压差在被放大之后会直接对电池的安全构成威胁。所以为了获得高性能的电池体系，电池需要配备平衡系统以消除电池单体之间的差异。

电池的差异性既来源于外部因素又来源于内部因素。外部因素主要为电池单体排列线路与方式的不同。内部因素主要包括电池内阻以及电极与电解质界面等相关差异。此外，电池之间的温度差别也会导致不同的自放电速率。

电池平衡主要涉及电池在每次放电循环之后电池电压、容量或者荷电状态等参数的测量和比较。电池平衡可以分为主动式和被动式，其中被动式处于主流地位，而主动式的市场份额正在逐渐增加。被动平衡使用能量消耗组件将电池单体过多的能量转化为热量，从而降低电池单体之间的不一致性。被动平衡主要是利用开关电阻消耗某些电池回路中过多的能量，即针对电池包中过充的电池单体，但是对于没有达到额定容量的电池单体无能为力。被动平衡系统的回路结构很简单，电阻可以持续地消耗能量，而且该过程可以不连续进行。在电池充电过程中，平衡系统持续监测电池包中所有电池的电压、荷电状态以及其他参数。当监测到部分电池参数高于其他部分时，通过控制开关即可让电阻消耗回路过多的能量，同时参数正常的电池回路被切断，直到达到平衡。因为电池单体的充电电流一直被矫正，所以电池单体之间电压的差异会逐渐消除并最终达到一致。主动平衡是依靠不同的回路拓扑结构和控制策略在不同电池和电池模块之间通过非释放性能量转移的方法进行平衡。因此，主动平衡在能量利用和平衡效率方面要优于被动平衡。但是开发集成、便宜、快速、可靠的系统的难度较大，因而应用受到限制。目前主动平衡策略主要依靠电容、电感和变压器等来调节电池之间的电压、容量和荷电状态。Dong 和 Han 等人提出了一种包含多种平衡器的新型结构，例如开关、闸极驱动器、电感和数字处理控制器等。因为所有的平衡器都可以储存能量，所以可以在不到 1h 内将 62%、48%、63% 和 42% 荷电状态的电池平衡到相同的荷电状态。

10.3　测试标准

为了保证锂离子电池的安全性，国际组织发布了一系列安全标准，包括国际自动机工程师学会标准 SAE 2464、国际电工委员会标准 IEC 62133（第二版）、国际标准化组织标准 ISO 16750-2。不同国家根据自身的情况也制定了相应的安全标准，包括中国标准 GB 31241—2022、GB 38031—2020，美国标准 UN38.3，日本工业标准 JIS C8714。这里主要介绍国内标准。目前我国对不同用途锂离子电池制定了不同的标准，现在主要分为三大类：便携式电子设备用锂离子电池、电动汽车用锂离子电池和储能（电网）用锂离子电池。

便携式电子设备用锂离子电池现行安全标准为 GB 31241—2022《便携式电子产品用锂离子电池和电池组　安全技术规范》；电动汽车用锂离子电池现行安全标准为 GB 38031—2020；储能用锂离子电池安全标准还在制定过程中，未正式颁布。

10.4　测试方法

不同测试标准中测试项目不尽相同，同一标准中针对电池单体和电池组的测试项目也不尽相同，所以这里仅列出部分具有代表性的测试项目。需要注意的是在进行标准测试前，电池或者电池包需要进行相应的预处理。预处理方法如下：

1. GB 31241—2022

1）充放电循环。充电前电池或者电池组以推荐放电电流（I_{cr}）进行恒流放电至放电终止电压（U_{de}），并静置 10min，然后按照制造商规定的方法进行充电；重复一次。

2）静电放电。对于自身带有保护电路的电池组，在进行完充放电循环预处理后，按照制造商规定的方法进行充满电，还应按 GB/T 17626.2—2018 的规定对电池组每个输出端子进行 4kV 接触放电测试（±4kV 各 10 次）和 8kV 空气放电测试（±8kV 各 10 次）。

278

在预处理过程中如发生起火、爆炸、漏液等现象也认为是不符合要求。

2. GB 38031—2020：电池

1）按照制造商规定的不小于 $1 I_3$[⊖] 的电流放电至制造商技术条件中规定的放电终止电压，搁置 1h（或者制造商提供的不大于 1h 的搁置时间），然后按照制造商提供的充电方法进行充电，充电后搁置 1h（或者制造商提供的不大于 1h 的搁置时间）。

2）以制造商规定的且不小于 $1 I_3$ 的电流放电至制造商规定的放电截止条件。

3）静置 30min 或制造商规定时间。

4）重复步骤 1）~3）不超过 5 次。

如果电池连续两次的放电容量变化不高于额定容量的 3%，则认为电池完成了预处理。

3. GB 38031—2020：电池组

1）以不小于 $1 I_3$ 的电流或者按照制造商推荐的充电方法充电至制造商规定的充电终止电压。

2）静置 30min 或制造商规定时间。

3）以制造商规定的且不小于 $1 I_3$ 的电流放电至制造商规定的放电截止条件。

4）静置 30min 或制造商规定时间。

5）重复步骤 1）~4）不超过 5 次。

如果电池组连续两次的放电容量变化不高于额定容量的 3%，则认为电池包完成了预处理。

10.4.1　过充测试

1. GB 31241—2022：电池

将电池以推荐放电电流（I_{cr}）进行恒流放电至放电终止电压（U_{de}）后，先用最大充电电流（I_{cm}）恒流充电至表 10-1 的试验电压，然后以该电压值恒压充电。

表 10-1　过充电试验电压

充电限制电压（U_{cl}）	过充电试验电压（U_t）
$U_{cl} < 4.25V$	$U_{cl} + 0.4V$
$4.25V \leq U_{cl} < 4.45V$	$4.65V$
$U_{cl} \geq 4.45V$	$U_{cl} + 0.2V$

⊖　I_3：3h 率放电电流（A），其数值等于额定容量值的 1/3。

试验过程中检测电池温度变化，当出现以下两种情形之一时，试验终止：

1）电池持续充电时间达到 7h 及制造商定义充电时间中较大值。

2）电池温度下降到比峰值低 20%。

当有争议时，1）和 2）选较严者。

电池应不起火、不爆炸。

2. GB 31241—2022：电池组过压充电

将电池组以推荐放电电流（I_{cr}）进行恒流放电至放电终止电压（U_{de}），并静置 10min，然后以制造商规定的方法充满电后，继续以最大充电电流（I_{cm}）恒流充电至规定的试验电压或者可能承受的最高电压值（两者取较高者），并保持该电压进行恒压充电。当电池或者电池并联块的串联级数 $n=1$ 时，规定的试验电压为 6V，当 $n\geq 2$ 时，规定的试验电压为（$n\times 6.0$）V。

对于移除保护电路的电池组充电 1h 或者（C/I_{cm}）h，两者取较大值。对于保留保护电路的电池组充电至保护电路动作。

电池组应不起火、不爆炸、不漏液。

注意：对于自身有保护电路的电池组要先进行测试，如通过，可以保留保护电路；如不能通过，需移除保护电路。

3. GB 38031—2020：电池

按照制造商规定的不小于 1 I_3 的电流放电至制造商技术条件中规定的放电终止电压，搁置 1h（或者制造商提供的不大于 1h 的搁置时间），然后以制造商规定且不小于 1 I_3 的电流恒流充电至制造商规定的充电终止电压的 1.1 倍或者 115% SOC 后，停止充电。完成上述试验步骤后，在试验环境温度下观察 1h。

电池应不起火、不爆炸。

10.4.2 过放测试

GB 38031—2020：电池

按照制造商规定的不小于 1 I_3 的电流放电至制造商技术条件中规定的放电终止电压，搁置 1h（或者制造商提供的不大于 1h 的搁置时间），然后按照制造商提供的充电方法进行充电，充电后搁置 1h（或者制造商提供的不大于 1h 的搁置时间），然后以 1 $I_1^{\ominus}$ 电流放电 90min，完成上述步骤后，在试验环境温度下观察 1h。

电池应不起火、不爆炸。

10.4.3 过热测试

1. GB 31241—2022：电池热滥用

将电池按照制造商规定的方法充满电后，将电池放入试验箱中。试验箱以

$\ominus$ I_1：1h 率放电电流（A），其数值等于额定容量值。

（5 ± 2）℃/min 的温升速率进行升温，当箱内温度达到（130 ± 2）℃后恒温，并持续 30min。

电池应不起火、不爆炸。

注意：在充电前先按照制造商规定的方法进行放电至放电截止电压。

2. GB 31241—2022：电池组高温使用

将满电样品置于高温试验箱内，试验箱内温度设为制造商规定的电池组的充电上限温度和放电上限温度、单体的充电上限温度和放电上限温度及 80℃中的最大值。待样品表面温度稳定后，保持 7h。样品应满足以下要求之一：

1）切断电路，且不起火、不爆炸、不漏液。

2）未切断电路，在高温试验过程中按照制造商规定的方法充电、按照推荐放电电流（I_{cr}）进行恒流放电至放电终止电压（U_{de}），样品应不起火、不爆炸、不漏液。

注意：若进行一次放电充电循环的时间大于 7h，可将高温试验时间延长至本次充放电循环结束。

3. GB 38031—2020：电池

将电池按照制造商规定的不小于 $1 I_3$ 的电流放电至制造商技术条件中规定的放电终止电压，搁置 1h（或者制造商提供的不大于 1h 的搁置时间），然后按照制造商提供的充电方法进行充电，充电后搁置 1h（或者制造商提供的不大于 1h 的搁置时间），然后将电池放入温度箱，温度箱按照 5℃/min 的速率由试验环境温度升至（130 ± 2）℃，并保持此温度 30min 后停止加热。完成以上试验步骤后，在试验环境温度下观察 1h。

电池应该不起火、不爆炸。

10.4.4　短路测试

1. GB 31241—2022：电池高温外部短路

将电池按照规定的试验方法充满电后，放置在（57 ± 4）℃的环境中，待电池表面温度达到（57 ± 4）℃后，再放置 30min。然后在此环境温度下用导线连接电池正负极端，并确保全部外部电阻为（80 ± 20）mΩ。试验过程中检测电池温度变化，当出现以下两种情形之一时，试验终止：

1）电池温度下降值达到温度最大值的 20%。

2）短接时间达到 24h。

当有争议时，1）和 2）选较严者。

电池应不起火、不爆炸。

2. GB 31241—2022：电池组外部短路

将电池组以推荐放电电流（I_{cr}）进行恒流放电至放电终止电压（U_{de}），接着按照制造商规定的方法充满电，然后短路电池组的正负极端子，外部短路总电阻为（80±20）mΩ。

对于移除保护电路或者没有保护电路的电池组短路24h，对于保留保护电路的电池组短路至保护电路动作。

电池组应不起火、不爆炸、不漏液。

3. GB 38031—2020：电池

将电池按照制造商规定的不小于 $1I_3$ 的电流放电至制造商技术条件中规定的放电终止电压，搁置1h（或者制造商提供的不大于1h的搁置时间），然后按照制造商提供的充电方法进行充电，充电后搁置1h（或者制造商提供的不大于1h的搁置时间），然后将正极端子和负极端子经外部短路10min，外部线路电阻应小于5mΩ，完成以上试验步骤后，在试验环境温度下观察1h。

电池应不起火、不爆炸。

10.4.5 振动测试

1. GB 31241—2022：电池

将电池按照制造商规定的方法充满电后，将电池紧固在振动试验台上，按照表 10-2 的参数进行正弦振动测试。

表 10-2 振动波形（正弦曲线）

频率		振动参数	对数扫频循环时间（7Hz→200Hz→7Hz）	轴向	振动周期数
起始	至				
$f_1 = 7\,Hz$	f_3	$a_1 = 1g_n$		X	12
f_2	f_3	$S = 0.8\,mm$	15min	Y	12
f_3	$f_4 = 200\,Hz$	$a_2 = 8g_n$		Z	12
返回至 $f_1 = 7\,Hz$				总计	36

f_1、f_4——下限、上限频率；

f_2、f_3——交越点频率（$f_2 \approx 17.62\,Hz$、$f_3 \approx 49.84\,Hz$）；

a_1、a_2——加速度幅度；

S——位移幅度。

注：1. 在充电前先按照制造商规定的方法进行放电至放电截止电压。

2. 振动参数是指位移或者加速度的最大绝对数值，例如位移量为0.8mm对应的峰—峰值的位移量为1.6mm。

每个方向进行 12 个循环，每个方向循环时间共计 3h 的振动。

圆柱形和纽扣形电池按照其轴向和径向两个方向进行振动试验，方形和软包装电池按照三个相互垂直的方向进行振动试验。

具体试验方法按照 GB/T 2423.10—2019 的相关规定。

电池应不起火、不爆炸、不漏液。

2. GB 31241—2022：电池组

电池组与电池振动测试方法一致，按照三个相互垂直的方向依次进行振动试验。

样品应不起火、不爆炸、不漏液。

3. GB 38031—2020：电池组

试验开始前，将电池组的 SOC 调至不低于制造商规定的正常 SOC 工作范围的 50%。按照电池包车辆安装位置和 GB/T 2423.43—2008 的要求，将电池包安装在振动台上。每个方向分别施加随机和定频振动载荷，加载顺序宜为 z 轴随机、z 轴定频、y 轴随机、y 轴定频、x 轴随机、x 轴定频（汽车行驶方向为 x 轴，另一垂直于行驶方向的水平方向为 y 轴方向）。检测机构也可以自行选择顺序，以缩短转换时间。测试过程按照 GB/T 2423.56—2018。

对于安装在除 M_1、N_1 类以外的车辆上的电池组，振动测试参数按照表 10-3 选取，对于试验对象存在多个安装方向（$x/y/z$）时，按照 RMS 大的安装方向进行试验。对于安装在车辆顶部的电池组，按照制造商提供的不低于表 10-3 的振动测试参数开展振动测试。

对于装载在 M_1、N_1 类车辆上的电池组，振动测试参数按照表 10-4 选取。

283

表 10-3　除 M_1、N_1 类以外的车辆电池组的振动测试条件

随机振动（每个方向测试时间为 12h）			
频率/ Hz	z 轴功率谱密度（PSD）/ （g^2/Hz）	y 轴功率谱密度（PSD）/ （g^2/Hz）	x 轴功率谱密度（PSD）/ （g^2/Hz）
5	0.008	0.005	0.002
10	0.042	0.025	0.018
15	0.042	0.025	0.018
40	0.0005	—	—
60	—	0.0001	—
100	0.0005	0.0001	—
200	0.00001	0.00001	0.00001
RMS	z 轴	y 轴	x 轴
	0.73g	0.57g	0.52g
正弦定频振动（每个方向测试时间为 2h）			
频率/Hz	z 轴定频幅值	y 轴定频幅值	x 轴定频幅值
20	±1.5g	±1.5g	±2.0g

表 10-4 M_1、N_1 类车辆电池组的振动测试条件

随机振动（每个方向测试时间为 12h）			
频率/ Hz	z 轴功率谱密度（PSD）/ (g^2/Hz)	y 轴功率谱密度（PSD）/ (g^2/Hz)	x 轴功率谱密度（PSD）/ (g^2/Hz)
5	0.015	0.002	0.006
10	—	0.005	—
15	0.015	—	—
20	—	0.005	—
30	—	—	0.006
65	0.001	—	—
100	0.001	—	—
200	0.0001	0.00015	0.00003
RMS	z 轴	y 轴	x 轴
	$0.64g$	$0.45g$	$0.50g$
正弦定频振动（每个方向测试时间为 1h）			
频率/Hz	z 轴定频幅值	y 轴定频幅值	x 轴定频幅值
24	$\pm 1.5g$	$\pm 1.0g$	$\pm 1.0g$

试验过程中，监控电池组对象内部最小监控单元的状态，如电压和温度等。完成以上试验步骤后，在试验环境温度下观察 2h。

电池组应无泄漏、外壳破裂、起火或爆炸现象，且不触发异常终止条件。试验后绝缘电阻值应不小于 $100\Omega/V$。

10.4.6   挤压测试

1. GB 31241—2022：电池

将电池按照制造商规定的方法充满电后，将电池置于两个平面内，垂直于极板方向进行挤压，两平板间施加（13.0 ±0.78）kN 的挤压力，挤压电池的速度为 0.1mm/s。一旦压力达到最大值或电池的电压下降三分之一，即可停止挤压试验。试验过程中电池应防止发生外部短路。

圆柱型电池挤压时使其纵轴向与两平板平行，扣式电池采用电池上下两面与两平板平行的方式进行挤压试验，方型电池（硬壳）、长度小于 25mm 的方型软包电池及其他类型只对电池的宽面进行挤压试验。对于样品长度不小于 25mm 的方型软包电池，需将直径 25mm 的钢质圆柱体置于电池宽面上进行挤压，半圆柱体纵轴经过宽面几何中心且与电池极耳方向垂直，长度需大于被挤压电池尺寸，挤压力达到表 10-5 中软包电池宽度对应的挤压力后截止。

试验中电池放置方式参照图 10-1 所示。1 个样品只做一次挤压试验。挤压过程中，挤压达到截止条件和挤压装置停止的时间间隔应不大于 100ms。

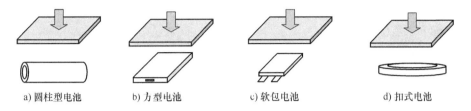

a) 圆柱型电池　　　b) 方型电池　　　c) 软包电池　　　d) 扣式电池

图 10-1　挤压试验中电池放置示意图

表 10-5　软包电池圆柱体挤压试验挤压力

电池宽度/mm	挤压力/kN
(0, 25]	1
(25, 30)	3
[30, 40)	4
[40, 50)	5
[50, 60)	6
[60, 65]	7
(65, 70)	8
[70 , 75]	10
(75, ∞)	13

电池应不起火、不爆炸。

2. GB 38031—2020：电池

将电池按照制造商规定的不小于 1 I_3 的电流放电至制造商技术条件中规定的放电终止电压，搁置 1h（或者制造商提供的不大于 1h 的搁置时间），然后按照制造商提供的充电方法进行充电，充电后搁置 1h（或者制造商提供的不大于 1h 的搁置时间），然后按下列条件进行试验：

1）挤压方向：垂直于电池单体极板方向施压，或与电池单体在整车布局上最容易受到挤压的方向相同。

2）挤压板形式：半径 75mm 的半圆柱体，半圆柱体的长度（L）大于被挤压电池单体的尺寸。

3）挤压速度：不大于 2mm/s。

4）挤压程度：电压达到 0V 或变形量达到 15% 或挤压力达到 100kN 或 1000 倍试验对象重量后停止挤压。

5）保持 10min。

完成以上试验步骤后，在试验环境温度下观察1h。

电池应不起火、不爆炸。

3. GB 38031—2020：电池组

按下列条件进行试验：

1）挤压板形式（选择以下两种挤压板中的一种）：

① 半径75mm的半圆柱体，半圆柱体的长度（L）大于试验对象的高度，但不超过1m。

② 三个半径75mm的半圆柱体，半圆柱体间距30mm，挤压板尺寸为600mm×600mm（长×宽）或更小。

2）挤压方向：x方向和y方向（汽车行驶方向为x方向，另一垂直于行驶方向的水平方向为y方向），为保证试验操作安全，可以分开在两个试验对象上执行测试。

3）挤压速度：不大于2mm/s。

4）挤压程度：挤压力达到100kN或挤压变形量达到挤压方向的整体尺寸的30%时停止挤压。

5）保持10min。

完成以上试验步骤后，在试验环境温度下观察2h。

电池应不起火、不爆炸。

参 考 文 献

[1] GOODENOUGH J B, PARK K-S. The Li-Ion Rechargeable Battery: A Perspective [J]. J. Am. Chem. Soc., 2013, 135 (4): 1167-1176.

[2] WANG J. Analytical electrochemistry [M]. Third Edition. Hoboken: John Wiley & Sons, Inc., 2006.

[3] 吴宇平, 袁翔云, 董超, 等. 锂离子电池——应用与实践 [M]. 2版. 北京: 化学工业出版社, 2012.

[4] FU L J, LIU H, LI C, et al. Electrode materials for lithium secondary batteries prepared by sol-gel methods [J]. Prog. Mater. Sci., 2005, 50 (7): 881-928.

[5] CHOI N-S, CHEN Z, FREUNBERGER S A, et al. Challenges Facing Lithium Batteries and Electrical Double-Layer Capacitors [J]. Angew. Chem. Int. Ed., 2012, 51 (40): 9994-10024.

[6] HONG S Y, KIM Y, PARK Y, et al. Charge carriers in rechargeable batteries: Na ions vs. Li ions [J]. Energy Environ. Sci., 2013, 6 (7): 2067-2081.

[7] RENAULT S, GOTTIS S, BARRES A-L, et al. A green Li-organic battery working as a fuel cell in case of emergency [J]. Energy Environ. Sci., 2013, 6 (7): 2124-2133.

[8] JEONG G, KIM Y-U, KIM H, et al. Prospective materials and applications for Li secondary batteries [J]. Energy Environ. Sci., 2011, 4 (6): 1986-2002.

[9] GWON H, HONG J, KIM H, et al. Recent progress on flexible lithium rechargeable batteries [J]. Energy Environ. Sci., 2014, 7 (2): 538-551.

[10] NYHOLM L, NYSTRÖM G, MIHRANYAN A, et al. Toward Flexible Polymer and Paper-Based Energy Storage Devices [J]. Adv. Mater., 2011, 23 (33): 3751-3769.

[11] WHITTINGHAM M S. Lithium Batteries and Cathode Materials [J]. Chem. Rev., 2004, 104 (10): 4271-4302.

[12] SONG Z, ZHOU H. Towards sustainable and versatile energy storage devices: an overview of organic electrode materials [J]. Energy Environ. Sci., 2013, 6 (8): 2280-2301.

[13] POIZOT P, DOLHEM F. Clean energy new deal for a sustainable world: from non-CO_2 generating energy sources to greener electrochemical storage devices [J]. Energy Environ. Sci., 2011, 4 (6): 2003-2019.

[14] SONG Z, ZHAN H, ZHOU Y. Polyimides: Promising Energy-Storage Materials [J]. Angew. Chem. Int. Ed., 2010, 49 (45): 8444-8448.

[15] LEE M, HONG J, KIM H, et al. Organic Nanohybrids for Fast and Sustainable Energy Storage [J]. Adv. Mater., 2014, 26 (16): 2558-2565.

[16] AMBROSI A, CHUA C K, BONANNI A, et al. Electrochemistry of Graphene and Related Materials [J]. Chem. Rev., 2014, 114 (14): 7150-7188.

[17] GEORGAKILAS V, OTYPKA M, BOURLINOS A B, et al. Functionalization of Graphene: Covalent and Non-Covalent Approaches, Derivatives and Applications [J]. Chem. Rev., 2012, 112 (11): 6156-6214.

[18] CHUA C K, PUMERA M. Covalent chemistry on graphene [J]. Chem. Soc. Rev., 2013, 42 (8): 3222-3233.

[19] ZHENG D, ZHANG X, WANG J, et al. Reduction mechanism of sulfur in lithium-sulfur battery: From elemental sulfur to polysulfide [J]. J. Power Sources, 2016, 301 (Supplement C): 312-316.

[20] DING Y-L, KOPOLD P, HAHN K, et al. Facile Solid-State Growth of 3D Well-Interconnected Nitrogen-Rich Carbon Nanotube-Graphene Hybrid Architectures for Lithium-Sulfur Batteries [J]. Adv. Funct. Mater., 2016, 26 (7): 1112-1119.

[21] XU Y, WEN Y, ZHU Y, et al. Confined Sulfur in Microporous Carbon Renders Superior Cycling Stability in Li/S Batteries [J]. Adv. Funct. Mater., 2015, 25 (27): 4312-4320.

[22] MI K, JIANG Y, FENG J, et al. Hierarchical Carbon Nanotubes with a Thick Microporous Wall and Inner Channel as Efficient Scaffolds for Lithium-Sulfur Batteries [J]. Adv. Funct. Mater., 2016, 26 (10): 1571-1579.

[23] TANG C, LI B-Q, ZHANG Q, et al. CaO-Templated Growth of Hierarchical Porous Graphene for High-Power Lithium-Sulfur Battery Applications [J]. Adv. Funct. Mater., 2016, 26 (4): 577-585.

[24] FAN L, ZHUANG H L, ZHANG K, et al. Chloride-Reinforced Carbon Nanofiber Host as Effective Polysulfide Traps in Lithium-Sulfur Batteries [J]. Adv. Sci., 2016, 3 (12): 1600175.

[25] LYU Z, XU D, YANG L, et al. Hierarchical carbon nanocages confining high-loading sulfur for high-rate lithium-sulfur batteries [J]. Nano Energy, 2015, 12 (Supplement C): 657-665.

[26] LIAO K, MAO P, LI N, et al. Stabilization of polysulfides via lithium bonds for Li-S batteries [J]. J. Mater. Chem. A, 2016, 4 (15): 5406-5409.

[27] PANG Q, TANG J, HUANG H, et al. A Nitrogen and Sulfur Dual-Doped Carbon Derived from Polyrhodanine@ Cellulose for Advanced Lithium-Sulfur Batteries [J]. Adv. Mater., 2015, 27 (39): 6021-6028.

[28] LI Z, LI C, GE X, et al. Reduced graphene oxide wrapped MOFs-derived cobalt-doped porous carbon polyhedrons as sulfur immobilizers as cathodes for high performance lithium sulfur batteries [J]. Nano Energy, 2016, 23 (Supplement C): 15-26.

[29] WEI S, MA L, Hendrickson K E, et al. Metal-Sulfur Battery Cathodes Based on PAN-Sulfur Composites [J]. J. Am. Chem. Soc., 2015, 137 (37): 12143-12152.

[30] WANG X, GAO T, FAN X, et al. Tailoring Surface Acidity of Metal Oxide for Better Polysulfide Entrapment in Li-S Batteries [J]. Adv. Funct. Mater., 2016, 26 (39): 7164-7169.

[31] LIN C, ZHANG W, WANG L, et al. A few-layered Ti_3C_2 nanosheet/glass fiber composite separator as a lithium polysulphide reservoir for high-performance lithium-sulfur batteries [J]. J.

Mater. Chem. A, 2016, 4 (16): 5993-5998.

[32] LIANG X, GARSUCH A, NAZAR L F. Sulfur Cathodes Based on Conductive MXene Nanosheets for High-Performance Lithium-Sulfur Batteries [J]. Angew. Chem. Int. Ed., 2015, 54 (13): 3907-3911.

[33] ZHOU T, ZHAO Y, ZHOU G, et al. An in-plane heterostructure of graphene and titanium carbide for efficient polysulfide confinement [J]. Nano Energy, 2017, 39: 291-296.

[34] LI Z, ZHANG J, LOU X W. Hollow Carbon Nanofibers Filled with MnO_2 Nanosheets as Efficient Sulfur Hosts for Lithium-Sulfur Batteries [J]. Angew. Chem. Int. Ed., 2015, 54 (44): 12886-12890.

[35] ZHANG J, SHI Y, DING Y, et al. In Situ Reactive Synthesis of Polypyrrole-MnO_2 Coaxial Nanotubes as Sulfur Hosts for High-Performance Lithium-Sulfur Battery [J]. Nano Lett., 2016, 16 (11): 7276-7281.

[36] YUAN Z, PENG H-J, HOU T-Z, et al. Powering Lithium-Sulfur Battery Performance by Propelling Polysulfide Redox at Sulfiphilic Hosts [J]. Nano Lett., 2016, 16 (1): 519-527.

[37] MA Z, LI Z, HU K, et al. The enhancement of polysulfide absorbsion in LiS batteries by hierarchically porous CoS_2/carbon paper interlayer [J]. J. Power Sources, 2016, 325 (Supplement C): 71-78.

[38] ZHANG S S, TRAN D T. Pyrite FeS_2 as an efficient adsorbent of lithium polysulphide for improved lithium-sulphur batteries [J]. J. Mater. Chem. A, 2016, 4 (12): 4371-4374.

[39] TAO X, WANG J, LIU C, et al. Balancing surface adsorption and diffusion of lithium-polysulfides on nonconductive oxides for lithium-sulfur battery design [J]. Nat. Commun., 2016, 7: 11203.

[40] LI H, SU Y, SUN W, et al. Carbon Nanotubes Rooted in Porous Ternary Metal Sulfide@ N/S-Doped Carbon Dodecahedron: Bimetal-Organic-Frameworks Derivation and Electrochemical Application for High-Capacity and Long-Life Lithium-Ion Batteries [J]. Adv. Funct. Mater., 2016, 26 (45): 8345-8353.

[41] QIE L, ZU C, MANTHIRAM A. A High Energy Lithium-Sulfur Battery with Ultrahigh-Loading Lithium Polysulfide Cathode and its Failure Mechanism [J]. Adv. Energy Mater., 2016, 6 (7): 1502459.

[42] WU F, ZHAO E, GORDON D, et al. Infiltrated Porous Polymer Sheets as Free-Standing Flexible Lithium-Sulfur Battery Electrodes [J]. Adv. Mater., 2016, 28 (30): 6365-6371.

[43] CHOI M-J, XIAO Y, HWANG J-Y, et al. Novel strategy to improve the Li-storage performance of micro silicon anodes [J]. J. Power Sources, 2017, 348: 302-310.

[44] CUI D, ZHENG Z, PENG X, et al. Fluorine-doped SnO_2 nanoparticles anchored on reduced graphene oxide as a high-performance lithium ion battery anode [J]. J. Power Sources, 2017, 362: 20-26.

[45] ZHOU X, YU L, LOU X W. Formation of Uniform N-doped Carbon-Coated SnO_2 Submicroboxes with Enhanced Lithium Storage Properties [J]. Adv. Energy Mater., 2016: 1600451.

[46] YANG L, DAI T, WANG Y, et al. Chestnut-like SnO_2/C nanocomposites with enhanced lithium ion storage properties [J]. Nano Energy, 2016, 30: 885-891.

[47] HUANG G, GUO X, CAO X, et al. 3D network single-phase $Ni_{0.9}Zn_{0.1}O$ as anode materials for lithium-ion batteries [J]. Nano Energy, 2016, 28: 338-345.

[48] XU G-L, LI Y, MA T, et al. PEDOT-PSS coated ZnO/C hierarchical porous nanorods as ultralong-life anode material for lithium ion batteries [J]. Nano Energy, 2015, 18: 253-264.

[49] HUANG X, QI X, BOEY F, et al. Graphene-based composites [J]. Chem. Soc. Rev., 2012, 41 (2): 666-686.

[50] WAGEMAKER M, MULDER F M. Properties and Promises of Nanosized Insertion Materials for Li-Ion Batteries [J]. Accounts Chem. Res., 2013, 46 (5): 1206-1215.

[51] CHEN Z, BELHAROUAK I, SUN Y K, et al. Titanium-Based Anode Materials for Safe Lithium-Ion Batteries [J]. Adv. Funct. Mater., 2013, 23 (8): 959-969.

[52] PARK C-M, KIM J-H, KIM H, et al. Li-alloy based anode materials for Li secondary batteries [J]. Chem. Soc. Rev., 2010, 39 (8): 3115-3141.

[53] ZHANG W-J. A review of the electrochemical performance of alloy anodes for lithium-ion batteries [J]. J. Power Sources, 2011, 196 (1): 13-24.

[54] WU H, CUI Y. Designing nanostructured Si anodes for high energy lithium ion batteries [J]. Nano Today, 2012, 7 (5): 414-429.

[55] GUO W, SUN W, LV L-P, et al. Microwave-Assisted Morphology Evolution of Fe-Based Metal-Organic Frameworks and Their Derived Fe_2O_3 Nanostructures for Li-Ion Storage [J]. ACS Nano, 2017, 11 (4): 4198-4205.

[56] SHAO Y, DING F, XIAO J, et al. Making Li-Air Batteries Rechargeable: Material Challenges [J]. Adv. Funct. Mater., 2013, 23 (8): 987-1004.

[57] ZHANG H, LI C, PISZCZ M, et al. Single lithium-ion conducting solid polymer electrolytes: advances and perspectives [J]. Chem. Soc. Rev., 2017, 46 (3): 797-815.

[58] 吴宇平, 张汉平, 吴锋, 等. 聚合物锂离子电池 [M]. 北京: 化学工业出版社, 2006.

[59] XU G. SP^3 BORON SINGLE ION ELECTROLYTES FOR LITHIUM ION BATTERY APPLICATION [D]. Singapore: National University of Singapore, 2015.

[60] BACHMAN J C, MUY S, GRIMAUD A, et al. Inorganic Solid-State Electrolytes for Lithium Batteries: Mechanisms and Properties Governing Ion Conduction [J]. Chem. Rev., 2016, 116 (1): 140-162.

[61] THANGADURAI V, NARAYANAN S, PINZARU D. Garnet-type solid-state fast Li ion conductors for Li batteries: critical review [J]. Chem. Soc. Rev., 2014, 43 (13): 4714-4727.